Intervenções on-line e terapias cognitivo-
-comportamentais

FBTC
Federação Brasileira de
Terapias Cognitivas

artmed

A Artmed é a editora
oficial da FBTC

I61   Intervenções on-line e terapias cognitivo-comportamentais / Organizadoras Carmem Beatriz Neufeld, Karen P. Del Rio Szupszynski . – Porto Alegre : Artmed, 2022.
xvi, 335 p. il. ; 23 cm.

ISBN 978-65-5882-063-5

1. Psicoterapia. 2. Terapia cognitivo-comportamental. I. Neufeld, Carmem Beatriz. II. Szupszynski, Karen P. Del Rio.

CDU 159.92(075.9)

Catalogação na publicação: Karin Lorien Menoncin – CRB 10/2147

Carmem Beatriz **Neufeld**
Karen P. Del Rio **Szupszynski**
(orgs.)

Intervenções on-line e terapias cognitivo-comportamentais

artmed

Porto Alegre
2022

© Grupo A Educação S.A., 2022.

Gerente editorial
Letícia Bispo de Lima

Colaboraram nesta edição:
Coordenadora editorial
Cláudia Bittencourt

Capa
Paola Manica | Brand&Book

Tradução da Apresentação e dos Capítulos 1, 6 e 14
Gisele Klein

Preparação de original
Maria Lúcia Badejo

Leitura final
Paola Araújo de Oliveira

Editoração
Ledur Serviços Editoriais Ltda.

Reservados todos os direitos de publicação ao
GRUPO A EDUCAÇÃO S.A.
(Artmed é um selo editorial do GRUPO A EDUCAÇÃO S.A.)
Rua Ernesto Alves, 150 – Bairro Floresta
90220-190 – Porto Alegre – RS
Fone: (51) 3027-7000

SAC 0800 703 3444 – www.grupoa.com.br

É proibida a duplicação ou reprodução deste volume, no todo ou em parte, sob quaisquer formas ou por quaisquer meios (eletrônico, mecânico, gravação, fotocópia, distribuição na Web e outros), sem permissão expressa da Editora.

IMPRESSO NO BRASIL
PRINTED IN BRAZIL

Autores

Carmem Beatriz Neufeld (org.)
Psicóloga. Professora associada do Departamento de Psicologia da Faculdade de Filosofia, Ciências e Letras de Ribeirão Preto (FFCLRP) da Universidade de São Paulo (USP). Professora dos Programas de Pós-graduação em Psicobiologia e em Psicologia da FFCLRP-USP. Treinamento em ensino e supervisão pelo Beck Institute, Estados Unidos. Livre-docente em Terapia Cognitivo-comportamental pela FFCLRP-USP. Mestra e Doutora em Psicologia pela Pontifícia Universidade Católica do Rio Grande do Sul (PUCRS). Pós-doutorado em Psicologia na Universidade Federal do Rio de Janeiro (UFRJ). Fundadora e coordenadora do Laboratório de Pesquisa e Intervenção Cognitivo-comportamental (LaPICC) da USP. Presidente da Federación Latinoamericana de Psicoterapias Cognitivas y Conductuales (ALAPCCO). Presidente da Associação de Ensino e Supervisão Baseados em Evidências (AESBE). Bolsista produtividade do Conselho Nacional de Desenvolvimento Científico e Tecnológico (CNPq).

Karen P. Del Rio Szupszynski (org.)
Psicóloga. Professora e bolsista PNPD do Programa de Pós-graduação em Psicologia da Pontifícia Universidade Católica do Rio Grande do Sul (PUCRS). Professora do Mestrado em Psicologia da Universidade Federal da Grande Dourados (UFGD). Coordenadora do Curso de Especialização em Psicologia Clínica da PUCRS Online. Curso no Beck Institute, Estados Unidos. Formação em Terapia do Esquema pela International Society of Schema Therapy (ISST)/Wainer Psicologia. Mestra em Psicologia Clínica e Doutora em Psicologia pela PUCRS (com doutorado sanduíche na University of Maryland, Baltimore County [UMBC], Estados Unidos). Pós-doutorado em Psicobiologia na Universidade Federal de São Paulo (Unifesp). Membro do Grupo de

Trabalho "Processos, saúde e investigação em uma perspectiva cognitivo--comportamental", da Associação Nacional de Pesquisa e Pós-graduação em Psicologia (ANPEPP). Assessora de comunicação e marketing da Federación Latinoamericana de Psicoterapias Cognitivas y Conductuales (ALAPCCO).

Alanna Testerman
Psicóloga. Mestra em Ciências. Doutoranda em Psicologia na Palo Alto University, Estados Unidos.

Aline Henriques Reis
Psicóloga. Professora adjunta da Universidade Federal de Mato Grosso do Sul (UFMS). Formação em Terapia do Esquema pela Wainer e Piccoloto. Especialista em Psicologia Clínica na Abordagem Cognitivo-comportamental pela Universidade Federal de Uberlândia (UFU). Mestra em Psicologia pela UFU. Doutora em Psicologia pela Universidade Federal do Rio Grande do Sul (UFRGS).

Aline Sardinha Mendes Soares de Araújo
Psicóloga. Coordenadora do Núcleo de Disfunções Sexuais (NUDS) do Instituto de Psiquiatria (IPUB) da UFRJ. Coordenadora do Curso de Formação a Distância em Terapia Cognitiva Sexual. Especialista em Psicoterapia de Casal e Família pela PUC-Rio. Mestra e Doutora em Saúde Mental pelo IPUB/UFRJ.

Amanda DeBellis
Mestranda em Psicologia na Palo Alto University, Estados Unidos.

Bruno Luiz Avelino Cardoso
Psicólogo. Treinamento em Teaching and Supervising e CBT for Couples pelo Beck Institute, Estados Unidos. Formação em Terapia do Esquema pela Wainer Psicologia Cognitiva e em Terapia do Esquema para Casais pelo Instituto de Teoria e Pesquisa em Psicoterapia Cognitivo-comportamental (ITPC). Especialista em Terapia Cognitivo-comportamental pelo Instituto WP/Faculdades Integradas de Taquara (IWP/FACCAT). Mestre em Psicologia: Processos Clínicos e da Saúde pela Universidade Federal do Maranhão (UFMA). Doutor em Psicologia: Comportamento Social e Processos Cognitivos pela Universidade Federal de São Carlos (UFSCar).

Camila Amorim

Psicóloga. Especializanda em Clínica Analítico-comportamental na FAPSI – Faculdade PSICOLOG. Mestranda em Psicobiologia na FFCLRP-USP. Membro do LaPICC-USP.

Camilla Gonçalves Brito Santos

Psicóloga. Mestra em Psicologia pela Universidade Federal de Juiz de Fora (UFJF).

Chelsey Wilks

Psicóloga clínica. Professora assistente da University of Missouri St. Louis, Estados Unidos. PhD em Psicologia Clínica pela University of Washington, Estados Unidos.

Cyrus Chang

Mestre em Ciências. Doutorando em Psicologia na Palo Alto University, Estados Unidos.

Denise Mendonça de Melo

Psicóloga clínica. Professora de Psicologia do Centro Universitário UniAcademia. Especialista em Desenvolvimento Humano pela UFJF. Mestra em Gerontologia pela Universidade Estadual de Campinas (Unicamp). Doutora em Psicologia pela UFJF.

Eduarda Rezende Freitas

Psicóloga. Professora dos Programas de Pós-graduação em Gerontologia e Psicologia da Universidade Católica de Brasília (UCB). Mestra e Doutora em Psicologia pela UFJF.

Eduardo Bunge

Psicólogo. Professor do Departamento de Psicologia e diretor do Mestrado em Psicologia da Palo Alto University, Estados Unidos. Diretor do Laboratório de Pesquisa em Psicoterapia e Tecnologia para Crianças e Adolescentes (CAPT). Diretor associado do Institute for International Internet Interventions for Health (i4Health). PhD em Psicologia pela Universidade de Palermo, Argentina.

Fabiana Gauy

Psicóloga. Terapeuta Cognitivo-comportamental com formação pelo Programa Extramuros do Beck Institute for Cognitive Behavior Therapy, Estados Unidos. Mestra em Psicologia pela Universidade de Brasília (UnB). Doutora em Psicologia Clínica pela USP. Membro fundador da AESBE.

Gabriel Melani Neves Costa

Psicólogo clínico. Terapeuta cognitivo-comportamental pela Rede AcessoPsi. Especialista em Terapias Cognitivo-comportamentais pelo Centro de Estudos em Terapia Cognitivo-comportamental (CETCC).

Gabriela Markus Chaves

Psicóloga. Especialista em Avaliação Psicológica pela Faculdade Integrado. Mestranda em Psicologia na UFGD.

Gerhard Andersson

Professor de Psiquiatria Clínica do Departamento de Ciências Comportamentais e Aprendizagem e do Departamento de Ciências Biomédicas e Clínicas da Linköping University, Suécia. Mestre e Doutor em Psicologia Clínica e Doutor em Medicina pela Uppsala University, Suécia. Pós-doutorado em Psicologia na University College, Inglaterra.

Greice Graff

Psicóloga. Especialista em Abordagens da Violência contra Crianças e Adolescentes pela PUCRS. Mestra em Psicologia pela PUCRS.

Gustavo Affonso Gomes

Psicólogo. Professor assistente de Psicologia da PUCRS. Especialista em Psicoterapia Sistêmica pelo Centro de Estudos da Família e do Indivíduo (CEFI). Mestre em Psicologia Social pela PUCRS.

Isabela Lamante Scotton

Psicóloga clínica. Formação em Terapia do Esquema pela USP. Especialista em Terapia Cognitivo-comportamental pelo Instituto de Pesquisa, Educação, Comportamento e Saúde (IPECS). Mestra em Psicologia pela USP. Colaboradora de pesquisa do LaPICC-USP.

Isabela Pizzarro Rebessi

Psicóloga. Especialista em Terapia Cognitivo-comportamental pelo CETCC. Mestra em Psicologia em Saúde e Desenvolvimento pela FFCLRP-USP.

Janaína Bianca Barletta

Psicóloga. Especialista em Psicoterapia Cognitivo-comportamental pelo Centro de Estudos Superiores Silvio Romero/Faculdade de Ciências Médicas de Minas Gerais (CESSR/FCMMG). Mestra em Psicologia pela UnB. Doutora em Ciências da Saúde pela Universidade Federal de Sergipe (UFS). Pós-doutorado em Psicologia na FFCLRP-USP.

Júlia Zamora

Psicóloga. Aperfeiçoamento em Terapias Cognitivas. Especialista em Terapias Comportamentais Contextuais pelo CEFI. Mestra e doutoranda em Psicologia Clínica na PUCRS.

Juliana Maltoni

Psicóloga. Especialista em Terapia Cognitiva pela Fadisma (Cognitivo). Mestra em Ciências pela FFCLRP-USP. Doutoranda no Programa de Psicobiologia do Departamento de Psicologia da FFCLRP-USP. Membro do LaPICC-USP.

Kátia Bones Rocha

Psicóloga. Professora do Programa de Pós-graduação e do Curso de Psicologia da PUCRS. Mestra em Psicologia Social pela PUCRS. Doutora em Psicologia pela Universitat Autònoma de Barcelona (UAB), Espanha. Coordenadora do Grupo de Pesquisa Psicologia, Saúde e Comunidades. Editora associada da revista *Psico*. Bolsista produtividade nível 2 do CNPq.

Khrystyna Stetsiv

Psicóloga. Pesquisadora assistente do Departamento de Psiquiatria e Ciências do Comportamento na Northwestern University, Estados Unidos. Doutoranda em Psicologia Clínica na University of Missouri-St Louis, Estados Unidos.

Laisa Marcorela Andreoli Sartes

Psicóloga. Professora associada do Departamento de Psicologia da UFJF. Professora e orientadora do Mestrado e do Doutorado do Programa de Pós-graduação em Psicologia da UFJF. Coordenadora do Programa de Psicoterapia Online Álcool e Saúde da UFJF. Mestra e Doutora em Psicobiologia pela Unifesp. Pós-doutorado em Psicobiologia na Unifesp. Representante do PPG Psicologia/UFJF junto à ANPEPP. Editora associada da *Revista Psicologia em Pesquisa*.

Luísa F. Habigzang

Psicóloga. Professora do Programa de Pós-graduação e do Curso de Psicologia da PUCRS. Coordenadora do Curso de Especialização em Psicologia Clínica da PUCRS Online. Mestra em Psicologia do Desenvolvimento pela UFRGS. Doutora em Psicologia pela UFRGS. Pós-doutorado em Psicologia na UFRGS. Coordenadora do Grupo de Pesquisa Violência, Vulnerabilidade e Intervenções Clínicas (GPEVVIC/PUCRS). Editora-chefe da *Trends in Psychology/Temas em Psicologia*.

Mara Lins

Psicóloga e terapeuta de casal. Diretora da Faculdade do Centro de Estudos da Família e do Indivíduo (Facefi). Treinamento em Integrative Behavioral Couple Therapy (IBCT). Especialista em Terapias Contextuais pelo CEFI. Mestra em Psicologia Social pela PUCRS. Doutora em Psicologia Clínica pela Unisinos.

Maria Clara Gonçalves Monteiro de Oliveira

Psicóloga.

Maria Isabel S. Pinheiro

Psicóloga. Pesquisadora do Laboratório de Neuropsicologia do Desenvolvimento da Universidade Federal de Minas Gerais (UFMG). Mestra em Educação Especial pela UFSCar. Doutora em Saúde da Criança e do Adolescente pela UFMG.

Maura Pastick

Psicóloga e psicopedagoga. Especialista em Terapia Cognitivo-comportamental pelo InTCC-RS.

Myrian Silveira
Psicóloga. Especialista em Terapia Cognitivo-comportamental pelo Espaço Integrar. Mestra em Neurociências pela UFMG.

Nathálya Soares Ribeiro
Psicóloga clínica. Professora do Curso de Psicologia da Faculdade Sudamérica. Formação em Terapia Cognitivo-comportamental pelo Núcleo de Estudos Interdisciplinares em Saúde Mental (Neisme). Pós-graduada em Neuropsicologia pelo Centro de Diagnóstico Neuropsicológico de São Paulo (CDN-SP). Mestra e doutoranda em Psicologia: Processos Psicossociais em Saúde na UFJF.

Nazaré Almeida
Psicóloga. Especialista em Terapia Cognitivo-comportamental e Terapia do Esquema pelo Instituto Paranaense de Terapia Cognitiva (IPTC). Mestra em Educação Tecnológica pelo Centro Federal de Educação Tecnológica de Minas Gerais (Cefet-MG). Doutora em Psicologia pela USP-RP.

Priscila Cristina Barbosa Fidelis
Psicóloga. Especialista em Terapia Cognitivo-comportamental pelo Instituto Cognitivo. Mestra em Ciências pela USP.

Priscila Lawrenz
Psicóloga. Pesquisadora da PUCRS. Mestra e Doutora em Psicologia pela PUCRS.

Shirin Aghakhani
Psicóloga. Doutoranda em Psicologia Clínica na Palo Alto University, Estados Unidos.

Suzana Peron
Psicóloga. Formação em Terapia dos Esquemas pela ISST/Wainer Psicologia. Mestra em Ciências pela FFCLRP-USP.

Vitor Geraldi Haase
Médico. Professor titular do Departamento de Psicologia da UFMG. Doutor em Psicologia Médica pela Ludwig-Maximilians-Univesität zu München, Alemanha.

Apresentação

Pesquisas relatam taxas de prevalência de transtornos mentais ao longo da vida de até 50%, mas apenas uma pequena proporção de indivíduos recebe tratamento. Uma solução para os muitos desafios que os cuidados de saúde mental envolvem é o uso de novas tecnologias, como a internet. As intervenções *on-line* podem ser usadas de forma flexível, bem como ser facilmente acessadas. A pesquisa sobre tratamentos baseados na internet aumentou como uma bola de neve nos últimos 20 anos, com a maioria das evidências vindo de estudos que investigam intervenções *on-line* baseadas na terapia cognitivo-comportamental (TCC). Em muitos países, as diretrizes de tratamento recomendam a TCC como abordagem de primeira escolha para transtornos comuns, como depressão maior, transtornos de ansiedade ou insônia. No entanto, muitos países sofrem com a falta de terapeutas treinados em TCC. É aqui que as intervenções *on-line* podem ser particularmente úteis. Nos últimos anos, muitos manuais de tratamento de TCC empiricamente validados foram convertidos em um formato autoguiado, e esses programas autoguiados podem ser entregues para grandes populações com o apoio mínimo do terapeuta e a baixo custo.

Enquanto escrevo esta Apresentação, o mundo ainda está no meio da pandemia de covid-19. Durante os vários *lockdowns*, os terapeutas foram forçados a interromper a terapia ou fornecer terapia a distância usando a internet. De repente, até mesmo os terapeutas que eram muito críticos em relação à terapia *on-line* — e que nunca a teriam tentado sem serem forçados — passaram a usar novas tecnologias em terapia. Da mesma forma, os cursos de supervisão e formação para psicoterapeutas tiveram de ocorrer repentinamente em formato *on-line*. Em todas essas situações, o mesmo ocorreu: pacientes, estudantes, terapeutas e supervisores em geral tiveram a experiência de que terapia, treinamento e supervisão a distância funcionam surpreendentemente bem. Nesse sentido, tem-se argumentado que o atual momento do "cisne negro" (um imprevisto que muda tudo) em breve levará a uma mudança na formação e na prestação de cuidados de saúde mental para um formato *on-line*. O futuro mostrará se a pandemia de covid-19 levará ao fornecimento de terapias via internet e treinamento *on-line* com um ímpeto sustentado. Este livro, organizado por

Carmem Beatriz Neufeld e Karen P. Del Rio Szupszynski, apresenta uma excelente visão geral do campo e do estado da arte sobre o tema.

O que é único neste livro sobre intervenções *on-line* e TCC é que ele cobre amplamente a área temática. Após a apresentação de um panorama feita por um pioneiro da terapia *on-line*, o pesquisador sueco Gerhard Andersson, são abordados conceitos de tratamentos *on-line* e aspectos específicos, como relacionamento terapêutico, treinamento, supervisão e aspectos éticos em intervenções *on-line*. Em seguida, são abordadas intervenções *on-line* para grupos específicos, como crianças, adolescentes, pais e famílias, casais e idosos. Ao contrário da crença popular de que as intervenções *on-line* são principalmente para nativos digitais (jovens que cresceram na era da informação), elas também se mostraram eficazes para adultos mais velhos, que costumam usá-las com muita seriedade. Além disso, o livro também oferece uma visão sobre tópicos promissores para os quais ainda não há muita literatura, como terapia de grupo de TCC *on-line*, abordagens experienciais *on-line* e intervenções *on-line* em contextos de vulnerabilidade. Também inclui tópicos que vão além da terapia *on-line* em um sentido estrito, como as redes sociais, e um componente local, como os relatos sobre as experiências *on-line* no Brasil.

No geral, esta é uma contribuição essencial e muito atual para a psicoterapia e leitura obrigatória para psicoterapeutas e pesquisadores interessados em intervenções *on-line*. A ampla gama de tópicos reflete os muitos aspectos dessas intervenções. Parabéns às organizadoras e aos autores de capítulos. Ótimo trabalho!

Thomas Berger
Doutor em Psicologia Clínica, Universität Freiburg, Alemanha.
Professor adjunto do Departamento de Psicologia Clínica
e Psicoterapia, Universität Bern, Suíça.
Pesquisador e autor internacionalmente
reconhecido na área de intervenções *on-line*.

Sumário

Apresentação xiii
Thomas Berger

PARTE I – Estabelecendo o *setting* e a formação

1. Intervenções baseadas na internet: estado da arte 2
   Gerhard Andersson

2. Fundamentos e questões éticas das intervenções
   on-line em psicologia 20
   *Karen P. Del Rio Szupszynski, Laisa Marcorela Andreoli Sartes,
   Carmem Beatriz Neufeld*

3. A relação terapêutica nas intervenções *on-line* 41
   *Laisa Marcorela Andreoli Sartes, Camilla Gonçalves Brito Santos,
   Nathálya Soares Ribeiro*

4. Formação, treinamento e supervisão clínica remotos 62
   Janaína Bianca Barletta, Karen P. Del Rio Szupszynski, Carmem Beatriz Neufeld

PARTE II – Intervenções em populações específicas

5. Intervenções *on-line* com crianças 86
   *Carmem Beatriz Neufeld, Isabela Pizzarro Rebessi, Camila Amorim,
   Maura Pastick, Karen P. Del Rio Szupszynski, Fabiana Gauy*

6. Intervenções digitais com adolescentes 106
   *Shirin Aghakhani, Cyrus Chang, Alanna Testerman,
   Amanda DeBellis, Eduardo Bunge*

7. Intervenções *on-line* com pais 118
   *Carmem Beatriz Neufeld, Myrian Silveira, Isabela Pizzarro Rebessi,
   Maria Isabel S. Pinheiro, Vitor Geraldi Haase*

8. Estratégias de avaliação e intervenção *on-line* com casais 140
   Bruno Luiz Avelino Cardoso, Aline Sardinha Mendes Soares de Araújo, Mara Lins

9. Telepsicologia com idosos com depressão:
   intervenções psicoterapêuticas e neuropsicológicas 162
   Eduarda Rezende Freitas, Denise Mendonça de Melo,
   Maria Clara Gonçalves Monteiro de Oliveira

PARTE III – Diferentes contextos, aspectos técnicos e demandas

10. Terapia cognitivo-comportamental em grupos *on-line* 184
    Carmem Beatriz Neufeld, Isabela Lamante Scotton,
    Suzana Peron, Karen P. Del Rio Szupszynski

11. Intervenções *on-line* no contexto da saúde coletiva 208
    Gustavo Affonso Gomes, Kátia Bones Rocha

12. Intervenções *on-line* em contextos de vulnerabilidade social 235
    Júlia Zamora, Priscila Lawrenz,
    Greice Graff, Luísa F. Habigzang

13. Aplicação de técnicas experienciais na modalidade *on-line* 253
    Aline Henriques Reis, Nazaré Almeida

14. Intervenções baseadas em tecnologia para a redução
    do suicídio e de autolesões 271
    Chelsey Wilks, Khrystyna Stetsiv

15. Intervenções assíncronas 285
    Karen P. Del Rio Szupszynski, Gabriela Markus Chaves

16. Aplicativos e recursos para intervenções *on-line* 299
    Juliana Maltoni, Karen P. Del Rio Szupszynski, Carmem Beatriz Neufeld

17. Intervenções *on-line*: desafios e oportunidades rumo
    ao compromisso social da psicologia 317
    Karen P. Del Rio Szupszynski, Priscila Cristina Barbosa Fidelis,
    Gabriel Melani Neves Costa, Carmem Beatriz Neufeld

Índice 331

PARTE I
Estabelecendo o *setting* e a formação

1

Intervenções baseadas na internet: *estado da arte*

Gerhard Andersson

O corpo de evidências para psicoterapias baseadas na internet está crescendo. Neste capítulo, descrevo como funcionam as avaliações psicológicas e os procedimentos de tratamento por meio da internet e forneço uma revisão atualizada das evidências a eles relacionadas. Intervenções via internet apoiadas por terapeutas, principalmente as derivadas de protocolos de tratamento por terapia cognitivo-comportamental (TCC), foram desenvolvidas e testadas para muitos problemas e diagnósticos em um grande número de ensaios controlados e também para uma gama de problemas e doenças psiquiátricas e somáticas. Existem indicações claras de que as intervenções via internet podem ser tão eficazes quanto as terapias face a face, pois elas produzem efeitos de longo prazo, comprovados por meio de ensaios de eficácia, e funcionam em serviços regulares de saúde.

CONTEXTO

O desenvolvimento da tecnologia da informação tem tido um impacto na gestão clínica dos problemas de saúde mental nos últimos 30 anos. Há muitos estudos e implementações clínicas de intervenções apoiadas pela tecnologia, principalmente na forma de tratamentos psicológicos baseados na internet, que foram desenvolvidos e testados durante um período de tempo que se estende por mais de 20 anos (Andersson & Berger, 2021). Este capítulo descreverá esta evolução.

Intervenções psicológicas baseadas na internet têm um contexto histórico. Em primeiro lugar, existem tratamentos baseados em texto com o nome de biblioterapia (Watkins & Clum, 2008). Vários ensaios controlados de biblioterapia têm sido realizados para uma série de problemas, mostrando que livros de autoajuda baseados na TCC podem ser eficazes (Kupshik & Fisher, 1999), principalmente quando apoiados por profissionais da saúde. Em segundo lugar, há literatura e estudos sobre tratamentos psicológicos baseados no telefone (Boschen & Casey, 2008; Mohr et al., 2005). Como terceiro contexto, existem algumas pesquisas, embora ainda limitadas, sobre TCC oferecida por meio de vídeo (Rees & Maclaine, 2015). Além disso, pouco antes do advento da internet, foram realizados estudos com CD-ROM e foram apresentados tratamentos computadorizados com TCC em computadores autônomos (Marks, Cavanagh, & Gega, 2007).

A propagação da internet na década de 1990 teve um impacto mais ou menos imediato em vários aspectos da psicoterapia. Por exemplo, começou a procura de ajuda *on-line*, e existe também uma literatura sobre a qualidade dessa informação *on-line* que é relevante para a oferta de tratamentos psicológicos (Khazaal, Fernandez, Cochand, Reboh, & Zullino, 2008). Na verdade, houve iniciativas para apoiar os clientes na busca de intervenções na internet baseadas em evidências (Christensen et al., 2010), mas isso foi difícil de manter, na medida em que o campo se move rapidamente e as diretrizes internacionais incorporam cada vez mais intervenções na internet entre suas recomendações (Socialstyrelsen, 2017).

Outra forma de utilizar a internet, que começou há mais de 20 anos, foi a realização de grupos de apoio *on-line* e, mais recentemente, nas redes sociais (p. ex., Facebook e Twitter). Estas têm um impacto importante na procura de ajuda, no aconselhamento sobre opções de tratamento e, potencialmente, no apoio (Andersson, 2015). Os terapeutas devem considerar a possibilidade de perguntar aos seus clientes sobre o uso de redes sociais e grupos de apoio *on-line*, uma vez que há evidências limitadas de seus benefícios e também possibilidades de efeitos negativos (Hoybye et al., 2010). Agora o cenário mudou, e comunidades fechadas nas redes sociais são mais usadas (Giustini, Ali, Fraser, & Kamel Boulos, 2018).

Neste capítulo, concentro-me em tratamentos psicológicos via internet e sua aplicação em problemas de saúde mental. A seguir, será apresentada uma visão geral da área de psicoterapias baseadas na internet, incluindo o papel do terapeuta que realiza a intervenção. Por fim, comentarei sobre pesquisas que estão em andamento e possíveis orientações futuras.

AS INTERVENÇÕES VIA INTERNET DE A A Z

Esta seção abarca os fundamentos de como uma plataforma de tratamento pode ser organizada, como as avaliações são feitas dentro de um sistema, quais são os diferentes conteúdos de tratamento, incluindo orientações teóricas, e qual é o papel do terapeuta de apoio.

Plataforma de tratamento

Apesar de haver muitas pesquisas, não existem muitas descrições detalhadas de plataformas nas quais o material de tratamento é apresentado e a comunicação é oferecida aos clientes. Um dos primeiros trabalhos a esse respeito centrou-se em considerações sobre segurança (Bennett, Bennett, & Griffiths, 2010) e, mais recentemente, foi descrito um sistema alocado na Suécia (Vlaescu, Alasjö, Miloff, Carlbring, & Andersson, 2016). Há cada vez mais trabalhos sobre como o *design* do sistema pode ser estruturado pela teoria comportamental (Ritterband, Thorndike, Cox, Kovatchev, & Gonder-Frederick, 2009), sobre como impulsionar o engajamento (Yardley et al., 2016), sobre captação (van Gemert-Pijnen et al., 2011) e sobre o papel dos recursos de *design* (Radomski et al., 2019).

Plataformas contemporâneas de tratamento via internet são muitas vezes capazes de apresentar arquivos de vídeo e áudio, e também podem suportar bate-papo com texto e vídeo (Topooco et al., 2018). A segurança é um aspecto crucial em geral, mas principalmente quando se trata da interação entre cliente e terapeuta via bate-papo com texto ou vídeo, quando informações sensíveis são tratadas por meio de texto. As páginas *web* abertas, utilizadas para informação sem qualquer interação com os pacientes, não exigem medidas de segurança, mas o tratamento e a comunicação tornam necessárias soluções seguras. Os procedimentos de *login* tendem a assemelhar-se ao acesso a uma conta bancária pela internet (p. ex., quando as contas são pagas *on-line*), e incluem a criptografia de todo o tráfego de dados. Existem regulamentos rigorosos em muitos países, e muitas vezes não é suficiente acessar um sistema com uma única senha. Em vez disso, os sistemas são criptografados e usam um procedimento de dupla autenticação no *login* ou identificação por meio de um aplicativo em um *smartphone* (p. ex., acesso a uma conta de banco). Certos países e alguns estados dos Estados Unidos exigem que o servidor seja local e não em outro país. As pessoas que acessam a internet têm de ser capazes de acessar o sistema independentemente do dispositivo utilizado e devem, por exemplo, ser capazes de usar computadores, *smartphones* e *tablets* de forma integrada (Vlaescu et al., 2016). As plataformas de tratamento contemporâneas podem ter essa função e responder automaticamente ao modo de apresentação (Vlaescu et al., 2016). Isso não é a mesma coisa que um aplicativo de *smartphone* (*app*) que requer instalação diretamente no telefone. Há também um uso crescente de sensores e outros aplicativos como partes de plataformas de tratamento (Mohr, Zhang, & Schueller, 2017). Além disso, a transferência segura de dados para os sistemas de arquivos clínicos e os registros de garantia da qualidade fazem cada vez mais parte dos cuidados regulares em saúde (Kruse, Smith, Vanderlinden, & Nealand, 2017). As intervenções baseadas na internet são cada vez mais introduzidas nos serviços de saúde, mas a divulgação depende do acesso a plataformas de tratamento robustas (p. ex., na Suécia, existe uma plataforma nacional de serviços de saúde que pode ser utilizada em todas as regiões do país denominada SOB, do sueco *stöd och behandling* – suporte e tratamento).

Avaliações

Uma parte crucial do tratamento via internet é a avaliação baseada na internet/computadorizada. A avaliação na internet pode assumir várias formas e surgiu juntamente com as terapias via internet, há mais de 20 anos (Buchanan, 2002). Basicamente, toda pesquisa via internet, incluindo as implementações clínicas, utiliza questionários e outras formas de avaliação validados *on-line*. Há também estudos epidemiológicos baseados na internet e experimentos psicológicos *on-line* (Birnbaum, 2000). Existem amplas evidências de que as propriedades psicométricas e as características de questionários permanecem estáveis ao serem transferidos para o formato *on-line* e de que esse formato também tem vantagens, como a redução das possibilidades de ignorar itens (van Ballegooijen, Riper, Cuijpers, van Oppen, & Smit, 2016). Embora não seja muito comum, também é possível utilizar procedimentos escalonados com perguntas de avaliação que levam a outras perguntas. Os procedimentos de avaliação *on-line* estão cada vez mais incorporados na prática clínica (Zimmerman & Martinez, 2012). No que diz respeito aos procedimentos de diagnóstico, é importante notar que os questionários de autorrelato não podem substituir as entrevistas de diagnóstico (Eaton, Neufeld, Chen, & Cai, 2000), mas cada vez mais consultas por vídeo são realizadas e têm o benefício de não exigir que o cliente compareça a uma clínica (Chakrabarti, 2015).

Conteúdo do tratamento

O conteúdo do tratamento em psicoterapias baseadas na internet varia muito de acordo com os transtornos, quadros clínicos e grupos de pesquisa. A maioria dos programas de tratamento é derivado de materiais de autoajuda, baseados em textos adaptados para apresentação *on-line*. Um típico programa de TCC baseada na internet pode conter até 150 páginas de texto divididas em módulos. Arquivos de vídeo e áudio também podem ser incluídos, bem como recursos interativos, palestras *on-line*, com apresentação de *slides*, juntamente com um apresentador, para ilustração de técnicas. Programas de TCC baseada na internet muitas vezes incluem tarefas de casa e outras atividades a serem realizadas na vida real. Elas são descritas na plataforma de tratamento e, para alguns problemas, como insônia, diários podem ser usados e índices podem ser calculados na plataforma (p. ex., eficiência do sono). Os programas tendem a seguir psicoterapias presenciais em termos de duração, mas às vezes podem ser mais curtos. Um tratamento típico para a ansiedade pode, por exemplo, durar dez semanas, mas há vários exemplos de tratamentos mais longos e mais curtos (Andersson, 2015). Está além do escopo deste capítulo descrever até mesmo uma fração de todos os tratamentos baseados em evidências da TCC baseada na internet em detalhes. No entanto, existem programas para condições psiquiátricas mais comuns, avaliações transdiagnósticas e programas personalizados que podem ser adequados para ansiedade e transtornos do humor. Há também um número crescente de programas para problemas psicológicos, como a solidão e o perfeccionismo, que são muitas vezes comorbidades de problemas psiquiátricos. Além desse escopo, existem muitos programas de TCC baseada na internet para problemas somáticos, incluindo transtornos mentais comuns (TMC), como dor crônica e zumbido (Andersson, 2016).

Enquanto a maioria dos tratamentos via internet é derivado de protocolos de tratamento por TCC, deve-se mencionar que existem programas baseados na psicoterapia psicodinâmica (Johansson, Frederick, & Andersson, 2013), na psicoterapia interpessoal (Donker et al., 2013) e também em certos métodos e técnicas, como *mindfulness* (Sevilla-Llewellyn-Jones, Santesteban-Echarri, Pryor, McGorry, & Alvarez-Jimenez, 2018), relaxamento aplicado (Stefanopoulou, Lewis, Taylor, Broscombe, & Larkin, 2019) e atividade física (Nyström et al., 2017). Dentro do guarda-chuva da TCC também existem programas baseados em terapia de aceitação e compromisso (Brown, Glendenning, Hoon, & John, 2016).

Outro aspecto que é exclusivamente adequado à TCC baseada na internet são as possibilidades de traduzir e adaptar culturalmente tratamentos (Salamanca-Sanabria, Richards, & Timulak, 2019) de forma muito mais rápida do que geralmente é feito em pesquisas tradicionais. Isso pode ser feito sob a forma de estudos com a colaboração de pesquisadores de diversos países, usando diferentes versões do mesmo programa de tratamento (mas em diferentes línguas) ou fornecendo tratamento dentro de países para indivíduos que preferem sua língua nativa ou podem nem mesmo conhecer a língua do país onde residem. Devido à migração e ao acesso limitado a intérpretes na psicoterapia presencial, isso abriu novas possibilidades.

Suporte e combinação

A psicoterapia via internet frequentemente envolve terapeutas. A contribuição do profissional pode variar, desde sua ausência em tratamentos totalmente autoguiados, sem procedimentos diagnósticos ou entrevistas, e sem suporte. Em contrapartida, há interações com vídeo em tempo real e até mesmo tratamentos combinados, nos quais as sessões clínicas presenciais são misturadas com programas de tratamento *on-line* (Erbe, Eichert, Riper, & Ebert, 2017). A maioria das pesquisas tem sido sobre tratamentos via internet guiados por terapeutas com orientação semanal mínima baseada em texto, com base em relatórios enviados pelos clientes e suas perguntas. Esse apoio, mesmo que muitas vezes assíncrono, facilita a supervisão e também as possibilidades de verificar conversas anteriores. Também podem ser usadas mensagens automatizadas, mas *feedback* específico, mais personalizado, é ainda mais frequentemente fornecido pelo terapeuta.

Há literatura crescente sobre o papel do terapeuta e sobre como os clientes respondem à interação em psicoterapias via internet. Em primeiro lugar, embora discutíveis, há indicações claras de que o apoio proporciona melhor adesão e menos abandono do tratamento e, possivelmente, melhores resultados (Baumeister, Reichler, Munzinger, & Lin, 2014), mesmo que haja exceções de estudos que demonstram que o apoio por demanda (Hadjistavropoulos et al., 2017), e mesmo um tratamento amplamente automatizado, podem funcionar quando o tratamento é concluído (Titov et al., 2013). Também é preciso dizer que, mesmo que os tratamentos automatizados funcionem para determinados indivíduos, pode acontecer de tanto clientes como terapeutas preferirem tratamentos guiados, principalmente para problemas mais graves e grupos vulneráveis (Topooco et al., 2017). Em segundo lugar, muitos estudos investigaram o papel da aliança terapêutica em psicoterapias via internet (Berger, 2017) e descobriram que os clientes classificam a aliança como alta (apesar de ter muito menos contato com o terapeuta e, muitas vezes, apenas por meio de texto), e que maiores índices de aliança podem ser associados a melhores resultados, como em psicoterapias presenciais (Probst, Berger, & Flückiger, no prelo). Além disso, há também estudos qualitativos sobre como os clientes experienciam psicoterapias via internet e, em uma metanálise de 24 estudos, concluiu-se que o suporte humano foi altamente valorizado como um importante componente dos tratamentos, sobretudo quando eles funcionaram (Patel et al., 2020). Finalmente, há também estudos sobre como os terapeutas agem em tratamentos via internet, indicando que o que eles escrevem nas mensagens pode ser útil ou não tão útil (Paxling et al., 2013). No entanto, a maior parte da troca de mensagens entre os clientes e seus terapeutas consiste no encorajamento e no esclarecimento sobre os componentes e os procedimentos do tratamento e, em menor medida, em interações terapêuticas e conversas sobre a relação terapêutica (Hadjistavropoulos, Schneider, Klassen, Dear, & Titov, 2018). Embora isso ainda não tenha sido estudado mais a fundo, existem pesquisas sobre o que os clientes perguntam (Soucy, Hadjistavropoulos, Pugh, Dear, & Titov, 2019) e escrevem em mensagens para seus terapeutas (Svartvatten, Segerlund, Dennhag, Andersson, & Carlbring, 2015). Mais uma vez, como esperado, a maior parte dos estudos mencionados anteriormente está relacionada ao tratamento, mas o que é menos conhecido é como os clientes conduzem seu tratamento. Por exemplo, uma sessão de terapia na vida real dificilmente pode ser repetida, a menos que seja gravada, enquanto uma mensagem de texto no tratamento via internet pode ser lida várias vezes e também a própria intervenção. Estudos qualitativos podem dar algumas indicações a esse respeito, como, por exemplo, a constatação de que alguns clientes podem apenas ler e não se envolver nas tarefas, enquanto outros fazem grandes mudanças como resultado da intervenção (Bendelin et al., 2011).

EVIDÊNCIAS POR MEIO DE PESQUISA
Condições e grupos-alvo

A pesquisa sobre intervenções baseadas na internet é um campo em rápido crescimento, com novos ensaios controlados sendo publicados todos os meses. Uma revisão guarda-chuva (revisão de revisões) concentrou-se na metanálise sobre ansiedade e transtornos do humor em adultos (Andersson, Carlbring, Titov, & Lindefors, 2019). Após a identificação de 618 metanálises, foram selecionadas as nove revisões mais recentes de ensaios controlados para transtorno de pânico, transtorno de ansiedade generalizada (TAG), transtorno de ansiedade social (TAS), transtorno de estresse pós-traumático (TEPT), depressão maior e estudos transdiagnósticos. Entre as dimensões de efeitos do grupo de intervenção, quando comparadas aos grupos-controle, houve variação entre efeito muito grande ($d = 1,31$ para transtorno de pânico) a efeito pequeno ($d = 0,44$ em uma das revisões sobre depressão), mas, de forma geral, foram encontrados efeitos moderados a grandes e alinhados com o que foi encontrado em pesquisa presencial.

A qualidade das metanálises também variou, bem como a quantidade de orientação do terapeuta (suporte humano na intervenção). Além do trabalho com adultos, há revisões de estudos sobre tratamentos via internet para crianças e adolescentes (Vigerland et al., 2016) e adultos mais velhos (Xiang et al., 2020). Há também revisões sistemáticas e metanálises sobre transtornos alimentares (Loucas et al., 2014), transtornos por uso de substâncias (Boumparis, Karyotaki, Schaub, Cuijpers, & Riper, 2017; Boumparis et al., 2019), estresse (Heber et al., 2017), insônia (Soh, Ho, Ho, & Tam, 2020) e numerosos estudos sobre outros problemas de saúde, como dor crônica, zumbido, câncer, problemas cardíacos, diabetes e outras doenças somáticas (Mehta, Peynenburg, & Hadjistavropoulos, 2019).

Existem também doenças e grupos-alvo para os quais ainda não existem estudos suficientes para revisões sistemáticas. Isso inclui transtorno obsessivo-compulsivo (TOC) e fobias específicas, e também problemas como solidão e procrastinação, que não estão contidos em uma nomenclatura diagnóstica, mas são comumente vistos em ambientes de cuidados de saúde. Outra linha de investigação centra-se na prevenção de doenças psiquiátricas, sendo que os autores (Ebert, Cuijpers, Muñoz, & Baumeister, 2017) encontraram dados com algum nível de evidências para tais intervenções. Há também trabalhos feitos sobre programas de internet para a redução de ideação suicida (Büscher, Torok, Terhorst, & Sander, 2020) mostrando resultados promissores.

Outra forma complementar de avaliar a pesquisa é coletar todos os dados e combiná-los por meio de estudos em uma metanálise individual de dados de participantes (IPDMAs, do inglês *individual patient/participant data meta-analysis*), em que são usadas informações de cada paciente e não apenas tamanho de efeito, como em geral é feito em metanálises. Essas revisões dependem de pesquisadores que compartilham dados que podem causar viés, mas elas são úteis ao investigar preditores e estimar efeitos entre ensaios (Stewart & Tierney, 2002). Há algumas IPDMAs publicadas em intervenções baseadas na internet, por exemplo sobre problemas de consumo de álcool (Riper et al., 2018) e depressão (Karyotaki et al., 2018). Dados de 2.866 pacientes reunidos em 29 ensaios clínicos suecos de intervenções baseadas na internet foram utilizados em uma IPDMA (Andersson, Carlbring, & Rozental, 2019). Essa revisão abarcou uma gama de quadros clínicos categorizados como transtornos de ansiedade, depressão ou outros. Ao se concentrar em mudanças confiáveis para os desfechos primários, constatou-se que 65,6% dos pacientes que receberam tratamento foram classificados como "alcançando a recuperação". A categorização foi baseada no índice de mudança confiável (IMC) de Jacobson e Truax (1991). Na utilização de critérios mais rigorosos para a remissão, com a exigência adicional de ter melhorado substancialmente, 35% dos participantes poderiam ser classificados como "atingindo a remissão". Utilizando o mesmo conjunto de dados, o mesmo grupo também registrou taxas de prejuízos de 5,8% no tratamento de doenças (Rozental, Magnusson, Boettcher, Andersson, & Carlbring, 2017), e, em outra publicação, a taxa foi de 26,8% (Rozental, Andersson, & Carlbring, 2019). Assim, por meio dos ensaios, pode-se estimar que 65% melhoram, 35% melhoram na medida em que "se recuperam", 25% não experimentam alterações e uma minoria de 6% pode mesmo deteriorar-se ao longo de um período de tratamento. Essas estimativas variam entre os transtornos e os ensaios realizados, e foram baseadas em diferentes cálculos, mas muito provavelmente não representam uma superestimação de efeitos.

Em comparação com o modo presencial

Com os resultados promissores das intervenções *on-line*, a questão levantada anteriormente foi em que medida os tratamentos orientados via internet eram tão eficazes quanto a psicoterapia presencial. Os ensaios comparativos são mais difíceis de ser realizados, pois requerem que os participantes estejam dispostos a ser designados aleatoriamente para tratamento via internet ou para sessões de terapia ao vivo, individualmente ou em grupos. As preferências podem ser em qualquer direção, mas também pode ser difícil participar, por razões práticas, se os participantes forem designados ao tratamento presencial. Assim, não existem muitos estudos, e a maioria tem tamanho reduzido. A metanálise mais recente incluiu 20 estudos nos quais os participantes tinham sido designados aleatoriamente para tratamento guiado pela internet (TCC) para doenças psiquiátricas e somáticas ou para TCC presencial (Carlbring, Andersson, Cuijpers, Riper, & Hedman-Lagerlöf, 2018). O tamanho de efeito combinado entre os grupos no pós-tratamento foi de Hedge's $g = 0,05$, sugerindo que a TCC baseada na internet e o tratamento presencial produzem efeitos equivalentes. Está cada vez mais claro o fato de não haver tratamentos face a face baseados em evidências para comparar, já que o desenvolvimento do tratamento geralmente é feito usando intervenções via internet (Andersson, Titov, Dear, Rozental, & Carlbring, 2018). A questão paradoxal pode então focar na dúvida se os tratamentos presenciais funcionam tão bem quanto os tratamentos baseados em evidências via internet.

Efeitos em longo prazo

Vários estudos sobre intervenções baseadas na internet incluíram dados de acompanhamento de um ano ou de um acompanhamento mais curto, de seis meses, porém estes não foram resumidos em uma revisão sistemática. Acompanhamentos mais longos, de pelo menos dois anos, são menos comuns, mas já foram revisados (Andersson, Rozental, Shafran, & Carlbring, 2018). O foco foi nos dados de acompanhamento pelo menos dois anos após a conclusão do tratamento e 14 estudos foram incluídos, com 902 participantes. O período médio das avaliações dos participantes foi de três anos. Foram incluídos estudos de longo prazo sobre transtorno de pânico, TAS, TAG, depressão, transtornos mistos de ansiedade e depressão, TOC, jogo patológico, estresse e fadiga crônica. O tamanho do efeito pré e pós-acompanhamento dentro do grupo foi Hedge's $g = 1,52$. Esse efeito grande corresponde bem a resultados de curto prazo, mas deve ser interpretado com cautela diante do pequeno número de estudos, da natureza não controlável dos efeitos e das incertezas sobre o curso natural de algumas doenças.

IMPLEMENTAÇÃO DE INTERVENÇÕES *ON-LINE* E EVIDÊNCIAS EM AMBIENTES CLÍNICOS

Há literatura específica sobre a implementação de intervenções *on-line* e as evidências em contextos clínicos da vida real. Uma revisão concluiu que os efeitos dos tratamentos via internet prestados por serviços clínicos tenderam a ser os mesmos que em estudos baseados no recrutamento comunitário (Andersson & Hedman, 2013). Uma revisão sistemática mais recente concentrou-se em estudos pré e pós-tratamento, não randomizados, realizados em serviços de saúde (Etzelmueller et al., 2020). Os autores incluíram 19 pesquisas com 30 grupos e relataram efeitos agrupados de Hedge's $g = 1,78$ para estudos de depressão e Hedge's $g = 0,94$ para estudos de ansiedade. As taxas de piora foram baixas (3%) e o efeito sobre aceitabilidade foi de moderado a elevado. Outra revisão sistemática comparou os estudos utilizando recrutamento de serviços comunitários *versus* clínicos – os resultados de ansiedade foram maiores em pesquisas com recrutamento comunitário (Romijn et al., 2019). Estudos grandes foram publicados recentemente (Titov et al., 2020), e, embora as pesquisas até o momento indiquem claramente que a oferta de tratamentos clínicos via internet pode funcionar, pode ser importante investigar de forma mais aprofundada as diferenças de subgrupos que podem estar por trás do recrutamento e das rotas de encaminhamento. Como os modelos de prestação de serviços diferem, é importante que eles sejam levados em consideração (Titov et al., 2018).

No contexto da prática de prestação de serviços, as orientações e as considerações éticas estão incorporadas e, embora tenham sido mencionadas na literatura, continua a verificar-se que existem grandes diferenças entre países e contextos (Borgueta, Purvis, & Newman, 2018; Dever Fitzgerald, Hunter, Hadjistavropoulos, & Koocher, 2010; Mendes-Santos, Weiderpass, Santana, & Andersson, 2020). A segurança dos dados é apenas um aspecto, mas a segurança dos clientes, incluindo a gestão de riscos, também é um fator importante (Nielssen et al., 2015).

EVOLUÇÃO FUTURA E EM CURSO

Há indicações claras de que os tratamentos via internet, mesmo quando guiados por um clínico, podem ser considerados econômicos (Donker et al., 2015), com fatores importantes sendo custos reduzidos para a sociedade e aumento da capacidade relacionada a função e funcionalidade. No entanto, são necessários mais estudos e mais aplicação na prática clínica e também em uma perspectiva internacional, uma vez que os tratamentos via internet podem chegar às pessoas atravessando fronteiras, o que torna tais cálculos e economias de custos bastante complicados. Uma questão clássica é o equilíbrio entre efeitos e escalabilidade que a psicoterapia raramente alcança, mas que é possível com tratamentos via internet (Fairburn & Patel, 2017).

Não só as formas de lidar com grandes conjuntos de dados usando *machine learning*, mas também os chamados agentes de conversação incorporados (Provoost, Lau, Ruwaard, & Riper, 2017) e *chatbots* (Ly, Ly, & Andersson, 2017) podem ser usados como adjuntos ou mesmo substitutos dos profissionais da saúde. Será importante investigar se uma aliança pode ser formada com tais soluções técnicas (Miloff et al., 2020), e também o quanto algoritmos de *machine learning* podem ser usados para melhorar a qualidade da interação terapêutica. Outro aspecto em relação às psicoterapias via internet é usar a tecnologia persuasiva (Radomski et al., 2019) e "jogos sérios" (*serious games*) (Lindner et al., no prelo; Sardi, Idri, & Fernandez-Aleman, 2017) para melhorar o tratamento. Como afirmado anteriormente, a realidade virtual e os aplicativos de *smartphone*s também fazem parte desse desenvolvimento.

Além disso, os tratamentos podem funcionar para a maioria dos clientes, mas há sempre variação na resposta, que torna os preditores de resultados (moderadores) importantes de se investigar e relatar. Existem numerosos estudos sobre preditores de resultados dos tratamentos via internet, mas, infelizmente, poucos resultados consistentemente replicados. Por exemplo, a função cognitiva não parece prever o resultado (Lindner et al., 2016), e os genes também não são significativamente relacionados com o resultado (Rayner et al., 2019). Descobertas promissoras têm surgido em relação a imagens cerebrais, mas ainda há poucas investigações a respeito (Månsson et al., 2015; Webb et al., 2018). Uma abordagem potencialmente promissora é o desenvolvimento e o estudo de tratamentos adaptativos para lidar com possíveis falhas de tratamento (Forsell et al., 2019). Alinhados com a pesquisa sobre moderadores, também existem estudos sobre variáveis que podem mediar o resultado do tratamento (Andersson, Titov, et al., 2018). Tal como acontece com os estudos de fatores preditivos, há poucos achados consistentes até o momento, mas espera-se que isso mude com conjuntos de dados maiores e participantes recrutados em contextos clínicos. Outra abordagem mencionada anteriormente é combinar conjuntos de dados em IPDMAs para alcançar maior poder estatístico.

Por fim, destacam-se os tópicos que, em minha opinião, serão mais aprofundados em investigações futuras. Eles incluem pesquisas sobre o conhecimento de tratamentos e quanto os clientes aprendem com eles, mas também sobre como os aspectos pedagógicos das intervenções via internet podem ser impulsionados (Berg et al., 2020). Haverá também mais investigações sobre tratamentos que não sejam psicológicos, como a atividade física e a adesão a medicamentos. Além disso, enquanto as pesquisas sobre problemas psicológicos como a solidão e a procrastinação começaram, outras questões urgentes, como a pandemia de covid-19, podem merecer tratamentos específicos, que são mais fáceis de desenvolver e testar usando a pesquisa na internet (Aminoff et al., 2021).

CONSIDERAÇÕES FINAIS

A psicoterapia baseada na internet existe há mais de 20 anos e um grande número de tratamentos foi desenvolvido, testado em pesquisas e implementado. Pode-se argumentar que a internet possibilitou o desenvolvimento de conhecimento em uma velocidade jamais vista antes, e há uma rápida progressão também quando se trata de soluções técnicas. Em geral, pesquisas sugerem que psicoterapias baseadas na internet podem ser tão eficazes quanto psicoterapias presenciais, que os tratamentos funcionam em condições clínicas normais e que a maioria das doenças psiquiátricas leves a moderadas e algumas doenças somáticas tem sido o foco de pesquisas.

REFERÊNCIAS

Aminoff, V., Sellén, M., Sörliden, E., Ludvigsson, M., Berg, M., & Andersson, G. (2021). internet-based cognitive behavioral therapy for psychological distress associated with the Covid-19 pandemic: a pilot randomized controlled trial. *Frontiers in Psychology, 12*, 684540. doi:10.3389/fpsyg.2021.684540

Andersson, G. (2015). *The internet and CBT: A clinical guide*. Boca Raton: CRC Press.

Andersson, G. (2016). internet-delivered psychological treatments. *Annual Review of Clinical Psychology, 12,* 157-179. doi:10.1146/annurev-clinpsy-021815-093006

Andersson, G., & Berger, T. (2021). internet approaches to psychotherapy: Empirical findings and future directions. In M. Barkham, W. Lutz, & L. G. Castonguay (Eds.), *Bergin and Garfield's Handbook of Psychotherapy and Behavior Change* (50th anniversary edition ed., pp. 749-772): Wiley.

Andersson, G., Carlbring, P., & Rozental, A. (2019). Response and remission rates in internet-based cognitive behavior therapy: An individual patient data meta-analysis. *Frontiers in Psychiatry, 10,* 749. doi:10.3389/fpsyt.2019.00749

Andersson, G., Carlbring, P., Titov, N., & Lindefors, N. (2019). internet interventions for adults with anxiety and mood disorders: A narrative umbrella review of recent meta-analyses. *Canadian Journal of Psychiatry, 64,* 465-470. doi:10.1177/0706743719839381

Andersson, G., & Hedman, E. (2013). Effectiveness of guided internet-delivered cognitive behaviour therapy in regular clinical settings. *Verhaltenstherapie, 23,* 140-148. doi:10.1159/000354779

Andersson, G., Rozental, A., Shafran, R., & Carlbring, P. (2018). Long-term effects of internet-supported cognitive behavior therapy. *Expert Review of Neurotherapeutics, 18,* 21-28. doi:10.1080/14737175.2018.1400381

Andersson, G., Titov, N., Dear, B. F., Rozental, A., & Carlbring, P. (2018). internet-delivered psychological treatments: from innovation to implementation. *World Psychiatry, 18,* 20-28. doi:10.1002/wps.20610

Baumeister, H., Reichler, L., Munzinger, M., & Lin, J. (2014). The impact of guidance on internet-based mental health interventions - A systematic review. *internet Interventions, 1,* 205-215. doi:10.1016/j.invent.2014.08.003

Bendelin, N., Hesser, H., Dahl, J., Carlbring, P., Zetterqvist Nelson, K., & Andersson, G. (2011). Experiences of guided internet-based cognitive-behavioural treatment for depression: A qualitative study *BMC Psychiatry, 11,* 107. doi:10.1186/1471-244X-11-107

Bennett, K., Bennett, A. J., & Griffiths, K. M. (2010). Security considerations for e-mental health interventions. *Journal of Medical internet Research, 12,* e61. doi:10.2196/jmir.1468

Berg, M., Rozental, A., de Brun Mangs, J., Näsman, M., Strömberg, K., Viberg, L., Wallner, E., Öhman, H., Silfvernagel, K., Zetterqvist, M., Topooco, N., Capusan, A., & Andersson, G. (2020). The role of learning support and chat-sessions in guided internet-based cognitive behavioural therapy for adolescents with anxiety: A factorial design study. *Frontiers in Psychiatry, 11,* 503. doi:10.3389/fpsyt.2020.00503

Berger, T. (2017). The therapeutic alliance in internet interventions: A narrative review and suggestions for future research. *Psychotherapy Research, 27,* 511-524. doi:10.1080/10503307.2015.1119908

Birnbaum, M. H. (Ed.) (2000). *Psychological experiments on the internet*. San Diego: Academic Press.

Borgueta, A. M., Purvis, C. K., & Newman, M. G. (2018). Navigating the ethics of internet-guided self-help interventions. *Clinical Psychology: Science and Practice, 25*(2), e12235. doi:doi:10.1111/cpsp.12235

Boschen, M. J., & Casey, L. M. (2008). The use of mobile telephones as adjuncts to cognitive behavioral psychotherapy. *Professional Psychology: Research and Practice, 39,* 546-552.

Boumparis, N., Karyotaki, E., Schaub, M. P., Cuijpers, P., & Riper, H. (2017). internet interventions for adult illicit substance users: a meta-analysis. *Addiction, 112,* 1521-1532. doi:10.1111/add.13819

Boumparis, N., Loheide-Niesmann, L., Blankers, M., Ebert, D. D., Korf, D., Schaub, M. P., Spijkerman, R., Tait, R. J., & Riper, H. (2019). Short- and long-term effects of digital prevention and treatment interventions for cannabis use reduction: A systematic review and meta-analysis. *Drug and Alcohol Dependence, 200,* 82-94. doi:10.1016/j.drugalcdep.2019.03.016

Brown, M., Glendenning, A., Hoon, A. E., & John, A. (2016). Effectiveness of web-delivered Acceptance and Commitment Therapy in relation to mental health and well-being: A systematic review and meta-analysis. *Journal of Medical internet Research, 18*, e221. doi:10.2196/jmir.6200

Buchanan, T. (2002). Online assessment: Desirable or dangerous? *Professional Psychology: Research and Practice, 33*, 148-154.

Büscher, R., Torok, M., Terhorst, Y., & Sander, L. (2020). internet-based cognitive behavioral therapy to reduce suicidal Ideation: A systematic review and meta-analysis. *JAMA Network Open, i3*, e203933. doi:10.1001/jamanetworkopen.2020.3933

Carlbring, P., Andersson, G., Cuijpers, P., Riper, H., & Hedman-Lagerlöf, E. (2018). internet-based vs. face-to-face cognitive behavior therapy for psychiatric and somatic disorders: An updated systematic review and meta-analysis. *Cogn Behav Ther, 47*, 1-18. doi:10.1080/16506073.2017.1401115

Chakrabarti, S. (2015). Usefulness of telepsychiatry: A critical evaluation of videoconferencing-based approaches. *World Journal of Psychiatry, 5*(3), 286-304. doi:10.5498/wjp.v5.i3.286

Christensen, H., Murray, K., Calear, A. L., Bennett, K., Bennett, A., & Griffiths, K. M. (2010). Beacon: a web portal to high-quality mental health websites for use by health professionals and the public. *Medical Journal of Australia, 192*(11 Suppl), S40-44. doi:chr10830_fm [pii]

Dever Fitzgerald, T., Hunter, P. V., Hadjistavropoulos, T., & Koocher, G. P. (2010). Ethical and legal considerations for internet-based psychotherapy. *Cognitive Behaviour Therapy, 39*, 173-187. doi:10.1080/16506071003636046

Donker, T., Bennett, K., Bennett, A., Mackinnon, A., van Straten, A., Cuijpers, P., Christensen, H., & Griffiths, K. M. (2013). internet-delivered interpersonal psychotherapy versus internet-delivered cognitive behavioral therapy for adults with depressive symptoms: randomized controlled noninferiority trial. *Journal of Medical internet Research, 15*, e82. doi:10.2196/jmir.2307

Donker, T., Blankers, M., Hedman, E., Ljótsson, B., Petrie, K., & Christensen, H. (2015). Economic evaluations of internet interventions for mental health: a systematic review. *Psychological Medicine, 45*, 3357-3376. doi:10.1017/s0033291715001427

Eaton, W. W., Neufeld, K., Chen, L.-S., & Cai, G. (2000). A comparison of self-report and clinical diagnostic interviews for depression. Diagnostic interview schedule and schedules for clinical assessment in neuropsychiatry in the Baltimore epidemiologic catchment area follow-up. *Archives of General Psychiatry, 57*, 217-222.

Ebert, D. D., Cuijpers, P., Muñoz, R. F., & Baumeister, H. (2017). Prevention of mental health disorders using internet- and mobile-based Interventions: A narrative review and recommendations for future research. *Frontiers in Psychiatry, 8*, 116. doi:10.3389/fpsyt.2017.00116

Erbe, D., Eichert, H. C., Riper, H., & Ebert, D. D. (2017). Blending face-to-face and internet-based interventions for the treatment of mental disorders in adults: Systematic review. *Journal of Medical internet Research, 19*, e306. doi:10.2196/jmir.6588

Etzelmueller, A., Vis, C., Karyotaki, E., Baumeister, H., Titov, N., Berking, M., Cuijpers, P., Riper, H., & Ebert, D. D. (2020). Effects of internet-based cognitive behavioral therapy in routine care for adults in treatment for depression and anxiety: Systematic review and meta-analysis. *Journal of Medical internet Research, 22*, e18100. doi:10.2196/18100

Fairburn, C. G., & Patel, V. (2017). The impact of digital technology on psychological treatments and their dissemination. *Behaviour Research and Therapy, 88*, 19-25. doi:10.1016/j.brat.2016.08.012

Forsell, E., Jernelöv, S., Blom, K., Kraepelien, M., Svanborg, C., Andersson, G., Lindefors, N., & Kaldo, V. (2019). Proof of concept for an adaptive treatment strategy to prevent failures in internet-delivered CBT: A single-blind randomized clinical trial with insomnia patients. *American Journal of Psychiatry, 176*, 315-323. doi:10.1176/appi.ajp.2018.18060699

Giustini, D., Ali, S. M., Fraser, M., & Kamel Boulos, M. N. (2018). Effective uses of social media in public health and medicine: a systematic review of systematic reviews. *Online Journal of Public Health Informatics, 10*(2), e215. doi:10.5210/ojphi.v10i2.8270

Hadjistavropoulos, H. D., Schneider, L. H., Edmonds, M., Karin, E., Nugent, M. N., Dirkse, D., Dear, B. F., & Titov, N. (2017). Randomized controlled trial of internet-delivered cognitive behaviour therapy comparing standard weekly versus optional weekly therapist support. *Journal of anxiety disorders, 52,* 15-24. doi:10.1016/j.janxdis.2017.09.006

Hadjistavropoulos, H. D., Schneider, L. H., Klassen, K., Dear, B. F., & Titov, N. (2018). Development and evaluation of a scale assessing therapist fidelity to guidelines for delivering therapist-assisted internet-delivered cognitive behaviour therapy. *Cognitive Behaviour Therapy, 47,* 447-461. doi:10.1080/16506073.2018.1457079

Heber, E., Ebert, D. D., Lehr, D., Cuijpers, P., Berking, M., Nobis, S., & Riper, H. (2017). The benefit of web- and computer-based interventions for stress: A systematic review and meta-analysis. *Journal of Medical internet Research, 19,* e32. doi:10.2196/jmir.5774

Hoybye, M. T., Dalton, S. O., Deltour, I., Bidstrup, P. E., Frederiksen, K., & Johansen, C. (2010). Effect of internet peer-support groups on psychosocial adjustment to cancer: a randomised study. *British Journal of Cancer, 102,* 1348-1354.

Jacobson, N. S., & Truax, P. (1991). Clinical significance: A statistical *a*pproach to defining meaningful change in psychotherapy research. *J Consult Clin Psychol, 59,* 12-19. doi:10.1037/0022-006X.59.1.12

Johansson, R., Frederick, R. J., & Andersson, G. (2013). Using the internet to provide psychodynamic psychotherapy. *Psychodynamic Psychiatry, 41,* 385-412. doi:10.1521/pdps.2013.41.4.513

Karyotaki, E., Ebert, D. D., Donkin, L., Riper, H., Twisk, J., Burger, S., Rozental, A., Lange, A., Williams, A. D., Zarski, A. C., Geraedts, A., van Straten, A., Kleiboer, A., Meyer, B., Ince, B. Ü., Buntrock, C., Lehr, D., Snoek, F. J., Andrews, G., Andersson, G., Choi, I., Ruwaard, J., Klein, J. P., Newby, J. M., Schröder, J., Laferton, J. A. C., van Bastelaar, K., Imamura, K., Vernmark, K., Boß, L., Sheeber, L. B., Kivi, M., Berking, M., Titov, N., Carlbring, P., Johansson, R., Kenter, R., Perini, S., Moritz, S., Nobis, S., Berger, T., Kaldo, V., Forsell, Y., Lindefors, N., Kraepelien, M., Björkelund, C., Kawakami, N., & Cuijpers, P. (2018). Do guided internet-based interventions result in clinically relevant changes for patients with depression? An individual participant data meta-analysis. *Clinical Psychology Review, 63,* 80-92. doi:10.1016/j.cpr.2018.06.007

Khazaal, Y., Fernandez, S., Cochand, S., Reboh, I., & Zullino, D. (2008). Quality of web-based information on social phobia: a cross-sectional study. *Depression and Anxiety, 25,* 461-465. doi:10.1002/da.20381

Kruse, C. S., Smith, B., Vanderlinden, H., & Nealand, A. (2017). Security techniques for the electronic health records. *Journal of medical systems, 41*(8), 127-127. doi:10.1007/s10916-017-0778-4

Kupshik, G. A., & Fisher, C. R. (1999). Assisted bibliotherapy: Effective, efficient treatment for moderate anxiety problems. *British Journal of General Practice, 49,* 47-48.

Lindner, P., Carlbring, P., Flodman, E., Hebert, A., Poysti, S., Hagkvist, F., Johansson, R., Zetterqvist Westin, V., Berger, T., & Andersson, G. (2016). Does cognitive flexibility predict treatment gains in internet-delivered psychological treatment of social anxiety disorder, depression, or tinnitus? *PeerJ, 4,* e1934. doi:10.7717/peerj.1934

Lindner, P., Rozental, A., Jurell, A., Reuterskiöld, L., Andersson, G., Hamilton, W., Miloff, A., & Carlbring, P. (In press). Experiences of gamified and automated Virtual Reality exposure therapy for spider phobia: Qualitative study. *JMIR Serious Games, 8,* e17807. doi:10.2196/17807

Loucas, C. E., Fairburn, C. G., Whittington, C., Pennant, M. E., Stockton, S., & Kendall, T. (2014). E-therapy in the treatment and prevention of eating disorders: A systematic review and meta-analysis. *Behaviour Research and Therapy, 63C,* 122-131. doi:10.1016/j.brat.2014.09.011

Ly, K. H., Ly, A.-M., & Andersson, G. (2017). A fully automated conversational agent for promoting mental well-being: A pilot RCT using mixed methods. *internet Interv, 10*, 39-46. doi:10.1016/j.invent.2017.10.002

Marks, I. M., Cavanagh, K., & Gega, L. (2007). *Hands-on help. Computer-aided psychotherapy*. Hove: Psychology Press.

Mehta, S., Peynenburg, V. A., & Hadjistavropoulos, H. D. (2019). internet-delivered cognitive behaviour therapy for chronic health conditions: a systematic review and meta-analysis. *Journal of Behavioral Medicine, 42*, 169-187. doi:10.1007/s10865-018-9984-x

Mendes-Santos, C., Weiderpass, E., Santana, R., & Andersson, G. (2020). Portuguese psychologists' attitudes toward internet interventions: Exploratory cross-sectional study. *JMIR Mental Health, 7*(4), e16817. doi:10.2196/16817

Miloff, A., Carlbring, P., Hamilton, W., Andersson, G., Reuterskiöld, L., & Lindner, P. (2020). Measuring alliance toward embodied virtual therapists in the era of automated treatments: The virtual therapist alliance scale (VTAS). *Journal of Medical internet Research, 22*, e16660. doi:10.2196/16660

Mohr, D. C., Hart, S. L., Julian, L., Catledge, C., Honos-Webb, L., Vella, L., & Tasch, E. T. (2005). Telephone-administered psychotherapy for depression. *Archives of General Psychiatry, 62*, 1007-1014.

Mohr, D. C., Zhang, M., & Schueller, S. M. (2017). Personal sensing: Understanding mental health using ubiquitous sensors and machine learning. *Annual Review of Clinical Psychology, 13*, 23-47. doi:10.1146/annurev-clinpsy-032816-044949

Månsson, K. N. T., Frick, A., Boraxbekk, C.-J., Marquand, A. F., Williams, S. C. R., Carlbring, P., Andersson, G., & Furmark, T. (2015). Predicting long-term outcome of internet-delivered cognitive behavior therapy for social anxiety disorder using fMRI and support vector machine learning. *Translational Psychiatry, 5*, e530. doi:10.1038/tp.2015.22

Nielssen, O., Dear, B. F., Staples, L. G., Dear, R., Ryan, K., Purtell, C., & Titov, N. (2015). Procedures for risk management and a review of crisis referrals from the MindSpot Clinic, a national service for the remote assessment and treatment of anxiety and depression. *BMC Psychiatry, 15*, 304. doi:10.1186/s12888-015-0676-6

Nyström, M. B. T., Stenling, A., Sjöström, E., Neely, G., Lindner, P., Hassmén, P., Andersson, G., Martell, C., & Carlbring, P. (2017). Behavioral activation versus physical activity via the internet: A randomized controlled trial. *Journal of Affective Disorders, 215*, 85-93. doi:10.1016/j.jad.2017.03.018

Patel, S., Akhtar, A., Malins, S., Wright, N., Rowley, E., Young, E., Sampson, S., & Morriss, R. (2020). The acceptability and usability of digital health interventions for adults with depression, anxiety, and somatoform disorders: Qualitative systematic review and meta-synthesis. *J Med internet Res, 22*, e16228. doi:10.2196/16228

Paxling, B., Lundgren, S., Norman, A., Almlöv, J., Carlbring, P., Cuijpers, P., & Andersson, G. (2013). Therapist behaviours in internet-delivered cognitive behaviour therapy: Analyses of e-mail correspondence in the treatment of generalized anxiety disorder. *Behavioural and Cognitive Psychotherapy, 41*, 280-289. doi:10.1017/S1352465812000240

Probst, G. H., Berger, T., & Flückiger, C. (In press). The alliance-outcome relation in internet-based interventions for psychological disorders: A correlational meta-analysis. *Verhaltenstherapie*. doi:10.1159/000503432

Provoost, S., Lau, H. M., Ruwaard, J., & Riper, H. (2017). Embodied conversational agents in clinical psychology: A scoping review. *J Med internet Res, 19*, e151. doi:10.2196/jmir.6553

Radomski, A. D., Wozney, L., McGrath, P., Huguet, A., Hartling, L., Dyson, M. P., Bennett, K., & Newton, A. S. (2019). Design and delivery features that may improve the use of internet-based cognitive behavioral therapy for children and adolescents with anxiety: A realist literature synthesis with a persuasive systems design perspective. *J Med internet Res, 21*(2), e11128. doi:10.2196/11128

Rayner, C., Coleman, J. R. I., Purves, K. L., Hodsoll, J., Goldsmith, K., Alpers, G. W., Andersson, E., Arolt, V., Boberg, J., Bogels, S., Creswell, C., Cooper, P., Curtis, C., Deckert, J., Domschke, K., El Alaoui, S., Fehm, L., Fydrich, T., Gerlach, A. L., Grocholewski, A., Hahlweg, K., Hamm, A., Hedman, E., Heiervang, E. R., Hudson, J. L., Johren, P., Keers, R., Kircher, T., Lang, T., Lavebratt, C., Lee, S. H., Lester, K. J., Lindefors, N., Margraf, J., Nauta, M., Pane-Farre, C. A., Pauli, P., Rapee, R. M., Reif, A., Rief, W., Roberts, S., Schalling, M., Schneider, S., Silverman, W. K., Strohle, A., Teismann, T., Thastum, M., Wannemuller, A., Weber, H., Wittchen, H. U., Wolf, C., Ruck, C., Breen, G., & Eley, T. C. (2019). A genome-wide association meta-analysis of prognostic outcomes following cognitive behavioural therapy in individuals with anxiety and depressive disorders. *Translational Psychiatry, 9*(1), 150. doi:10.1038/s41398-019-0481-y

Rees, C. S., & Maclaine, E. (2015). A systematic review of videoconference-delivered psychological treatment for anxiety disorders. *Australian Psychologist, 50*, 259-264. doi:10.1111/ap.12122

Riper, H., Hoogendoorn, A., Cuijpers, P., Karyotaki, E., Boumparis, N., Pastor, A. M., Andersson, G., Araki, I., Berman, A., Bertholet, N., Bischof, G., Blankers, M., Boon, B., Boß, L., Brendryen, H., Cunnigham, J., Ebert, D., Reid, A. H., Khadjesari, Z., Kramer, J., Murray, E., Postel, M., Schulz, D., Sinadinovic, K., Suffoleto, B., Sundström, C., Wallace, P., de Vries, H., Wiers, R. W., & Smit, J. (2018). Effectiveness and treatment moderators of internet interventions for adult problem drinking: An individual patient data meta-analysis of 19 randomised controlled trials. *Plos Medicine, 15*, e1002714. doi:10.1371/journal.pmed.1002714

Ritterband, L. M., Thorndike, F. P., Cox, D. J., Kovatchev, B. P., & Gonder-Frederick, L. A. (2009). A behavior change model for internet interventions. *Annals of Behavioral Medicine, 38*, 18-27. doi:10.1007/s12160-009-9133-4

Romijn, G., Batelaan, N., Kok, R., Koning, J., van Balkom, A., Titov, N., & Riper, H. (2019). internet-delivered cognitive behavioral therapy for anxiety disorders in open community versus clinical service recruitment: Meta-analysis. *Journal of Medical internet Research, 21*, e11706. doi:10.2196/11706

Rozental, A., Andersson, G., & Carlbring, P. (2019). In the absence of effects: An individual patient data meta-analysis of non-response and its predictors in internet-based cognitive behavior therapy. *Frontiers in Psychology, 10*, 589. doi:10.3389/fpsyg.2019.00589

Rozental, A., Magnusson, K., Boettcher, J., Andersson, G., & Carlbring, P. (2017). For better or worse: An individual patient data meta-analysis of deterioration among participants receiving internet-based cognitive behavior therapy. *Journal of Consulting and Clinical Psychology, 85*, 160-177. doi:10.1037/ccp0000158

Salamanca-Sanabria, A., Richards, D., & Timulak, L. (2019). Adapting an internet-delivered intervention for depression for a Colombian college student population: An illustration of an integrative empirical approach. *internet Interventions, 15*, 76-86. doi:10.1016/j.invent.2018.11.005

Sardi, L., Idri, A., & Fernandez-Aleman, J. L. (2017). A systematic review of gamification in e-Health. *Journal of Biomedical Informatics, 71*, 31-48. doi:10.1016/j.jbi.2017.05.011

Sevilla-Llewellyn-Jones, J., Santesteban-Echarri, O., Pryor, I., McGorry, P., & Alvarez-Jimenez, M. (2018). Web-based mindfulness interventions for mental health treatment: Systematic review and meta-analysis. *JMIR Mental Health, 5*, e10278. doi:10.2196/10278

Socialstyrelsen. (2017). *Vård vid depression och ångestsyndrom – Stöd för styrning och ledning [Treatment of depression and anxiety disorders]*. Stockholm: Socialstyrelsen.

Soh, H. L., Ho, R. C., Ho, C. S., & Tam, W. W. (2020). Efficacy of digital cognitive behavioural therapy for insomnia: a meta-analysis of randomised controlled trials. *Sleep Medicine, 75*, 315-325. doi:10.1016/j.sleep.2020.08.020

Soucy, J. N., Hadjistavropoulos, H. D., Pugh, N. E., Dear, B. F., & Titov, N. (2019). What are clients asking their therapist during therapist-assisted internet-delivered cognitive behaviour therapy? A content analysis of client questions. *Behavioural and Cognitive Psychotherapy, 47*, 407-420. doi:10.1017/S1352465818000668

Stefanopoulou, E., Lewis, D., Taylor, M., Broscombe, J., & Larkin, J. (2019). Digitally delivered psychological interventions for anxiety disorders: a comprehensive review. *Psychiatric Quarterly, 90*(1), 197-215. doi:10.1007/s11126-018-9620-5

Stewart, L. A., & Tierney, J. F. (2002). To IPD or not to IPD? Advantages and disadvantages of systematic reviews using individual patient data. *Evaluation & The Health Professions, 25*, 76-97. doi:10.1177/0163278702025001006

Svartvatten, N., Segerlund, M., Dennhag, I., Andersson, G., & Carlbring, P. (2015). A content analysis of client e-mails in guided internet-based cognitive behavior therapy for depression. *internet Interv, 2*, 121-127. doi:10.1016/j.invent.2015.02.004

Titov, N., Dear, B., Nielssen, O., Staples, L., Hadjistavropoulos, H., Nugent, M., Adlam, K., Nordgreen, T., Bruvik, K. H., Hovland, A., Repal, A., Mathiasen, K., Kraepelien, M., Blom, K., Svanborg, C., Lindefors, N., & Kaldo, V. (2018). ICBT in routine care: A descriptive analysis of successful clinics in five countries. *internet interventions, 13*, 108-115. doi:10.1016/j.invent.2018.07.006

Titov, N., Dear, B. F., Johnston, L., Lorian, C., Zou, J., Wootton, B., Spence, J., McEvoy, P. M., & Rapee, R. M. (2013). Improving adherence and clinical outcomes in self-guided internet treatment for anxiety and depression: randomised controlled trial. *PLOS ONE, 8*, e62873. doi:10.1371/journal.pone.0062873

Titov, N., Dear, B. F., Nielssen, O., Wootton, B., Kayrouz, R., Karin, E., Genest, B., Bennett-Levy, J., Purtell, C., Bezuidenhout, G., Tan, R., Minissale, C., Thadhani, P., Webb, N., Willcock, S., Andersson, G., Hadjistavropoulos, H., Mohr, D. C., Kavanagh, D., Cross, S., & Staples, L. (2020). User characteristics and outcomes from a national digital mental health service: an observational study of registrants of the Australian MindSpot Clinic. *Lancet Digital Health, 2*, e582–593.

Topooco, N., Berg, M., Johansson, S., Liljethörn, L., Radvogin, E., Vlaescu, G., Bergman Nordgren, L., Zetterqvist, M., & Andersson, G. (2018). Chat- and internet-based cognitive–behavioural therapy in treatment of adolescent depression: randomised controlled trial. *BJPsych Open, 4*, 199-207. doi:10.1192/bjo.2018.18

Topooco, N., Riper, H., Araya, R., Berking, M., Brunn, M., Chevreul, K., Cieslak, R., Ebert, D. D., Etchmendy, E., Herrero, R., Kleiboer, A., Krieger, T., García-Palacios, A., Cerga-Pashoja, A., Smoktunowicz, E., Urech, A., Vis, C., Andersson, G., & On behalf of the E-COMPARED consortium. (2017). Attitudes towards digital treatment for depression: A European stakeholder survey. *internet Interv, 8*, 1-9. doi:10.1016/j.invent.2017.01.001

van Ballegooijen, W., Riper, H., Cuijpers, P., van Oppen, P., & Smit, J. H. (2016). Validation of online psychometric instruments for common mental health disorders: a systematic review. *BMC Psychiatry, 16*, 45. doi:10.1186/s12888-016-0735-7

van Gemert-Pijnen, J. E., Nijland, N., van Limburg, M., Ossebaard, H. C., Kelders, S. M., Eysenbach, G., & Seydel, E. R. (2011). A holistic framework to improve the uptake and impact of eHealth technologies. *Journal of Medical internet Research, 13*(4), e111. doi:10.2196/jmir.1672

Vigerland, S., Lenhard, F., Bonnert, M., Lalouni, M., Hedman, E., Ahlen, J., Olen, O., Serlachius, E., & Ljotsson, B. (2016). internet-delivered cognitive behavior therapy for children and adolescents: A systematic review and meta-analysis. *Clinical Psychology Review, 50*, 1-10. doi:10.1016/j.cpr.2016.09.005

Vlaescu, G., Alasjö, A., Miloff, A., Carlbring, P., & Andersson, G. (2016). Features and functionality of the Iterapi platform for internet-based psychological treatment. *internet Interventions, 6*, 107-114. doi:10.1016/j.invent.2016.09.006

Watkins, P. L., & Clum, G. A. (Eds.). (2008). *Handbook of self-help therapies*. New York: Routledge.

Webb, C. A., Olson, E. A., Killgore, W. D. S., Pizzagalli, D. A., Rauch, S. L., & Rosso, I. M. (2018). Rostral anterior cingulate cortex morphology predicts treatment response to internet-based cognitive behavioral therapy for depression. *Biological Psychiatry. Cognitive Neuroscience and Neuroimaging, 3*, 255-262. doi:10.1016/j.bpsc.2017.08.005

Xiang, X., Wu, S., Zuverink, A., Tomasino, K. N., An, R., & Himle, J. A. (2020). internet-delivered cognitive behavioral therapies for late-life depressive symptoms: a systematic review and meta-analysis. *Aging & Mental Health, 24*(8), 1196-1206. doi:10.1080/13607863.2019.1590309

Yardley, L., Spring, B. J., Riper, H., Morrison, L. G., Crane, D. H., Curtis, K., Merchant, G. C., Naughton, F., & Blandford, A. (2016). Understanding and promoting effective engagement with digital behavior change interventions. *American Journal of Preventive Medicine, 51*(5), 833-842. doi:10.1016/j.amepre.2016.06.015

Zimmerman, M., & Martinez, J. H. (2012). Web-based assessment of depression in patients treated in clinical practice: reliability, validity, and patient acceptance. *Journal of Clinical Psychiatry, 73*, 333-338. doi:10.4088/JCP.10m06519

2

Fundamentos e questões éticas das intervenções *on-line* em psicologia

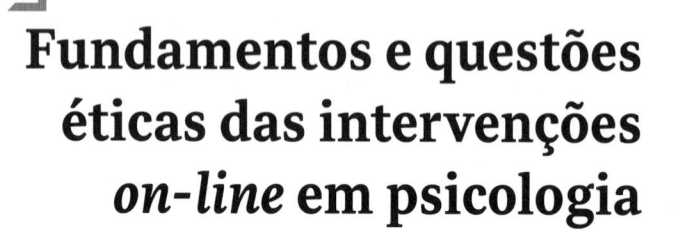

Karen P. Del Rio Szupszynski
Laisa Marcorela Andreoli Sartes
Carmem Beatriz Neufeld

As tecnologias da informação e comunicação (TICs) podem ser consideradas recursos que oportunizam transformações na vida das pessoas, por meio do acesso ilimitado a informações pela internet. As TICs têm influenciado de forma direta o acesso, o armazenamento e a disseminação de informações, podendo gerar alterações físicas, cognitivas e sociais (Ricoy & Couto, 2014). Assim, a internet não pode ser considerada apenas uma ferramenta de comunicação ou um ambiente para busca de informações, mas, sim, um novo espaço de relações e intervenções nas mais variadas áreas. Trata-se de um "lugar" de construção de relações de trabalho, afetivas, familiares, entre tantas outras. Outros possíveis benefícios proporcionados pelas TICs referem-se à educação a distância e à oferta de intervenções em saúde a distância, estimulando a democratização do conhecimento.

Apesar de ter aberto espaço para novas possibilidades de interações e transformações, as TICs também podem ter consequências menos favoráveis, tais como diminuição de relações presenciais, possíveis consequências no humor, uso exagerado da internet/jogos e questões relacionadas a sigilo e confidencialidade (Ricoy & Couto, 2014). Um exemplo é o recente conceito de *zoom fatigue* (fadiga do *zoom*), identificado no contexto dos estudos de comunicação mediada por computador (CMC) e que tem preocupado os especialistas em saúde mental (Nadler, 2020; Wiederhold, 2020).

Contudo, diante da evolução progressiva das TICs, é importante destacar as limitações que as intervenções presenciais têm apresentado nas últimas décadas. A Divisão 12 da American Psychological Association (APA) traz, entre inúmeras informações, como é o acesso aos tratamentos validados cientificamente. Alguns estudos destacam as importantes limitações que os atendimentos presenciais podem apresentar, como o fato de um grande número de pessoas acometidas de determinados transtornos não receber tratamento adequado devido às dificuldades de acesso ao atendimento. Além disso, também se destacam os altos custos que tratamentos particulares no formato tradicional de psicoterapia podem significar, pelo custo das sessões e/ou do deslocamento, que por vezes é necessário para acessar serviços especializados em saúde mental (Kazdin, 2017; Mohr et al., 2010; Schnyder et al., 2017).

O território brasileiro é extremamente amplo, com estados populosos, nos quais existem cidades de referência para inúmeros municípios de pequeno porte. Essa demanda populacional impede que existam profissionais qualificados em número adequado para atender à população, gerando inúmeras filas de espera para atendimentos psicoterápicos. Além disso, a disposição geográfica de determinadas cidades dificulta o acesso aos serviços em saúde mental, gerando custos que por vezes dificultam ou inviabilizam a continuidade de um tratamento. Associado a tudo isso ainda se encontra o estigma em relação à realização de um tratamento psicológico/psiquiátrico (Almondes & Teodoro, 2021).

Outro ponto de discussão tem sido a democratização de serviços de saúde de qualidade e baseados em evidências. Questões étnicas, raciais e de gênero tem sido o foco de estudos e reflexões sobre os programas de prevenção e tratamento oferecidos à população de forma geral. Um estudo de Cook et al. (2017) avaliou disparidades étnico-raciais entre grupo de brancos, negros, hispânicos e asiáticos em relação à oferta de serviços de saúde mental entre os anos de 2004 e 2012. Os resultados apontaram não apenas a disparidade existente entre os grupos, favorecendo a população branca em todas as correlações, mas também que essa disparidade aumentou ao longo dos anos. Isso denota uma falha no modelo em vigor para a oferta de saúde mental em inúmeros países.

Diante desses dados, é importante repensar os conceitos relacionados à saúde mental e à psicoterapia que tradicionalmente é oferecida, em especial no Brasil e em outros países da América Latina. Vários países, como Reino Unido, Suíça, Austrália e Estados Unidos, têm estudado há quase três décadas as possibilidades de ampliar as formas de disponibilizar acesso às informações sobre saúde mental, com foco especial em programas de promoção e prevenção em saúde. Essas demandas relacionadas à saúde de forma geral e à saúde mental foram emergindo concomitantemente a alguns acontecimentos que foram essenciais para o cenário atual de intervenções *on-line* na área da psicologia/psiquiatria (Andersson et al., 2017).

Na mesma época em que as demandas sociais clamam por transformações, torna-se cada vez mais necessária uma prática em saúde baseada em evidências. O movimento teve início no Canadá, entre as décadas de 1980 e 1990, com o objetivo de produzir avanços na assistência à saúde e uma renovação no ensino médico da época. A partir da década de 1990, a medicina baseada em evidências passou a ser conhecida e aplicada mundialmente, influenciando de forma direta outras profissões da área da saúde (Faria et al., 2021). Na psicologia, desde a década de 1950, já existia uma preocupação em relação à comprovação, via estudos científicos, da eficácia de práticas psicoterápicas. No entanto, foi em 1993 que a Divisão 12 da APA implementou uma força-tarefa para avaliar e identificar tratamentos com comprovação empírica e, assim, recomendar diretrizes essenciais para formação e treinamento contínuo de terapeutas, disseminando conhecimento empiricamente validado para a população (Leonardi & Meyer, 2015).

Em paralelo ao fenômeno da prática de psicologia baseada em evidências (PBE), muito clínicos tinham a intenção de facilitar o acesso a estratégias terapêuticas à população geral. Com isso, inúmeras obras sobre ajuda mútua começaram a ser publicadas e disseminadas. Essa intenção de popularizar o conhecimento em saúde mental colaborou para que essa nova estratégia pudesse inspirar novas formas de democratização do conhecimento em saúde mental. Assim, diferentes formatos de intervenções começaram a ser estudados, como programas via cartas (correspondência tradicional), telefone, *e-mail*, intervenções síncronas (geralmente com videoconferência) e intervenções assíncronas (que podem ser com suporte humano ou autoguiadas – sem qualquer interação humana, apenas via ferramentas digitais) (Andersson et al., 2017).

Essa associação entre saúde e tecnologia foi despertando o interesse de pesquisadores e governantes no sentido de ampliar formatos de oferta de saúde para a população. Assim, a *eHealth* (do inglês *electronic health* – saúde eletrônica), ou e-Saúde, surge como o uso das TICs em apoio à saúde, de forma mais segura e com boa relação custo-benefício (Landsberg, 2016). Em reconhecimento da evolução da e-Saúde nos serviços e sistemas de saúde em todo o mundo, em maio de 2005, na 58ª Assembleia Mundial da Saúde, a Organização Mundial da Saúde (OMS) estabeleceu como um de seus focos de interesse a *eHealth*, criando o Observatório Global para *eHealth* (World Health Organization [WHO], 2005). Entre seus objetivos, estavam o monitoramento do futuro das TICs na área da saúde e seus potenciais benefícios para países de baixa e média rendas. A missão do Observatório Global é reunir informações sobre práticas eficazes em *eHealth*, além de ampliar a conscientização dos governos e do setor privado para investir e promover a *eHealth*. Na 71ª Assembleia Mundial da Saúde, em 2018, o potencial das tecnologias digitais na saúde foi fortalecido, propondo-se uma priorização no desenvolvimento e maior uso de tecnologias digitais em saúde como meio de promover a cobertura universal de saúde e avançar em relação aos Objetivos de Desenvolvimento Sustentável (ODSs) (WHO, 2018).

O uso de ferramentas digitais em saúde tem sido chamado de *mobile health* (*mHealth*). A *mHealth* é a transferência de informações de saúde, com o objetivo de complementar a prática realizada por profissionais da saúde. A prática da *mHealth* envolve o uso de aplicativos, incluindo ferramentas de voz, mensagens de texto e mensagens multimídia, sendo usada para a comunicação com o paciente, monitoramento e educação, para ampliar o acesso à saúde da população com menos acesso a estes serviços, para auxiliar no processo de diagnóstico clínico e adesão ao tratamento e para gerenciamento de doenças crônicas (Marcolino et al., 2018).

Pesquisadores buscaram compreender a efetividade/eficácia de intervenções *on-line* em saúde. Berger (2017) descreveu os diferentes formatos de intervenções *on-line* que podem ser oferecidos. Segundo o autor, as intervenções *on-line* podem ser mais automatizadas (por meio de *softwares* e algoritmos de programação) ou mais personalizadas (por meio de intervenções com suporte humano ou de psicoterapia na modalidade *on-line*). As intervenções automatizadas geralmente são autoguiadas, sem suporte humano ou com um suporte mínimo oferecido ao longo da intervenção. Podem ser ofertadas via aplicativos ou *sites* e estimulam a autonomia do paciente para a evolução do processo. Já as intervenções mais personalizadas podem disponibilizar suporte humano quando se trata de intervenções assíncronas ou estar fundamentada na ideia de contato ao vivo, síncrono, como a psicoterapia na modalidade *on-line*. Berger (2017) cita ainda o crescimento das intervenções mistas, quando, por exemplo, é oferecido um processo psicoterápico *on-line* junto a um programa assíncrono (com módulos de conteúdo associados à abordagem psicoterápica oferecida).

Mas como saber quando oferecer uma intervenção assíncrona ou uma psicoterapia na modalidade *on-line*? Essa é uma das questões conceituais mais relevantes nas intervenções *on-line*. É essencial compreender os objetivos e possibilidades de cada modalidade e, assim, ofertar a melhor opção diante das demandas dos pacientes. A literatura utiliza alguns conceitos-chave para explicar de forma mais aprofundada a complexidade de cada intervenção.

NÍVEIS DE INTENSIDADE DAS INTERVENÇÕES

Um modelo utilizado em inúmeros países nos serviços de saúde mental é o *stepped care*, que tem o objetivo de oferecer intervenções de baixa intensidade (p. ex., psicoeducação, aconselhamento ou tratamento de resolução de problemas) em programas preventivos ou para pacientes com sintomas leves de qualquer psicopatologia, e intervenções de alta intensidade (psicoterapia ou tratamento medicamentoso) para pacientes com sintomatologia mais grave. A Figura 2.1 exemplifica o modelo gráfico do conceito de *stepped care* (Franx et al., 2012).

Segundo Bower e Gilbody (2005), os modelos *stepped care* nasceram da necessidade de oferecer intensidades distintas de intervenção para diferentes demandas e otimizar os recursos tanto dos pacientes quanto dos profissionais e dos sistemas de saúde. Adicionalmente, os autores defendem que esse tipo de modelo visa a criar um processo, um fluxo, um planejamento de intervenções que alcancem dois objetivos principais: 1) que o tratamento recomendado dentro do modelo seja a intervenção menos restritiva (com menor impacto em termos de custos e desconforto para o paciente) e com o maior ganho em saúde disponível; e 2) que o modelo seja autocorretivo (com acompanhamento e avaliação sistemática e constante), ou seja, que, na medida em que o indivíduo avança dentro do modelo, receba uma intensidade gradativamente maior de intervenção para ter suas necessidades sanadas em um dado momento, à medida que maiores intensidades de intervenção são ofertadas.

Intervenções de baixa intensidade

| População geral sem sintomas ou problemas psicológicos | Risco mínimo – sintomas iniciais de psicopatologias | Sintomas leves e sem prejuízos significativos | Sintomas moderados e busca de serviços de saúde mental | Transtornos mentais complexos e com sintomas severos |

Intervenções de alta intensidade

FIGURA 2.1 Modelo *stepped care*.
Fonte: Elaborada com base em Franx et al. (2012).

Como base do modelo de *stepped care*, está a ideia de intervenções de intensidade diferenciada. Bennett-Levy et al. (2010) propõem intervenções de intensidade de acordo com as demandas de cada paciente. Os níveis sugeridos seriam de intervenções de baixa intensidade (*low intensity interventions*) e alta intensidade (*high intensity interventions*). Essa terminologia começou a ser utilizada nos anos 2000 e tinha como objetivo aumentar o acesso às terapias psicológicas baseadas em evidências para melhorar a saúde mental e o bem-estar de toda a comunidade, além de fornecer acesso mais rápido a programas de terapia cognitivo-comportamental (TCC) preventivos e de intervenção precoce. As intervenções *on-line* de baixa intensidade geralmente caracterizaram-se como assíncronas, com ou sem suporte humano, e com um caráter preventivo. Já as intervenções de alta intensidade direcionam-se para diagnósticos de maior complexidade e que necessitam de aprofundamento de questões psicológicas, sendo representadas pela psicoterapia presencial ou na modalidade *on-line*.

O modelo conceitual que compõe a ideia de intervenções de baixa e alta intensidade estimulam uma mudança de paradigma da saúde mental. Trata-se de um convite para refletir sobre a prática oferecida atualmente, sem ter a pretensão de tornar-se unanimidade entre os clínicos, mas de ser uma nova forma de oferecer serviços psicológicos/psiquiátricos.

As intervenções de baixa intensidade buscam otimizar o tempo dos profissionais da saúde, uma vez que apenas pacientes mais graves seriam encaminhados para intervenções mais tradicionais com a presença do terapeuta. A premissa das intervenções de baixa intensidade é que pacientes com sintomas leves podem se beneficiar de intervenções mais objetivas e com alto potencial de alcance. Além disso, essas intervenções têm como objetivo possibilitar um acesso mais rápido a programas preventivos ou de intervenção precoce fundamentados, por exemplo, na TCC. No Reino Unido, a oferta de intervenções de TCC de baixa intensidade tem sido associada comumente a intervenções assíncronas autoguiadas. Assim, uma boa parte das publicações direciona-se para esse tipo de intervenção, demonstrando níveis de efetividade satisfatórios. Em uma metanálise, foi evidenciado que intervenções de baixa intensidade 100% autoguiadas têm eficácia menor do que aquelas que oferecem suporte humano, mas apresentam alcance imensamente maior, podendo levar prevenção em saúde mental para um número muito maior de pessoas (Kelders et al., 2015).

Uma vez compreendido e definido o objetivo da intervenção *on-line*, é importante identificar os pontos essenciais para sua elaboração e execução. Ebert et al. (2017) afirmam que é fundamental ter atenção aos seguintes aspectos:

- fornecer estratégias baseadas em evidências;
- definir se haverá suporte humano e como este será ofertado (por *e-mail*, *chat* ou videoconferência);
- estabelecer se haverá uso de realidade virtual ou inteligência artificial;
- decidir se serão utilizados *games* para o treinamento de estratégias psicológicas no contexto de um jogo de computador;
- determinar se serão oferecidos *feedback* e intervenções de reforço (p. ex., por meio de aplicativos, *e-mails*, mensagens de texto), que auxiliam o participante na incorporação do conteúdo na vida cotidiana;
- decidir se serão usados sensores e aplicativos para monitorar comportamentos de saúde, como atividade física, para apoiar o processo de aprendizagem de uma intervenção específica.

A seguir são descritos alguns estudos que avaliaram a eficácia de intervenções *on-line* fundamentadas na TCC.

EVIDÊNCIAS DE EFICÁCIA DE INTERVENÇÕES *ON-LINE*

Atualmente podem ser encontrados na literatura estudos envolvendo diagnósticos como transtornos de ansiedade, depressão e insônia, e quadros mais graves, como uso de substâncias, ideação e comportamento suicida, transtornos psicóticos e transtornos alimentares. São encontrados ainda estudos sobre terapia na modalidade *on-line* para transtorno do espectro autista e dor crônica, e sobre terapia realizada em grupo, com casais e famílias.

Muitos ensaios clínicos foram conduzidos para quadros de transtornos do humor em adultos, com sintomas isolados ou com comorbidade com outros quadros. Uma revisão publicada no periódico *Plos One* (Arnberg et al., 2014) incluiu 40 estudos de boa qualidade metodológica que avaliaram a terapia na modalidade *on-line* para transtornos do humor e de ansiedade. A maioria dos estudos incluía um protocolo de TCC que foi comparado com grupos de pacientes em lista de espera, e 88% deles foram realizados na Suécia e Austrália. A revisão concluiu que há evidências limitadas a moderadas para depressão leve a moderada, fobia social, transtorno de pânico e transtorno de ansiedade generalizada (TAG). Em contrapartida, indicou-se a necessidade de mais estudos que comparem a terapia *on-line* com a presencial, que avaliem os efeitos em longo prazo dos tratamentos e que as intervenções também sejam voltadas para crianças e adolescentes.

Outro estudo, realizado na Inglaterra (Salisbury et al., 2016), avaliou os resultados de um serviço integrado de telessaúde para doenças crônicas, incluindo depressão, o Healthline Service. O estudo incluiu 609 pessoas e foi publicado no *The Lancet Psychiatry*. Os autores compararam pessoas que receberam somente o tratamento padrão com pessoas que receberam adicionalmente uma intervenção por telefone, e observaram uma melhora superior no grupo que recebeu a intervenção por telefone na avaliação realizada quatro meses depois. Os usuários relataram melhora não só nos sintomas de depressão, mas também de ansiedade, autogestão em saúde e melhor acesso ao suporte.

Um grupo nos Estados Unidos optou por entender os efeitos da telepsicoterapia realizada por videoconferência usando o aplicativo Skype com idosos em situação de vulnerabilidade social e deprimidos que tinham pouco acesso à psicoterapia baseada em evidências, mesmo que na modalidade presencial. Os autores realizaram um ensaio clínico randomizado (ECR) com 158 indivíduos e compararam um protocolo baseado na terapia de resolução de problemas realizada por Skype, por telefone ou presencialmente. Os resultados foram bons na avaliação de seis meses após o tratamento, e eles concluíram que a eficácia e o baixo custo mostraram potencial para fácil replicação e para alcançar um grande número de idosos carentes e melhorar seu acesso aos serviços de saúde mental (Choi et al., 2014).

A TCC na modalidade *on-line* tem sido amplamente estudada para os quadros de ansiedade, dispondo de diversos ECRs e revisões sistemáticas. O transtorno de estresse pós-traumático (TEPT) é um dos mais investigados nessa perspectiva, e muitas pesquisas têm mostrado resultados semelhantes aos da terapia presencial. Inúmeros estudos têm sido realizados com veteranos de guerra nos Estados Unidos, mulheres e população rural. Entre as abordagens testadas, as principais são terapia de exposição de base comportamental, ativação comportamental, terapia de processamento cognitivo e entrevista motivacional.

Uma revisão sistemática publicada no *Journal of Telemedicine and Telecare*, em 2015, incluiu 11 estudos, totalizando uma amostra de 472 pessoas com TEPT.

A maior parte dos estudos avaliava a TCC *on-line* de 12 a 16 sessões, além das terapias de exposição, de dessensibilização pelo movimento dos olhos e de processamento cognitivo. Os pesquisadores observaram ganhos nas intervenções de curto prazo realizadas por internet, com tamanhos de efeito médio e grande em sintomas de ansiedade, depressão e TEPT. No entanto, a equivalência entre a terapia na modalidade *on-line* e presencial não ficou clara nessa revisão (Bolton & Dorstyn, 2015).

Outro estudo menor utilizou, via telessaúde, um protocolo baseado em *mindfulness* para estresse e comparou-o com a psicoeducação padrão para TEPT de veteranos de guerra norte-americanos. Ambas as intervenções tiveram oito sessões, além de três avaliações. O estudo identificou que a telessaúde mostrou-se um modo viável de tratamento para TEPT e que os indivíduos foram capazes de tolerar e relatar alta satisfação na terapia breve de atenção plena. Também identificou que houve redução temporária dos sintomas de TEPT, mas que o tratamento breve não foi suficiente para manter os efeitos em longo prazo (Niles et al., 2012).

Em uma revisão realizada por Rees e Maclaine (2015), foram avaliados os resultados de 20 estudos sobre TCC por videoconferência compostas por protocolos de 12 a 14 sessões. Os estudos foram direcionados para TEPT, transtorno obsessivo-compulsivo (TOC), transtorno de pânico, fobia social, transtorno de ansiedade e depressão, mas os autores não encontraram estudos específicos para TAG. Os resultados foram considerados bons, já que a terapia por videoconferência obteve os mesmos resultados das terapias presenciais e conseguiu, de modo geral, reduzir os sintomas de ansiedade nos diferentes transtornos. Os tamanhos de efeito foram de moderados a grandes, especialmente para TEPT, e mostraram que a terapia de exposição prolongada pode ser bem conduzida por videoconferências. No entanto, para os demais transtornos, os estudos tinham muitas limitações, como tamanhos de amostra reduzidos e falta de comparação com terapia presencial, então os autores concluíram que há necessidade de mais pesquisas para construir essa base de evidências.

Em 2013, foi publicado nos Estados Unidos um estudo-piloto sobre TAG, que avaliou 12 sessões de terapia comportamental baseada na aceitação realizadas por videoconferência, utilizando o aplicativo Skype, com 24 pessoas. Os participantes e os terapeutas avaliaram a intervenção como aceitável e viável. Três meses após a intervenção, eles encontraram melhora nos sintomas de ansiedade social, depressão, incapacidade, qualidade de vida e comportamento de evitação. Embora não tivessem incluído um grupo de comparação, os resultados foram considerados comparáveis ou melhores do que os da literatura científica para a terapia presencial (Yuen et al., 2013).

Outro estudo usou um sistema de codificação para analisar as sessões da TCC em grupo para ansiedade e depressão. Os participantes poderiam escolher entre terapia presencial ou *on-line*. Entre os 31 indivíduos que começaram, 18 finalizaram a terapia, sendo dez na modalidade presencial e oito na *on-line*. Os resultados da análise codificada mostraram que a prática profissional, os temas das sessões e os resultados foram muito semelhantes entre as duas modalidades, o que sugere que o manejo das sessões feito pelo profissional na modalidade *on-line* pode ser o mesmo da presencial (Khatri et al., 2014).

Alguns desses resultados mostram o que muitos estudos na modalidade presencial também encontram: para os casos mais graves, as intervenções e psicoterapia breves têm bons resultados de eficácia em curto prazo, mas em longo prazo é necessário desenvolver estratégias de manutenção para evitar recaídas nos quadros psicopatológicos. Além disso, é necessário incluir o cuidado multiprofissional para casos mais graves, com a participação de psicólogos, médicos de mais de uma especialidade, nutricionistas, terapeutas ocupacionais, enfermeiros especializados em saúde mental, entre outros. Essa discussão, portanto, vai além da modalidade de tratamento e deve ser feita, tanto para a modalidade *on-line* quanto para a presencial, nas situações de tratamento de quadros psicopatológicos graves.

Em vista disso, além de temas relacionados a transtornos de humor e ansiedade, muitos pesquisadores têm avaliado a efetividade das intervenções *on-line* para uso de substâncias psicoativas, já que este se configura como um importante problema de saúde pública mundial, de difícil tratamento. Uma revisão realizada por pesquisadores brasileiros (Gumier, 2019) encontrou seis estudos sobre terapia de base cognitivo-comportamental com a participação de um terapeuta para usuários de álcool. Nenhum dos tratamentos foi conduzido por videoconferência individual e nenhum deles era direcionado para dependentes de álcool. As intervenções foram realizadas por mensagens de texto, *e-mail* ou *chat*. Em um dos estudos, houve um encontro de 10 a 15 minutos com um terapeuta ao final da sessão autoaplicada em que era utilizado um programa de computador. Os resultados apontaram redução do consumo de álcool ao final e na avaliação de seguimento em todos os estudos, além de bons resultados em outras medidas de problemas relacionados e boa satisfação com os tratamentos.

Nessa perspectiva, um ECR vem sendo realizado com brasileiros com diagnóstico de dependência de álcool, visando a comparar a TCC realizada por videoconferência com a presencial. Os participantes recebem um tratamento de 12 sessões, diferindo apenas em termos de modalidade de oferta da intervenção, a saber: presencial ou *on-line*. Os resultados do estudo-piloto mostraram redução do consumo de álcool ao final e na avaliação de seguimento, aumento do número de dias de abstinência, boa aliança terapêutica e boa adesão ao tratamento. Os resultados foram semelhantes entre as duas modalidades (Gumier, 2019; Ribeiro et al., 2021). Em outro estudo, os pesquisadores convidaram por *e-mail* indivíduos que se cadastraram no *site* de intervenção autoaplicada informalcool.org para participar da terapia por videoconferência. Os resultados mostraram que a terapia foi viável e que teve boa aceitabilidade usando essa estratégia de contato (Cançado, 2017; Cançado et al., 2019).

Uma ampla revisão buscou estudos empíricos com usuários de outras drogas além do álcool e encontrou apenas pesquisas sobre tabaco e opioides. No caso dos estudos sobre problemas devido ao uso de álcool, as intervenções eram baseadas principalmente na entrevista motivacional breve, mas também nas estratégias da prevenção de recaída, na TCC e na terapia de família. Os resultados mostraram que houve pouca desistência dos tratamentos, além de redução significativa no consumo de álcool, com exceção dos pacientes em tratamento devido a problemas com a justiça criminal. As intervenções para o tratamento do tabagismo foram realizadas por videoconferência, individualmente, em grupo ou via orientação familiar, e baseadas em estratégias cognitivo-comportamentais, de aconselhamento e vídeos educativos. Os tratamentos para dependentes de opioides avaliaram a união entre uso de medicamentos e tratamento psicoterapêutico grupal *on-line*, e os autores não encontraram diferenças nos resultados entre a modalidade *on-line* e presencial (Lin et al., 2019).

Os estudos sobre intervenções para tabagismo encontraram resultados semelhantes entre a terapia realizada por videoconferência, presencial ou por telefone em termos de taxas de abstinência. Em sua maioria, as pesquisas avaliaram protocolos de TCC, seguidos por entrevista motivacional, terapia de grupo e aconselhamento. Nas pesquisas sobre intervenções com usuários tanto de álcool quanto de tabaco, foram relatadas pelos participantes alta satisfação e maior facilidade de acesso ao tratamento.

No que se refere ao tratamento na modalidade *on-line* para uso de substâncias, a revisão destacou dois pontos que, de fato, normalmente são desafios para o tratamento nessa área, mesmo que presencial. O primeiro é a redução do consumo em todas as modalidades estudadas. Esse dado indica que a intervenção na modalidade *on-line* pode ser útil para essa população. Cabe ressaltar que, nos consultórios particulares, esses clientes em geral chegam com outras demandas, que podem receber maior atenção do clínico. Caso essa área não seja a especialidade do psicólogo, o uso de ferramentas *on-line* autoguiadas pode ser complementar. O segundo ponto destacado é o melhor acesso ao tratamento, já que usuários de substâncias chegam pouco ao tratamento especializado por questões de estigma e falta de oferta em relação à demanda. Os resultados relacionados à adesão são positivos, já que essa é uma população que em geral adere pouco ao tratamento.

Conforme mencionado, as intervenções *on-line* também têm sido utilizadas para tratamento e prevenção de sintomas psicológicos complexos. Sabe-se que a TCC é amplamente utilizada para a prevenção de ideação suicida, mas estudos adicionais são necessários para validar sua eficácia na modalidade *on-line*. Em contrapartida, a incapacidade ou relutância em procurar ajuda presencial sugere que as intervenções *on-line* possam ser um bom recurso nesses casos (Leavey & Hawkins, 2017). Alguns estudos buscaram avaliar os efeitos das intervenções via internet para pessoas com ideação suicida. Leavey e Hawkins (2017) realizaram uma revisão sistemática e metanálise publicada no *Cognitive Behaviour Therapy* para avaliar a efetividade da TCC *on-line* em comparação com a presencial. Os resultados mostraram um efeito estatisticamente significativo de pequeno a médio em favor da TCC presencial. Embora o estudo tenha identificado várias limitações metodológicas, a *eHealth* não foi considerada eficaz para reduzir ideação e comportamento suicidas em adultos.

Em contraponto ao estudo anterior, pesquisadores da Universidade de Washington publicaram um artigo que traz recomendações para usar a videotelessaúde com pacientes de alto risco para suicídio. McGinn et al. (2019) argumentam que a maioria dos estudos não incluiu pacientes de alto risco e que a videotelessaúde tem o potencial de fornecer serviços de saúde mental para a população com risco de suicídio que enfrenta barreiras de acesso. Os autores especulam que é possível oferecer serviços únicos, como, por exemplo, a avaliação de risco realizada por telefone, e que as melhores práticas para avaliação e gestão de risco de suicídio podem ser executadas de forma viável por profissionais da saúde mental via videotelessaúde. Além disso, segundo os autores, nenhuma literatura, diretriz ou lei relativa à prestação de serviços em saúde mental via videotelessaúde sugere que os pacientes de alto risco devam ser excluídos dessa modalidade. Contudo, reforçam a ideia de que os profissionais da saúde mental que prestam serviços via videotelessaúde a pacientes com esse perfil devem construir uma rede multidisciplinar de profissionais que atendam tanto *on-line* quanto presencialmente para encaminhamento e consulta.

Nessa linha de pensamento, Godleski et al. (2008) salientam que o atendimento em saúde mental por vídeo pode oferecer pistas visuais sobre os estados emocionais dos pacientes, permitir que sejam realizadas avaliações em áreas remotas onde não há um serviço disponível, reduzir a necessidade de hospitalização e permitir a prestação de cuidados em situações culturalmente sensíveis – por exemplo, quando há problemas de adaptação linguística.

Também encontram-se na literatura estudos que avaliaram o efeito das intervenções *on-line* nos transtornos mentais graves, casos em que há presença persistente e extensiva de incapacidade funcional, como transtorno psicótico, esquizofrenia, transtorno esquizoafetivo, depressão maior e transtorno bipolar. Assim como na ideação suicida, o tratamento de tais quadros torna-se um grande desafio, pois também há problemas com relação ao acesso da população com esses transtornos aos serviços especializados de saúde. Lawes-Wickwar et al. (2018) avaliaram em uma revisão a aplicação e efetividade da telessaúde para esses quadros. O suporte por telefone foi considerado eficaz para melhorar a adesão aos medicamentos e reduzir a gravidade dos sintomas e o número de dias de internação, mas as atividades sobre educação em saúde realizadas por computador não foram eficazes, sendo consideradas incômodas para os pacientes.

QUESTÕES ÉTICAS NAS INTERVENÇÕES *ON-LINE*

O crescimento da *eHealth* e de pesquisas sobre intervenções *on-line* fez emergir outra importante discussão: ética e segurança da informação no uso de TICs na área da saúde. Em países onde o tema já é debatido há mais tempo, a discussão sobre segurança da informação em *eHealth* contempla os seguintes aspectos: autenticação de usuários, autorizações (ou termos de consentimento), *backup* das informações, armazenamento e recuperação de dados, *login* em plataformas, acesso às gravações de avaliações ou sessões e regulamentação sobre responsabilidade legal das informações geradas pelas intervenções/atendimentos (Rajamaki & Pirinem, 2017). Alguns países já têm legislação para essa forma de intervenção em saúde, o que, todavia, não ocorre no Brasil.

O início das discussões sobre regulamentação das intervenções *on-line* no Brasil ocorre desde o início da década de 2000. Em 2005 foi publicada a Resolução nº 12/2005 do Conselho Federal de Psicologia (CFP), que liberava os psicólogos brasileiros para realizar atendimento psicoterapêutico mediado pelo computador em pesquisas que tivesses aprovação do Comitê de Ética e em atendimentos, desde que não psicoterapêuticos, tais como orientação psicológica, orientação profissional, orientação de aprendizagem e psicologia escolar.

Em 2012, o CFP ampliou a possibilidade de atendimentos *on-line* por meio da Resolução nº 11/2012, que autorizou a prática psicológica *on-line* com remuneração. No entanto, a resolução restringia o atendimento *on-line* a até 20 sessões, síncronas ou assíncronas, em situações eventuais, quando o cliente estava impedido de comparecer presencialmente às sessões. Apenas em 2018, com a Resolução nº 11/2018, o CFP regulamentou a prestação de serviços realizados por meio de TICs. Nessa resolução também se tornou obrigatório o registro no Cadastro Nacional de Profissionais de Psicologia para Prestação de Serviços Psicológicos por meio de Tecnologias da Informação e Comunicação (e-Psi), no *site* do CFP. O cadastramento no e-Psi é requisito essencial para o atendimento psicológico *on-line* e deve ser realizado antes de o profissional iniciar seus atendimentos. Nesse cadastro, o profissional informa os meios pelos quais irá realizar os atendimentos e detalha questões relacionadas a sigilo e privacidade das informações (Silva, 2021).

Associados às questões relacionadas à regulamentação, outros aspectos essenciais referem-se às questões éticas do atendimento *on-line*. Stoll et al. (2020) realizaram uma revisão narrativa na qual apontam alguns pontos favoráveis e outros desfavoráveis para a oferta de psicoterapia na modalidade *on-line*. Em relação aos aspectos favoráveis estão:

a. Ampliação da acessibilidade
Os serviços podem ser acessados em qualquer lugar e a qualquer momento, permitindo maior flexibilidade, além de oportunizar cuidados baseados em evidências, especialmente para aqueles que vivem em áreas remotas e/ou populações com menos acesso aos aparelhos de saúde.

b. Vantagens econômicas
A psicoterapia na modalidade *on-line* tem o potencial de reduzir os custos de saúde para pacientes, terapeutas e comunidade como um todo, favorecendo a atenção em saúde em países em desenvolvimento.

c. Efetividade, eficácia e eficiência
Inúmeros estudos têm sido realizados sobre as mais diversas modalidades de intervenções *on-line*, comprovando, a partir de resultados satisfatórios, os inúmeros benefícios de oferecer saúde por meio de TICs.
d. Minimização de barreiras
As intervenções *on-line* podem reduzir o estigma social de tratamentos psicológicos/psiquiátricos, estimulando inúmeras pessoas a buscar auxílio de qualidade.
e. Relação terapêutica comprovada
Inúmeros estudos já comprovaram que a relação terapêutica construída em intervenções em ambiente digital é igual ou melhor do que em intervenções presenciais.
f. Níveis altos de adesão
As intervenções têm comprovada aceitação entre pessoas de diferentes perfis/etapas do desenvolvimento.

Apesar de tantos pontos favoráveis, alguns aspectos negativos também são apontados pelos autores (Stoll et al., 2020):

a. Segurança da informação (sigilo e privacidade)
Este é um dos pontos centrais de apreensão na prática de intervenções *on-line*. Uma das preocupações é o uso de *sites* não seguros ou ferramentas de comunicação não criptografadas, como *softwares* disponíveis gratuitamente.
b. Treinamento adequado de terapeutas
Apesar de o psicólogo exercer sua função como em outras modalidades, tem sido consenso a necessidade de treinamento adequado para profissionais que optam por exercer sua prática no ambiente virtual. São necessárias competências relacionadas com a tecnologia, e devem ser abordadas questões clínicas e terapêuticas específicas para o ambiente *on-line*.
c. Pesquisas insuficientes, principalmente no Brasil e no restante da América Latina
Apesar de muitos países já investirem em intervenções *on-line*, é notório que existem muitas lacunas de conhecimento, especialmente no que diz respeito à eficácia das intervenções em longo prazo.
d. Conhecimento tecnológico
É essencial que tanto terapeuta quanto paciente avaliem suas habilidades tecnológicas para usufruir de forma integral do serviço disponibilizado. Além disso, o desconforto ou medo de usar a tecnologia não é incomum.

e. Crenças relacionadas às intervenções *on-line*
O conhecimento insuficiente sobre evidências científicas pode gerar insegurança na decisão de utilizar intervenções *on-line*. É essencial que o terapeuta avalie suas crenças em relação ao atendimento virtual e o quanto elas podem impactar o sucesso das intervenções.

f. Comparações com a modalidade presencial
Assim como intervenções psicológicas em outras modalidades, as intervenções *on-line* apresentam prós e contras e não devem ser comparadas com o atendimento presencial. Suas especificidades a tornam única, podendo ser utilizada de forma isolada ou complementar a outras práticas.

g. Aplicação em pacientes com diagnósticos complexos
É preciso dar atenção especial ao atendimento de casos complexos, uma vez que o atendimento *on-line* restringe a ação do terapeuta por estar em local muito distante ou sem contato de pessoas próximas.

Além dos aspectos já citados, é relevante destacar outros cuidados essenciais para a realização de atendimento *on-line* em psicologia.

Adaptação às preferências e às necessidades dos clientes

A adaptação ao perfil do cliente é um dos pontos fundamentais do tripé da PBE. Uma das vantagens da utilização da terapia na modalidade *on-line* reside em facilitar o acesso ao atendimento àqueles que não conseguem tratamentos tradicionais, considerando aspectos geográficos, socioeconômicos, etários e educacionais. Em diversas circunstâncias, como as geradas pela pandemia de covid-19, certos grupos são os mais vulneráveis e também os que mais necessitam de tratamento (Almondes & Teodoro, 2021; Frankham et al., 2020).

Quando o terapeuta opta por realizar terapia por videoconferência, por exemplo, deve levar em consideração o perfil socioeconômico e a experiência com o uso de tecnologias digitais do paciente. Boa parte da população brasileira não tem acesso à internet em casa, nem mesmo no celular. Um levantamento mostrou que 48% da população brasileira usa a internet com velocidade média (Lemos & Marques, 2012).

Setting

O atendimento *on-line* tem como uma de suas vantagens a realização das sessões psicoterápicas sem que o cliente precise se deslocar, podendo ser atendido em casa, em seu escritório, etc. No entanto, o terapeuta deve ter em mente que orientar seu cliente quanto à escolha do *setting* terapêutico é importante, não somente pela questão do sigilo, mas também pela condução da sessão e pela formação da aliança terapêutica. Há uma vasta e antiga literatura sobre a psicoterapia que aborda a importância do *setting*. Tradicionalmente, as sessões de psicoterapia realizadas em consultório podem oferecer benefícios para a relação terapêutica, como proporcionar sensação de segurança e proteção para os clientes, além de trabalhar os limites terapêuticos adequados (Knapp & Slattery, 2004). Realizar a sessão em um ambiente público, como uma cafeteria ou o metrô, por exemplo, poderia trazer consequências negativas tanto para o terapeuta quanto para o cliente. O profissional correria riscos de violar a confidencialidade do cliente ao usar uma rede pública ou ao permitir que a conversa fosse acessada, ainda que não intencionalmente. No caso do cliente, os estímulos ambientais podem interferir na concentração e no processamento integral do conteúdo terapêutico, o que inviabilizaria os benefícios terapêuticos. Além disso, a escolha do cliente pelo local público pode ser uma forma de evitar conteúdos difíceis ou imprimir às sessões um caráter descontraído e social. Em outras palavras, pode ser uma forma de resistência (Drum & Littleton, 2014).

Deve-se tomar cuidado para não banalizar o processo terapêutico. O cliente pode se sentir intimidado em falar sobre certos assuntos que lhe são caros e difíceis; mulheres podem ser intimidadas por assuntos relacionados à violência doméstica; famílias podem entrar em conflito; adolescentes podem ter sua privacidade controlada e evitar conversar na terapia. O *setting* na modalidade *on-line* envolve privacidade, pouco ruído e, se possível, um ambiente agradável. No caso da realização da terapia em casa, sugere-se adotar estratégias para melhorar a privacidade e garantir que não haja outras pessoas no local, como, por exemplo, trancar a porta e utilizar música ambiente do lado de fora do local da terapia, para evitar que o conteúdo da sessão seja escutado. Recomenda-se que o terapeuta apresente um ambiente profissional, com obras de arte, certificados e diplomas. Além disso, é importante que o ambiente seja culturalmente sensível e neutro (Devlin et al., 2013; Silva, 2021).

Tempo

O estabelecimento de tempo é importante para o andamento do processo terapêutico. Ele fornece estrutura ao estabelecer marcadores claros quanto ao início e ao final do encontro e quanto ao tempo que será utilizado para conversar sobre temas difíceis. Na TCC, o manejo do tempo tem uma importância fundamental, especialmente no intuito de otimizar o tratamento de modo geral. Problemas de tempo na terapia presencial referem-se a atrasos, ultrapassar o tempo da sessão, contatos excessivos fora da sessão e tentar marcar a sessão em horários inadequados (Zur, 2008). Esses mesmos problemas podem surgir na terapia na modalidade *on-line*, especialmente pela maior flexibilidade e conveniência, gerando no terapeuta e no cliente a percepção de que se trata de uma modalidade de terapia menos estruturada. O terapeuta corre maior risco de ter dificuldades com atrasos devido a problemas tecnológicos, assim como de ser mais flexível quanto ao tempo da sessão. Nos casos de uso de *chat*, por exemplo, a demora das respostas pode levar o terapeuta a estender o tempo das sessões. Além disso, pode tender a marcar as sessões em horários nos quais normalmente ele não o faria, comprometendo sua organização. Recomenda-se que o profissional estabeleça limites no agendamento das sessões, dando preferência ao horário comercial ou ao horário de atendimento normalmente estabelecido por ele, que também deve valer para as respostas aos contatos assíncronos, salvo em casos graves. Isso ajudará o cliente a diferenciar os contatos terapêuticos dos contatos com outras pessoas, além de fazer a terapia ser percebida como estruturada, consistente, previsível e profissional (Drum & Littleton, 2014).

Com relação a esse ponto, a flexibilidade e a conveniência do atendimento *on-line* podem levar alguns profissionais a marcar sessões em período de férias ou em momentos em que precisaria de licença médica. Drum e Littleton (2014) falam sobre a importância do autocuidado do profissional, evitando também o contato assíncrono fora do período de trabalho. Para isso, o terapeuta pode avisar com antecedência sobre os períodos de férias e/ou de licença e informar aos clientes os contatos da rede que poderá ser acessada caso seja necessário.

Garantia de privacidade dos familiares

Drum e Littleton (2014) recomendam que os clientes sejam orientados quanto à confidencialidade de seus familiares, amigos ou colegas de quarto, evitando, por exemplo, exibir porta-retratos ou outros itens que identifiquem os indivíduos e participando da sessão em local privativo.

Uso de redes sociais ou páginas de internet

Com o aumento do interesse na terapia na modalidade *on-line*, é importante que os profissionais tenham cuidado com os limites no uso das redes sociais, *sites* e *blogs* para divulgação de seu trabalho. Se o terapeuta usar as redes sociais, pode ser útil conversar com o cliente sobre como eles lidarão com contatos *on-line* não terapêuticos, como, por exemplo, solicitações de amizade em redes sociais. Alguns países têm políticas específicas para isso. No Brasil não há diretrizes claras, mas é possível se guiar pelos códigos nacionais e também internacionais.

O Código de Ética do Profissional Psicólogo (CFP nº 10/05) estabelece no Artigo 20 algumas regras para a promoção pública dos serviços de psicologia, que envolvem: informar o nome completo e o número de registro no CRP; fazer referência a títulos ou qualificações profissionais; não divulgar preço como forma de propaganda nem fazer previsão determinista de resultados, além de não fazer divulgação sensacionalista de suas atividades profissionais. Esta última é especialmente sensível nos casos da divulgação pela internet. Com relação às mídias sociais, é preciso ter cautela com a exposição de pacientes. O Artigo 9 determina: "É dever do psicólogo respeitar o sigilo profissional, a fim de proteger, por meio da confidencialidade, a intimidade das pessoas, grupos ou organizações a que tenha acesso no exercício profissional" (CFP, 2014). Alguns conselhos regionais também elaboraram materiais próprios, com diretrizes que podem ser utilizadas por profissionais de todo o país. O Conselho Regional de Psicologia de São Paulo (CRP-11, 2020) elaborou uma cartilha sobre psicologia e ética nas redes sociais, incluindo várias respostas a dúvidas frequentes. Informa, por exemplo, que é vedada a realização de diagnósticos, divulgação de procedimentos ou resultados de serviços psicológicos em meios de comunicação.

Em uma perspectiva mais geral, a exposição do psicólogo na internet deve ser cautelosa. Zur (2008) alerta que, com poucos cliques, os clientes podem descobrir muitas informações sobre o terapeuta, tais como histórico familiar, registros criminais, árvore genealógica, atividade voluntária, envolvimento comunitário e recreacional, afiliações políticas e muito mais. Essas informações vão muito além das estratégias de autorrevelação intencional que se faz ao cliente, comumente utilizadas na psicoterapia. Autorrevelações apropriadas e clinicamente orientadas são realizadas para o benefício do cliente e são comuns entre terapeutas cognitivos. O autor salienta que todas as páginas *on-line* do terapeuta devem ser profissionais e propõe algumas dicas para administrar informações na internet. Elas envolvem fazer buscas periódicas de seu nome, com diferentes combinações possíveis, para verificar a que os clientes têm acesso, bem como buscar por seus diferentes números de telefone para conferir se suas informações pessoais aparecem, como o seu endereço. Caso encontre informações que deseje retirar ou que estejam incorretas, a ideia é descobrir como elas chegaram até lá e se é possível removê-las. Pode-se, a princípio, entrar em contato com os *sites* e solicitar gentilmente a retirada ou modificação da informação. Também é possível pedir para retirar o cadastro da página e, em última instância, usar meios legais.

Além disso, Drum e Littleton (2014) comentam sobre o cuidado com a comunicação assíncrona, especialmente por escrito ou por áudio. Os autores recomendam que o psicólogo evite abreviaturas informais e o excesso de *emoticons* e que releia as mensagens antes de enviá-las, no intuito de evitar interpretação equivocada. Podem ocorrer tanto interpretações negativas sobre o conteúdo e forma de escrita quanto interpretações que interfiram nos limites da relação profissional.

> ✓ **DICAS**
>
> **Sites com informações sobre terapia na modalidade *on-line* no Brasil**
> Estes *sites* brasileiros concentram algumas das principais informações para os terapeutas que desejam atuar na modalidade *on-line*.
>
> **Conselho Federal de Psicologia (CFP)**
> https://site.cfp.org.br/
> Concentra todas as resoluções que normatizam o atendimento *on-line*, entre elas, a Resolução nº 11/2018, que dispõe sobre a prestação de serviços psicológicos realizados por meio de TICs.
>
> **Sociedade Brasileira de Psicologia (SBP)**
> https://www.sbponline.org.br/
> Disponibiliza vários fascículos com orientações técnicas sobre o trabalho de psicólogos no enfrentamento à covid-19, entre elas, diretrizes para o atendimento *on-line*.
>
> **Federação Brasileira de Terapias Cognitivas (FBTC)**
> fbtc.org.br
> Conjuga os assuntos de maior interesse das terapias cognitivas e promove eventos sobre intervenções *on-line*. A *Revista Brasileira de Terapias Cognitivas* (RBTC) concentra também uma série de artigos empíricos e de revisão que abordam vários temas relacionados às TCCs, incluindo estudos de brasileiros. Do mesmo modo, as associações de terapias cognitivas dos diferentes estados passaram a promover eventos específicos sobre o atendimento *on-line*.

CONSIDERAÇÕES FINAIS

Este capítulo teve o objetivo de resumir os principais fundamentos e questões éticas relacionadas às intervenções *on-line* no Brasil. Ao observar os resultados dos estudos destacados, nota-se que as evidências favorecem a efetividade da TCC na modalidade *on-line* e de outras intervenções em telessaúde, mas elas devem ser realizadas com cautela em casos graves e de alto risco. Poucas são as pesquisas realizadas com a população brasileira, e esta torna-se uma lacuna científica que também é observada nos estudos das terapias presenciais.

Além disso, é essencial refletir sobre o atendimento *on-line*, levando-se em consideração os objetivos da intervenção, os prós e contras dessa modalidade e as questões éticas, de sigilo e confidencialidade envolvidas.

REFERÊNCIAS

Almondes, K. M., & Teodoro, M. L. M. (2021). Terapia *on-line*. Hogrefe.

Andersson, G., Carlbring, P., & Hadjistavropoulos, H. D. (2017). Internet-based cognitive behavior therapy. In S. G. Hofmann, & G. J. G. Asmundson (Eds.), *The science of cognitive behavioral therapy* (pp. 531-549). Elsevier.

Arnberg, F. K., Linton, S. J., Hultcrantz, M., Heintz, E., & Jonsson, U. (2014). Internet-delivered psychological treatments for mood and anxiety disorders: A systematic review of their efficacy, safety, and cost-effectiveness. *PloS One, 9*(5), e98118.

Bennett-Levy, J., Richards, D., & Farrand, P. (2010). Low Intensity CBT Interventions: A revolution in mental health services. In J. Bennett-Levy, D. Richards, P. Farrand, H. Christensen, K. Griffiths, D. Kavanagh, ... C. Williams (Eds.), *Oxford Guide to Low Intensity CBT Interventions*, Oxford.

Berger, T. (2017). The therapeutic alliance in internet interventions: A narrative review and suggestions for future research. *Psychotherapy research, 27*(5), 511-524.

Bolton, A. J., & Dorstyn, D. S. (2015). Telepsychology for posttraumatic stress disorder: A systematic review. *Journal of Telemedicine and Telecare, 21*(5), 254-267.

Bower, P., & Gilbody, S. (2005). Stepped care in psychological therapies: Access, effectiveness and efficiency. Narrative literature review. *The British Journal of Psychiatry, 186*, 11-17.

Cançado, M. F. L. (2017). *Psicoterapia por internet para dependentes de álcool de um site especializado: Viabilidade, aceitabilidade e resultados clínicos iniciais* [Dissertação de mestrado]. Universidade Federal de Juiz de Fora.

Cançado, M. F. L., Gumier, A. B., Ribeiro, N. S., Torres, A. P. F., & Sartes, L. M. A. (2019). Web-based computer-delivered interventions for illicit drug users: Systematic review. *Psicologia, Saúde & Doenças, 19*(3), 789-804.

Choi, N. G., Marti, C. N., Bruce, M. L., Hegel, M. T., Wilson, N. L., & Kunik, M. E. (2014). Depression and Anxiety, *31*(8), 653-661.

Conselho Federal de Psicologia (CFP). (2014). *Código de ética profissional do psicólogo*. CFP. https://site.cfp.org.br/wp-content/uploads/2012/07/Co%CC%81digo-de-%C3%89tica.pdf

Conselho Regional de Psicologia de São Paulo (CRPSP). (2020). *Cartilha psicologia e ética nas redes sociais*. CRP. http://crp11.org.br/upload/CARTILHA%20PSICOLOGIA%20E%20%C3%89TICA%20NAS%20REDES%20SOCIAIS.pdf

Cook, B. L., Trinh, N. H., Li, Z., Hou, S. S., & Progovac, A. M. (2017). Trends in Racial-Ethnic Disparities in Access to Mental Health Care, 2004-2012. *Psychiatric Services, 68*(1), 9–16.

Devlin, A. S., Borenstein, B., Finch, C., Hassan, M., Iannotti, E., & Koufopoulos, J. (2013). Multicultural art in the therapy office: Community and student perceptions of the therapist. *Professional Psychology: Research and Practice, 44*(3), 168-176.

Drum, K. B., & Littleton, H. L. (2014). Therapeutic boundaries in Telepsychology: Unique issues and best practice recommendations. *Professional Psychology: Research and Practice, 45*(5), 309-315.

Faria, L., Oliveira-Lima, J. A. de, & Almeida, N. (2021). Medicina baseada em evidências: Breve aporte histórico sobre marcos conceituais e objetivos práticos do cuidado. *História, Ciências, Saúde, 28*(1), 59-78.

Frankham, C., Richardson, T., & Maguire, N. (2020). Psychological factors associated with financial hardship and mental health: A systematic review. *Clinical Psychologist, 77*, 101832.

Franx, G., Oud, M., de Lange, J., Wensing, M., & Grol, R. (2012). Implementing a stepped-care approach in primary care: Results of a qualitative study. *Implementation Science, 7*, 8.

Godleski, L., Nieves, J. E., Darkins, A., & Lehmann, L. (2008). VA telemental health: Suicide assessment. *Behavioral Sciences & The Law, 26*(3), 271-286.

Gumier, A. B. (2019). *Terapia cognitivo-comportamental breve por internet para dependentes de álcool: Um ensaio clínico randomizado* [Tese de doutorado]. Universidade Federal de Juiz de Fora.

Health Regulations (2005). https://apps.who.int/gb/ebwha/pdf_files/WHA71/A71_7-en.pdf

Kazdin A. E., Fitzsimmons-Craft, E. E., & Wilfley, D. E. (2017). Addressing critical gaps in the treatment of eating disorders. *International Journal of Eating Disorders, 50*(3), 170-189.

Kelders, S. M., Bohlmeijer, E. T., Pots, W. T., & van Gemert-Pijnen, J. E. (2015). Comparing human and automated support for depression: Fractional factorial randomized controlled trial. *Behaviour Research and Therapy, 72,* 72-80.

Khatri, N., Marziali, E., Tchernikov, I., & Shepherd, N. (2014). Comparing telehealth-based and clinic-based group cognitive behavioral therapy for adults with depression and anxiety: A pilot study. *Clinical Interventions in Aging, 9,* 765-770.

Knapp, S., & Slattery, J. M. (2004). Professional boundaries in nontraditional settings. *Professional Psychology: Research and Practice, 35*(5), 553-558.

Landsberg, G. A. P. (2016). e-Health and primary care in Brazil: Concepts, correlations and trends. *Revista Brasileira de Medicina de Família e Comunidade, 11*(38), 1-9.

Lawes-Wickwar, S., McBain, H., & Mulligan, K. (2018). Application and effectiveness of telehealth to support severe mental illness management: Systematic review. *JMIR Mental Health, 5*(4), e62.

Leavey, K., & Hawkins, R. (2017). Is cognitive behavioral therapy effective in reducing suicidal ideation and behavior when delivered face-to-face or via e-health? A systematic review and meta-analysis. *Cognitive Behaviour Therapy, 46*(5), 353-374.

Lemos, A., & Marques, F. P. J. A. (2012). O Plano Nacional de Banda Larga Brasileiro: Um estudo de seus limites e efeitos sociais e políticos. *Revista da Associação Nacional dos Programas de Pós-Graduação em Comunicação, 15*(1), 1-26.

Leonardi, J. L., & Meyer, S. B. (2015). Prática baseada em evidências em psicologia e a história da busca pelas provas empíricas da eficácia das psicoterapias. *Psicologia: Ciência e Profissão, 35*(4), 1139-1156.

Lin, L. A., Casteel, D., Shigekawa, E., Weyrich, M. S., Roby, D. H., & McMenamin, S. B. (2019). Telemedicine-delivered treatment interventions for substance use disorders: A systematic review. *Journal of Substance Abuse Treatment, 101,* 38-49.

Marcolino, M. S., Oliveira, J. A. Q., D'Agostino, M., Ribeiro, A. L., Alkmim, M. B. M., & Novillo-Ortiz, D. (2018). The Impact of mHealth Interventions: Systematic review of systematic reviews. *JMIR Mhealth Uhealth, 6*(1), e23.

McGinn, M. M., Roussev, M. S., Shearer, E. M., McCann, R. A., Rojas, S. M., & Felker, B. L. (2019). Recommendations for using clinical video telehealth with patients at high risk for suicide. *Psychiatric Clinics of North America, 42*(4), 587-595.

Mohr, D. C., Ho, J., Duffecy, J., Baron, K. G., Lehman, K. A., Jin, L., & Reifler, D. (2010). Perceived barriers to psychological treatments and their relationship to depression. *Journal of Clinical Psychology, 66*(4), 394–409.

Nadler, R. (2020). Understanding "Zoom fatigue": Theorizing spatial dynamics as third skins in computer-mediated communication. *Computers and Composition, 58,* 102613.

Niles, B. L., Klunk-Gillis, J., Ryngala, D. J., Silberbogen, A. K., Paysnick, A., & Wolf, E. J. (2012). Comparing mindfulness and psychoeducation treatments for combat-related PTSD using a telehealth approach. *Psychological Trauma: Theory, Research, Practice, and Policy, 4*(5), 538-547.

Rajamaki, J. & Pirinen, R. (2017). Towards the cyber security paradigm of ehealth: Resilience and design aspects. *AIP Conference Proceedings, 1836*, 020029.

Rees, C. S., & Maclaine, E. (2015). A systematic review of videoconference-delivered psychological treatment for anxiety disorders. *Australian Psychologist, 50*(4), 259-264.

Resolução CFP nº 12/2005. (2005). Regulamenta o atendimento psicoterapêutico e outros serviços psicológicos mediados por computador e revoga a Resolução CFP Nº 003/2000. https://atosoficiais.com.br/cfp/resolucao-do-exercicio-profissional-n-12-2005-regulamenta-os-servicos-psicologicos-realizados-por-meios-tecnologicos-de-comunicacao-a-distancia-o-atendimento-psicoterapeutico-em-carater-experimental-e-revoga-a-resolucao-cfp-n-122005

Resolução n° 11, de 11 de maio de 2018. (2018). Regulamenta a prestação de serviços psicológicos realizados por meios de tecnologias da informação e da comunicação e revoga a Resolução CFP N.º 11/2012. https://site.cfp.org.br/wp-content/uploads/2018/05/RESOLU%C3%87%C3%83O-N%C2%BA-11-DE-11-DE-MAIO-DE-2018.pdf

Ribeiro, N. S., Colugnati, F. A. B., Kazantzis, N., & Sartes, L. M. A. (2021). Observing the working alliance in videoconferencing psychotherapy for alcohol addiction: Reliability and validity of the Working Alliance Inventory Short Revised Observer (WAI-SR-O). *Frontiers in Psychology, 12*, 33-56.

Ricoy, M. C., & Couto, M. J. V. S. (2014). As boas práticas com TIC e a utilidade atribuída pelos alunos recém-integrados à universidade. *Educação e Pesquisa, 40*(4), 897-912.

Salisbury, C., O'Cathain, A., Edwards, L., Thomas, C., Gaunt, D., Hollinghurst, S., … Foster, A. (2016). Effectiveness of an integrated telehealth service for patients with depression: A pragmatic randomised controlled trial of a complex intervention. *The Lancet Psychiatry, 3*(6), 515-525.

Schnyder, N., Panczak, R., Groth, N., & Schultze-Lutter, F. (2017). Association between mental health-related stigma and active help-seeking: Systematic review and meta-analysis. *The British Journal of Psychiatry, 210*(4), 261–268.

Silva, N. H. L. P. (2021). Desafios e especificidades das consultas on-line. In A. E. A. Antúnez, & N. H. L. P. Silva, *Consultas terapêuticas on-line na saúde mental* (pp. 13-25). Manole.

Stoll, J., Müller, J. A., & Trachsel, M. (2020). Ethical issues in on-line psychotherapy: A narrative review. *Frontiers in Psychiatry, 10*, 993.

World Health Organization (WHO). (2005). *WHA58.28 eHealth.* https://www.who.int/healthacademy/media/WHA58-28-en.pdf

World Health Organization (WHO). (2018). *Implementation of the International Health Regulations (2005): Annual report on the implementation of the International Health Regulations (2005): Report by the Director-General.* https://apps.who.int/iris/handle/10665/276299

Yuen, E. K., Herbert, J. D., Forman, E. M., Goetter, E. M., Juarascio, A. S., Rabin, S., … Bouchard, S. (2013). Acceptance based behavior therapy for social anxiety disorder through videoconferencing. *Journal of Anxiety Disorders, 27*(4), 389-397.

Zur, O. (2008). Google factor: Therapists' self-disclousure in the age of the Internet. *Independent Practitioner, 28*(2), 83-85.

3

A relação terapêutica nas intervenções *on-line*

Laisa Marcorela Andreoli Sartes
Camilla Gonçalves Brito Santos
Nathálya Soares Ribeiro

Os estudos sobre os aspectos que interferem no processo psicoterapêutico têm ganhado notoriedade. Entre os fatores comuns, ou seja, aqueles que impactam os resultados das mais diversas abordagens psicoterapêuticas, está a aliança terapêutica. A aliança é um dos principais elementos do conceito amplo de relação terapêutica, sendo responsável por permitir ao cliente "aceitar, seguir e acreditar no tratamento" (Ardito & Rabellino, 2011, p. 1). Segundo o modelo transteórico de Bordin (1979, 1983), a aliança refere-se a uma relação de colaboração mútua acerca:

h. dos objetivos da terapia, visto que nenhuma meta pode ser alcançada sem um entendimento entre as partes. Cada tipo de objetivo forma um tipo de aliança, que tem sua qualidade influenciada pela clareza e mutualidade no estabelecimento das metas;
i. das tarefas, entendidas como as intervenções terapêuticas. É necessário que paciente e terapeuta definam em conjunto quais tarefas são atribuídas a cada um deles a partir dos objetivos traçados. A qualidade da aliança é influenciada pelo quanto o paciente percebe a conexão entre tarefas e objetivos e pela sua percepção sobre a própria capacidade de realizá-las. Ou seja, a capacidade do terapeuta de unir as necessidades, expectativas e habilidades do cliente em um plano terapêutico é importante na construção da aliança (Norcross & Lambert, 2010);
j. do estabelecimento de um vínculo marcado por respeito, apreciação mútua e aceitação positiva incondicional.

Na psicoterapia presencial, o papel da aliança como preditora dos resultados psicoterapêuticos está bem estabelecido (Blease & Kelley, 2018; Feinstein et al., 2015;

Leibert & Dunne-Bryant, 2015; Magill & Longabaugh, 2013). Em uma revisão da literatura, Horvath e Sydmonds (1991) encontraram um tamanho de efeito moderado entre aliança e resultados psicoterapêuticos. Um estudo realizado por Lambert (1992) aponta que a aliança é responsável por cerca de 30% da variância dos resultados psicoterapêuticos obtidos pelos clientes. Na psicoterapia por internet, os estudos evidenciam que ela também desempenha um papel de importância em relação ao processo psicoterapêutico, apresentando resultados semelhantes aos da terapia presencial (Andersson, 2016; Backhaus et al., 2012; Bouchard et al., 2020; Carlbring et al., 2018; Karyotaki et al., 2018). Uma metanálise realizada por Kaiser et al. (2021) encontrou correlações significativas e moderadas entre aliança terapêutica e resultados psicoterapêuticos em intervenções por videoconferência, *chat*, telefone e *e-mail*, para depressão, ansiedade e transtorno de estresse pós-traumático (TEPT).

Contudo, muitos profissionais acreditam não ser possível estabelecer uma aliança terapêutica de qualidade na telepsicoterapia e, consequentemente, evitam-na. Essa postura é baseada nas crenças e percepções dos profissionais a respeito das intervenções *on-line* e vai na direção contrária às evidências mencionadas (Lopez et al., 2019; Rees & Stone, 2005; Watts et al., 2020). Cabe salientar que as preocupações relacionadas ao estabelecimento da aliança terapêutica *on-line* surgiram em um contexto no qual era pouco comum que as pessoas se comunicassem por meio do computador e as pesquisas nessa área eram escassas (Lopez et al., 2019), diferentemente da realidade em que vivemos hoje. Com as medidas de distanciamento decorrentes da pandemia de covid-19, muitos psicólogos se viram obrigados a transferir sua prática para o contexto *on-line* e, assim, encarar o "patinho feio" das psicoterapias. Essa mudança se deu de maneira abrupta e, na maior parte dos casos, sem o devido treinamento.

Tradicionalmente, o *setting* terapêutico, ou seja, o espaço físico definido para a realização da psicoterapia, gera a sensação de segurança psicológica e emocional, que favorece o estabelecimento da aliança (Cataldo et al., 2019; Geller, 2020). Nesses casos, a presença terapêutica, outro fator comum associado à relação terapêutica, é um elemento que evoca segurança emocional e contribui para o fortalecimento da aliança (Geller & Porges, 2014). Mas como promover presença terapêutica quando o *setting* terapêutico é a internet? Com o avanço tecnológico, foram sendo desenvolvidas ferramentas que contribuem para o senso de presença social e o estabelecimento de vínculo, tornando as tecnologias um importante meio de manutenção das relações sociais (Rettie, 2009), incluindo as psicoterapêuticas. Ademais, os treinamentos em relação ao uso apropriado das tecnologias na oferta de atendimento psicológico se mostram eficazes para fortalecer a aliança (Dolev-Amit et al., 2020; MacMullin et al., 2020; Pierce et al., 2020; Simpson & Reid, 2014), porém eles ainda são escassos.

Logo, afirmar que é possível desenvolver aliança terapêutica de maneira satisfatória na psicoterapia *on-line* não quer dizer que não há especificidades nesse contexto. A tecnologia impõe desafios que podem afetar a aliança. Por exemplo, problemas de conexão ou falhas tecnológicas podem ser julgadas pelo cliente como características do terapeuta, e não como problemas tecnológicos em si (Schoenenberg et al., 2014). Essas questões podem ser agravadas se o terapeuta não estiver familiarizado com esse contexto de atendimento. Ainda que existam ferramentas capazes de reforçar a presença terapêutica na terapia *on-line*, os profissionais têm possibilidades reduzidas de expressar sua presença (p. ex., prosódia, gestos, expressões faciais, postura corporal) em comparação com a psicoterapia presencial, o que pode limitar o senso de segurança e o estabelecimento de confiança com o cliente (Geller, 2020). O mesmo ocorre com os clientes, dificultando a expressão e compreensão emocional, podendo afetar a sua percepção a respeito da presença do terapeuta (p. ex., o cliente pode achar que o terapeuta não está validando suas emoções por não perceber pistas não verbais suficientes). Por essa razão, é crucial que o psicólogo conheça as especificidades de cada formato de intervenção *on-line*, a fim de estabelecer expectativas e metas realistas com o cliente (Poletti et al., 2020).

Portanto, deve-se considerar que a tecnologia utilizada para a realização da psicoterapia também passa a fazer parte da relação terapêutica (Cipolletta et al., 2017). Ou seja, o estabelecimento de uma boa aliança irá depender de quão confortáveis cliente e terapeuta estão com relação à tecnologia utilizada (Lopez & Schwenk, 2021) e também do adequado uso das ferramentas tecnológicas. Essas questões devem ser consideradas em relação à escolha do meio pelo qual a intervenção *on-line* será realizada, tendo em vista que a percepção da aliança terapêutica é influenciada pelas dificuldades técnicas encontradas nesse tipo de atendimento (Lopez et al., 2019).

Assim como na terapia presencial, na terapia *on-line* terapeutas e clientes têm diferentes percepções da aliança, e, por isso, recomenda-se o monitoramento ativo da aliança ao longo da terapia e com base em diferentes perspectivas (Norcross & Lambert, 2010). Por vezes, apenas a avaliação do paciente é considerada, correndo-se o risco de não se ter uma visão integral da relação, uma vez que o cliente tem avaliado a aliança de forma superior à avaliação do terapeuta na telepsicoterapia (Lopez et al., 2019; Schwartzman & Boswell, 2020; Watts et al., 2020). Nesse sentido, o terapeuta tende a ter uma percepção mais negativa a respeito da aliança na terapia *on-line*, em razão das crenças citadas anteriormente. Alguns estudos apontam que os psicólogos tendem a apresentar médias menores de pontuação da aliança em comparação à psicoterapia presencial (Cataldo et al., 2019; Rees & Stone, 2005). Uma revisão realizada por Simpson e Reid (2014) aponta que, geralmente, os clientes não têm preferência entre as terapias presencial e *on-line*. Já Watts et al. (2020) afirmam que há clientes que preferem a terapia *on-line* em detrimento da presencial. Isso se deve ao fato de considerarem que a terapia realizada por meio da internet tem um caráter menos invasivo e intimidador que a terapia presencial, além de terem a sensação de maior anonimato (Richardson et al., 2015; Simpson, 2001; Simpson et al., 2005; Thorp et al., 2012; Watts, 2020). Além disso, a partir das tecnologias digitais, o cliente pode ter um tempo maior para refletir sobre algum tópico abordado na sessão, especialmente na terapia assíncrona. Lopez et al. (2019) apontam que, na verdade, os clientes sentem que o terapeuta está mais acessível na psicoterapia *on-line*, em comparação à terapia presencial. Dessa forma, muitas vezes, é possível o cliente ter um suporte para lidar com determinada questão em tempo real. Porém, essas questões não emergem sem problemas. Primeiro, porque há dificuldades relativas ao estabelecimento de limites em relação à disponibilidade do terapeuta. Segundo, porque há questões sobre como realizar a cobrança de honorários, tendo em vista que a intervenção não é realizada durante o período de uma hora fechada (Lopez et al., 2019). O acordo claro e conciso sobre essas questões é de suma importância para o estabelecimento de uma boa aliança.

Embora seja comum que as telepsicoterapias sejam inseridas na mesma categoria, é importante que o terapeuta compreenda as especificidades das intervenções *on-line*, a fim de auxiliar o cliente de forma efetiva na escolha do meio utilizado para a realização da psicoterapia (Lopez et al., 2019) e para que use estratégias de fortalecimento da aliança adequadas a cada modalidade. Esses dados, bem como as orientações para o fortalecimento da aliança terapêutica *on-line*, serão apresentados a seguir.

EVIDÊNCIAS CIENTÍFICAS

Serão apresentadas as evidências científicas concernentes às psicoterapias síncrona e assíncrona. Ressalta-se que os resultados nessa área variam de acordo com a modalidade de telepsicoterapia e, em alguns casos, não são consensuais. Dessa forma, Cavanagh e Millings (2013) sugerem que futuros estudos explorem potenciais moderadores que possivelmente interferem na aliança, como o perfil da população, a tecnologia utilizada e o formato terapêutico. Kaiser et al. (2021) salientam que revisões nessa área acabam por comparar intervenções *on-line* com e sem a presença do terapeuta, como se fossem equivalentes. Por essa razão, nessa seção apresentaremos resultados de diferentes formatos de intervenções *on-line*. No Quadro 3.1, estão apresentadas as diferentes modalidades terapêuticas, classificadas de acordo com o grau de contato com o terapeuta.

Intervenções *on-line* realizadas de forma síncrona

Na psicoterapia síncrona há a presença do psicólogo em tempo real, por meio de videoconferências, mensagens de texto ou ligações telefônicas (Cipolletta et al., 2017). A intervenção por videoconferência é o modelo que mais se aproxima das psicoterapias realizadas presencialmente, pois permite que cliente e terapeuta se escutem e se vejam, possibilitando maior amplitude nas comunicações não verbais (p. ex., entonação, gestos), gerando maior senso de conexão e conforto (Backhaus et al., 2012; Cavanagh & Millings, 2013; Nelson & Duncan, 2015).

QUADRO 3.1 Resumo das modalidades de telepsicoterapia e suas principais características relacionadas à aliança terapêutica

Modalidade de telepsicoterapia	Principais características
Intervenções predominantemente assistidas pelos terapeutas	A tecnologia é utilizada para melhorar a experiência psicoterapêutica, especialmente em lembretes das tarefas, avaliações, monitoramento e *feedback*. Pode ser síncrona ou assíncrona. Os estudos demonstram a possibilidade de estabelecimento de aliança e sua relação com os resultados psicoterapêuticos.
Intervenções com mínimo contato	A tecnologia é usada de forma a reduzir o contato cliente-terapeuta. Parte dos materiais psicoeducativos e/ou referentes às intervenções psicoterapêuticas são oferecidos pela internet. Há um suporte reduzido, mas regular, do terapeuta, por meio de ligações ou *e-mails*. As evidências indicam que a aliança desempenha um papel menos importante em relação aos resultados psicoterapêuticos do que nas modalidades convencionais.
Intervenções predominantemente autoguiadas	O contato com o terapeuta para avaliações e orientações sobre o programa usado na intervenção é pontual e não excede 1h30min, considerando todo o tratamento. Não está claro quão relevante é a aliança para os resultados psicoterapêuticos.
Intervenções puramente autoguiadas	As intervenções são desenvolvidas a partir de programas automatizados. O cliente realiza todo o trabalho sem o suporte terapêutico. A relação é estabelecida com o programa, e os resultados da sua relação com os resultados psicoterapêuticos são controversos.

Fonte: Elaborada com base em Cavanagh e Millings (2013).

A psicoterapia por videoconferência apresenta resultados equivalentes à psicoterapia presencial. King et al. (2014) não encontraram diferenças significativas com relação ao tratamento cognitivo-comportamental *on-line* e presencial para uso de substâncias, considerando a avaliação tanto do cliente quanto do terapeuta. Uma revisão sistemática desenvolvida por Backhaus et al. (2012) apontou que os resultados obtidos a partir da psicoterapia por videoconferência também foram equivalentes à psicoterapia presencial, no que diz respeito à aliança terapêutica. Banbury et al. (2018) realizaram uma revisão sistemática que incluiu intervenções *on-line* para grupos, por meio de videoconferência. Foi constatado um aumento na aliança quando os pacientes podiam ver ou ouvir uns aos outros. Ao mesmo tempo, algumas dificuldades foram constatadas – por exemplo, tendência a interromper a fala e dificuldade em ler as pistas sociais de outros participantes. Ainda assim, os resultados demonstraram a possibilidade de estabelecimento de aliança tanto com o terapeuta quanto com os demais participantes. Um estudo realizado por King et al. (2006) investigou a aliança terapêutica com adolescentes tanto na intervenção *on-line* quanto por telefone. Em ambos os casos, foram encontradas correlações moderadas entre aliança e resistência no sofrimento pós-tratamento.

Intervenções *on-line* realizadas de forma assíncrona

Na psicoterapia assíncrona, o contato entre cliente e terapeuta não é simultâneo. É o caso das intervenções realizadas por *chat* ou *e-mail*. Nesse sentido, Schwartzman e Boswell (2020) defendem que a relação entre cliente e terapeuta não é estabelecida a partir da reação à presença da outra pessoa, mas, sim, das construções mentais do cliente a partir do texto. Ou seja, o terapeuta deve ser habilidoso para articular as intervenções terapêuticas nas mensagens por escrito. Essa modalidade é vista como vantajosa, pois os clientes têm mais tempo para refletir e se aprofundar em um determinado tópico e responder no momento mais apropriado (Cipolletta et al., 2017).

Uma revisão realizada por Sucala et al. (2012) apresentou dois estudos que investigaram a relação entre aliança terapêutica e resultados psicoterapêuticos em psicoterapia assíncrona. Nesse sentido, o estudo de Knaevelsrud e Maercker (2006) apontou uma correlação moderada e positiva entre o escore da aliança terapêutica e melhora nos sintomas ansiosos. Esse resultado vai ao encontro de um estudo mais recente, realizado por Alfonsson et al. (2016), que também demonstrou que uma aliança de qualidade esteve relacionada à melhora nos sintomas ansiosos. Outro estudo, desenvolvido por Knaevelsrud e Maercker (2007), indicou que a aliança foi responsável por 15% da variância dos resultados relacionados ao tratamento para TEPT.

A psicoterapia realizada por internet, especialmente de forma assíncrona, pode ser não só um meio para a realização de um tratamento psicológico, mas também uma ferramenta adicional ao tratamento para auxiliar no fortalecimento da aliança.

Destarte, o uso de mensagens e *e-mails* para promoção da adesão e do engajamento no tratamento, por meio de lembretes das tarefas, monitoramento e *feedback*, tem se mostrado relevante (Clough & Casey, 2011). Richards et al. (2018) propuseram grupos focais com clientes e terapeutas que estavam usando um programa *on-line* de terapia de aceitação e compromisso (ACT), além da terapia presencial. O estudo demonstrou que o uso da tecnologia em adição ao tratamento promoveu o fortalecimento da aliança. O mesmo ocorreu no estudo de Lopez (2015), que conduziu um grupo focal com terapeutas e clientes que utilizaram um programa *on-line* de terapia comportamental dialética (DBT) em adição ao tratamento presencial. Os pacientes relataram aumento nos níveis da aliança e sentiram que o terapeuta estava mais acessível. Além disso, eles reportaram ter acessado o programa quando o psicólogo não estava disponível – por exemplo, no meio da noite –, o que os fez se sentirem mais comprometidos com o tratamento.

Em relação às psicoterapias autoguiadas, que ocorrem sem o suporte do terapeuta, os resultados são controversos. Há autores, inclusive, que questionam se é possível falar em um conceito de aliança terapêutica equivalente ao modelo presencial, tendo em vista que a relação é estabelecida com um *software*, e não com um ser humano (Cavanagh & Millings, 2013). Na revisão sistemática realizada por Banbury et al. (2018), foi observado que as intervenções assíncronas que contavam com o suporte do terapeuta demonstravam melhor aliança que aquelas totalmente autoguiadas. A literatura nessa área é conflituosa, sugerindo que os clientes demandam a presença do terapeuta para se comprometer integralmente com o tratamento (Lopez et al., 2019).

RUPTURA E REPARO NA ALIANÇA TERAPÊUTICA NA PSICOTERAPIA *ON-LINE*

Como apresentado na seção anterior, a qualidade da aliança terapêutica desempenha um importante papel na predição dos resultados psicoterapêuticos. Da mesma forma, alianças marcadas por rupturas não reparadas são preditoras de rescisão prematura, enquanto aquelas marcadas por resoluções bem-sucedidas das rupturas estão relacionadas a resultados positivos e à maior retenção no tratamento (Safran et al., 2011).

A ruptura na aliança terapêutica pode ser definida como uma tensão ou quebra na relação colaborativa entre o paciente e o terapeuta (Safran & Muran, 2006). Ela pode variar em intensidade, de uma tensão relativamente menor, apenas percebida por um dos participantes, ou vagamente percebida, tanto pelo paciente como pelo terapeuta, a grandes interrupções na colaboração, compreensão ou comunicação. Se considerarmos o modelo transteórico de aliança terapêutica de Bordin (1979), a ruptura da aliança pode ser definida por meio da constituição de desacordos sobre as tarefas da terapia, desacordos sobre os objetivos do tratamento ou tensões no vínculo entre paciente e terapeuta. Essas expressões da ruptura também podem surgir de forma combinada, visto que um desacordo em relação às tarefas da terapia pode influenciar negativamente a relação paciente-terapeuta, por exemplo (Safran et al., 2011). Além disso, quando falamos sobre acordos em relação às tarefas, tendemos a relacioná-los ao cumprimento, por parte do paciente, das tarefas propostas pelo psicólogo. Entretanto, os acordos e desacordos sobre as tarefas se referem às duas partes envolvidas – paciente e terapeuta. Dessa forma, se o paciente entende que a função do terapeuta é aconselhá-lo e, em vez disso, o terapeuta aposta na reestruturação cognitiva, por exemplo, há um desacordo em relação às tarefas do terapeuta, o que pode gerar a ocorrência de uma ruptura na aliança (Bordin, 1983).

A ocorrência de rupturas na aliança terapêutica é inevitável, visto que pacientes e psicólogos negociam as tarefas e os objetivos ao longo do processo terapêutico. A literatura indica que, nas seis primeiras sessões, os clientes relatam uma frequência de 37% de ocorrência de rupturas, e os terapeutas, de 56% (Safran et al., 2011). Nas ocorrências identificadas por observador, a frequência chega a 91% das sessões presenciais tradicionais, indicando sua provável ocorrência também nas psicoterapias *on-line* (Muran, 2019). Ardito e Rabellino (2011) mencionam duas fases principais no curso da aliança. A primeira fase refere-se ao início do tratamento e corresponde ao desenvolvimento inicial da aliança. Nesse primeiro momento, o foco do terapeuta está em estabelecer uma relação colaborativa e de confiança com o cliente. Os principais problemas relatados nessa etapa dizem respeito à adesão, que pode levar ao abandono do tratamento. A segunda fase inclui intervenções mais ativas do profissional, que podem favorecer a ocorrência de rupturas. O foco do terapeuta, nesse caso, está nas mudanças cognitivas, afetivas e comportamentais. A qualidade da aliança nessa fase irá refletir a resolução dos conflitos entre cliente e terapeuta.

No processo psicoterapêutico podem ocorrer rupturas de dois tipos. A ruptura de evitação, na qual o paciente expressa seu descontentamento por meio de comportamentos de evitação, retirada e distanciamento, como, por exemplo, silêncio, baixa expressão de emoções, respostas mínimas e mudança de assunto. As rupturas de evitação também podem ser expressas por meio de comportamentos vistos como positivos, como concordância rápida e excessiva com as recomendações do terapeuta e sorrisos sem motivos. Já a ruptura de confronto, ocorre quando o paciente expressa diretamente sentimentos negativos sobre o terapeuta e/ou o tratamento por meio de manifestações de raiva, ressentimento, insatisfação, culpabilização, exigências, desapontamento, mágoa, etc. Ou seja, nas rupturas de evitação, o paciente se afasta do terapeuta e/ou do processo terapêutico, enquanto nas rupturas de confronto o paciente se move contra o terapeuta e/ou o processo terapêutico (Safran & Muran, 1996; Ackerman & Hilsenroth, 2001; Safran e Krauss, 2014; Eubanks, Burckell et al., 2018).

Apesar de estudos indicarem maior ocorrência de rupturas de evitação identificadas por observadores, os terapeutas relatam mais rupturas de confronto (Eubanks, Burckell et al., 2018). Isso ocorre porque as rupturas de confronto são mais fáceis de serem detectadas pelos terapeutas, visto que são caracterizadas pela expressão aberta de sentimentos negativos, o que ocorre tanto na psicoterapia *on-line* quanto na presencial (Eubanks, Lubitz et al., 2018). Entretanto, a dificuldade na identificação de rupturas de evitação pode ser maior na psicoterapia *on-line*, visto que esse tipo de rompimento tem expressões mais sutis, frequentemente percebidas por meio dos comportamentos não verbais, que têm a percepção limitada no atendimento *on-line*. Esse fato se apresenta como uma ameaça à aliança e aos resultados terapêuticos, já que a ruptura que não é identificada não pode ser reparada.

A variabilidade do psicólogo na aliança tem sido apontada como um preditor mais significativo do resultado do que a variabilidade do paciente (Eubanks, Lubitz et al., 2018), indicando a necessidade de uma postura ativa do terapeuta nesse processo por meio de sua capacitação para identificação das rupturas e esforço em reconhecer e utilizar as estratégias necessárias para repará-las, visando ao fortalecimento da aliança. Além disso, é importante identificar a relação entre a aliança e as variáveis de personalidade do terapeuta, bem como o uso inadequado de técnicas e intervenções terapêuticas (Ackerman & Hilsenroth, 2001). Ackerman e Hilsenroth (2001) realizaram uma revisão de literatura com o objetivo de identificar os atributos pessoais do terapeuta, as aplicações incorretas de técnicas e os comportamentos do psicólogo que influenciam negativamente a aliança e aumentam a probabilidade de ocorrência de rupturas.

O estudo indica que terapeutas mais rígidos, incertos, tensos, moralistas, defensivos, focados em si mesmos e críticos foram interpretados pelos pacientes como menos compreensivos. Consequentemente, essas posturas influenciaram a expressão de uma resistência mais hostil por parte dos pacientes que avaliaram a aliança terapêutica de forma negativa. Além desses atributos, terapeutas percebidos como indiferentes, distraídos, cansados, entediados, frios, não empáticos e menos envolvidos no processo de psicoterapia também foram avaliados negativamente no que se refere à aliança. Esse segundo grupo de características demanda atenção especial em relação à psicoterapia *on-line*, tendo em vista que a ausência de contato físico e restrição da percepção, por parte do paciente, da comunicação não verbal do terapeuta, pode comprometer a identificação de comportamentos e posturas positivas. Dessa forma, nos atendimentos dessa modalidade, é importante que os terapeutas busquem expressar, principalmente por meio de verbalização, empatia, interesse, atenção – por meio da escuta reflexiva, por exemplo –, envolvimento, etc. Para diminuir o impacto dessa limitação física, Fisher et al. (2020) indicam que os terapeutas "abusem" das expressões, como arqueamento das sobrancelhas, demonstração de surpresa por meio de sinais marcantes e exagero ou mudanças marcantes na entonação da voz.

Além disso, os profissionais devem dar atenção ao desenvolvimento do seu senso de autoeficácia, visto que terapeutas percebidos como não confiantes em sua capacidade de ajudar seus pacientes foram descritos como tensos, cansados, entediados, defensivos, culpados e como incapazes de fornecer um ambiente terapêutico de apoio.

No que se refere à aplicação incorreta de técnicas, tentativas rígidas de associar reações negativas do paciente ao terapeuta com relacionamentos conflitantes com figuras parentais foram associadas a rupturas na aliança. Esse achado indica que o terapeuta precisa estar certo de que o paciente está aberto e pronto para receber uma intervenção nesse sentido antes de realizá-la. A revisão de Ackerman e Hilsenroth (2001) apresentou uma divergência em relação ao manejo da resistência. Um estudo indicou que o fato de o terapeuta não abordar a resistência foi associado a alianças negativas, enquanto outro estudo apontou essa associação com a atenção excessiva à resistência. Esses resultados indicam a necessidade de um aprofundamento teórico dos terapeutas sobre esse fenômeno e sobre técnicas para manejá-lo, como as propostas pela entrevista motivacional, para encontrar um equilíbrio entre ignorar e colocar muita ênfase em desafiar a resistência.

No contexto dos atendimentos *on-line*, se o terapeuta não tiver conhecimento sobre as possibilidades de expressão não verbal de resistência, pode não identificar sua ocorrência por desatenção aos sinais. Em contrapartida, o psicólogo também pode apontar a resistência em situações em que ela não ocorre, como, por exemplo, interpretar um desvio de olhar do paciente como manifestação de resistência, quando este está apenas verificando a velocidade da sua conexão à internet ao perceber instabilidade. Para evitar essas situações, o terapeuta pode recorrer mais frequentemente a pedidos de *feedback* do que faria em atendimentos presenciais, por exemplo.

A tentativa de encaixar uma experiência negativa do paciente no modelo cognitivo, mesmo quando este expressava seu desejo de explorar a emoção ligada a essa experiência, apresentou relação com alianças negativas. Nesse sentido, o reparo da ruptura pode exigir que o terapeuta abandone, momentaneamente, as técnicas e caminhos que estava seguindo para focar diretamente na ruptura da aliança. Alguns terapeutas podem adotar uma postura mais tecnicista e apegada à abordagem terapêutica no momento da ruptura, o que pode ameaçar ainda mais a aliança. Associado à dificuldade de identificar a ruptura e à falta de conhecimento sobre como repará-la, esse é um dos fatores que limita a possibilidade de resolução do rompimento (Eubanks, Burckell et al., 2018).

Reparando a ruptura da aliança terapêutica

O modelo de resolução da ruptura, desenvolvido por Safran et al. (1990), consiste em quatro estágios:

1. o terapeuta identifica o comportamento associado à ruptura, como, por exemplo, a mudança de assunto (ruptura de evitação) e/ou expressão de raiva (ruptura de confronto);
2. o terapeuta inicia a exploração colaborativa da experiência da ruptura: "Percebi que você está mais inquieto desde que falamos sobre a possibilidade da sua comunicação ter sido agressiva nessa discussão com a sua mãe. Como você está se sentindo?";
3. o terapeuta ajuda o paciente a superar a evitação de abordar os sentimentos ou a resposta à ruptura: "Você diz não estar incomodado com minha pontuação, mas tem evitado olhar para a tela do computador. Eu entendo que talvez você pense que me proteger de sentimentos negativos seja melhor para o nosso vínculo, mas, se você me disser o que está sentindo, talvez possamos esclarecer alguma falha na comunicação e fortalecer a nossa relação. O que acha?";
4. o terapeuta explora o desejo ou necessidade subjacente do paciente revelado no decorrer do trabalho com o evento de ruptura: "Parece que a forma como eu falei foi dura e direta demais e lhe causou uma sensação de incompreensão e falta de interesse por seus sentimentos. Que tal se nas próximas vezes começarmos conversando sobre como você se sente quando tem comportamentos como esse?".

O modelo de resolução da ruptura não deve ser visto de forma rígida; ele é uma orientação. Para que seja possível utilizá-lo, é importante que os terapeutas estejam focados em monitorar continuamente o que acontece na relação terapêutica, observando, inclusive, os seus próprios sentimentos como fonte de informação. Safran e Krauss (2014) apresentam diretrizes que auxiliam na compreensão de como realizar os reparos. A partir da identificação de uma ruptura, deve-se evitar traçar paralelos com outros relacionamentos do paciente. Eles podem experimentar essas comparações como culpa, incompreensão e julgamento, o que, ao contrário do reparo, pode exacerbar ou causar uma nova ruptura. O foco deve-se voltar para a experiência interna do paciente a partir da escuta e de uma postura empáticas. Segundo Elliott et al. (2011), as respostas empáticas podem ser expressas de diversas formas, como respostas diretas que declaram a compreensão da experiência do paciente, validação da perspectiva do cliente e uso de linguagem evocativa, objetivando acessar o que está implícito, mas ainda não foi expresso em palavras.

O terapeuta deve assumir sua responsabilidade no processo de ruptura de forma aberta e não defensiva. Caso perceba que não prestou atenção em um ponto importante para o paciente, por exemplo, ele pode dizer: "Eu realmente não me lembrava que a sua irmã havia sido extremamente exigente com você no mês passado, o que foi um erro, pois me parece que isso foi algo muito significativo para você e agora você está magoada. Vou estar mais atenta e anotar situações como essa para que eu não deixe passar novamente". Quando o terapeuta assume sua responsabilidade e valida a experiência emocional do paciente, ensina-lhe que ele pode confiar em suas percepções, facilitando que ele se sinta seguro para expressar seus sentimentos negativos, permitindo abordar colaborativamente a ruptura.

Os sentimentos do cliente em relação ao terapeuta e ao processo terapêutico podem emergir e se dissipar rapidamente sem que o paciente tome consciência. Por isso, é importante que o terapeuta mantenha o foco no aqui e agora, ou seja, é preciso estar atento ao tempo correto para cada intervenção. O que é verdade agora pode não ser na sessão seguinte. Até mesmo o que é verdade no início de uma sessão pode não o ser mais adiante. Pode ser que ao final da sessão o paciente não consiga acessar e identificar os sentimentos que experimentou no início.

O terapeuta deve se concentrar no concreto e específico, ou seja, deve focar no momento e evitar generalizações. Além de torná-lo mais acessível, isso aumenta a possibilidade de aceitação por parte do paciente. O questionamento "Eu tenho a sensação de que o que eu disse agora lhe gerou raiva. Isso faz sentido?" pode cumprir um papel psicoeducativo, uma vez que, ao refletir, observar e identificar a emoção, o paciente pode compreender que determinadas perguntas funcionam como gatilhos para a sensação de ameaça e causam raiva. Ao contrário, se o terapeuta questiona "Sempre que apontam a sua responsabilidade em determinada situação você sente raiva como agora?", o paciente pode se sentir ameaçado e negar ou buscar explicações alternativas para essa emoção. Assim, ele não identifica o padrão e provavelmente não há o reparo da ruptura.

É importante que o terapeuta avalie e explore as respostas dos pacientes às intervenções. Se uma intervenção levar a uma diminuição na qualidade da aliança, o psicólogo precisa explorar a experiência do paciente com a intervenção. Em casos em que os pacientes parecem se beneficiar do uso de intervenções cognitivo-comportamentais, por exemplo, os terapeutas devem continuar usando-as, enquanto permanecem atentos à aliança e a possíveis rupturas. Entretanto, quando a utilização de determinadas intervenções parece problemática, os terapeutas devem modificar sua condução de forma mais estrutural, abandonando-as momentaneamente, para se concentrar no uso de intervenções relacionais, como metacomunicação, exploração de suas próprias contribuições para rupturas e exploração profunda dos sentimentos emergentes dos pacientes no contexto da relação terapêutica.

Em momentos de ruptura, é comum que os pacientes se sintam sozinhos. Por isso, é importante que os terapeutas estabeleçam um senso de colaboração e cuidado, incluindo-se no processo, por meio da ideia de dilema compartilhado, em que paciente e terapeuta irão explorar os desafios de forma colaborativa. Em vez de dizer "Parece que você está se esquivando das minhas perguntas", o terapeuta pode fazer a seguinte abordagem: "Eu tenho a sensação de que estamos nos afastando nesse momento. Você também está percebendo isso?".

A psicoterapia *on-line* apresenta desafios específicos no que se refere à identificação das rupturas de aliança terapêutica, como falta de informação do movimento corporal: movimento repetitivo das pernas, indicando ansiedade ou tensão; braços cruzados, indicando fechamento; inclinação do corpo para trás, indicando evitação; expressões faciais confusas/não claras; qualidade de som ou atrasos no vídeo devido à baixa qualidade da conexão com a internet, que podem mascarar a duração do silêncio; retirada por parte do paciente devido à dificuldade de manutenção do contato visual através da tela; tentativa de realização de tarefas domésticas durante a sessão; presença e tentativa de interação com outras pessoas e animais no ambiente (Dolev-Amit et al., 2020). A falta de experiência e conhecimento sobre a psicoterapia *on-line* pode tornar a identificação ainda mais difícil nesse contexto (Safran et al., 2011).

O terapeuta pode utilizar alguns recursos para aumentar sua capacidade de identificar e reparar as rupturas remotamente. É essencial que, no início do tratamento, ao abordar o contrato terapêutico, o profissional fale sobre as condições para que os atendimentos ocorram em circunstâncias adequadas e semelhantes à modalidade presencial, como o ambiente, a conexão com a internet e a privacidade, entre outros. Além disso, é importante que o psicólogo verifique, antes do início de cada sessão, se as condições estão sendo respeitadas (Dolev-Amit et al., 2020).

Em alguns contextos, a privacidade e a qualidade da conexão podem ser um desafio para o paciente, e o terapeuta pode auxiliá-lo na resolução desse problema, sugerindo, por exemplo, uso de fones de ouvido, adaptação do horário da terapia para o período escolar dos filhos, realização da sessão no carro, realização do atendimento no cômodo mais próximo ao modem da internet e utilização do cabo de rede em vez do *wi-fi*. Além de demonstrar interesse e preocupação com as condições do paciente, o que pode ser benéfico para o estabelecimento da aliança, essas orientações podem prevenir a ocorrência de futuras rupturas (Dolev-Amit et al., 2020).

Além disso, como o atendimento *on-line* traz algumas limitações em relação à percepção da comunicação não verbal do paciente, é importante que o terapeuta esteja ainda mais atento a comportamentos sutis durante as sessões, como desvio de olhar, movimentos dos olhos que indiquem leitura de algo que não seja material da sessão, como notificações na tela, mudança no tom, velocidade e frequência da voz e sinais sonoros do ambiente (Dolev-Amit et al., 2020). Determinada intervenção ou apontamento pode despertar ansiedade no paciente que se sente incompreendido, por exemplo. Este pode, repetidamente, abrir e fechar uma caneta embaixo da mesa, fora do campo de visão do terapeuta. Na modalidade de atendimento *on-line*, o terapeuta está impossibilitado de verificar esse comportamento, mas pode ouvir o barulho e questionar: "Estou ouvindo um barulho de caneta. Como você está se sentindo com a pergunta que lhe fiz há alguns instantes?".

Ao observar mudanças comportamentais dos pacientes durante sessões *on-line*, é importante que o profissional verifique se essas alterações se dão por alguma dificuldade decorrente da própria modalidade de tratamento (Dolev-Amit et al., 2020).

O terapeuta deve abordar essa experiência e trabalhar no reparo, dizendo, por exemplo: "Percebi que hoje você evitou falar sobre questões relativas ao seu casamento. Você acha que isso pode estar relacionado ao fato de você estar em casa e haver risco de o seu marido ouvir o que estamos conversando?".

Portanto, vale destacar que, nas sessões *on-line*, é importante que o terapeuta se mostre ativo, ou seja, demonstre mais interesse na sessão, visto que no atendimento presencial o paciente tem acesso a um ambiente seguro física e emocionalmente, silencioso, confortável e com a presença física do terapeuta. É necessário traçar estratégias para compensar essas ausências e possibilitar que o paciente desenvolva o senso de segurança por outras vias, como por meio da expressão genuína do interesse do terapeuta (Dolev-Amit et al., 2020). Além disso, quando possível, o ideal é que o terapeuta realize os atendimentos em um ambiente que remeta a um *setting* terapêutico e atente a questões que parecem detalhes, mas aumentam a sensação de segurança para o paciente, como observar a distância física da tela – não muito perto para não ser invasivo e não muito longe para não parecer distante ou pequeno –, manter os olhos no nível e direcionados à câmera, além de posicionar a caixa de vídeo do paciente o mais próximo possível da câmera para que o paciente perceba que está olhando para ele (Geller, 2020).

INSTRUMENTOS PARA AVALIAÇÃO DA ALIANÇA TERAPÊUTICA

No que se refere à mensuração da aliança terapêutica, uma questão importante é: quem deve avaliar a aliança? Esse questionamento se deve, principalmente, ao fato de terapeutas, pacientes e observadores clínicos apresentarem diferenças nas suas avaliações, que, consequentemente, têm diferentes níveis de predição de resultados. Um estudo realizado por Fenton et al. (2001) apontou que a aliança avaliada por um observador clínico apresenta maior relação com o resultado. No contexto clínico brasileiro, essa possibilidade é limitada em virtude das restrições de gravação das sessões para posterior avaliação, visto que o Conselho Federal de Psicologia (CFP) orienta que sessões sejam gravadas apenas em casos essenciais. A seguir, apresentaremos os principais instrumentos de mensuração da aliança terapêutica com propriedades psicométricas avaliadas no contexto brasileiro.

Working Alliance Inventory (WAI)

O WAI tem sido o instrumento mais utilizado para avaliar a aliança (Ribeiro et al., 2019). Ele é fundamentado no modelo transteórico de Bordin (1979), e, portanto, os seus itens são divididos em três subescalas: objetivos, tarefas e vínculo. Foi desenvolvido por Horvath e Greenberg (1989) e possui duas versões, o WAI Terapeuta

(WAI-T) e o WAI Cliente (WAI-C). A partir da utilização das duas versões, o psicólogo pode verificar as diferenças entre a própria percepção da aliança em relação à do paciente. Ambos são autoaplicados, compostos por 36 itens respondidos em uma escala do tipo Likert de sete pontos. Seus escores gerais variam entre 36 e 252 pontos, e os escores mais altos indicam melhor qualidade na aliança.

Também são gerados escores para cada subescala – objetivos, tarefas e vínculos –, possibilitando que o terapeuta identifique em quais aspectos a aliança se encontra mais estabelecida e para onde os esforços podem ser direcionados para fortalecê-la. Se o paciente apresenta um escore significativamente mais baixo do que o terapeuta na subescala de tarefas, por exemplo, isso pode indicar que ele não compreende a relação das tarefas propostas com o objetivo e não percebe como elas o auxiliarão a alcançar os resultados desejados no processo terapêutico. A partir disso, o terapeuta pode optar por aprofundar as explicações das funções de cada tarefa e indicar para o paciente como elas o aproximam de suas metas.

As duas versões foram traduzidas para o português, e os dados preliminares indicam boas propriedades psicométricas (Serralta et al., 2020). O mesmo estudo adaptou a versão reduzida (WAI-SR) para o contexto brasileiro, que também apresentou bons índices. O WAI-SR é um instrumento autoaplicado, composto por 12 itens respondidos em uma escala do tipo Likert de sete pontos, com as três subescalas de objetivos, tarefas e vínculo (Hatcher & Gillaspy, 2006).

O WAI Short Revised Observer (WAI-SR-O) (Kazantziset al., no prelo) é um instrumento construído a partir da versão reduzida do WAI, respondido por um observador clínico. Contém 12 itens respondidos em uma escala do tipo Likert de cinco pontos e possui três subescalas: objetivos, tarefas e vínculo. O escore geral varia de 12 a 60 pontos, e cada subescala, de 4 a 20 pontos. Nesse caso, quanto menor o escore, melhor a qualidade da aliança. O WAI-SR-O foi traduzido para o português e apresentou boas propriedades psicométricas para o contexto brasileiro nas análises preliminares, em um tratamento cognitivo-comportamental por videoconferência para transtorno por uso de álcool (Ribeiro et al., 2021).

Escala de Aliança Psicoterápica da Califórnia – versão do paciente (Calpas-P)

A Calpas-P é um instrumento de 24 itens, respondido em uma escala do tipo Likert de sete pontos, que varia entre "absolutamente não" e "totalmente". Nessa versão do paciente, metade dos itens é apresentada no sentido positivo e metade, no negativo, para controlar a tendência de respostas afirmativas. A escala é constituída por quatro dimensões relativamente independentes. A aliança terapêutica (1) é avaliada a partir do esforço do paciente em empreender a mudança, da disposição em fazer sacrifícios em relação ao tempo e ao dinheiro, do entendimento da terapia como uma experiência importante, da confiança na terapia e no terapeuta, do compromisso em completar o processo terapêutico e da participação na terapia, apesar de momentos de sofrimento. A aliança de trabalho (2) compreende a auto-observação das reações, das contribuições para os problemas, a experimentação de emoções de forma modulada, o trabalhar ativo com as observações do terapeuta, o aprofundamento e a exploração dos temas emergentes e o trabalho com a resolução dos problemas. A compreensão e o envolvimento do terapeuta (3) abarcam a capacidade do profissional de entender o ponto de vista e o sofrimento do paciente, de demonstrar aceitação sem julgamentos, de identificar o ponto central de dificuldade do paciente, de intervir com tato e no tempo certo, de não usar de forma incorreta a terapia para suas necessidades e de demonstrar compromisso em ajudar o cliente a vencer os problemas. Os acordos entre o paciente e o terapeuta em relação aos objetivos e às estratégias (4) abrangem a semelhança de objetivos da dupla terapêutica, do entendimento de como uma pessoa pode ser ajudada, de como pode se modificar na terapia, de como a terapia deveria proceder e o esforço conjunto (Gaston, 1991). A Calpas-P foi traduzida para o português e apresentou boas propriedades psicométricas no contexto brasileiro (Marcolino & Lacoponi, 2001).

Inventário Cognitivo-comportamental para Avaliação da Aliança Terapêutica

O Inventário Cognitivo-comportamental para Avaliação da Aliança Terapêutica foi desenvolvido por pesquisadoras brasileiras a partir da compreensão de que a aliança terapêutica na psicoterapia cognitiva tem algumas características específicas da abordagem, além dos aspectos apontados pelo modelo transteórico de Bordin (1979), como a importância do *feedback*, a visão do paciente sobre a terapia e as reações do terapeuta (Araújo & Lopes, 2015). O instrumento é composto por 29 itens, respondidos em uma escala do tipo Likert de cinco pontos que varia de "nunca" a "sempre". É composto por quatro subescalas, que se referem a características apontadas por Beck (2013) como imprescindíveis para a construção do vínculo terapêutico na terapia cognitivo-comportamental: (1) colaboração ativa com o paciente, (2) *feedback* do paciente, (3) visão que o paciente tem a respeito da terapia e (4) reações do terapeuta. O inventário focaliza a perspectiva do psicólogo sobre a aliança, para que, por meio da identificação das inadequações em suas atuações, ele possa trabalhar ativamente nas resoluções dos entraves ao processo psicoterapêutico. Apesar disso, as autoras indicam que é ideal que haja uma investigação mais detalhada da aliança, considerando a percepção do paciente, para que as visões do cliente e do terapeuta sejam contrapostas, já que estudos têm indicado diferenças nas avaliações, e a avaliação do paciente tem previsto melhor o resultado do tratamento.

CONSIDERAÇÕES FINAIS

O estudo da aliança terapêutica não é tema novo para a psicoterapia. Existe uma vasta literatura sobre o tema, tanto científica quanto teórico-prática. A aliança tem sido considerada um elemento fundamental, se não prioritário, para bons resultados de tratamento de qualquer abordagem psicoterapêutica. Embora historicamente seu papel tenha se desenhado de maneira diferente nas várias abordagens e contextos terapêuticos – uma vez que em alguns casos ela é o principal elemento a ser trabalhado e em outros ela se configura como fator importante, mas não fundamental –, terapeutas contemporâneos têm dedicado maior atenção ao processo em psicoterapia, que engloba proeminentemente o conceito de aliança terapêutica.

Essa realidade também teve impacto fundamental na psicoterapia *on-line*. Nos últimos anos, muitos estudos se dedicaram a compreender o papel da aliança nessa modalidade. Em grande parte, as investigações têm apontado que, ao contrário do que se poderia hipotetizar, a aliança terapêutica na psicoterapia *on-line* é estabelecida de maneira muito semelhante ao que acontece na forma presencial. Do mesmo modo, rupturas na aliança têm sido observadas na terapia *on-line*, embora haja menos estudos sobre o que impulsiona a ocorrência de ruptura quando o atendimento psicoterapêutico ocorre por meio de vídeo, *e-mail* ou *chat*.

Neste capítulo abordamos alguns dos principais gatilhos de ruptura que têm sido observados nas intervenções *on-line*. Buscamos compará-los com os da terapia presencial, mas também discutir possíveis estratégias para reparação ou manejo da ruptura na terapia *on-line*, ponderando suas peculiaridades. Este capítulo teve o objetivo de fornecer embasamento teórico, mas também prático, sobre os caminhos que os terapeutas podem seguir para o manejo das rupturas, além da avaliação constante do processo de formação de aliança terapêutica. Deve-se considerar que a avaliação e o treinamento constantes são pontos importantes para os terapeutas, uma vez que muitos estudos têm demonstrado que a avaliação dos psicólogos sobre a aliança é menos fidedigna que a dos clientes e a dos observadores, o que pode levá-los a uma percepção equivocada e a negligenciar rupturas pouco evidentes. Desse modo, diante do aumento da realização de terapia *on-line* e de seu potencial futuro, entender o manejo da aliança terapêutica a partir de um ponto de vista científico pode contribuir para uma melhor prática baseada em evidências.

REFERÊNCIAS

Ackerman, S. J., & Hilsenroth, M. J. (2001). A review of therapist characteristics and techniques negatively impacting the therapeutic alliance. *Psychotherapy: Theory, Research, Practice, Training, 38*(2), 171-185.

Alfonsson, S., Olsson, E., Linderman, S., Winnerhed, S., & Hursti, T. (2016). Is online treatment adherence affected by presentation and therapist support? A randomized controlled trial. *Computers in Human Behavior, 60,* 550-558.

Andersson, G. (2016). Internet-delivered psychological treatments. *Annual Review of Clinical Psychology, 12*, 157-179.

Araújo, M. L., & Lopes, R. F. F. (2015). Desenvolvimento de um inventário cognitivo-comportamental para avaliação da aliança terapêutica. *Revista Brasileira de Terapias Cognitivas, 11*(2), 86-95.

Ardito, R. B., & Rabellino, D. (2011). Therapeutic alliance and outcome of psychotherapy: Historical excursus, measurements, and prospects for research. *Frontiers in Psychology - Psychology for Clinical Settings, 2*, 1-11.

Backhaus, A., Maglione, M. L., Repp, A., Ross, B., Zuest, D., Lohr, J., ... Rice-Thorp, N. M. (2012). Videoconferencing psychotherapy: A systematic review. *Psychological Services, 9*(2), 111-131.

Banbury, A., Nancarrow, S., Dart, J., Gray, L., & Parkinson, L. (2018). Telehealth Interventions Delivering Home-based Support Group Videoconferencing: Systematic review. *Journal of Medical Internet Research, 20*(2):e25.

Beck, J. S. (2013). *Terapia cognitivo-comportamental: Teoria e prática* (2. ed.). Artmed.

Blease, C. R., & Kelley, J. M. (2018). Does disclosure about the common factors affect laypersons' opinions about how cognitive behavioral psychotherapy works? *Frontiers in Psychology, 9*, 2635.

Bordin, E. S. (1983). A Working Alliance Based Model of Supervision. *The Counseling Psychologist, 11*(1), 35-42.

Bordin, E.S. (1979). The generalizability of the psychoanalytic concept of the working alliance. *Psychotherapy: Theory, Researh & Practice, 16*(3), 252-260.

Bouchard, S., Payeur, R., Rivard, V., Allard, M., Paquin, B., Renaud, P., & Goyer, L. (2020). Cognitive behavior therapy for panic disorder with agoraphobia in videoconference: Preliminary results. *CyberPsychology & Behavior, 3*(6), 999-1007.

Carlbring, P., Andersson, G., Cuijpers, P., Riper, H., & Hedman-Lagerlöf, E. (2018). Internet based vs. face to face cognitive behavior therapy for psychiatric and somatic disorders: An updated systematic review and metanalysis. *Cognitive Behaviour Therapy, 47*(1), 1-18.

Cataldo, F., Mendoza, A., Chang, S., & Buchanan, G. (2019). *Videoconference in Psychotherapy: Understanding research and practical implications*. XXX Australasian Conference on Information Systems. https://www.researchgate.net/publication/338066227_Videoconference_in_Psychotherapy_Understanding_research_and_practical_implications

Cavanagh, K., Millings, A. (2013). (Inter)personal Computing: The Role of the Therapeutic Relationship in E-mental Health. *Journal of Contemporary Psychotherapy, 43*(4), 197-206.

Cipolletta, S., Frassoni, E., & Faccio, E. (2017). Construing a therapeutic relationship online: An analysis of videoconference sessions. *Clinical Psychologist, 22*(1), 220-229.

Clough, B. A., & Casey, L. M. (2011). Technological adjuncts to increase adherence to therapy: A review. *Clinical Psychology Review, 31*(5), 697-710.

Dolev-Amit, T., Leibovich, L., & Zilcha-Mano, S. (2020). Repairing alliance ruptures using supportive techniques in telepsychotherapy during the COVID-19 pandemic. *Counselling Psychology Quarterly*, 1-14.

Elliott, R., Bohart, A. C., Watson, J. C., & Greenberg, L. S. (2011). Empathy. *Psychotherapy, 48*(1), 43-49.

Eubanks, C. F., Burckell, L. A., & Goldfried, M. R. (2018). Clinical consensus strategies to repair ruptures in the therapeutic alliance. *Journal of Psychotherapy Integration, 28*(1), 60-76.

Eubanks, C. F., Lubitz, J., Muran, J. C., & Safran, J. D. (2018). Rupture Resolution Rating System (3RS): Development and validation. *Psychotherapy Research*, 1–1429(3), 306-319.

Feinstein, R., Heiman, N., & Yager, J. (2015). Common Factors Affecting Psychotherapy Outcomes: Some Implications for Teaching Psychotherapy. *Journal of Psychiatric Practice, 21*(3), 180-189.

Fenton, L. R., Cecero, J. J., Nich, C., Frankforter, T. L., & Carroll, K. M. (2001). Perspective is everything: The predictive validity of six working alliance instruments. *The Journal of Psychotherapy Practice and Research, 10*(4), 262-268.

Fisher, S., Guralnik, T., Fonagy, P. & Zilcha-Mano, Z. (2020). Let's face it: Video conferencing psychotherapy requires the extensive use of ostensive cues. *Counselling Psychology Quarterly*, 1-17.

Gaston, L. (1991). Reliability and criterion-related validity of the California Psychotherapy Alliance Scales – patient version. *Psychological Assessment: A Journal of Consulting and Clinical Psychology, 3*(1), 68-74.

Geller, S. M. (2020). Cultivating *online* therapeutic presence: Strengthening therapeutic relationships in teletherapy sessions. *Counselling Psychology Quarterly*.

Geller, S. M., & Porges, S. W. (2014). Therapeutic presence: Neurophysiological mechanisms mediating. *Journal of Psychotherapy Integration, 24*(3), 178-192.

Hatcher, R. L., & Gillaspy, J. A. (2006). Development and validation of a revised short version of the Working Alliance Inventory. *Psychotherapy Research, 16*(1), 12-25.

Horvath, A. O., & Greenberg, L. S. (1989). Development and validation of the Working Alliance Inventory. *Journal of Counseling Psychology, 36*(2), 223-233.

Horvath, A. O., & Symonds, B. D. (1991). Relation between working alliance and outcome in psychotherapy: A meta-analysis. *Journal of Counseling Psychology, 38*(2),139-149.

Kaiser, J., Hanschmidt, F., & Kersting, A. (2021). The association between therapeutic alliance and outcome in internet-based psychological interventions: A meta- analysis. *Computers in Human Behavior, 114*,106512.

Karyotaki, E., Ebert, D. D., Donkin, L., Riper, H., Twisk, J., Burger, S., ... Cuijpers, P. (2018). Do guided internet-based interventions result in clinically relevant changes for patients with depression? An individual participant data meta-analysis. *Clinical Psychology Review, 63*, 80-92.

Kazantzis, N., Cronin, T. J., Farchione, D., & Dobson, K. S. (no prelo). Working alliance in cognitive behavior therapy for depression: Does it predict long term outcomes?

King, R., Bambling, M., Reid W., & Thomas, I. (2006). Telephone and *online* counselling for young people: A naturalistic comparison of session outcome, session impact and therapeutic alliance. *Counselling and Psychotherapy Research, 6*(3), 175-181.

King, V. L., Brooner, R. K., Peirce, J. M., Kolodner, K., & Kidorf, M. S. (2014). A randomized trial of Web-based videoconferencing for substance abuse counseling. *Journal of substance Abuse Treatment, 46*(1), 36-42.

Knaevelsrud, C., & Maercker, A (2007). Internet-based treatment for PTSD reduces distress and facilitates the development of a strong therapeutic alliance: A randomized controlled clinical trial. *BMC Psychiatry, 7*, 13.

Knaevelsrud, C., & Maercker, A. (2006). Does the quality of the working alliance predict treatment outcome in online psychotherapy for traumatized patients? *Journal of medical Internet Research, 8*(4), e31.

Lambert, M. J. (1992). Psychotherapy outcome research: implications for integrative and eclectical therapists. In M. R. Goldfried (Ed.), *Handbook of psychotherapy integration* (pp. 94-129). Basic Books.

Leibert, T. W., & Dunne-Bryant, A. (2015). Do common factors account for counseling outcome? *Journal of Counseling & Development, 93*(2), 225-235.

Lopez, A. (2015). An investigation of the use of Internet based resources in support of the therapeutic alliance. *Clinical Social Work Journal, 42*(3), 189-200.

Lopez, A., & Schwenk, S. (2021). Technology-based mental health treatment and the impact on the therapeutic alliance update and commentary: How COVID-19 changed how we think about telemental health. *Current Research in Psychiatry, 1*(3), 34-36.

Lopez, A., Schwenk, S., Schneck, C. D., Griffin, R. J., & Mishkind, M. C. (2019). Technology-Based Mental Health Treatment and the Impact on the Therapeutic Alliance. *Current Psychiatry Reports, 21*(8),76.

MacMullin, K., Jerry, P., & Cook, K. (2020). Psychotherapist experiences with telepsychotherapy: Pre COVID-19 Lessons for a Post COVID-19 World. *Journal of Psychotherapy Integration, 30*(2), 248-264.

Magill, M., & Longabaugh, R. (2013). Efficacy combined with specified ingredients: A new Direction for empirically-supported addiction treatment. *Addiction, 108*(5), 874-881.

Marcolino, J. A. M., & Iacoponi, E. (2001). Escala de Aliança Psicoterápica da Califórnia na versão do paciente. *Braz. J. Psychiatry, 23*(2), 88-95.

Muran, J. C. (2019). Confessions of a New York rupture researcher: An insider's guide and critique. *Psychotherapy Research, 29*(1), 1-14.

Nelson, E., & Duncan, A. B. (2015). Cognitive Behavioral Therapy Using Televideo. *Cognitive and Behavioral Practice, 22*(3), 269-280.

Norcross, J. C., & Lambert, M. J. (2010). Evidence-based therapy relationships. In J. C. Norcross (Ed.), *Evidence-based therapy relationships* (pp. 1-4). https://64.13.203.81/trainings/175/CEU_pdf_175.pdf

Pierce, B. S., Perrin, P. B., & McDonald, S. D. (2020). Demographic, organizational, and clinical practice predictors of U.S. psychologists' use of telepsychology. *Professional Psychology, Research and Practice, 51*(2), 184-193.

Poletti, B., Tagini, S., Brugnera, A., Parolin, L., Pievani, L., Ferrucci, R., ... Silani, V. (2020). Telepsychotherapy: A leaflet for psychotherapists in the age of COVID-19. A review of the evidence. *Counselling Psychology Quarterly*.

Rees, C. S., & Stone, S. (2005). Therapeutic Alliance in Face-to-Face Versus Videoconferenced Psychotherapy. *Professional Psychology: Research and Practice, 36*(6), 649–653.

Rettie R. (2009). Mobile phone communication: Extending Goffman to mediated interaction. *Sociology, 43*(3), 421-438.

Ribeiro, N. S., Colugnati, F. A. B., Kazantzis, N., & Sartes, L. M. A. (2021). Observing the working alliance in videoconferencing psychotherapy for alcohol addiction: Reliability and validity of the Working Alliance Inventory Short Revised Observer (WAI-SR-O). *Frontiers in Psychology, 12*, 647814.

Ribeiro, N. S., Torres, A. P. F., Pedrosa, C. A., Silveira, J. D. F., & Sartes, L. M. A. (2019). Caracterização dos estudos sobre medidas de aliança terapêutica: Revisão da literatura. *Contextos Clínicos, 12*(1), 303-341.

Richards, P., Simpson, S., Bastiampillai, T., Pietrabissa, G., & Castelnuovo, G. (2018). The impact of technology on therapeutic alliance and engagement in psychotherapy: The therapist's perspective. *Clinical Psychologist, 22*(2), 171-181.

Richardson, L., Reid, C., & Dziurawiec, S. (2015). "Going the extra mile": Satisfaction and alliance findings from an evaluation of videoconferencing telepsychology in rural Western Australia. *Australian Psychologist, 50*(4), 252-258.

Safran, J. D., Crocker, P., McMain, S., & Murray, P. (1990). Therapeutic alliance rupture as a therapy event for empirical investigation. *Psychotherapy: Theory, Research, Practice, Training, 27*(2), 154-165.

Safran, J. D., & Kraus, J. (2014). Alliance ruptures, impasses, and enactments: A relational perspective. *Psychotherapy, 51*(3), 381-387.

Safran, J. D., & Muran, J. C. (1996). The Resolution of Ruptures in the Therapeutic Alliance. *Journal of Consulting and Clinical Psychology, 64*(3), 447-458.

Safran, J. D., & Muran, J. C. (2006). Has the concept of the therapeutic alliance outlived its usefulness? *Psychotherapy: Theory, Research, Practice, Training, 43*(3), 286-291.

Safran, J. D., Muran, J. C., & Eubanks-Carter, C. (2011). Repairing Alliance Ruptures. *Psychotherapy, 48*(1), 80-87.

Schoenenberg, K., Raake, A., & Koeppe, J. (2014). Why are you so slow? — Misattribution of transmission delay to attributes of the conversation partner at the far-end. *International Journal of Human-computer Studies*, 72(5), 477-487.

Schwartzman, C. M., & Boswell, J. F. (2020). A Narrative Review of Alliance Formation and Outcome in Text-Based Telepsychotherapy. *Practice Innovations*, 5(2), 128-142.

Serralta, F. B., Benetti, S. P. C., Laskoski, P. B., & Abs, D. (2020). The Brazilian-adapted Working Alliance Inventory: Preliminary report on the psychometric properties of the original and short revised versions. *Trends Psychiatry Psychother*, 42(3), 256-261.

Simpson, S. (2001). The provision of a telepsychology service to Shetland: Client and therapist satisfaction and the ability to develop a therapeutic alliance. *Journal of Telemedicine and Telecare*, 7(Suppl. 1), 34-36.

Simpson, S. G., & Reid, C. L. (2014). Therapeutic alliance in videoconferencing psychotherapy: A review. *The Australian Journal of Rural Health*, 22(6), 280-299.

Simpson, S., Bell, L., Knox, J., & Mitchell, D. (2005). Therapy via videoconferencing: A route to client empowerment? *Clinical Psychology & Psychotherapy*, 12(2), 156-165.

Sucala, M., Schnur, J. B., Constantino, M. J., Miller, S. J., Brackman, E. H., & Montgomery, G. H. (2012). The therapeutic relationship in e-therapy for mental health: a systematic review. *Journal of Medical Internet Research*, 14(4), e110.

Thorp, S. R., Fidler, J., Moreno, L., Floto, E., & Agha, Z. (2012). Lessons learned from studies of psychotherapy for posttraumatic stress disorder via video teleconferencing. *Psychological Services*, 9(2), 197-199.

Watts, S., Marchand, A., Gosselin, P., Bellevile, G., Bouchard, S., Langlois, F., & Dugas, M. J. (2020). Telepsychotherapy for Generalized Anxiety Disorder: Impact on the Working Alliance. *Journal of Psychotherapy Integration*, 30(2), 208-225.

4

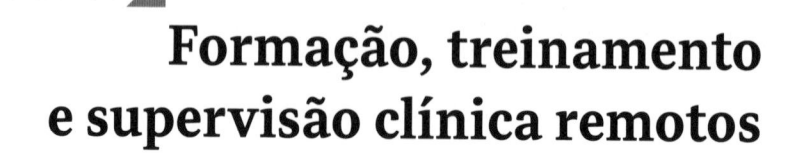

Formação, treinamento e supervisão clínica remotos

Janaína Bianca Barletta
Karen P. Del Rio Szupszynski
Carmem Beatriz Neufeld

A busca pela formação de supervisores clínicos, a fim de capacitá-los nas melhores práticas para fornecer uma supervisão de qualidade, tem sido foco de pesquisa no cenário mundial (Borders, 2014). Essa preocupação também tem alcançado países da América Latina (Neufeld, Szupszynski et al., 2021), incluindo, mais recentemente, o Brasil (Barletta, Rodrigues et al., 2021). Atualmente, as melhores práticas supervisionadas são baseadas em *frameworks* de competência do supervisor (p. ex., British Association for Counselling and Psychotherapy [BACP], 2021; Roth & Pilling, 2008) e em dados de pesquisa, desde evidências mais qualitativas e exploratórias (Johnston & Milne, 2012) até revisões sistemáticas de literatura (Reiser & Milne, 2014). Entende-se que as práticas supervisionadas e o treinamento de supervisores pautados em diretrizes de melhores práticas e evidências científicas fortalecem uma supervisão efetiva, relacionada ao desenvolvimento do terapeuta, e sua execução de maneira ética e respeitosa (Barletta & Neufeld, 2020; Borders, 2014).

Apesar do aumento de estudos e práticas supervisionadas que almejam a qualidade, em especial nos últimos 10 anos, ainda se tem poucas pesquisas (Milne et al., 2010), principalmente com foco em supervisões e treinamento de terapeutas de forma remota. De acordo com Cromarty et al. (2020), o trabalho clínico remoto se refere a toda intervenção não presencial, seja atendimento, treinamento ou supervisão, o que impacta a forma de fornecer a atividade clínica, com a necessidade de adaptação dos métodos e estratégias a serem utilizados, porém com conteúdo similar.

TECNOLOGIAS DA INFORMAÇÃO E COMUNICAÇÃO (TICS) E SUPERVISÃO REMOTA

As TICs são ferramentas que já estão incorporadas à prática de atendimentos psicoterápicos, nas supervisões clínicas e no ensino, tanto na graduação quanto na pós-graduação. A literatura internacional demonstra que, desde o final da década de 1990, as intervenções *on-line* e temas relacionados vêm sendo estudados em diversos países (Andersson et al., 2017). No Brasil, as intervenções *on-line* ocuparam espaço mais significativo apenas após o início da pandemia de covid-19, em 2020. Sampaio et al. (2021) apontam um aumento significativo do uso da internet para atendimento psicoterápico durante a pandemia – dos 768 participantes do estudo, 98% relataram fazer uso de psicoterapia *on-line* durante esse momento, enquanto apenas 39% relataram seu uso anteriormente. Além do aumento no uso das TICs, esse processo de transição do atendimento presencial para o *on-line* ocorreu de forma abrupta no início da pandemia, com mudanças em resoluções e regulamentações das práticas profissionais que versam sobre as possibilidades de intervenção. Ademais, essa maior adesão às intervenções *on-line* evidenciou uma lacuna em relação a treinamentos para utilizar os recursos remotos de forma adequada.

Além da mudança para o atendimento psicológico *on-line* posta pelo distanciamento social, também entende-se que houve uma mudança atitudinal em relação ao uso das TICs para supervisão clínica, uma vez que inicialmente este era visto com ressalvas e passou a ser a única opção no momento pandêmico. Por exemplo, na pesquisa de Machado e Barletta (2015), que levantaram percepções de terapeutas cognitivo-comportamentais que receberam a supervisão no formato presencial e *on-line*, alguns problemas foram encontrados. À época do estudo, uma resolução do Conselho Federal de Psicologia (Resolução CFP nº 011/2012) apenas permitia que a supervisão no formato *on-line* fosse ofertada eventualmente ou como uma atividade complementar à formação e ao treinamento presenciais, sugerindo o uso das plataformas Skype e Messenger. Naquele momento, outras plataformas e/ou recursos mais avançados eram escassos, o que, por sua vez, impactavam a demanda de atividades interativas durante o encontro supervisionado. Entre os motivos de rejeição à supervisão *on-line* estavam: problemas técnicos e qualidade da conexão, intercorrências do *home office*, incluindo interrupção e presença de outros estímulos concorrentes à concentração, e falta de confiança e credibilidade para garantir o sigilo com recursos remotos. De maneira semelhante, Perry (2012) apontou que nos Estados Unidos a difusão e a aceitabilidade da supervisão clínica *on-line* também eram baixas e com poucos estudos e pesquisas com esse foco.

Diante da escassez de dados sobre a supervisão clínica remota, Cameron et al. (2014) fizeram uma revisão sistemática englobando estudos entre os anos de 1990 e 2013 para identificar o quanto a videoconferência era considerada uma via educacional e de suporte para supervisão clínica favorável. Entre os 13 estudos inclusos na amostra, apenas um referia-se à supervisão, enquanto os outros focavam educação (cursos, aulas e treinamentos) ou prática clínica. O recurso da videoconferência foi entendido como ferramenta que apoia os processos educativo, clínico e supervisionado, além de ter maior alcance para profissionais geograficamente distantes dos grandes centros. Por sua vez, a própria tecnologia foi considerada uma possível barreira, incluindo qualidade e acesso, assim como a dificuldade do estabelecimento do vínculo e da relação terapêutica por via remota, questionamentos similares aos encontrados no estudo de Machado e Barletta (2015). Rousmaniere (2014) ainda alerta que, no trabalho clínico remoto, seja em intervenção psicoterápica ou supervisão clínica, há o aumento do risco de mau entendimento, devido às diferenças culturais entre supervisor e supervisionando de lugares distintos, sendo esse um fator a ser considerado.

A transformação digital dos últimos anos proporcionou novos recursos e possibilidades de acesso a profissionais e supervisores com mais formação e treinamento, já que em muitas regiões, como zonas rurais e subúrbios, não há ou são escassos profissionais que possam supervisionar, dar suporte e fomentar processos formais de desenvolvimento (Martin et al., 2017). Esses autores apontam possibilidades além das videoconferências para esse fim, incluindo telefone, *e-mail,* videochat, diversos aplicativos e plataformas alternativas. No entanto, vale ressaltar que, no Brasil, a Resolução nº 11/2018 do Conselho Federal de Psicologia permitiu atividades supervisionadas apenas na modalidade síncrona. Além disso, os supervisores também devem estar registrados no e-Psi, que é um cadastro obrigatório para exercer atividades de forma remota. O CFP ainda reforça a necessidade de os supervisores terem conhecimento das TICs e ferramentas digitais que serão utilizadas em supervisão. Ressalta-se que, assim como na formação de terapeutas, a falta de treinamento também foi identificada entre supervisores brasileiros de terapia cognitivo-comportamental (TCC) na pesquisa de Barletta, Araújo et al. (no prelo). Dos 180 participantes que responderam a um questionário *on-line,* menos de 30% relatou treinamento para exercer a prática supervisionada e nenhuma indicação sobre treinamento para o uso das TICs foi citado.

Em relação ao uso de TICs em supervisão remota, Rousmaniere (2014) reforça a necessidade de um conjunto de ferramentas apropriadas que o supervisor possa escolher e usar com o propósito de potencializar o desenvolvimento do terapeuta. Existem recursos que proporcionam a observação direta, como equipamentos para gravar a sessão de terapia, que incluem câmera de vídeo, aplicativo de gravação e microfones interno e externo. Também existem recursos para uma supervisão *on-line* via sala de espelho unilateral, que implica o uso de aplicativos e fones de ouvido, conhecida como supervisão ao vivo remota. Assim, é possível assistir à sessão de psicoterapia em tempo real na modalidade *on-line.*

Alguns aplicativos e plataformas permitem criar uma sala de espelho remota, como o *software* iSupe e TheraPlatform. Para tanto, Rousmaniere (2014) chama atenção para o cuidado no uso de quaisquer recursos quando a tecnologia ofertada é interconectada em um ecossistema, isto é, com ligação a diversos dispositivos a que outras pessoas possam ter acesso, diminuindo a possibilidade da privacidade e sigilo.

RECOMENDAÇÕES PARA A SUPERVISÃO REMOTA

Martin et al. (2017) ressaltam que a supervisão *on-line* deve seguir recomendações para o uso da tecnologia diferentes das orientações para a educação a distância, pelo fato de a supervisão ter como foco o apoio a profissionais da saúde. Ao desfazer a relação direta entre o atual acesso facilitado à tecnologia e a qualidade da supervisão recebida, esses autores apontam dez aspectos que podem potencializar o uso de recursos tecnológicos em prol da eficácia da supervisão ofertada:

1. **Estabelecer um contrato de supervisão**, que inclui objetivos de aprendizagem, formas de avaliação de competências, recursos remotos a serem utilizados, bem como funções, atividades e comportamentos esperados, tanto do supervisor quanto do supervisionando (Barletta & Neufeld, 2020; Martin et al., 2017), favorecendo a transparência necessária no processo (Rousmaniere, 2014).
2. **Usar diversos recursos tecnológicos na supervisão *on-line***, o que pode favorecer o alcance da aprendizagem, uma vez que aumentam as chances de abarcar diferentes estilos, preferências e necessidades dos supervisionandos. Nesse sentido, exige-se do supervisor e do supervisionando familiaridade, habilidade e manejo com o uso das TICs (Cromarty et al., 2020; Martin et al., 2017; Rousmaniere, 2014).
3. **Utilizar modelos de supervisão e de aprendizagem já estabelecidos na literatura** (Martin et al., 2017), como, por exemplo, o modelo de supervisão baseado na psicoterapia usado pela TCC (Milne & Reiser, 2017) e o modelo declarativo-procedural-reflexivo (DPR) de aquisição de competências clínicas (Bennett-Levy, 2006).
4. **Ter cuidado redobrado no estabelecimento de uma relação interpessoal adequada** no formato da supervisão *on-line*, a fim de mantê-la colaborativa e construtiva (Martin et al., 2017; Rousmaniere, 2014).
5. **Ter outras opções de TICs** como um plano extra para gerenciar possíveis problemas com a tecnologia, seja durante a supervisão *on-line*, seja como *backup* de material. Essas alternativas devem estar previamente combinadas no contrato de supervisão (Cromarty et al., 2020; Martin et al., 2017). Rousmaniere (2014) ainda ressalta o cuidado com padrões de segurança, antivírus e uso adequado de nuvens de armazenamento.
6. **Ter um foco especial na comunicação**, uma vez que a supervisão *on-line* restringe parcialmente a visualização de movimentos e posturas corporais que poderiam servir de dicas de comunicação não verbal, mas permite uma

melhor visualização facial quando a câmera está ligada. Outro aspecto bastante mencionado como barreira para a comunicação na supervisão *on-line* é a multiplicidade de tarefas e aplicativos ligados concomitantemente, que podem facilitar a distração do supervisionando (Martin et al., 2017). Para a comunicação nesse contexto, é importante estar atento para não interromper a fala do outro, sendo fundamental desacelerar o ritmo da verbalização, em função da diferença ou *delay* temporal no áudio da videoconferência, e mutar o microfone quando não estiver falando (Cromarty et al., 2020), podendo inclusive utilizar recursos como *emojis* para sinalizar o pedido da palavra. Outra alternativa é o uso do *chat* da plataforma na qual a videoconferência está acontecendo (Cromarty et al., 2020).

7. **Disponibilizar acesso ao supervisor entre as sessões de supervisão** (Martin et al., 2017) por recursos além da videoconferência, como WhatsApp ou Telegram e *e-mail*. Apesar disso, ressalta-se a importância de estabelecer limite para esse acesso, uma vez que em pesquisas recentes têm surgido dados sobre o aumento na percepção de *burnout* e sensações de esgotamento dos profissionais que atendem e/ou supervisionam na modalidade remota (Barletta, Araújo et al., no prelo; Sampaio et al., 2021).
8. **Ter cuidado com a ética**, incluindo segurança da informação, privacidade e sigilo ofertados pelos recursos utilizados (Martin et al., 2017). Para tanto, é essencial conhecer as diretrizes, as notas orientativas e as recomendações legais para o uso de tecnologia na supervisão remota do órgão que regulamenta a profissão no local da intervenção, como o CFP no Brasil (Neufeld et al., no prelo; Rousmaniere, 2014).
9. **Definir uma carga horária maior do que a proposta** para a supervisão *on-line*, a fim de ajustar a duração da sessão supervisionada caso haja alguma necessidade devido a problemas tecnológicos (Martin et al., 2017).
10. **Aumentar a frequência da avaliação do processo supervisionado**, avaliando monitoramento da aprendizagem, proposta de supervisão, alcance de metas educativas e relação interpessoal em supervisão. Podem-se utilizar de *feedback* a instrumentos formais de avaliação (Martin et al., 2017). Vale ressaltar que a reavaliação da supervisão, e também dos treinamentos, pode levar a novos acordos, diferentes propostas pedagógicas e atividades, de acordo com a necessidade (Barletta et al., 2021).

ATIVIDADES CLÍNICAS REMOTAS E NOVAS PROPOSTAS AO REDOR DO MUNDO

O programa para facilitar o acesso às psicoterapias chamado Improving Access to Psychological Therapies (IAPT), inicialmente proposto pelo Reino Unido, é reconhecido no cenário mundial como norteador de boas práticas. Segundo as recomendações na versão australiana do IAPT, têm-se enfatizado as intervenções remotas de baixa intensidade *(low intensity interventions)*, com a inclusão de treinamento e supervisão remota de terapeutas cognitivo-comportamentais. O trabalho remoto tem sido testado há alguns anos, em função da disposição geográfica da Austrália, que dificulta o acesso aos grandes centros, e do baixo número de supervisores e terapeutas em TCC credenciados em comparação ao de profissionais treinados e certificados no Reino Unido. Durante a pandemia de covid-19, essa proposta de treinamento e supervisão remota tornou-se essencial. Nesse programa, reforça-se o uso do modelo DPR como principal estrutura de sustentação da proposta de treinamento e supervisão em TCC, já que esta explica como diferentes métodos e estratégias pedagógicas são utilizados para fomentar diferentes conhecimentos, habilidades e atitudes necessárias para o desenvolvimento de competências terapêuticas (Cromarty et al., 2020).

Cromarty et al. (2020) apresentam uma série de estratégias didáticas que podem ser utilizadas no treinamento clínico remoto, como: envio de materiais via *e-mail*, correio ou mensagem de texto; triagens via telefone; portais na *web* para disponibilizar *slides*; vídeos ou guias de estudo. Em teleconferências, pode-se dividir telas, gravações de sessões ou de dramatizações e exercícios. O programa também faz uso de um ambiente virtual de aprendizagem (AVA), a fim de facilitar a alocação de materiais e acesso a eles, bem como o envio de tarefas de maneira considerada segura. Também é sugerido que o treinamento remoto faça uso de metodologias ativas, como a aprendizagem baseada em problemas (PBL), que permite a aprendizagem experiencial e ativa de todos os profissionais em treinamento.

Gomide et al. (2020) apresentaram uma intervenção no formato breve, via *chat*, com o objetivo de fornecer suporte inicial à saúde mental em decorrência de efeitos da pandemia. Para tanto, a proposta incluía acolhimento e aconselhamento às pessoas em relação às preocupações do cotidiano (p. ex., questões financeiras e de higiene), ao adoecimento por covid-19, aos sintomas leves a moderados de ansiedade e depressão e às consequências do isolamento social. A intervenção oferecia escuta ativa, resolução de problemas e indicação de biblioterapia, como formas de avaliação e acolhimento inicial, seguidas por encaminhamento para serviços especializados. A atividade foi desenvolvida e implementada na Argentina e no Brasil e contou com 77 voluntários para colocá-la em prática sob supervisão de 20 psicólogos de ambos os países. Os voluntários eram de diferentes áreas da saúde e das ciências humanas, incluindo psicologia, enfermagem, medicina, educação física, serviço social, pedagogia, comunicação social e secretariado.

De acordo com Gomide et al. (2020), os voluntários que atuaram diretamente no atendimento ao suporte da pessoa em sofrimento foram treinados durante oito horas distribuídas em três dias. O treinamento foi gravado para que os voluntários pudessem acessá-lo posteriormente, caso alguma dúvida surgisse. Como *feedback* ao treinamento, foi indicada a necessidade de mais tempo para esse fim e a importância do fortalecimento das discussões e *role-playing* para desenvolvimento de habilidades para a intervenção.

As supervisões ocorreram semanalmente, somadas ao treinamento contínuo para uso das ferramentas *on-line*, e, quando solicitado pelo voluntário, em tempo real da intervenção. As transcrições dos *chats* foram utilizadas nas supervisões, após as assinaturas dos termos de privacidade e de confiabilidade. Ainda que os supervisores fossem psicólogos com experiência clínica em atendimentos breves, não houve indicação sobre o treinamento desses profissionais, seja para uso das ferramentas *on-line*, seja para fornecer supervisão remota de atividade mediada pela internet, seja para lidar com demandas de voluntários de diferentes áreas de formação e nível de desenvolvimento para atendimento clínico. Como aspectos positivos, foram identificados o alcance à população necessitada e carente, bem como o suporte inicial e o encaminhamento para tratamento adequado. Além disso, verificou-se a dificuldade de acessar o *chat* por meio do *site* escolhido, especialmente pela falta de disseminação dessa prática em países da América Latina.

Como citado anteriormente, no Brasil há poucos profissionais treinados conforme as diretrizes sugeridas internacionalmente, em especial na função de supervisão (Barletta, Araújo et al., no prelo). De forma semelhante à proposta de treinamento remoto da IAPT australiana (Cromarty et al., 2020) e em conformidade com os elementos potencializadores da tecnologia no treinamento clínico propostos por Martin et al. (2017), Barletta et al. (2021) descreveram um curso modular ofertado nas pós-graduações *stricto sensu* em psicologia e psicobiologia de uma universidade brasileira, com foco na supervisão baseada em evidências e na função de supervisionar.

No curso remoto, com duração de sete semanas, foram utilizados dois tipos de propostas educativas de maneira associada: atividades síncronas e assíncronas. Inicialmente, foram realizados de maneira colaborativa o contrato pedagógico e a avaliação de necessidades dos alunos. Nos momentos síncronos, realizados via videoconferência, foram utilizadas metodologias ativas, como sala de aula invertida, em que há necessidade de leitura prévia do material, rodas de discussão e atividades interativas com exercícios para serem respondidos nos aplicativos indicados. Nos momentos assíncronos, com apoio do AVA, foram propostas atividades como leitura, vídeos, construção de *frameworks*, uso de *chat*, fórum e murais *on-line*, de forma individual e em pequenos grupos.

Os temas abordados no curso abrangeram desde as diretrizes da American Psychological Association (APA) sobre supervisão em psicologia, suas principais funções e modelos baseados em competências utilizados nessa prática, até diversas estratégias de ensino e aprendizagem baseadas em metodologias ativas com foco em competências e uso das TICs para esse fim (Barletta et al., 2021). O *feedback* final dos participantes apontou ganhos considerados essenciais para a prática de quem vai iniciar-se na função de supervisor e/ou para aprimorar habilidades de quem já a exerce. Por exemplo, um dos participantes, que já era supervisor, afirmou: "No geral, o curso me fez refletir muito sobre a supervisão que estou oferecendo hoje e a necessidade de me aproximar mais dos procedimentos e processos baseados em evidências para o desenvolvimento de competências". Outra participante do curso, que ainda não estava na prática supervisionada, declarou: "Quando eu for supervisionar, tenho uma noção muito maior do que fazer e não fazer. E, até mesmo para eu procurar um supervisor, hoje me tornei mais criteriosa". Entre as principais dificuldades apresentadas estava a leitura na língua inglesa, uma vez que textos nacionais sobre supervisão e formação de supervisores ainda são escassos.

Em comparação ao estudo sobre treinamento remoto, existe um número menor de pesquisas sobre supervisão clínica remota. Ainda assim, segundo Cromarty et al. (2020), alguns estudos têm apresentado dados de eficácia da supervisão remota com foco em ansiedade e depressão utilizando telefone, videoconferências e atividades mediadas pela internet. Sugere-se que terapeutas que atuam com intervenções de alta intensidade (*high intensity interventions*) também se beneficiam ao receberem algumas supervisões de gerenciamento de casos, que geralmente são utilizadas para auxiliar profissionais que atuam com intervenções de baixa intensidade (*low intensity interventions*). Isto é, além de uma supervisão remota com foco no desenvolvimento de competências, é importante incluir o gerenciamento de casos no processo supervisionado, para que o profissional não se perceba sem norte ou à deriva no tratamento psicoterápico fornecido. Sugere-se ainda que a supervisão remota combine atividades via AVA, para assegurar o envio e o acesso de materiais clínicos, com os encontros síncronos, via videoconferência e/ou telefone. Por último, ainda reforça-se a importância de avaliações de competência, a fim de assegurar o desenvolvimento do terapeuta em treinamento.

Partindo do exposto, este capítulo tem por objetivo refletir a aplicabilidade do trabalho clínico remoto no contexto brasileiro, a fim de proporcionar, especialmente, algumas considerações sobre treinamento e supervisão remotos. Para tanto, será utilizado como exemplo a aplicação de programas de intervenção, treinamento e supervisão remotos, bem como apontamentos sobre desafios éticos e dicas práticas.

EXEMPLO DE APLICAÇÃO DE TREINAMENTO E SUPERVISÃO CLÍNICA REMOTOS NO CONTEXTO BRASILEIRO

Neufeld et al. (no prelo) apresentaram uma proposta brasileira que intercalou o treinamento e a supervisão clínica remotos para intervenções de TCC de baixa/média intensidade (*low/medium intensity*) com foco em ansiedade e depressão em decorrência do momento pandêmico, ofertada pelo Laboratório de Pesquisa e Intervenção Cognitivo-comportamental (LaPICC-USP). Inicialmente, foram ofertados dois programas síncronos breves, ambos em grupo, sendo um fundamentado em TCC e outro em terapia focada na compaixão (TFC), com média de duas sessões. A oferta desses programas recebeu o nome de "LaPICC contra covid-19" e está detalhadamente descrita nas publicações de Almeida et al. (2021) e de Neufeld, Rebessi et al. (2021).

No primeiro momento, as intervenções foram ofertadas por psicoterapeutas, já que o cenário mundial estava em transformação abrupta e ainda em processo de adaptação para a intervenção remota. Os grupos tiveram um caráter emergencial para acolhimento no momento inicial das intercorrências ocasionadas pela pandemia de covid-19 (Almeida et al., 2021; Neufeld, Rebessi et al., 2021). Ademais, esses dois programas serviram de intervenções-piloto e de base para a elaboração dos outros quatro programas de intervenção *on-line*, que foram alocados como prática clínica supervisionada (Neufeld et al., no prelo), parte obrigatória da formação de alunos de graduação em psicologia. Esses quatro programas consistiram em três programas de intervenção síncronos para manejo de ansiedade e depressão, sendo um de TCC individual (oito sessões), um de TCC em grupo (seis sessões) e um de TFC em grupo (seis sessões); e um programa assíncrono de intervenção em TCC (quatro módulos).

A elaboração desses programas de intervenção pode ser considerada inovadora no contexto brasileiro, uma vez que a intervenção clínica remota não era disseminada ou amplamente utilizada no país. Com isso, foi necessário identificar e driblar alguns desafios para que as intervenções pudessem realizadas de forma adequada:

1. O desafio da intervenção remota, que, mesmo sendo necessária devido ao cenário pandêmico, esbarrava na desconfiança quanto à sua qualidade e à possibilidade de estabelecer uma relação terapêutica, aspectos também apontados nas literaturas nacional (Machado & Barletta, 2015) e internacional (Cameron et al., 2014). Foi preciso rever conceitos, ampliando a aceitabilidade e a compreensão dessa forma de intervenção.
2. O desafio de ofertar intervenções de baixa/média intensidade (*low/medium intensity*), que são pouco conhecidas e divulgadas no país. Foi preciso fazer uma revisão aprofundada da literatura sobre essa forma de trabalho e um processo de ampliação de consciência dos alunos (que seriam os terapeutas nos contatos síncronos da intervenção) de que essa forma de intervenção é adequada e eficaz diante do objetivo a que se propõe. Conforme recomendado pela IAPT, as intervenções de baixa intensidade podem favorecer o cuidado em saúde mental, especialmente de pacientes com menor gravidade (Cromarty et al., 2020), bem como o treinamento de alunos de graduação (como terapeutas), que ainda não têm formação completa.

3. O desafio das intervenções breves em TCC, com programas já estabelecidos de intervenção a cada sessão, que foram consideradas inicialmente como não adequadas pelos alunos, com questionamentos se esse tipo de intervenção os auxiliaria no aprendizado como psicoterapeutas. Esse desconforto e insegurança dos discentes vai ao encontro dos achados na pesquisa de Neufeld, Barletta et al. (2021), que discutiram a percepção de aspectos específicos da cultura brasileira na aplicação da TCC por professores e pesquisadores da área. Demonstrou-se que, culturalmente, entende-se que estrutura, metas e programas interventivos previamente sistematizados são considerados incompatíveis no contexto brasileiro, sendo necessários flexibilidade, acolhimento à demanda e liberdade de verbalização sem cortes. Logo, esse aspecto foi constatado como uma barreira para professores e supervisores de TCC, pois ainda não há um padrão de como mediar ou equilibrar esses dois pontos para o desenvolvimento de competências do terapeuta a fim de fazer sentido na construção do que é a psicoterapia em TCC.

Portanto, a fim de enfrentar tais desafios, foram necessárias a elaboração e a oferta de treinamentos de supervisoras e de terapeutas, além de um programa de supervisão clínica remota previamente elaborado e adaptado para as intervenções citadas (Figura 4.1).

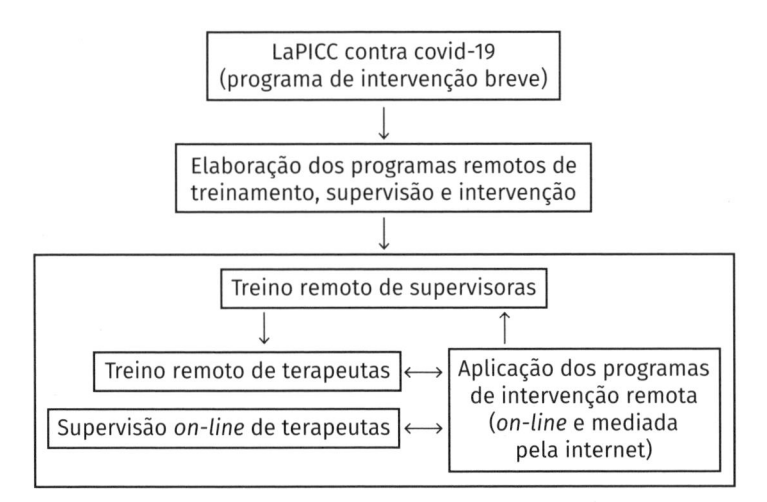

FIGURA 4.1 Programas clínicos remotos ofertados pelo LaPICC.

Dessa forma, durante todo o processo de trabalho clínico, as supervisoras participaram de reuniões específicas para treinar os recursos remotos e para se familiarizar com o programa de supervisão *on-line* dos terapeutas em formação. Esse processo foi fundamental para ajustar as atividades da supervisão com as necessidades do programa de intervenção remota, de forma colaborativa e participativa. Além disso, nesse treinamento com as supervisoras, foi possível acolher os medos e as dificuldades de manejar uma nova proposta de supervisão, bem como discutir sobre atividades educativas, como *role-playing*, gravação de sessão de terapia e seu uso em supervisão, estabelecimento de agenda e planos de ação em supervisão.

O *feedback* das supervisoras sobre o modelo de notas de supervisão estruturadas e notas de sessão estruturadas foi bastante positivo, indicando que esse instrumento facilitou as anotações de pontos importantes, favoreceu o direcionamento adequado da supervisão, ajudando-as a perceberem-se menos "soltas" ou à deriva. O treinamento das supervisoras foi realizado fundamentalmente por videoconferências e troca de mensagens por WhatsApp, sendo conduzido pelo grupo de supervisoras sêniores, isto é, a supervisora titular, que é a coordenadora do LaPICC, e as supervisoras em pós-doutoramento. Ao longo do treinamento, ocorreram reuniões mensais com a supervisora titular para ajuste de informações, organização de atividades burocráticas e administrativas, manejo de problemas operacionais e institucionais, entre outros.

O treinamento de terapeutas foi realizado por todas as supervisoras, em duplas. Cada dupla ficou responsável por um dos temas abordados, conduzindo, por vezes, mais de um encontro do treinamento. Para as intervenções síncronas, o treinamento ocorreu durante 10 semanas, com atividades realizadas semanalmente via videoconferência e atividades assíncronas entre os encontros com uso do AVA. Cada encontro síncrono tinha duração de 1h30, com a seguinte estrutura: estabelecia-se a agenda do encontro, resgatava-se a atividade assíncrona, utilizava-se algum disparador, que poderia ser um vídeo demonstrativo ou uma pergunta, seguido de reflexões, incluindo conceitos, informações previamente acessadas na leitura e relações com as intervenções.

Na sequência, era apresentada uma atividade prática, como *role-playing* em pequenos grupos ou exercícios escritos. Para tanto, foram utilizadas estratégias como a separação dos alunos em diferentes salas virtuais, com tempo já estabelecido para retornar para a sala principal, ou aplicativos interativos para responder perguntas. Ao final, com todos juntos, realizava-se um debate, com o resumo dos pontos mais importantes. A atividade assíncrona era disponibilizada no AVA e consistia em um material de leitura e uma atividade prática para ser realizada entre os encontros síncronos. Como atividade prática foram disponibilizados roteiros de autoprática sobre o tema principal do encontro posterior à atividade assíncrona (p. ex., distorções cognitivas ou identificação de valores pessoais), palestras em vídeo previamente gravadas ou vídeos explicativos e roteiros de estudo, entre outros.

O treinamento de terapeutas para as intervenções assíncronas foi realizado em cinco encontros, estruturados de maneira similar ao treinamento para intervenções síncronas. Os temas dos encontros síncronos envolveram conceitos de intervenções de alta e baixa intensidade (*high and low intensity interventions*), diferenças entre intervenções com contato/suporte humano e intervenções autoguiadas mediadas pela internet, autoeficácia, agência pessoal, autorregulação, relação terapêutica nas intervenções *on-line* e como elaborar as mensagens de texto no caso dos contatos síncronos do programa. Também foi utilizado o AVA como suporte para as atividades entre os encontros do treinamento.

As supervisões eram realizadas por videoconferência, com uma supervisora e dois terapeutas em formação. Nas sessões supervisionadas, eram trabalhadas as dificuldades apresentadas pelos alunos na aplicação do programa de intervenção, seja com dúvidas de testagem, dúvidas na condução de alguma intervenção ou dúvidas com recursos remotos. Em geral, as supervisões tinham atividades como *role-playing* e uso das gravações de sessão. Outra característica das supervisões era o uso de planos de ação para os alunos, com o intuito de relacionar os conteúdos trabalhados. Os terapeutas em treinamento, concomitantemente, receberam 14 semanas de supervisão *on-line*. Os cinco primeiros encontros supervisionados ocorreram antes do início dos atendimentos; os oito encontros subsequentes tiveram como objetivo nortear o gerenciamento de casos e fomentar habilidades clínicas com atividades educativas previamente planejadas. O último encontro, já com o programa de atendimento finalizado, promoveu a reflexão sobre o processo vivenciado e uma autoavaliação de competências e de *feedback* (Neufeld et al., no prelo).

Uma vez que o treinamento e a supervisão, ambos em formato remoto, foram ofertados concomitantemente, foi possível trabalhar com base no modelo DPR (Bennett-Levy, 2006), focando no desenvolvimento de competências e no gerenciamento de casos em supervisão, de forma complementar e de acordo com a demanda dos terapeutas em treinamento, conforme proposto pela IAPT australiana (Cromarty et al., 2020). Além disso, as supervisoras também estavam em acompanhamento, sendo treinadas ao longo do processo, o que permitia dirimir dúvidas e treinar atividades específicas.

Esse programa foi realizado em dois momentos, desde o início da pandemia, e utilizou uma série de recursos tecnológicos e metodologias ativas e experienciais de ensino, conforme preconizado pela literatura (Cromarty et al., 2020; Rousmaniere, 2014). Entre as abordagens utilizadas, destacam-se: videoconferências, envio de material de leitura, exercícios, vídeos demonstrativos, palestras gravadas, gravação de sessão, análise das sessões e *role-playing*. Além disso, fez-se uso do contrato de treinamento e supervisão, com o intuito de estabelecer metas educativas, expectativas e atividades a serem cumpridas (Barletta & Neufeld, 2020), bem como da facilitação do acesso com o supervisor por meio de grupos de WhatsApp (Martin et al., 2017), com base nos cuidados éticos e normativas da CFP (Neufeld et al., no prelo) e na reavaliação e *feedback* da proposta de trabalho (Barletta et al., 2021).

QUESTÕES ÉTICAS SOBRE TREINAMENTO E SUPERVISÃO REMOTOS

De acordo com Mosley et al. (2021), são inúmeras as responsabilidades dos supervisores, independentemente da via de oferta da supervisão, desde o processo avaliativo, como mensuração indicativa de desenvolvimento de competências clínicas, até o suporte e orientação na construção da identidade profissional. De acordo com Barletta et al. (2021), esses aspectos são fundamentais pois favorecem as boas práticas clínicas, levando em consideração quem está sendo supervisionado e quem está recebendo a intervenção. Assim, ao facilitar o desenvolvimento profissional, é possível nortear a pessoa em formação a fazer escolhas, buscas e tomadas de decisão clínicas da melhor forma possível, com base em evidências e com cuidados éticos (Figura 4.2).

Evidências científicas disponíveis
- De supervisão clínica
- De intervenção e TCC
- De processos educativos e andragogia
- De atividades clínicas e educativas mediadas pelas TICs

Perícia do profissional
- Experiência clínica
- Experiência de supervisão
- Treinamento e formação para a prática supervisionada
- Treinamento para uso de recursos remotos em contextos clínicos

Características do indivíduo
- Características do supervisionando
- Contexto de supervisão
- Propósito e contexto de atividade interventiva
- Características do paciente

FIGURA 4.2 Prática baseada em evidências para tomada de decisão em supervisão remota.

Segundo Carvalho e Paveltchuk (2021), a prática baseada em evidências relacionadas às atividades clínicas e psicoterápicas prima pela segurança das intervenções, favorecendo a diminuição dos efeitos danosos ou prejudiciais. Quando o estudante ou profissional não recebe uma supervisão adequada, tem maiores possibilidades de cometer faltas éticas e intervenções iatrogênicas. Uma vez que o profissional não recebeu treinamento adequado para fornecer supervisão, pode não oferecer o mínimo necessário nesse processo, ou seja, pouco ou nenhum desenvolvimento de competências do terapeuta em treinamento, falha na lapidação de competências éticas, e prejuízos à pessoa que está recebendo supervisão. Essas três lacunas que podem ocorrer na supervisão impactam a qualidade da intervenção final, com possíveis danos a quem recebe a intervenção e a quem recebe a supervisão (Barletta & Neufeld, 2020).

De acordo com Thomas (2014), profissionais da saúde dos Estados Unidos que cometem alguma falha ética e sofrem sanção em função dessa violação precisam receber uma supervisão disciplinar para retornar à atuação prática, entre outros pontos. Ressalta-se que geralmente os profissionais nessas condições apresentam lacunas no seu desenvolvimento de competências, déficit em habilidades específicas e nos julgamentos clínicos e, portanto, precisam de reabilitação para recuperar ou lapidar a qualidade das atividades profissionais, bem como aumentar a proteção aos que recebem o seu atendimento. Entre as cinco categorias mais comuns de violação ética e legal estão conduta não profissional, conduta sexual inapropriada, relação interpessoal inadequada, conduta negligente e condenações criminais. A mesma autora ainda reforça que, comumente, a conduta que viola a ética está ligada a três fatores:

a. lacunas no conhecimento do código de ética, dos limites da relação profissional e das obrigações legais da profissão;
b. imprudência do profissional, que justifica sua tomada de decisão como uma "exceção à regra";
c. devido às peculiaridades do atendimento, ainda que não existam evidências que indiquem que tal conduta seja adequada;
d. interferência das vulnerabilidades do profissional no julgamento clínico.

Esse último aspecto está diretamente ligado à falta de manejo das reações esquemáticas do terapeuta, também chamadas de contratransferência, que podem impactar a ação e a conduta do profissional (Barletta, Rebessi et al., no prelo).

Nesse sentido, Thomas (2014) reforça a importância de o supervisor levar em consideração a diversidade cultural, desenvolvimental, idiossincrática e atitudinal do terapeuta em treinamento. Diferenças do supervisionando, como idade, gênero, etnia, contextos histórico, religioso, cultural, nacionalidade, etc., exigirão do supervisor competência cultural, isto é, abertura para compreender como essas variáveis se correlacionam com a falta ética, e paciência para lapidar habilidades clínicas a partir de ressignificação de questões éticas, bem como para potencializar conscientização do profissional sobre as consequências da própria conduta. Assim, a competência cultural do supervisor, junto às competências de ensino e de supervisão, pode favorecer a busca de estratégias para o desenvolvimento de consciência, habilidades e manejo ético na intervenção.

A supervisão clínica difere da supervisão disciplinar, uma vez que a primeira tem como foco o treinamento e o aprimoramento de competências clínicas do profissional, enquanto a segunda tem como foco a reabilitação do supervisionando e a proteção ao paciente/público-alvo (Thomas, 2014). Assim, um dos focos na supervisão disciplinar é a formulação dos fatores pessoais e profissionais que favoreceram a violação ética e a avaliação do impacto desta para os pacientes e o terapeuta. Além disso, é importante aumentar a leitura do contexto, a fim de reconhecer que outras situações podem ser gatilhos para novas dificuldades éticas. Assim, é possível elaborar um plano de ação, com solução de problemas e autoprática do supervisionando, com o objetivo de diminuir a possibilidade de novas condutas antiéticas ou inadequadas, prevenindo danos e recaídas. No Brasil, não há essa distinção, mas vale ressaltar que a supervisão clínica tem como uma de suas funções fortalecer a qualidade do serviço prestado, baseado na ética e nas normativas da profissão (função normativa), bem como promover o desenvolvimento de competências clínicas (função formativa) em um ambiente emocionalmente seguro para todos (função restauradora) (Barletta & Neufeld, 2020).

Ao pensar nas violações éticas e iatrogenias em supervisão, que podem ser desencadeadoras de uma cadeia de condutas e comportamentos inadequados dos profissionais e resultar em muitos danos e prejuízos aos pacientes e aos próprios psicoterapeutas, uma série de aspectos devem ser cuidadosamente observados por quem fornece a supervisão. Entre os cuidados a serem observados na supervisão remota, podemos incluir:

a. a lacuna de treinamento para a função de supervisor, bem como o treinamento sobre recursos remotos e TICs apropriadas para a supervisão (Barletta, Araújo et al., no prelo). Esses aspectos influenciam na preparação para a atividade supervisionada, incluindo metas de ensino, estabelecimento de contrato pedagógico, estratégias propostas, avaliação inicial para identificação do nível de desenvolvimento do terapeuta, avaliação de desenvolvimento, *feedback*, relação interpessoal, entre outros (Barletta, Versuti et al., 2021; Barletta & Neufeld, 2020; Martin et al., 2017, Rousmaniere, 2014). Também interferem no desenvolvimento de conhecimentos sobre recursos remotos, de habilidades em utilizá-los e de atitudes como se permitir aprender, refletir e experimentar tais vias de ensino (Cromarty et al., 2020; Mosley et al., 2021; Sampaio et al., 2021), que favorecem a preparação para o plano B, em caso de dificuldades técnicas e de conexão à internet;

b. as questões éticas inerentes à prática remota, para além dos cuidados éticos do fazer supervisionado, como a privacidade das informações e padrões de segurança, seja na gravação da sessão de atendimento, no armazenamento desse material e na sua revisão durante a supervisão ou em qualquer outra atividade a ser executada em supervisão (Mosley et al., 2021; Rousmaniere, 2014);

c. a relação terapêutica estabelecida, uma vez que esta é um elemento essencial para a implicação de todos na construção do saber e no desenvolvimento de competências clínicas. A literatura aponta que esse aspecto merece cuidado redobrado na supervisão *on-line*, uma vez que nesta é mais difícil reconhecer a comunicação não verbal e há mais ruídos na mensagem (Cameron et al., 2014; Cromarty et al., 2020; Martin et al., 2017). Entende-se que esse aspecto pode desfavorecer comportamentos de participação ativa, desmotivar ou até favorecer a autossabotagem no aprendizado. Ou seja, o supervisionando pode culpabilizar as intercorrências da tecnologia na interação em supervisão, justificando comportamentos de esquiva e não responsivos, bem como eventuais lacunas de ressonabilidade e comprometimento na interação com o paciente (Machado & Barletta, 2015). Cabe ao supervisor observar, pontuar e facilitar o manejo dessas dificuldades para a solução de rupturas na relação interpessoal em supervisão remota.

Nesse sentido, ressalta-se a importância da responsabilidade na supervisão. Assim como o próprio terapeuta, o supervisor precisa estar atento às condutas éticas em sua atividade, observar e manter comportamentos adequados à sua função. Thomas (2014) aponta cinco aspectos fundamentais para o supervisor:

1. **Competência profissional:** neste aspecto estão inseridas as competências clínicas e de supervisão. Além de preparação e treinamento, respalda-se a necessidade de o supervisor manter o compromisso de fazer o automonitoramento contínuo e do autoaperfeiçoamento profissional (Thomas, 2014), bem como a educação continuada e a lapidação de competências (Barletta & Neufeld, 2020), a partir de atividades como metassupervisão e consulta com pares ou "intervisão" (Newman, 2013). As competências multiculturais também são necessárias nessa construção, incluindo a capacidade de abordar questões de diversidade (Thomas, 2014), bem como competências sociais, a fim de estimular mudanças de comportamento, mantendo o respeito e a empatia necessários (Barletta, Rebessi et al., no prelo; Carvalho & Paveltchuk, 2021). Dessa forma, em relação aos aspectos éticos e à responsabilidade do supervisor, vale ressaltar a ciência das próprias qualificações para exercer a função.
2. **Consentimento informado:** este elemento diz respeito à explicação do e concordância com o processo supervisionado, desde o que esperar da atividade e dos supervisores, dos propósitos, objetivos e métodos a serem utilizados, da duração e formação (grupo/individual), bem como dos limites da relação estabelecida (Thomas, 2014). Reforça-se que o contrato de supervisão é uma excelente estratégia para tornar o consentimento informado claro para

todos. Assim, é importante que todos os itens sejam combinados e discutidos (Barletta et al., 2021), como a confiabilidade, a estrutura da supervisão, os métodos e critérios avaliativos, as TICs a serem utilizadas, os aspectos financeiros, os limites éticos e legais, entre outros. Thomas (2014) ressalta que envolver todos os participantes na construção do contrato pode ser um processo de modelação de comportamentos éticos.

3. **Confiabilidade:** sabe-se da importância de proteger o conteúdo das sessões supervisionadas (Thomas, 2014), incluindo o armazenamento do material. Uma vez que as sessões supervisionadas são momentos em que há exposição do supervisionando, de suas vulnerabilidades e potencialidades, bem como de aspectos relacionados à pessoa atendida, sigilo, privacidade e segurança da informação são elementos de responsabilidade ética do supervisor que devem ser cuidadosamente mantidos. Apenas com autorização expressa e consentida é possível divulgar alguma informação da supervisão, mas com a cautela de não expor terceiros ou mesmo o supervisionando.

4. **Limites da relação em supervisão:** assim como a contratransferência do terapeuta pode impactar a conduta, o julgamento e a tomada de decisão no processo terapêutico, a contratransferência do supervisor também deve ser observada, a fim de não ultrapassar os limites da relação profissional. Barletta, Rebessi et al. (no prelo) ressaltam que é de fundamental importância o supervisor conhecer suas reações esquemáticas, aumentando o manejo de suas emoções e pensamentos eliciados nas situações de supervisão, a fim de emitir comportamentos adequados no processo de ensino e treinamentos clínicos. Assim, é possível diminuir as chances de provocar iatrogenias, prejuízos ou danos no processo supervisionado. Carvalho e Paveltchuk (2021) ainda reforçam que alguns comportamentos eticamente inadequados podem ser considerados fatores de risco que favoreçem a transposição de limites da prática profissional clínica, promovendo o desrespeito. Ao transpor essa ideia para a supervisão, identificam-se comportamentos como não ter empatia, ser autoritário e estabelecer uma relação hierarquizada; subestimar a dificuldade de desenvolvimento ou de aprendizado; usar estratégias educativas e remotas equivocadas; negligenciar violações éticas; e não manter a confiabilidade.

5. **Documentos e elementos administrativos:** Thomas (2014) ressalta que os supervisores têm responsabilidade direta e vicária sobre o comportamento ético dos supervisionandos. Ou seja, são responsáveis por modelar comportamentos adequados em supervisão e, consequentemente, comportamentos dos terapeutas emitidos em terapia. Para tanto, é necessário fazer registros e notas de supervisão, a fim de documentar possíveis questões e condutas inadequadas e atividades para manejo e aprendizado desses aspectos. Os registros de supervisão são documentos importantes, que podem servir como base para preparação de relatórios ao conselho, em caso de supervisões com

foco disciplinar. De acordo com Neufeld et al. (no prelo), as notas estruturadas de supervisão remota podem ser um facilitador da organização e do registro do que ocorreu no processo de ensino e aprendizagem, mantendo a qualidade do documento.

LIÇÕES APRENDIDAS SOBRE TREINAMENTO E SUPERVISÃO REMOTOS: DICAS PRÁTICAS

Entre os aprendizados sobre os treinamentos e as supervisões remotos está a importância de manter o conteúdo similar ao da proposta presencial, porém adaptando as estratégias, uma vez que os encontros e atividades (sejam síncronos ou assíncronos) são completamente distintos (Cromarty et al., 2020). Logo, entre as lições aprendidas sobre treinamento e supervisão remotos que podem servir como uma dica prática, está o tempo inicial disponibilizado para psicoeducar sobre os recursos remotos e as TICs a serem utilizados. No Brasil, e talvez em outros lugares no cenário mundial, antes do contexto pandêmico não havia uma cultura disseminada de uso das TICs e propostas mediadas pela internet para atividades clínicas. Assim, vale refletir sobre a importância de apresentar os recursos e as atividades remotos que serão utilizados para que os alunos ou supervisionandos possam se familiarizar com eles.

Uma vez que as pesquisas apontam que tanto a qualidade do recurso tecnológico e da conexão à internet quanto a adaptação à tecnologia e habilidade em seu manuseio podem favorecer a autoimplicação e participação no próprio processo de aprendizagem na supervisão *on-line* (Machado & Barletta, 2015), esse investimento inicial para aprendizado dos recursos remotos torna-se essencial. Esse tipo de cuidado inicial está em consonância com os cuidados éticos a serem observados, a saber, o termo de consentimento informado (Thomas, 2014) e o contrato de supervisão (Barletta et al., 2021). Além disso, o desenvolvimento do aprendizado com os recursos remotos, também visa preencher a lacuna que os terapeutas tipicamente apresentam em relação as TICs (Sampaio et al., 2021).

A segunda lição aprendida é a relevância de investir na própria formação, o que se torna uma dica importante para quem pretende exercer a função de supervisor. Sabe-se que no Brasil ainda não há uma cultura de preparação de supervisores e, com isso, há poucas ofertas de treinamento (Barletta, Araújo et al., no prelo). Por sua vez, identifica-se um crescimento na demanda e busca de lapidação para essa atividade no país, gerando um aumento de atividades com essa proposta. Dessa forma, reforça-se a importância da preparação para exercer a função de supervisor, uma vez que essa atividade é considerada intensa e complexa (Thomas, 2014).

Para além de cursos, *workshops* e treinamentos especializados na área, entende-se que a prática é fundamental para o desenvolvimento de habilidades. Portanto, inicialmente, sugere-se que o supervisor em treinamento acompanhe um supervisor sênior ou mais experiente (Figura 4.3). A pesquisa de Barletta, Rodrigues et al. (2021) apontou que esse processo favorece o aumento gradativo de responsabilidades de supervisão, a compreensão e a construção de sentidos inerentes a essa função, a modelação de comportamentos e fazeres específicos, bem como a reflexão sobre questões éticas, normativas, educativas e profissionais.

Outra dica para aprimorar competências é receber a supervisão da supervisão (Newman, 2013), com respaldo no entendimento de que a continuidade do processo de desenvolvimento das competências supervisionadas é essencial. Essa atividade é uma supervisão formal da prática de supervisão ofertada e tem como objetivo facilitar o desenvolvimento do supervisor, focando em aspectos que fortalecem as boas práticas supervisionadas, competências de supervisão e manejo de rupturas interpessoais, entre outros (Newman & Kaplan, 2016). Além disso, outra possibilidade é a consulta entre pares, também chamada de intervisão com foco na supervisão. De acordo com a Ordem dos Psicólogos Portugueses ([OPP], 2020), essa prática é considerada uma atividade de autocuidado, já que é um processo colaborativo entre pares, simétrico e sem hierarquia, cujas relações estabelecidas são de igualdade e sem nenhum processo da avaliação. Nesse sentido, considera-se que a intervisão proporciona uma exposição segura, livre do julgamento e da autocrítica. Portanto, o autocuidado se estabelece, uma vez que há um cuidado com a atividade profissional, mas em um contexto emocionalmente seguro para compartilhar e expor as dificuldades e potencialidades. A intervisão é bastante comum em Portugal entre grupos de práticos, como, por exemplo, psicoterapeutas. Acredita-se que, se utilizada entre supervisores e seus pares, pode proporcionar a mesma sensação de conforto e segu-

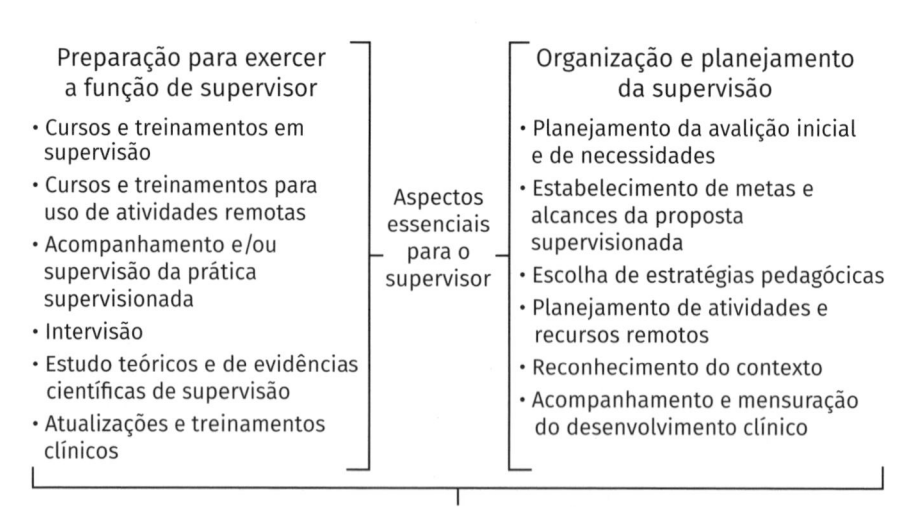

Preparação para exercer a função de supervisor	Aspectos essenciais para o supervisor	Organização e planejamento da supervisão
• Cursos e treinamentos em supervisão • Cursos e treinamentos para uso de atividades remotas • Acompanhamento e/ou supervisão da prática supervisionada • Intervisão • Estudo teóricos e de evidências científicas de supervisão • Atualizações e treinamentos clínicos		• Planejamento da avalição inicial e de necessidades • Estabelecimento de metas e alcances da proposta supervisionada • Escolha de estratégias pedagócicas • Planejamento de atividades e recursos remotos • Reconhecimento do contexto • Acompanhamento e mensuração do desenvolvimento clínico
Bases éticas e legais da profissão		

FIGURA 4.3 Dicas para preparação da supervisão *on-line*.

rança. Vale ressaltar que essas duas atividades (supervisão da supervisão e intervisão com foco na supervisão) ainda são pouco divulgadas no cenário nacional, mas podem ser consideradas relevantes para o desenvolvimento contínuo e para a promoção do bem-estar dos profissionais. Além disso, devem ser consideradas práticas complementares, uma vez que têm propósitos interseccionados, mas diferentes na sua construção e alcance.

Ainda em uma proposta de desenvolvimento e autocuidado, sugere-se o aumento da autoprática e da autorreflexão na atividade de supervisão. Estar aberto à avaliação de competências de supervisão, a revisitar a própria supervisão realizada, com o intuito de identificar potencialidades e práticas que podem ser realizadas de outra maneira, e refletir sobre a contratransferência para o manejo de ativações esquemáticas são propostas de desenvolvimento do supervisor. No momento em que o supervisor torna-se mais receptivo à própria avaliação, não como um processo de julgamento crítico, mas como uma possibilidade de crescimento (com equilíbrio entre o vislumbre de comportamentos adequados e daqueles que precisam ser lapidados), pode considerar-se essa mudança de atitude uma atividade de reflexão e autocuidado.

Por fim, mais uma lição aprendida que se apresenta como uma dica prática fundamental é iniciar com o reconhecimento das metas e propósitos de aprendizagem daquele grupo/indivíduo e daquele processo supervisionado e de treinamento específico. Perguntas como: "Qual é a finalidade do atendimento? O que é preciso desenvolver para aplicar eficaz e adequadamente este atendimento? Qual é o nível de treinamento e desenvolvimento das pessoas que irão fazer o atendimento? Quais são os recursos remotos, TICs e metodologias pedagógicas mais eficientes para alcançar este propósito?" podem favorecer o planejamento da supervisão remota, levando em consideração objetivos realistas, tendo por base o próprio supervisionando e a literatura. Neufeld et al. (no prelo) apresentaram diferentes focos para os atendimentos, gerando a necessidade de treinamentos e supervisões específicos. Dessa forma, as intervenções remotas síncronas, tanto em grupo quanto individuais, passaram a utilizar-se de programas previamente definidos, com tempo de duração estabelecido e foco em ansiedade e depressão. Para tanto, foi necessário treinar supervisoras e supervisionandos em intervenções de baixa/média intensidade, protocolares e estruturadas e no uso da tecnologia e suas barreiras. Em relação às supervisoras, foi essencial o treinamento no uso de TICs, no uso de notas de supervisão estruturadas, no uso de atividades experienciais em via remota, como *role-playing on-line*, e no uso das gravações de sessão, partindo do alcance e dos objetivos planejados inicialmente.

Outra oferta de atendimento descrita por esse grupo de pesquisadoras (Neufeld et al., no prelo), similar à descrita por Gomide et al. (2020), foi a intervenção assíncrona mediada pela internet, cujo alcance é diferente das intervenções breves síncronas. De acordo com Muñoz et al. (2018), essas propostas de intervenção são guiadas e mediadas pela internet, podendo oferecer contatos síncronos (geralmente por mensagens) com os terapeutas (p. ex., via *chat*), a fim de promover a adesão e dirimir possíveis dúvidas. No entanto, as intervenções assíncronas podem ser autoguiadas, sem contato com terapeuta ou membro da equipe. Para a supervisão dessa intervenção, as supervisoras precisaram ser treinadas sobre a proposta e o foco de atendimento, os possíveis aspectos iatrogênicos desse recurso, seus limites e alcances, habilidades específicas (mensagens escritas e criação de materiais psicoeducativos), assim como sobre o uso das TICs para esse fim. Esse processo foi necessário para que as supervisoras pudessem proporcionar aos terapeutas em formação a construção de sentidos sobre esse tipo de atendimento, já que ele foge à lógica tradicional de intervenções de alta intensidade, tão comuns no Brasil, bem como para treiná-los em competências para esse atendimento.

CONSIDERAÇÕES FINAIS

Diante do exposto, observa-se que, para a realização de treinamento e supervisão na modalidade remota, é necessário resgatar elementos que sustentam as boas práticas clínicas. Uma vez que este capítulo teve como foco o treinamento e a supervisão clínica remotos, buscou-se apresentar evidências por meio de pesquisas e literatura especializada que pudessem sustentar aspectos essenciais para esta prática.

Com a transformação digital em constante evolução, verificaram-se diferentes possibilidades de fornecer uma proposta supervisionada. Os encontros síncronos por meio de videoconferências são respaldados pelo CFP e têm sido amplamente utilizados. Além disso, verificaram-se propostas respaldadas pelas TICs e metodologias ativas que, conjuntamente com as sessões supervisionadas virtuais, podem favorecer o desenvolvimento de competências com atividades assíncronas e interativas.

Ressalta-se a importância da formação do supervisor, tanto para exercer a prática supervisionada em si quanto para aumentar o manejo com TICs e processos educativos que possam sustentar as atividades remotas. Essa formação deve levar em consideração seus possíveis efeitos iatrogênicos, a fim de minimizá-los, mas também seus alcances prováveis, a fim de aumentar as competências de profissionais e a qualidade dos serviços ofertados. Disseminar a importância da formação do supervisor no cenário brasileiro pode ser o primeiro passo para o aumento da consciência sobre a responsabilidade desse profissional e, em termos distais, o provável aumento da qualidade da prática clínica.

REFERÊNCIAS

Almeida, N., Rebessi, I. P., Szupszynski, K., & Neufeld, C. B. (2021). Uma intervenção de Terapia Focada na Compaixão em Grupos *On-line* no contexto da pandemia por covid-19. *Psico, 52*(3), e41526.

Andersson, G., Carlbring, P., & Hadjistavropoulos, H. D. (2017). Internet-based cognitive behavior therapy. In S. G. Hofmann, & G. J. G. Asmundson (Eds.), *The science of cognitive behavioral therapy* (pp. 531-549). Elsevier.

Barletta, J. B., & Neufeld, C. B. (2020). Novos rumos na supervisão clínica em TCC: Conceitos, modelos e estratégias baseadas em evidências. In C. B. Neufeld, E. M. O. Falcone, & B. Rangé (Orgs.), *PROCOGNITIVA Programa de Atualização em Terapia Cognitivo-Comportamental: Ciclo 7.* (pp. 119-158). Artmed Panamericana.

Barletta, J. B., Araújo, R. A., & Neufeld, C. B. (no prelo). Levantamento do Perfil de Supervisores Clínicos de Terapia Cognitivo-Comportamental no Brasil. *Estudos de Psicologia.*

Barletta, J. B., Rebessi, I. P., & Neufeld, C. B. (no prelo). A Contratransferência no processo supervisionado em Terapia Cognitivo-Comportamental. *Revista Brasileira de Psicoterapia.*

Barletta, J. B., Rodrigues, C. M. L., & Neufeld, C. B. (2021). A formação de supervisores em terapia cognitivo-comportamental. *Revista Brasileira de Orientação Profissional, 22*(1), 61-72.

Barletta, J. B., Versuti, F. M., & Neufeld, C. B. (2021). Do ensino híbrido ao *on-line*: Relato de experiência docente na primeira disciplina de Supervisão Baseada em Evidências na Pós-Graduação stricto sensu brasileira. *Revista Brasileira de Terapias Cognitivas, 17*(2), 79-86.

Bennett-Levy, J. (2006). Therapist skills: A cognitive model of their acquisition and refinement. *Behavioural and Cognitive Psychotherapy, 34*(1), 57-78.

Borders, L. D. (2014). Best practices in clinical supervision: Another step-in delineating effective supervision practice. *American Journal of Psychotherapy, 58*(2), 151-162.

British Association for Counselling and Psychotherapy (BACP). (2021). *BACP Supervision competence framework: User guide*. BACP. https://www.bacp.co.uk/media/10931/bacp-supervision-competence-framework-user-guide-feb21.pdf

Cameron, M. P. C., Ray, R., & Sabesan, S. (2014). Physicians' perceptions of clinical supervision and educational support via videoconference: A systematic review. *Journal of Telemedicine and Telecare, 20*(5), 272-281.

Carvalho, M. R., & Paveltchuck, F. O. (2021). Psicoterapia e efeitos negativos. In C. B. Neufeld, E. M. O. Falcone, & B. P. Rangé (Orgs.), *PROCOGNITIVA Programa de Atualização em Terapia Cognitivo-Comportamental: Ciclo 8* (pp. 9-56). Artmed Panamericana.

Cromarty, P., Gallagher, D., & Watson, J. (2020). Remote delivery of CBT training, clinical supervision and services: In times of crisis or business as usual. *The Cognitive Behaviour Therapist, 13*(e33), 1-12.

Gomide, H. P., Melo, C. S. B., Amorim-Ribeiro, E. M. B., Tostes, J. G. A., Reis, L. P. C., Lefebvre, M. L., ... Ronzani, T. M. (2020). Development and implementation of a brief chat-based intervention to support mental health during the covid-19 pandemic. *Estudos de Psicologia (Natal), 25*(4), 470-479.

Johnston, L. H., & Milne, D. L. (2012). How do supervisee's learn during supervision? A Grounded Theory study of the perceived developmental process. *The Cognitive Behaviour Therapist, 5*(1), 1-23.

Machado, G. I. M. S., & Barletta, J. B. (2015). Supervisão clínica presencial e *on-line*: Percepção de estudantes de especialização. *Revista Brasileira de Terapias Cognitivas, 11*(2), 77-85.

Martin, P., Lizarondo, L., & Kumar, S. (2018). A systematic review of the factors that influence the quality and effectiveness of telesupervision for health professionals. *Journal of Telemedicine and Telecare, 24*(4), 271-281.

Milne, D. L., & Reiser, R. P. (2017). *A manual for evidence-based CBT supervision*. Wiley.

Milne, D. L., Reiser, R. P., Aylott, H., Dunkerley, C., Fitzpatrick, H., & Wharton, S. (2010). The systematic review as an empirical approach to improving CBT supervision. *International Journal of Cognitive Therapy, 3*(3), 278-294.

Mosley, M. A., Parker, M. L., & Call, T. (2021). MFT supervision in the era of telehealth: Attachment, tasks, and ethical considerations. *Journal of Family Therapy*, 1-15.

Muñoz, R. F., Chavira, D. A., Himle, J. A., Koerner, K., Muroff, J., Reynolds, J., ... Schueller, S. M. (2018). Digital apothecaries: A vision for making health care interventions accessible worldwide. *mHealth*, 4, 18.

Neufeld, C. B., Barletta, J. B., Mendes, A. I. F., Amorim, C. A., Rios, B. F., Amaral, E. A., ... Szupszynski, K. P. D. R. (no prelo). Propostas de intervenção e formação de terapeutas e supervisores: overview dos programas *on-line* do LAPICC-USP. *Revista Brasileira de Terapias Cognitivas*.

Neufeld, C. B., Barletta, J. B., Scotton, I. L., & Rebessi, I. P. (2021). Distinctive Aspects of CBT in Brazil: How cultural aspects affect training and clinical practice. *International Journal of Cognitive Therapy*, 14, 247-261.

Neufeld, C. B., Rebessi, I. P., Fidelis, P. C. B., Rios, B. F., Albuquerque, I. L. S. D., Bosaipo, N. B., ... Szupszynski, K. P. D. R. (2021). LaPICC contra covid-19: Relato de uma experiência de terapia cognitivo-comportamental em grupo *on-line*. *Psico*, 52(3), e41554.

Neufeld, C. B., Szupszynski, K. P. D. R., Barletta, J. B., Romero, F. A., Rutsztein, G., Airaldi, M. C., ... Keegan, E. (2021). The Development of Cognitive Behavioral Therapy: Practice, research, and future directions in Latin America. *International Journal of Cognitive Therapy*, 14, 235-246.

Newman, C. F. (2013). Training Cognitive Behavioral Therapy Supervisors: Didactics, simulated practice, and "meta-supervision". *Journal of Cognitive Psychotherapy*, 27(1), 5-18.

Newman, C. F., & Kaplan, D. A. (2016). *Supervision Essentials for Cognitive-Behavioral Therapy*. APA.

Ordem dos Psicólogos Portugueses (OPP). (2020). *Documento de Apoio à Prática Profissional: Recomendações para a Prática de Intervisão em Psicologia*. OPP. https://www.ordemdospsicologos.pt/ficheiros/documentos/recomendaa_a_es_para_a_pra_tica_de_intervisa_o_em_psicologia.pdf

Perry, W. C. (2012). Constructing Professional Identity in an *On-line* Graduate Clinical Training Program: Possibilities for *On-line* Supervision. *Journal of Systemic Therapies*, 31(3), 53-67.

Reiser, R. P., & Milne, D. L. (2014). A systematic review and reformulation of outcome evaluation in clinical supervision: Applying the fidelity framework. *Training and Education in Professional Psychology*, 8(3), 149-157.

Resolução CFP nº 011, de 11 de maio de 2018. (2018). Regulamenta a prestação de serviços psicológicos realizados por meios de tecnologias da informação e da comunicação e revoga a Resolução CFP N.º 11/2012.https://site.cfp.org.br/wp-content/uploads/2018/05/RESOLU%C3%87%C3%83O-N%C2%BA-11-DE-11-DE-MAIO-DE-2018.pdf

Resolução CFP nº 11/2012. (2012). Regulamenta os serviços psicológicos realizados por meios tecnológicos de comunicação a distância, o atendimento psicoterapêutico em caráter experimental e revoga a Resolução CFP N.º 12/2005. http://site.cfp.org.br/wp-content/uploads/2012/07/Resoluxo_CFP_nx_011-12.pdf

Roth, A. D., & Pilling, S. (2008). *A competence framework for the supervision of psychological therapies*. https://www.ucl.ac.uk/pals/sites/pals/files/background_document_supervision_competences_july_2015.pdf

Rousmaniere, T. (2014). Using Technology to Enhance Clinical Supervision and Training. In C. E. Watkins, & D. L. Milne (Orgs.), *The Wiley International Handbook of Clinical Supervision* (pp. 204-237). Wiley.

Sampaio, M., Haro, M. V. N., Sousa, B., Melo, W. V., & Hoffman, H. G. (2021). Therapists Make the Switch to Telepsychology to Safely Continue Treating Their Patients During the covid-19 Pandemic. Virtual Reality Telepsychology May Be Next. *Frontiers in Virtual Reality*, 1, 576421.

Thomas, J. T. (2014). Disciplinary supervision following ethics complaints: Goals, tasks, and ethical dimensions. *Journal of Clinical Psychology*, 70(11), 1104-1114.

PARTE II

Intervenções em populações específicas

5

Intervenções *on-line* com crianças

Carmem Beatriz Neufeld
Isabela Pizzarro Rebessi
Camila Amorim
Maura Pastick
Karen P. Del Rio Szupszynski
Fabiana Gauy

De acordo com o Estatuto da Criança e do Adolescente (ECA), considera-se criança o indivíduo de até 12 anos incompletos (Lei nº 8.069, 1990). O entendimento de infância como etapa de preparo para a vida adulta já foi, há muito tempo, superado na psicologia. A criança foi retirada do universo do trabalho e de responsabilidades com a casa, e hoje há maior distinção entre mundo infantil e adultez. Hoje, a infância é percebida como um período do desenvolvimento humano, em que há necessidade de proteção de um adulto responsável por atender suas necessidades básicas (Del Prette & Del Prette, 2017).

Ao longo do desenvolvimento, a criança passa por estágios dos mais simples até os mais complexos. Os primeiros anos de vida são os de maior plasticidade cerebral, e os desafios vivenciados nesse momento estimulam a integração entre diversas fontes sensoriais. No início, são estimuladas respostas especialmente motoras, mas o surgimento dessas habilidades será base para o aprendizado futuro de habilidades cognitivas e sociais (Willrich et al., 2009).

O período de mudanças mais acentuadas ocorre entre 5 e 7 anos, quando há a transição entre a idade pré-escolar para a idade escolar. Crianças nesse estágio são mais capazes de compreender ideias complexas e objetos, assim como têm maior compreensão sobre os outros e sobre si. Há, ainda, ampliação do processo de modelação, uma vez que procuram outros modelos para seguir além dos pais (Peres et al., 2009).

No último período de desenvolvimento infantil, entre 7 e 11 anos, são desenvolvidas maiores capacidades intelectuais e raciocínio lógico, assim como sentimentos morais e de cooperação. É o estágio em que operações mentais podem ocorrer sem que a criança necessite de algum material visual para orientá-la (Pereira et al., 2006). Tais habilidades intelectuais e sociais serão importantes para os desafios da etapa seguinte, a adolescência.

Esse desenvolvimento ocorre em um ambiente ecológico, resultado da interação com os contextos nos quais as crianças estão inseridas, como família, escola, pares e comunidade. Com o avanço da tecnologia na vida cotidiana das famílias, os recursos digitais têm impactado esses contextos, o que tem criado a oportunidade de realizar atendimentos psicológicos remotos nessa faixa etária.

ATENDIMENTOS PSICOLÓGICOS REMOTOS PARA CRIANÇAS

Há uma lacuna na literatura com relação a dados de eficácia de tratamentos *on-line* para crianças e adolescentes. Embora existam programas sendo desenvolvidos, são poucos os estudos conduzidos para testar sua efetividade. Segundo Stallard (2021), é importante que o desenvolvimento desses programas seja cada vez mais encorajado, uma vez que crianças e adolescentes são usuários frequentes da tecnologia e estão familiarizados com ela, o que facilita as intervenções *on-line* e as torna mais atraentes para esse público (Hollis et al., 2016).

Modalidades de atendimento psicológico remoto

Os atendimentos podem ser realizados nas modalidades assíncrona e síncrona, e se diferenciam no custo, na indicação e no ambiente nos quais são oferecidos. Além disso, Andersson et al. (2017) indicam que a combinação de intervenções síncronas e assíncronas é possível e pode aumentar a efetividade das intervenções.

As intervenções síncronas se assemelham ao atendimento presencial, uma vez que o terapeuta e o paciente estão em contato simultâneo. No contato presencial, o ambiente é o espaço físico do terapeuta, que oferece jogos e brincadeiras típicas dessa modalidade para a intervenção com a criança. No contato remoto, o ambiente utilizado por paciente e terapeuta é o meio digital e o espaço físico não é compartilhado. Assim, torna-se necessário o uso de plataformas digitais de jogos (Wordwall, Gartic, Roblox, PKXD) e de vídeo (YouTube) ou materiais elaborados pelo terapeuta para uso no formato virtual, como uso de algum *template* pré-editado (Canva e Slidesgo), entre outras. A modalidade remota síncrona tem um custo mais alto e é considerada de alta intensidade, indicada para crianças que apresentam uma dificuldade clínica, ou seja, maior do que o esperado em relação a uma amostra normativa com a mesma faixa etária, escolaridade, gênero e nível socioeconômico.

Já nas intervenções assíncronas, pode não haver contato com o terapeuta ou haver contato mínimo, por *chat*, por exemplo, de maneira que a criança acessa o programa de intervenção em plataformas digitais autoguiadas, como *sites*, redes sociais privadas e aplicativos. Essa modalidade em geral é considerada uma intervenção de baixa intensidade, com foco em prevenção, promoção ou mesmo manejo de sintomas leves e/ou desenvolvimento de habilidades.

As intervenções síncronas e assíncronas podem ser utilizadas de forma combinada. O terapeuta pode dispor de recursos assíncronos para reforçar o atendimento síncrono, disponibilizando para o paciente textos, jogos ou filmes por meio de plataformas como Google Sala de Aula ou de seu *site* profissional, conforme o plano de tratamento, ou mantendo contato por redes sociais ou aplicativos de mensagens, como WhatsApp, para orientações pontuais e lembretes.

No atendimento assíncrono de crianças, a maioria das intervenções inclui alguma forma de apoio profissional síncrona (por *chat*/mensagem). Outras incluem contato direto de curta duração com o profissional para avaliação, acompanhamento, ajustes ou implementação do programa assíncrono ministrado (Melville et al., 2010; Siemer et al., 2011; van Ballegooijen et al., 2014). No Capítulo 15 serão apresentados mais modelos de atendimento assíncrono.

Os estudos de intervenção *on-line* na infância têm dado ênfase em programas para ansiedade, depressão e condição somática, como dor crônica. A título de ilustração, apresentaremos brevemente alguns deles.

The Brave Program (Spence et al., 2008) é um programa australiano, constituído por 10 sessões semanais de 60 minutos e mais duas sessões posteriores de encorajamento. Seus conteúdos abordam a psicoeducação sobre ansiedade, manejo de emoções, estratégias de flexibilização cognitiva, exposições, resolução de problemas e prevenção de recaída. Seus resultados têm se mostrado tão eficazes quanto a terapia cognitivo-comportamental (TCC) presencial para jovens no manejo de ansiedade (Spence et al., 2008). Outro programa australiano de uso para crianças de 7 a 12 anos é o Cool Kids, que também envolve a participação dos pais. Esse programa é composto por oito sessões semanais de 30 minutos, que abordam a psicoeducação da ansiedade, o enfrentamento do medo, pensamentos realistas, "investigação dos pensamentos como um detetive", assertividade e manejo de frustração. Além das oito sessões, também são feitas quatro ligações telefônicas de encorajamento após o término do grupo. Os dados de avaliação desses programas têm apontado efetividade das intervenções (Stjerneklar et al., 2019).

O programa norte-americano Camp Cope-A-Lot On-line foi desenvolvido por Philip C. Kendall, da Temple University, e Muniya Khanna, do The OCD & Anxiety Institute. Tal programa modular assíncrono baseado no protocolo Coping Cat é indicado para treinamento de manejo de ansiedade e estresse em crianças e adolescentes de 7 a 13 anos. Constitui-se de 12 módulos educativos baseados em técnicas de TCC, nos quais as crianças, com a ajuda de um profissional de saúde e/ou educação, aprendem estratégias baseadas em evidências para o manejo dos medos. Nos primeiros seis módulos, a criança segue o seu ritmo, e nos demais, segue com orientação do profissional, que pode ser um terapeuta, professor ou um dos pais. É indicado para uso em casa, escolas, comunidade, hospitais ou clínicas de treinamento, entre outros.

Além dos programas citados, uma tendência que tem sido uma alternativa viável e que vem demonstrando constante crescimento na área de intervenções *on-line* é o uso de aplicativos. Torous et al. (2018) estimaram que, naquele ano, existiam mais de 300 mil aplicativos relacionados à saúde disponíveis para *download*, e 10 a 20 mil destes seriam voltados à saúde mental. Apesar do número expressivo, poucos são destinados especificamente para crianças, o que explicita a necessidade de mais estudos na área. No Brasil, já estão disponíveis alguns aplicativos, não específicos para crianças, mas que podem ser usados por crianças em idade escolar, com mediação do terapeuta, como Cogni e Tools4Life. Estima-se que em breve haverá um aumento no número de aplicativos com técnicas de gamificação e elementos de psicoeducação para o treinamento de habilidades com perfil mais lúdico.

Em um estudo de revisão, Alabdulakareem e Jamjoom (2020) encontraram um impacto positivo do uso de estratégias de gamificação para reduzir os sintomas de crianças com transtorno de déficit de atenção/hiperatividade (TDAH). Embora a maioria dos autores incluídos no estudo tenha realizado seus experimentos com um pequeno tamanho de amostra e intervenções curtas, as descobertas iniciais são encorajadoras no sentido de aumentar a motivação e o envolvimento dos jogadores, melhorando seus problemas de comportamento, autocontrole e desempenho acadêmico.

O Quadro 5.1 apresenta os *games* para uso em computador avaliados no estudo citado.

QUADRO 5.1 *Games* avaliados no estudo de Alabdulakareem e Jamjoom (2020)

Game	Características	Faixa etária para a qual é indicado
BrainGame Brian (BGB)	Foco nas funções executivas e motivação comportamental	8 a 12 anos
Plan-It Commander	Projetado para promover a aprendizagem comportamental e o uso de estratégia da vida diária, como gerenciamento de tempo, planejamento/organização e habilidades pró-sociais	8 a 12 anos

(Continua)

QUADRO 5.1 *Games* avaliados no estudo de Alabdulakareem e Jamjoom (2020) *(Continuação)*

Game	Características	Faixa etária para a qual é indicado
The Revenge of Frogger & Crash Bandicoot II	Clássico do Playstation 1, que treina controle inibitório e atividade na tarefa	6 a 14 anos
Mathloons	Para treinar habilidades matemáticas	4 a 8 anos
Space Motif	Para treinar habilidades de ordenação, classificação, correspondência de padrões e espaço-temporal	4 a 8 anos
Antonyms	Para treinar controle dos impulsos	8 a 12 anos
The Journal To Wild Divine Biofeedback	Para treino de respiração e relaxamento	5 a 15 anos
Athynos	Desenvolvido para ajudar crianças com dispraxia a melhorar suas habilidades motoras e coordenação olho-mão	7 a 10 anos

Alabdulakareem e Jamjoom (2020) alertam para a tendência de as crianças com TDAH frequentemente usarem tais recursos de forma abusiva, sendo necessário recomendar aos pais que façam monitoramento e controle do tempo de uso, uma vez que a maioria desses jogos também pode ser usada em casa.

Evidências de intervenções remotas com crianças

Segundo Gauy (no prelo), os estudos sobre atendimento remoto indicam que tal modalidade de tratamento é eficaz e aplicável ao atendimento infantil para diferentes dificuldades, como ansiedade, depressão, transtornos alimentares e dor crônica. Pode ser utilizado com pais e em diferentes contextos sociais e culturais, quebra a restrição geográfica e apresenta índices de satisfação semelhantes aos do atendimento presencial. Mesmo não demonstrando ter maior adesão do que o presencial, o atendimento remoto tem potencial para romper algumas barreiras geralmente associadas ao atendimento infantojuvenil.

As barreiras típicas do atendimento psicológico infantil, segundo Nanninga et al. (2016), são associadas aos seguintes aspectos:

a. estressores (p. ex., número de filhos, transporte, conflitos familiares, doenças);
b. demandas e questões de tratamento (p. ex., tratamento caro ou muito longo, dissonância entre expectativas e procedimento oferecido);
c. relevância percebida do tratamento (p. ex., dar pouca importância ao problema da criança/adolescente e ao resultado do tratamento);
d. relacionamento com o terapeuta (p. ex., experiência profissional, capacidade de envolver e estabelecer vínculo com a criança e com os pais e acolhimento do terapeuta).

As barreiras associadas aos estressores são consideradas mais estruturais e anteriores ao tratamento. Apesar de serem menos manejáveis pelo terapeuta, podem ser minimizadas de algum modo pelo atendimento remoto, uma vez que a criança recebe o atendimento onde estiver. Já as demais barreiras exigem do profissional competência digital e habilidades diferentes das que são necessárias no atendimento presencial para que seja possível estimular o engajamento do paciente e dos familiares, manter a interação e estabelecer aliança terapêutica a distância (Gauy, prelo).

Segundo Santos (2005), psicólogos que já ofereceram atendimento em psicoterapia *on-line* no Brasil mostram-se favoráveis à prática, ao contrário daqueles que nunca atuaram em psicoterapia remota. No mesmo estudo foram entrevistados terapeutas de diversas abordagens, e aqueles mais abertos a realizar a transposição de sua prática para o meio virtual foram os terapeutas cognitivo-comportamentais.

Se na época dos estudos citados a maioria dos psicólogos tinha receio e até mesmo era contrária ao atendimento *on-line*, principalmente para crianças, com a pandemia, como já mencionado, a percepção do meio digital foi bruscamente alterada, e os terapeutas buscaram adaptar-se. As preocupações éticas iniciais quanto a sigilo e confidencialidade das sessões *on-line* foram sendo consideradas e estratégias de resolução dessas questões foram sendo contempladas, inclusive durante o isolamento social, com capacitações para os psicólogos e ajustes em orientações dadas pelo Conselho Federal de Psicologia (CFP). No atendimento infantil, os benefícios dessa prática são diversos: praticidade, comodidade, custo reduzido para paciente e terapeuta e ganho do tempo que seria gasto com transporte (Villas-Bôas, 2020).

Prado e Meyer (2006) investigaram 29 pacientes que realizaram psicoterapia *on-line*. Em relação à relação terapêutica, elemento central de qualquer tratamento psicoterápico, o estudo encontrou resultados semelhantes em termos da construção do vínculo terapêutico na intervenção digital comparada com a que se estabelece na relação presencial. Já Marot e Ferreira (2008) avaliaram crenças associadas à atitude favorável de indivíduos em relação à psicoterapia *on-line*. A crença que se mostrou mais significativa foi a de ser possível continuar a terapia mesmo na impossibilidade de contato presencial. Não foram encontrados na literatura estudos acerca da percepção de crianças sobre psicoterapia *on-line* no Brasil.

Em um estudo randomizado, Nordh et al. (2021) avaliaram a eficácia e a relação custo-benefício de uma intervenção assíncrona para transtorno de ansiedade social em crianças e adolescentes. O tratamento consistia em 10 módulos *on-line* para as crianças, cinco módulos para intervenção com os pais e três chamadas de vídeo orientadas por terapeutas. Os pesquisadores obtiveram resultados melhores no grupo que recebeu a intervenção em relação ao grupo de comparação, incluindo melhora na produtividade escolar e diminuição de custos com medicamentos.

Cox et al. (2010) realizaram uma intervenção *on-line* para crianças que haviam sido vítimas de acidentes domésticos e seus pais. A intervenção consistiu em uma cartilha *on-line* para os pais sobre como prevenir acidentes e um *site* interativo para as crianças, que falava sobre o fato de terem sofrido o acidente doméstico. Os resultados apontaram que as crianças e os pais que receberam a intervenção via internet, acessando o *site*, apresentaram melhora na ansiedade. Além disso, aqueles que tiveram pontuação significativa de sintomas de trauma relataram que a intervenção foi útil e efetiva.

Durante a pandemia de covid-19, no Canadá, Couturier et al. (2021) buscaram desenvolver diretrizes para a atenção virtual a crianças, adolescentes e adultos com transtornos alimentares. A busca foi focada em intervenções *on-line*, devido às medidas de distanciamento social. Os pesquisadores analisaram uma série de materiais encontrados na literatura, estabelecendo uma amostra final de 14 artigos. As intervenções encontradas foram desde sessões *on-line* em TCC via chamada de vídeo até fóruns moderados, aplicativos de celular e troca de *e-mails*. Os autores apontaram a influência de variáveis como sexo, gênero, raça e nível socioeconômico no planejamento de atenção virtual a crianças e adolescentes com transtornos alimentares.

Em uma revisão, Sanderson et al. (2020) observaram a variedade de tratamentos virtuais com evidências empíricas. As intervenções *on-line* analisadas apresentaram diferenças em termos de frequência, duração, plataforma utilizada, modalidades síncrona ou assíncrona e níveis de treinamento dos terapeutas. O artigo apresenta os benefícios da terapia *on-line*, inclusive para crianças com sintomas depressivos, e cita que métodos que combinam terapia presencial à terapia *on-line* são superiores a qualquer um dos dois isoladamente.

David et al. (2021) observaram que grande parte de crianças e adolescentes sofrendo de problemas de saúde mental não recebe atenção e cuidados necessários. Uma estratégia para essa problemática foi a elaboração de um *videogame* para ser jogado de forma *on-line*. O REThink foi criado para ser um jogo terapêutico, oferecendo recursos baseados na TCC para estimular resiliência psicológica em crianças e adolescentes de 10 a 16 anos. O jogo ensina a desenvolver estratégias para lidar com emoções e sentimentos desagradáveis de sentir, tais como ansiedade, raiva e tristeza.

Como resultado, os pesquisadores constataram que o REThink pode ser uma ferramenta válida de prevenção de transtornos emocionais em crianças e adolescentes.

Em outra pesquisa, Simon et al. (2020) testaram uma intervenção para crianças de 8 a 13 anos com problemas relacionados à ansiedade. Foi criada uma plataforma *on-line*, intitulada Learn to dare!, na qual informações sobre ansiedade infantil são livremente divulgadas. Primeiramente, as crianças e seus responsáveis autorizaram sua participação na pesquisa e intervenção. Os participantes foram avaliados pela plataforma e apresentaram altos níveis de ansiedade. As crianças passaram por oito sessões, com apoio terapêutico mínimo, com conteúdos relacionados a psicoeducação, exposições, reestruturação cognitiva e prevenção de recaída. Os achados foram positivos, mostrando que a oferta da intervenção *on-line* de fácil acesso e o desenvolvimento de repertório contribuíram para otimizar a terapia baseada em TCC com crianças e jovens.

Normas éticas do atendimento remoto

A prática de atendimentos psicológicos *on-line* já existia, desde sua regulamentação pela Resolução nº 11/2018 do CFP, devido às evidências científicas aqui resumidas e que trazem perspectivas positivas. Pesquisas no campo da psicoterapia *on-line* na cultura brasileira são escassas, ainda mais com foco na infância. Os estudos em atendimento remoto infantil iniciaram com a proposta preventiva e de maior alcance dos serviços em saúde mental, a partir dos atendimentos assíncronos, que incluíam animação, fóruns de pares e quadros de perguntas e respostas, além de jogos.

É essencial fazer adaptações e/ou uso de equipamentos específicos que assegurem as condições técnicas do dispositivo eletrônico utilizado, bem como conferir a segurança de plataformas e aplicativos escolhidos para o atendimento. É importante ressaltar que as normas do código de ética profissional são as mesmas em atendimentos presenciais e sessões remotas. O CFP determina que o profissional registre-se no Cadastro Nacional de Profissionais de Psicologia para Prestação de Serviços Psicológicos por meio de Tecnologias da Informação e Comunicação (e-Psi) e que cuidados éticos, como sigilo das informações fornecidas pelas crianças e seus responsáveis, e privacidade sejam mantidos.

A elaboração de registros dos atendimentos *on-line* também deve ser feita da mesma forma que são documentadas as sessões de atendimento presencial. A manutenção de registros, seja em prontuários ou registros documentais privativos do psicólogo, deve incluir anotações do procedimento realizado pela comunicação *on-line*. É importante ressaltar que os registros em prontuários são documentos institucionais de acesso a todos os profissionais que atendem o paciente, e os registros documentais são reservados apenas ao psicólogo que atende a criança. Certas considerações também precisam ser feitas, dependendo da configuração específica do registro, ou seja, se o profissional irá mantê-lo de forma física (papel) ou de forma eletrônica, sendo importante o cuidado com a segurança dos dados, como uso de armários fechados a chave, quando forem físicos, ou criptografia, quando forem *on-line*.

Caso o profissional aplique algum instrumento de avaliação psicológica de forma *on-line*, deve atentar às limitações e aos procedimentos autorizados para tal modalidade. As considerações do CFP geralmente se agrupam em torno de qualidade e segurança. Por exemplo, a segurança dos dados é importante tanto para os respondentes quanto para o autor do instrumento. Os dados dos respondentes (criança e pais) devem ser mantidos seguros e armazenados em *backup*, e o acesso aos materiais de teste deve ser limitado, para proteger os direitos autorais e o seu uso indevido, de acesso e uso restrito a psicólogos.

Procedimentos no atendimento remoto a crianças

Outro aspecto que também merece destaque é a diferença entre sessões *on-line* com o público infantil e com o público adulto. Por mais que os desafios existam no atendimento *on-line* de pessoas com mais de 18 anos, eles são consideravelmente menores do que aqueles enfrentados por terapeutas infantis. A modalidade de atendimento *on-line* com crianças tem suas particularidades, e não deve ser realizada somente uma transposição do atendimento presencial para o cenário virtual (Duque, 2020). Além das necessárias adaptações, nota-se uma variação de aceitação e engajamento entre os pacientes.

Por exemplo, na nossa experiência, no atendimento síncrono houve maior dificuldade de engajamento das crianças pré-escolares e/ou com dificuldades de comportamento, também chamados de problemas externalizantes (p. ex., TDAH), baixo controle inibitório, menor competência digital, sem privacidade e/ou desatentas. Já aquelas em idade escolar, com problemas emocionais internalizantes (p. ex., ansiosas e deprimidas), com maior competência digital e/ou privacidade, se engajaram mais e, para elas, esse modelo de atendimento foi mais efetivo. Muitos desses pacientes inclusive passaram a preferir a intervenção *on-line* síncrona, assim como alguns familiares, que ressaltaram a facilidade de serem atendidos no ambiente familiar, a adaptação ao modelo e a satisfação com o resultado.

Em termos práticos, é de extrema importância que as técnicas sejam ajustadas para esse novo contexto, uma vez que alguns aspectos da comunicação não verbal acabam sendo prejudicados com o atendimento *on-line*. Em certos casos, a depender da idade e do nível de autonomia da criança, é necessário que haja um responsável por perto para orientá-la com relação às ferramentas tecnológicas e disponibilizar recursos que venham a ser necessários na sessão, como lápis de cor, papel, massinha de modelar, entre outros (Villas-Bôas, 2020). Na experiência das autoras, a montagem de um *kit* com materiais a serem usados na sessão e que sejam enviados para a casa da criança pode ser um diferencial importante em termos de adesão e motivação dos pacientes.

O *setting* terapêutico precisa ser reformulado, ou seja, o que é visto pela tela do dispositivo eletrônico é o novo ambiente de trabalho. O psicólogo se transporta para "dentro da casa da criança", que mostrará a estrutura física do ambiente, decoração, paredes, móveis e o espaço no qual transita. Estes podem ser dados clínicos importantes a observar: em que locais a criança se sente mais confortável, há algum cômodo em que ela evita entrar e como interage com o meio? A participação dos pais ou responsáveis também é um ponto relevante a ser considerado na avaliação do caso, observando-se as facilidades ou dificuldades que os cuidadores proporcionam para que a criança tenha seu momento de terapia (Duque, 2020). É importante lembrar que os terapeutas sempre devem pedir licença para entrar na casa dos pacientes, assim como questionar como eles se sentem em relação a esta "entrada em sua casa" antes de solicitar que eles lhes apresentem o ambiente físico no qual farão as sessões.

Além de desafios relacionados ao momento da sessão, há a autorregulação do terapeuta e suas próprias demandas durante o atendimento. Em um estudo realizado por Békés e Aafjesvan Doorn (2020), os autores afirmam que psicoterapeutas dos Estados Unidos, Canadá e Europa relataram maior cansaço e exaustão, bem como sentimento de insegurança e sensação de falta de autenticidade durante as sessões *on-line* no período de isolamento devido à pandemia, por exemplo. É interessante ressaltar que tais dados advêm de países com maior histórico de atendimento remoto, com serviços amplamente difundidos antes da pandemia de covid-19. Estratégias adotadas para tais dificuldades têm sido o espaçamento entre as sessões e pequenas pausas para lanches e descanso do psicoterapeuta.

De fato, rever algumas concepções sobre o atendimento infantil e a relação terapêutica com crianças é primordial para uma boa adesão de terapeutas à modalidade de atendimento *on-line*. Para Aquino e Duque (2020), é essencial readequar expectativas frente aos limites do campo virtual, compreendendo que haverá limitações e que uma postura mais ativa do terapeuta será necessária.

Criatividade e habilidade de improviso são muito úteis em atendimentos *on-line* com crianças, assim como no atendimento presencial. Se em atendimentos presenciais brinquedos, fantoches, baralhos, cartas e materiais impressos já são facilitadores do acesso à criança, no âmbito virtual se tornam primordiais. Recomenda-se que os terapeutas façam um planejamento prévio das atividades no ambiente virtual, requisitando aos pais com antecedência os materiais necessários, como papel, lápis, tesoura, dado, jogo, fantasia ou até a impressão de material a ser usado na sessão. O uso de *kits* a serem enviados para a casa da criança também é recomendado, como mencionado anteriormente.

Uma técnica a ser descrita chama-se Fortalecendo a relação entre pais e filhos e pode ser usada com crianças a partir dos 6 anos, adolescentes e seus pais e foi criada pelas autoras. No emprego da técnica no atendimento presencial, são usadas algumas tirinhas de papel, que podem ser impressas ou escritas pelo próprio terapeuta, e um pote plástico para colocá-las dentro. A técnica pode ser usada juntamente com qualquer outro jogo (p. ex., em conjunto com um jogo de tabuleiro) em que, por exemplo, a criança deverá retirar do pote uma das tirinhas. O terapeuta deve numerar e escrever nas tirinhas frases ou perguntas, como: "O que em você o deixa orgulhoso?". O objetivo é que a pergunta crie a oportunidade de a criança compartilhar vivências inspiradoras sobre sua vida, podendo ser utilizada também posteriormente, em uma sessão colaborativa com a presença dos familiares, por exemplo (Aquino & Duque, 2020). Uma alternativa para a técnica proposta é usar as tirinhas durante uma sessão de devolutiva com a criança, para conversar sobre o progresso dela em terapia e quais foram as mudanças que ela percebeu. Nas tirinhas, podem ser escritas frases faladas pela criança em momentos significativos ou brincadeiras feitas nas sessões que explicitaram emoções importantes. A cada tirinha retirada, terapeuta e criança conversam sobre suas percepções em relação à temática apresentada.

Para a utilização dessa técnica *on-line*, o terapeuta pode compartilhar a tela e propor a criação da tirinha em conjunto com o paciente. As frases e perguntas podem ser sorteadas em *sites* de sorteio (p. ex., os utilizados para amigo secreto) e, a partir da pergunta sorteada, a criança ou adolescente responde e desenha sua parte na tirinha, enquanto compartilha com o terapeuta e possivelmente com os pais a sua resposta. Tal prática *on-line*, além de manter a criança ou adolescente motivado na sessão, confere o dinamismo necessário para um melhor engajamento e participação dos pacientes e seus familiares. Em síntese, usando criatividade, improviso e espontaneidade, é possível realizar sessões de atendimento infantil remoto, adaptando técnicas já utilizadas ou formulando novas.

EXEMPLOS CLÍNICOS DE ATENDIMENTOS INFANTIS SÍNCRONOS

A seguir, apresentaremos alguns exemplos de casos clínicos baseados nas experiências das autoras no atendimento *on-line* de crianças com diferentes dificuldades e demandas, bem como de procedimentos técnicos utilizados em sessão. Os nomes dos pacientes são fictícios. Logo após cada exemplo, também apresentaremos alguma dica mais específica para uso nas intervenções *on-line* com crianças e/ou seus pais.

Bruno

Bruno, de 8 anos, com diagnóstico de transtorno do espectro autista (TEA) e dispraxia, veio para atendimento *on-line* devido a queixas relacionadas a estes diagnósticos. A terapeuta observou que Bruno estava brincando com funcionalidade, correspondendo aos comandos dados por ela, mas faltava interagir com outras crianças. Ele verbalizou que queria jogar Minecraft e que a terapia era "chata". A terapeuta sugeriu conhecer o mundo de Bruno por meio desse jogo. Logo que a terapeuta teve acesso ao jogo, percebeu um grande potencial, já que Bruno exibia raciocínio extremamente rápido e assertivo nas estratégias que ele estava planejando e muita rapidez no raciocínio lógico dentro do jogo. A terapeuta verificou com Bruno se ele gostaria de encontrar com outra criança dentro do jogo e este aceitou imediatamente. Assim, a terapeuta contatou os pais de outras crianças e após a autorização dos pais de Bruno e de Vinícius foi agendada a primeira sessão colaborativa das duas crianças dentro do jogo *on-line*. Cabe ressaltar que a terapeuta também estava participando do jogo para intermediar a interação das crianças.

Vinícius, de 8 anos (criança neurotípica e sem diagnóstico, sinalizando traços de ansiedade), foi convidado a jogar com Bruno e ficou impressionado com tudo o que ele construiu no "mundo imenso de Minecraft". Assim, os meninos foram estimulados inicialmente pela terapeuta a construir uma casa para os dois, sendo que no decorrer das sessões outros projetos conjuntos foram sendo apresentados a eles. Bruno, a princípio, fechava as paredes para fazer uma casa só para ele. Às vezes aceitava as propostas de Vinícius, mas em outras situações derrubava os tijolos ou erguia muralhas em sua construção. Ao longo das sessões conjuntas *on-line* dentro do ambiente do Minecraft, ambos começaram a construir juntos e já combinavam o que queriam e não queriam dentro da casa. Por vezes, Vinícius não aceitava uma janela ou porta que Bruno colocava e também tirava um móvel de dentro da casa. Por meio dessa interação, foi possível perceber que a relação começou a acontecer de forma compartilhada e respeitosa, com Bruno buscando Vinícius e vice-versa.

O vocabulário de Bruno evoluiu visivelmente, seu repertório enriqueceu, ele passou a contestar e expressar seus desejos e a esperar ansiosamente pelo dia de brincar com o colega. No início, Bruno quase chorava ao ter que finalizar o jogo, mas aos poucos aceitou bem seu término, pois a terapeuta passou a avisá-lo quando o jogo ia acabar. Foi feito um acordo de começar a sessão de terapia com psicoeducação das emoções e autoconhecimento do corpo e, depois que ele conseguisse fazer todos os estímulos propostos, poderia jogar Minecraft. Bruno aceitou bem o combinado, uma vez que a terapia não era mais aversiva para ele.

> ✓ **DICA**
>
> Procurar saber do que as crianças gostam em relação ao meio *on-line* pode facilitar o atendimento. Na entrevista inicial com os pais, pode-se investigar que brincadeiras ou brinquedos a criança prefere, de que jogos *on-line*, aplicativos, vídeos do YouTube, filmes e séries ela gosta, uma vez que todos esses recursos podem ser utilizados de alguma forma nos atendimentos remotos.

Júlia

Júlia, de 6 anos, inicialmente demonstrou ansiedade com características de mutismo seletivo no âmbito escolar e no consultório. Fez atendimentos presenciais por seis meses. Quase não falava, e quando o fazia, falava bem baixinho e pedindo para os pais falarem por ela. Com a chegada das intervenções de forma *on-line*, Júlia passou a falar e a escolher seus materiais. Mostrava seu quarto, seu cachorro, sua avó. Estava se sentindo mais segura fazendo a terapia em casa, demonstrava que a tela a deixava menos exposta que a terapia presencial, e, aos poucos, foi falando cada vez mais. Começou a sorrir e dizer o que desejava, contando o que havia acontecido durante a semana em sua casa. Aproveitando o contexto *on-line*, a terapeuta conseguiu trabalhar as emoções e os pensamentos relacionados a dificuldade de interação e fala de Júlia por meio de recursos interativos, como vídeos e PowerPoint, o que possibilitou a flexibilização cognitiva e o manejo adequado das emoções.

Recentemente, Júlia voltou aos atendimentos presenciais. Foram feitas quatro sessões, e em todas elas a menina sinalizou alegria, segurança e verbalizou tranquilamente o que pensava e sentia. Sua mãe relatou que todos percebiam sua evolução em casa e na escola.

> ✓ **DICA**
>
> Preparar material em PowerPoint ou recurso similar, com personagens de filmes preferidos, para estimular o foco de interesse nos conteúdos propostos, pode ser muito útil nos atendimentos *on-line*. Além disso, por meio do YouTube ou de outras plataformas, podem ser apresentados trechos específicos de filmes que ilustram conteúdos de cada demanda. Alguns jogos de interação *on-line*, como Gartic Phone, uno, *stop*, jogo da forca e adivinhações por meio de desenhos, também ajudam o desenvolvimento das sessões e a abordagem das demandas.

Renata

Renata, de 10 anos, chegou à psicoterapia, já no formato *on-line*, após o início da pandemia. Os pais relatavam intensa ansiedade e dificuldade de concentração por parte da filha, que se opunha a assistir às aulas *on-line*. Nas sessões, Renata não conseguia focar na conversa com a terapeuta, constantemente abrindo outras abas no computador e se engajando em outras atividades.

Para fortalecer o vínculo e a colaboração, a terapeuta propôs que ambas jogassem Among Us, jogo via aplicativo que permitia que ambas estivessem na mesma sala e interagissem com outros jogadores a fim de montar uma estratégia de "sabotagem" para uma nave. Renata se animou muito com a ideia e conseguiu jogar várias partidas com a terapeuta, evidenciando algumas emoções, como raiva, frustração, tristeza e alegria. Após duas sessões de jogo, a terapeuta conseguiu propor outras atividades e usou músicas e vídeos do YouTube de que Renata gostava para falar mais sobre ansiedade, técnicas de relaxamento e flexibilização cognitiva. O compartilhamento de tela também foi utilizado a fim de que a terapeuta visse como Renata socializava com seus amigos enquanto jogava com eles. Foi possível trabalhar questões de manejo da raiva e assertividade por meio de tais interações.

✓ **DICA**

É importante orientar os pais com relação aos riscos do uso da internet, mas também vale destacar suas potencialidades. O uso de jogos e aplicativos durante a sessão, desde que com objetivos bem definidos, ajuda enormemente na evolução do processo terapêutico.

Leonardo

Leonardo, de 11 anos, morava com os pais e o irmão de 5 anos. Foi encaminhado para a terapia pela escola, por não acompanhar as aulas a distância e rapidamente se distrair com jogos *on-line*. Além de ter dificuldade em prestar atenção, ficava chamando os colegas no bate-papo, e isso tinha provocado reclamações de algumas crianças e/ou de seus pais. Leonardo tinha o diagnóstico de TDAH e inteligência avaliada por um neuropsicólogo como superior. A mãe também se queixou de que seu comportamento gerava conflitos em casa, e antes da pandemia ele estava irritado, com dificuldade em manter o foco e perturbando o irmão.

A terapeuta avaliou as principais dificuldades de Leonardo e decidiu trabalhar no treinamento de foco, paciência e respeito ao tempo dos outros. Como o maior problema era o foco no contexto *on-line*, as sessões inicialmente foram divididas em dois tempos de 30 minutos e depois passaram a ter 50 minutos. Como Leonardo gostava muito de desenho e de música, a terapeuta utilizou esses recursos para o aquecimento e desaquecimento das sessões. No início dos atendimentos, Leonardo sempre apresentava uma música, escolhida de acordo com a letra ou o ritmo, para falar sobre o tom/ritmo da semana. No final, como desaquecimento da sessão, Leonardo e a terapeuta jogavam forca, usando uma palavra que representasse o que fora trabalhado na sessão e o compartilhamento do quadro branco da plataforma de videoconferência Zoom. Também foi combinado que um dos pais ou ambos participariam dos últimos 10 minutos da sessão. Nesse momento, Leonardo, com ajuda da terapeuta, resumia o que tinha sido trabalhado na sessão e quais as opções para o desafio da semana. O objetivo da terapeuta era avaliar o quanto ele mantinha o foco e se conseguia compreender o processo, além de envolver os pais na intervenção.

> ✓ **DICA**
>
> O recurso de conversar com os pais ao final da sessão pode ser usado pelo terapeuta como forma de aumentar o engajamento e envolvê-los no processo. Quando os pais não podem participar de forma síncrona, pode-se pedir autorização para gravar o final do atendimento *on-line* e enviar a gravação para os pais e a criança assistirem depois.

Alice

Alice, de 10 anos, morava com os pais e quatro irmãs. Os pais buscaram o atendimento porque se mudaram para outro país e Alice estava isolada, com muito medo, triste e sem energia, ficando muito no quarto, o que não era comum antes. Alice era a terceira filha do casal. No atendimento, de início, se recusava a abrir a câmera para a terapeuta. Apesar disso, rapidamente falou sobre suas dificuldades sociais, que agora estavam ainda maiores pela mudança de país, que a fez se afastar das amigas e da família. Também relatou ter dificuldade em falar a língua do novo país e de formar novos laços.

Inicialmente, a terapeuta utilizou a plataforma de jogos *on-line* Wordwall para trabalhar emoções e situações sociais de forma mais neutra. Tal plataforma oferece várias atividades pré-formatadas, que podem ser customizadas de acordo com a criatividade do terapeuta e o interesse do paciente. O profissional pode editar até cinco atividades sem custo, além de ser possível usar as atividades compartilhadas na comunidade da plataforma. Depois de estabelecido o vínculo com a paciente, foram utilizadas outras atividades em que Alice teria que ligar a câmera, mas não precisaria aparecer, como a brincadeira elefante cor de rosa, na qual a terapeuta dizia o nome de uma cor e a menina tinha que procurar um objeto com essa cor e mostrá-lo pela câmera.

Em um terceiro momento, foi combinado que Alice ligaria a câmera para, junto com a terapeuta, construir uma atividade com situações sociais que representavam problemas para ela, encontrar possíveis soluções (manejo da emoção, solução de problemas e mudanças no pensamento) e enfrentamento.

> ✓ **DICA**
>
> A plataforma Wordwall possibilita ao terapeuta criar diferentes tipos de atividades, como jogo de memória, caça-palavra, *quiz*, jogo da forca, que podem ser usadas tanto para psicoeducação como para estratégias de mudança. Pode ser utilizado na sessão por meio de um *link* compartilhado, utilizando-se do recurso do acesso remoto do computador do terapeuta, e pode ser enviado depois para o paciente continuar treinando em casa.

Maurício

Maurício, de 7 anos, morava com os pais e duas irmãs. Os pais buscaram atendimento porque o menino estava se desorganizando emocionalmente, com rompantes de agressividade, ansiedade e vergonha. Como Maurício gostava muito de super-heróis, a terapeuta criou um jogo com o tema de interesse. Ela pediu que Maurício escolhesse três personagens para representar os vilões da vergonha, da ansiedade e da raiva e um personagem que seria o super-herói. Maurício editou os personagens, mudando as cores de sua pele e roupas, e definiu quais eram os poderes de cada um e como o super-herói poderia combatê-los (Figura 5.1).

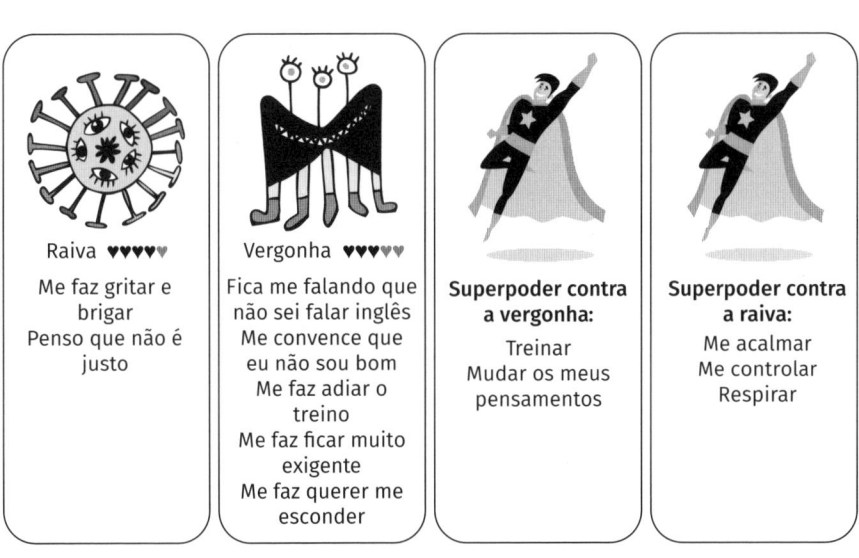

Raiva ♥♥♥♥♥	Vergonha ♥♥♥♥♥	Superpoder contra a vergonha:	Superpoder contra a raiva:
Me faz gritar e brigar	Fica me falando que não sei falar inglês	Treinar	Me acalmar
Penso que não é justo	Me convence que eu não sou bom	Mudar os meus pensamentos	Me controlar
	Me faz adiar o treino		Respirar
	Me faz ficar muito exigente		
	Me faz querer me esconder		

FIGURA 5.1 Cartas com vilões e super-herói usadas por Maurício.
Fontes das imagens utilizadas: @shutterstock.com/Olha Onishchuk/107322020 e @shutterstock.com/Virinaflora/1023669562

A seguir, a terapeuta criou um jogo de memória, associando um vilão ou o herói com seu respectivo poder: vilão raiva/poder de gritar; super-herói/poder de respirar, etc. Como o personagem do super-herói era único, em uma versão do jogo deveriam ser associadas três cartas (p. ex., vilão raiva/poder de gritar/poder de respirar). Por fim, Maurício deveria fazer um automonitoramento diário, no qual teria que marcar quem ganhou o dia – o vilão ou o super-herói (Figura 5.2).

Minha missão: controlar os vilões
♥♥♥♥♥
Recorte o vilão ou super-herói que marcou o dia e cole no círculo

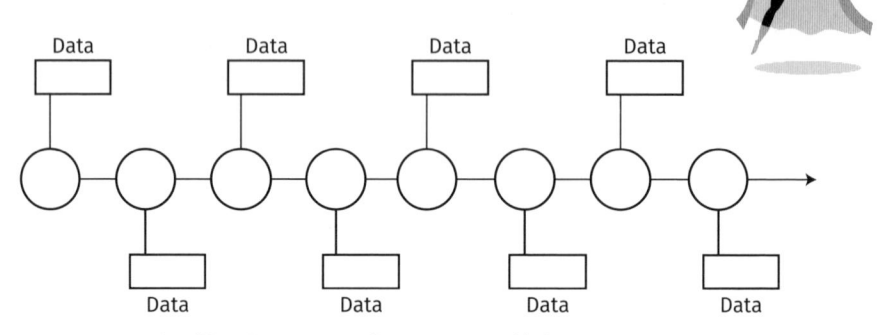

FIGURA 5.2 Planilha de automonitoramento diário.

> ✓ **DICA**
>
> Esse recurso pode ser utilizado editando-se os personagens e mudando seus nomes e poderes de acordo com as dificuldades apresentadas pelos pacientes.

CONSIDERAÇÕES FINAIS

O objetivo deste capítulo foi discutir os atendimentos remotos para crianças. Ao longo da última década, as crianças se familiarizaram com os jogos digitais, o que criou a oportunidade de usá-los em intervenções psicológicas síncronas, assíncronas e combinadas. Tais modalidades de atendimento, no entanto, exigem habilidades específicas para seu uso e devem ser adaptadas ao formato on-line, às necessidades do paciente e/ou aos objetivos terapêuticos. Alerta-se que tal atendimento, de alta ou baixa intensidade, exige competência digital do paciente e, ainda mais, do terapeuta; adaptação e uso *on-line* de recursos lúdicos; e cuidados éticos.

A literatura estrangeira descreve programas e recursos de atendimentos aplicáveis de formas síncrona e assíncrona, muitos deles ainda não disponíveis em português. A aplicação das ferramentas tem sido predominantemente síncrona, com uso de recursos adaptados para intervenções psicológicas personalizadas, de acordo com os repertórios do paciente e do terapeuta. Ao longo do capítulo, foram relatados alguns casos que exemplificam técnicas e recursos passíveis de serem utilizados em terapia *on-line* com crianças, além de dicas de estratégias para diferentes queixas clínicas. Considera-se que a prática clínica remota já se caracteriza como um procedimento efetivo e promissor, por atingir muitos pacientes que não teriam acesso a atendimento presencial de saúde mental.

REFERÊNCIAS

Alabdulakareem, E., & Jamjoom, M. (2020). Computer-assisted learning for improving ADHD individuals' executive functions through gamified interventions: A review. *Entertainment Computing, 33*, 100341.

Andersson, G., Carlbring, P., & Hadjistavropoulos, H. D. (2017). Internet-based cognitive behavior therapy. In S. G. Hofmann, & G. J. G. Asmundson (Eds.), *The Science of Cognitive Behavioral Therapy* (pp. 531-549). Elsevier.

Aquino, A. L., & Duque, F. M. (2020). Planejamento do atendimento *On-line*. In A. L. Oliveira, A. C. A. Nascimento, & F. M. Duque (Orgs.), *Psicoterapia Infantil On-line: Técnicas e ferramentas desenvolvidas durante a pandemia do covid-19* (pp. 71-77). EdUnitau.

Békés, V., & Aafjesvan Doorn, K. (2020). Psychotherapists' attitudes toward *on-line* therapy during the covid19 pandemic. *Journal of Psychotherapy Integration, 30*(2), 238247.

Couturier, J., Pellegrini, D., Miller, C., Bhatnagar, N., Boachie, A., Bourret, K., ... & Webb, C. (2021). The covid-19 pandemic and eating disorders in children, adolescents, and emerging adults: Virtual care recommendations from the Canadian consensus panel during covid-19 and beyond. *Journal of Eating Disorders, 9*(1), 1-40.

Cox. C. M., Kenardy, J. A., & Hendrikz, J. K. (2010). A Randomized Controlled Trial of a Web-Based Early Intervention for children and their parents following Unintentional Injury. *Journal of Pediatric Psychology, 35*(6), 581-592.

David, O. A., Predatu, R., & Cardoş, R. A. (2021). Effectiveness of the REThink therapeutic *on-line* video game in promoting mental health in children and adolescents. *Internet Interventions, 25*, 100391.

Del Prette, A., & Del Prette, Z. A. (2017). *Psicologia das habilidades sociais na infância: Teoria e prática*. Vozes.

Duque, F. M. (2020). Planejamento do atendimento *On-line*. In A. L. Oliveira, A. C. A. Nascimento, & F. M. Duque (Orgs.), *Psicoterapia Infantil On-line: Técnicas e ferramentas desenvolvidas durante a pandemia do covid-19* (pp. 17-23). EdUnitau.

Gauy, F. V. (no prelo). *TCC com crianças: Transpondo as barreiras para o atendimento on-line e presencial*. Procognitiva.

Hollis, C., Falconer, J., Martin, J. L., Whittington, C., Stockton, S., Glazebrook, C., & Davies, E. B. (2016). Annual Research Review: Digital health interventions for children and young people with mental health problems – a systematic and meta-review. *Journal of Child Psychology and Psychiatry, 58*(4), 474-503.

Lei nº 8.069, de 13 de julho de 1990. (1990). Dispõe sobre o Estatuto da Criança e do Adolescente e dá outras providências. http://www.planalto.gov.br/ccivil_03/leis/l8069.htm

Marot, R. S. V., & Ferreira, M. C. (2008). Atitudes sobre a aprovação da psicoterapia *on-line* na perspectiva da teoria da ação racional. *Interamerican Journal of Psychology, 42*(2), 317-324.

Melville, K. M., Casey, L. M., & Kavanagh, D. J. (2010). Dro-pout from Internet-based treatment for psychologicaldisorders. *British Journal of Clinical Psychology, 49*(4), 455-471.

Nanninga, M., Jansen, D. E., Kazdin, A. E., Knorth, E. J., & Reijneveld, S. A. (2016). Psychometric properties of the Barriers to Treatment Participation Scale-Expectancies. *Psychological Assessment, 28*(8), 898-907.

Nordh, M., Wahlund, T., Jolstedt, M., Sahlin, H., Bjureberg, J., Ahlen, J., ... & Serlachius, E. (2021). Therapist-guided internet-delivered cognitive behavioral therapy vs internet-delivered supportive therapy for children and adolescents with social anxiety disorder: A randomized clinical trial. *JAMA Psychiatry, 78*(7), 705-713.

Pereira, M. Â. C. M., Amparo, D. M. D., & Almeida, S. F. C. D. (2006). O brincar e suas relações com o desenvolvimento. *Psicologia Argumento, 24*(45), 15-24.

Peres, C. G., Serrano, J. J., & Cunha, A. C. (2009). Desenvolvimento infantil e habilidades motoras: Uma sistematização. Vislis.

Prado, O. Z., & Meyer, S. B. (2006). Avaliação da relação terapêutica na terapia assíncrona via Internet. *Psicologia em Estudo, 11*(2), 247-257.

Resolução CFP nº 11, de 11 de maio de 2018. (2018). Regulamenta a prestação de serviços psicológicos realizados por meios de tecnologias da informação e da comunicação e revoga a Resolução CFP nº 1/2012. https://site.cfp.org.br/wp-content/uploads/2018/05/RESOLU%C3%87%C3%83O-N%C2%BA-11-DE-11-DE-MAIO-DE-2018.pdf

Sanderson, C., Kouzoupi, N., & Hall, C. L. (2020). Technology matters: The human touch in a digital age–a blended approach in mental healthcare delivery with children and young people. *Child and Adolescent Mental Health, 25*(2), 120-122.

Santos, A. P. C. (2005). Terapia na rede: Um estudo sobre a clínica mediada pelo computador na realidade brasileira. In J. Zacharias (Ed.), *Psicologia e informática: Desenvolvimentos e progressos* (pp. 157-173). Casa do Psicólogo.

Siemer, C. P., Fogel, J., & Van Voorhees, B. W. (2011). Telemental health and web-based applications in children and adolescents. *Child and Adolescent Psychiatric Clinics of North America, 20*(1), 135-153.

Simon, E., De Hullu, E., Bögels, S., Verboon, P., Butler, P., Van Groeninge, W., ... & Van Lankveld, J. (2020). Development of 'learn to dare!': An *on-line* assessment and intervention platform for anxious children. *BMC Psychiatry, 20*(1), 1-12.

Spence, S. H., March, S., Donovan, C., & Gamble, A. (2008). *On-line* CBT in the treatment of child and adolescent anxiety disorders: Issues in the Development of BRAVE–ON-LINE and Two Case Illustrations. *Behavioural and Cognitive Psychotherapy, 36*(4), 411-430.

Stallard, P. (2021). Evidence-based practice in cognitive-behavioural therapy. *Archives of Disease in Childhood*, 321249.

Stjerneklar, S., Hougaard, E., McLellan, L. F., & Thastum, M. (2019). A randomized controlled trial examining the efficacy of an internet-based cognitive behavioral therapy program for adolescents with anxiety disorders. *PloS One, 14*(9), e0222485.

Torous, J. B., Chan, S. R., Gipson, S. Y. M. T., Kim, J. W., Nguyen, T. Q., Luo, J., & Wang, P. (2018). A hierarchical framework for evaluation and informed decision making regarding smartphone apps for clinical care. *Psychiatric Services, 69*(5), 498-500.

van Ballegooijen, W., Cuijpers, P., van Straten, A., Karyotaki, E., Andersson, G., Smit, J. H., & Riper, H. (2014). Adherence to Internet-based and face-to-face cognitive behavioural therapy for depression: A meta-analysis. *PLoS One, 9*(7), e100674.

Villas-Bôas, L. E. R. (2020). Psicoterapia infantil *on-line*: Um novo caminho possível frente à Pandemia da Covid-19. *Revista IGT na Rede, 17*(32), 53-64.

Willrich, A., de Azevedo, C. C. F., & Fernandes, J. O. (2009). Desenvolvimento motor na infância. *Revista Neurociências, 17*(1), 51-56.

Leituras recomendadas

Aspvall, K., Lenhard, F., Melin, K., Krebs, G., Norlin, L., Näsström, K., ... Mataix-Cols, D. (2020). Implementation of internet-delivered cognitive behaviour therapy for pediatric obsessive-compulsive disorder: Lessons from clinics in Sweden, United Kingdom and Australia. *Internet interventions, 20,* 100308.

Fundação Oswaldo Cruz (Fiocruz). (2020). *Crianças na pandemia Covid-19.* Fiocruz. https://www.fiocruzbrasilia.fiocruz.br/wp-content/uploads/2020/05/crianc%CC%A7as_pandemia.pdf

Gupta, S., & Jawanda, M. K. (2020). The impacts of covid-19 on children. *Acta Paediatrica, 109*(11), 2181-2183.

Mora, A., Riera, D., Gonzalez, C., & Arnedo-Moreno, J. (2015). *A Literature Review of Gamification Design Frameworks.* VII International Conference on Games and Virtual Worlds for Serious Applications (VS-Games), Skövde, Sweden. https://www.computer.org/csdl/proceedings-article/vs-games/2015/07295760/12OmNxR5UV2

6

Intervenções digitais com adolescentes

Shirin Aghakhani
Cyrus Chang
Alanna Testerman
Amanda DeBellis
Eduardo Bunge

O uso da tecnologia por adolescentes aumentou drasticamente, com relatos mostrando que 92% deles acessam a internet diariamente e que 24% estão "quase constantemente" *on-line* (Anderson & Jiang, 2018). Com o uso da tecnologia em ascensão, não surpreende que nos últimos anos tenha havido um influxo na disponibilidade e no uso de intervenções psicológicas digitais (Hill et al., 2017). Com a acessibilidade aos serviços de saúde mental sendo limitada, as intervenções digitais apresentam uma oportunidade de oferecer tratamentos eficazes por meio de uma modalidade mais acessível (Saddichha et al., 2014).

O uso de intervenções digitais, via aplicativos móveis, teleterapia e *videogames*, pode ser benéfico na abordagem de questões de saúde mental, especialmente entre a população jovem. No entanto, é importante que esses tipos de intervenções utilizem abordagens baseadas em evidências. Embora muitos aplicativos tenham sido desenvolvidos para lidar com problemas de saúde mental, como ansiedade na juventude, há uma falta de recursos que incorporem componentes de tratamentos baseados em evidências (Bry et al., 2018). Por exemplo, um estudo descobriu que aplicativos comercializados para o tratamento da ansiedade juvenil utilizavam atividades de colorir ou jogos que não são componentes de tratamento baseados em evidências (Bry et al., 2018). Além disso, mais da metade dos aplicativos incluídos no estudo incluía atividades como exercícios respiratórios ou relaxamento muscular progressivo, técnicas que não são mais utilizadas na terapia cognitivo-comportamental (TCC) moderna (Bry et al., 2018). Aplicativos de boa qualidade foram desenvolvidos dentro de um ambiente de pesquisa e incorporam componentes de tratamentos baseados em evidências. No entanto, eles não são muito visíveis no mercado e, por isso, não chegam à maioria dos consumidores (Bry et al., 2018). A disseminação de intervenções digitais eficazes e de alta qualidade baseadas em evidências é vital no tratamento de doenças mentais.

A acessibilidade é uma das principais barreiras aos cuidados de saúde mental. As intervenções digitais podem aliviar o estresse financeiro, permitindo o acesso remoto ao tratamento, eliminando o tempo e as despesas de deslocamento e diminuindo faltas ao trabalho. A capacidade de engajar-se em intervenções *on-line* permite que os pacientes superem as barreiras geográficas e proporciona acesso ao tratamento a mais indivíduos, incluindo os que se encontram em regiões remotas (Bry et al., 2018). As intervenções digitais também funcionam como uma opção hábil para pessoas sem plano de saúde ou com planos deficientes (Soares et al., 2017). Por exemplo, os aplicativos para *smartphones* podem conceder acesso e fornecer tratamento de saúde mental para populações geralmente mal atendidas (Bry et al., 2018). Além disso, diminuem o estigma associado à psicoterapia, proporcionando acesso remoto ao tratamento (Jones, 2017).

As intervenções digitais foram criadas para abranger uma série de transtornos mentais, e é necessário garantir que os adolescentes continuem a fazer parte da discussão. Pesquisas mostraram que a população jovem está buscando ativamente recursos de saúde mental, mais especificamente sobre depressão e suicídio (Stephens et al., 2020). Isso destaca a necessidade e a acessibilidade de recursos *on-line* relativos à depressão para adolescentes (Stephens et al., 2020). Nos últimos 20 anos, tem crescido o entusiasmo quanto à tecnologia atender às necessidades de saúde mental no mundo. Relatórios iniciais mostram evidências da aceitabilidade de intervenções digitais para tratar a saúde mental, bem como a viabilidade e a eficácia da realização de intervenções via *smartphones* (Bry et al., 2018). Devido às vantagens únicas proporcionadas pelas intervenções digitais, tem crescido o financiamento pelo setor privado de aplicativos de saúde mental, aumentando sua disponibilidade (Bry et al., 2018). As intervenções *on-line* proporcionam representações criativas e amigáveis das práticas presenciais convencionais e demonstraram aumentar o envolvimento na terapia e a conclusão das tarefas de casa relacionadas ao tratamento (Bry et al., 2018). Além disso, as intervenções *on-line* são mais atraentes para adolescentes e gerações da era digital (Jones, 2017).

EFICÁCIA E GAMIFICAÇÃO

As tecnologias de intervenção comportamental (BITs, do inglês *behavioral intervention technologies*) "são intervenções baseadas em tecnologia destinadas a produzir mudanças comportamentais e psicológicas positivas, que podem ser usadas como um complemento ou em substituição a intervenções face a face" (Soares et al., 2020, p. 1). Sua eficácia tem sido demonstrada em vários ensaios controlados randomizados (Bry et al., 2020) e em várias metanálises para diferentes transtornos, incluindo ansiedade (Jones et al., 2016), depressão (Higinbotham et al., 2020), comportamento disruptivo (Soares et al., 2020) e transtorno do espectro autista (Soares et al., 2020).

Um dos aspectos mais salientes das intervenções digitais é que elas podem ser gamificadas. A ideia de gamificação torna-se significativa quando se trata de explorar as intervenções *on-line* e a literatura sobre tecnologias de intervenção comportamental. Fleming et al. (2017) demonstraram que os jogos sérios – jogos desenvolvidos com base empírica para aplicar a um quadro terapêutico (p. ex., componentes da TCC) (Zayeni et al., 2020) – e a gamificação podem aumentar as taxas de adesão e o impacto das intervenções digitais por meio da extensão de seu alcance, focando nos aspectos de engajamento da dinâmica motivacional e dos mecanismos de mudança. Os jogos aplicados têm potencial para aumentar o impacto das intervenções digitais na saúde mental, mas são necessárias mais pesquisas para poderem se adaptar às diversas necessidades e preferências dos usuários para uma melhor adesão (Fleming et al., 2017).

A gamificação na TCC torna-se outro elemento importante a explorar a fim de aumentar o acesso à saúde mental para as populações que têm dificuldade de acesso aos serviços de saúde. Christie et al. (2019) explicaram que o processo de gamificação na TCC envolve a seleção de intervenções adequadas e a adaptação delas a um formato digital para aumentar seu apelo e o grau de engajamento. O processo de *design* e desenvolvimento envolve a consulta aos psicólogos, a análise das melhores práticas na literatura, a utilização de oficinas para grupos focais e a inclusão de jovens no processo de *codesign*.

As seções seguintes detalharão as evidências e as aplicações de intervenções digitais em saúde mental para transtornos mentais, especificamente ansiedade, depressão, transtorno de déficit de atenção/hiperatividade (TDAH) e transtorno do espectro autista (TEA). Além disso, ilustrarão o efeito da gamificação das intervenções em diferentes transtornos.

ANSIEDADE

De acordo com o National Institute of Mental Health (NIMH), dos EUA, um relatório de 2017 revelou uma prevalência de 31,9% de transtornos de ansiedade entre adolescentes. Entre as barreiras ao tratamento estão o estigma associado à consulta com um psicólogo e a acessibilidade aos recursos (Jones et al., 2016). Para abordar alguns desses obstáculos, foram projetadas BITs como um método alternativo para fornecer tratamentos baseados em evidências para jovens ansiosos (Jones et al., 2016). Algumas BITs com fundamentos baseados em evidências são delineadas com os exemplos apresentados a seguir.

Jones et al. (2016) realizaram uma metanálise comparando os efeitos da TCC presencial (F2FCBT, do inglês *face to face cognitive behavioral therapy*) e das BITs para transtornos de ansiedade juvenil. Os resultados do estudo ilustraram que a F2FCBT teve um tamanho de efeito maior, mas descobriu-se que o engajamento em BITs guiado por um terapeuta é uma maneira eficaz de tratamento para jovens com transtornos de ansiedade (Jones et al., 2016).

Um exemplo de videogame desenvolvido para a ansiedade é o Mindlight, no qual o jogador fica imerso em um mundo de jogos que introduz situações de indução de ansiedade e ensina ao jogador técnicas clínicas para redução da ansiedade por meio de neurofeedback (Schoneveld et al., 2016). Schoneveld et al. (2016) realizaram um ensaio controlado randomizado para testar a eficácia do Mindlight em comparação com o Max, um videogame comercial que desafia o jogador a ultrapassar obstáculos assustadores, mas não inclui técnicas de redução da ansiedade baseadas em evidências. Ambos os grupos apresentaram redução significativa na ansiedade relatada em pais/filhos (Schoneveld et al., 2016). Apesar de não ter havido diferenças significativas nos resultados, devido à utilização de componentes baseados em evidências pelo Mindlight, estudos futuros podem explorar o modo como os terapeutas podem usar o Mindlight como complemento ao tratamento para transtornos de ansiedade. Ensinar práticas baseadas em evidências de forma lúdica pode tornar a terapia mais atraente para os jovens.

Outro exemplo da eficácia das BITs é um programa de TCC computadorizado gratuito chamado MoodGYM. Foi realizada uma metanálise para investigar sua eficácia, sendo os resultados primários para depressão, e os resultados secundários para ansiedade e sofrimento psicológico geral (Twomey & O'Reilly, 2017). O estudo revelou evidências insuficientes para a eficácia do MoodGYM para sintomas de depressão e sofrimento psicológico geral, e um tamanho de efeito médio do programa para sintomas de ansiedade (Twomey & O'Reilly, 2017).

O Anxiety Coach é um aplicativo de autoajuda disponível para o sistema operacional iOS que explora módulos sobre TCC baseada em exposição, a qual consiste em autoavaliação, psicoeducação e exposição (Whiteside, 2016). O módulo de exposição guia os usuários por meio de exercícios de exposição, e permite-lhes selecionar exercícios de medo pré-preparados com protocolos de exposição gradual (Whiteside, 2016). Sugere-se que intervenções digitais, como o Anxiety Coach, têm resultados promissores para beneficiar a terapia em vez de substituí-la. O uso de aplicativos e outras intervenções digitais também pode ajudar o clínico com o tratamento, pois fornecem informações sobre as ferramentas utilizadas pelos clientes antes de sua sessão (Whiteside, 2016).

BRAVE-ONLINE é um programa de TCC *on-line* destinado a tratar transtornos de ansiedade (Spence et al., 2006). Ele foi avaliado por meio de diferentes ensaios controlados randomizados (March et al., 2009; Spence et al., 2006, 2011), cujos resultados demonstraram que os grupos que utilizaram o programa tiveram uma redução nos sintomas de ansiedade do pré até o pós-tratamento (March et al., 2009; Spence et al, 2006, 2011). Conaughton et al. (2017) avaliaram o BRAVE-ONLINE para crianças com transtorno do espectro autista de alto funcionamento (TEAAF) e ansiedade e encontraram uma redução significativa nos sintomas de ansiedade e uma melhora no funcionamento geral. Portanto, os autores concluíram que o programa pode ser útil para reduzir os sintomas de ansiedade em crianças com TEAAF, mas os efeitos são menores, em comparação com aqueles encontrados em crianças sem TEA.

Outra intervenção digital com resultados promissores é o aplicativo para *smartphones* SmartCat (Silk et al., 2020). Trata-se de um tratamento baseado em evidências com o uso de tecnologia móvel para tratar a ansiedade de crianças como um suporte adicional à terapia (p. ex., aumentando o engajamento em tarefas de casa) (Silk et al., 2020). Uma pesquisa descobriu que o SmartCat, em conjunto com a TCC, pode melhorar a utilidade da TCC breve para transtornos de ansiedade infantil (Silk et al., 2020). Mais especificamente, aqueles que fizeram TCC junto com o SmartCAT relataram um efeito maior do que aqueles que fizeram apenas TCC, e os participantes aprenderam as habilidades e continuaram melhorando mesmo na fase de acompanhamento (Silk et al., 2020).

Com a gamificação em mente, a versão do SmartCAT 2.0 contou com o *feedback* dos participantes para se tornar mais amigável, envolvente e interativa com a tecnologia móvel atual (Silk et al., 2020). Algumas mudanças incluem a automatização do treinamento dos participantes para praticar habilidades, aumentando o desejo dos jovens de praticar habilidades por meio de maneiras interativas, como em um jogo digital e recompensas digitais para reforçar o engajamento (Silk et al., 2020). Com os elementos de gamificação do SmartCAT 2.0, pesquisadores descobriram que os jovens se engajaram para realizar tarefas de casa diariamente. O maior envolvimento resultou em oportunidades diárias para aprender e praticar habilidades da TCC, e foi considerado efetivo para aumentar a eficácia de tratamentos breves (Silk et al., 2020).

DEPRESSÃO

Para determinar a eficácia da gamificação nas intervenções de TCC, Christ et al. (2020) realizaram uma metanálise de estudos com adolescentes e jovens adultos. Os resultados evidenciaram que a TCC computadorizada (TCCc) é benéfica para reduzir a ansiedade e os sintomas depressivos no pós-tratamento em adolescentes e adultos jovens se comparada aos participantes controles passivos, com tamanho de efeito de pequeno a médio (Christ et al., 2020). Além disso, os resultados indicaram que a TCCc não difere de tratamentos ativos (p. ex., TCC presencial ou tratamento presencial usual) para sintomas de ansiedade, mas pode ser inferior aos controles de tratamento ativo para sintomas depressivos. Entretanto, o tamanho do efeito não foi significativo (Christ et al., 2020). Esses resultados sugerem que a TCCc parece ser uma opção de tratamento promissora para jovens que não têm acesso ao tratamento presencial. Esse estudo também destacou a necessidade de melhor qualidade de controle da investigação, incluindo grupos-controle do tratamento ativos e avaliações de acompanhamento em longo prazo (Christ et al., 2020).

Weisz et al. (2017) realizaram uma metanálise examinando cinco décadas de pesquisa sobre os efeitos da terapia psicológica de jovens e descobriram que estudos utilizando modelos presenciais resultaram em tamanhos de efeito pequenos para a depressão adolescente. Uma metanálise sobre a eficácia de BITs e de TCC presencial para jovens com depressão descobriu que ambas as intervenções reduziram os sintomas depressivos do pré ao pós-teste, e não houve diferença significativa entre as duas modalidades de tratamento (Higinbotham et al., 2020). A partir de uma análise de subgrupo, Higinbotham et al. (2020) verificaram que as BITs responderam de forma similar à TCC presencial, quando comparadas a condições de controle de lista de espera e condições de controle não baseadas em evidências. Embora isso mostre um efeito positivo das intervenções digitais, deve-se notar que tanto as intervenções digitais quanto as presenciais para depressão ainda têm um efeito pequeno e precisam melhorar seus resultados.

Uma ferramenta popular que pode reduzir os níveis de depressão são os *videogames* casuais. Pine et al. (2020) descobriram que os *videogames* casuais podem lidar com as barreiras de acesso à saúde mental e reduzir os atrasos na obtenção de ajuda para os adolescentes. Uma intervenção notável em videogames é o SPARX (do inglês *smart, positive, realistic, and X-factor thoughts* – pensamentos inteligentes, positivos, ativos, realísticos e fator-x), desenvolvido por Merry et al. (2012) como um recurso de autoajuda para adolescentes em um meio de *videogames* que incorpora habilidades cognitivas e comportamentais. O SPARX tem sete módulos, que são apresentados em quatro a sete semanas. Cada módulo tem um tema central sobre habilidades de TCC (p. ex., respiração controlada, agendamento de atividades e reestruturação cognitiva) (Merry et al., 2012). Os resultados do tratamento com o SPARX foram comparáveis ao tratamento habitual, sendo mais eficaz do que o primeiro para aqueles que estavam mais deprimidos no início (Merry et al., 2012). Além disso, o SPARX foi mais eficaz do que uma condição de lista de espera (Merry et al., 2012).

TRANSTORNOS COMPORTAMENTAIS DISRUPTIVOS

Quando se trata de transtornos disruptivos, o TDAH é um transtorno de saúde mental pediátrica altamente frequente, estimado em 5% em todo o mundo (Kollins et al., 2020). As intervenções digitais têm demonstrado melhorar os sintomas do TDAH por meio do treinamento cognitivo.

O EndeavorRx é a única intervenção baseada em *videogames* disponível aprovada pela Food and Drug Administration (agência reguladora norte-americana) desde junho de 2020 (Pandian et al., 2021). Em um estudo de controle randomizado em

20 locais de pesquisa, Kollins et al. (2020) concluíram que o EndeavorRx, quando comparado a uma condição de controle, melhorou significativamente a desatenção. Nesse estudo, cada participante recebeu individualmente um iPad com o EndeavorRx ou o controle pré-instalado no equipamento. Os participantes foram convidados a concluir tarefas que visavam à gestão de interferências pessoalmente adaptável, com o objetivo de melhorar a atenção e o processo de controle cognitivo (Kollins et al., 2020). Com base nos resultados de Kollins et al. (2020), considerações importantes devem ser feitas ao se utilizar o EndeavorRx. Em primeiro lugar, sobre o papel da influência parental no desempenho da criança com o tratamento. As expectativas dos pais podem servir como mediadores para o sucesso do programa e devem ser observadas. Em segundo lugar, esse ensaio utilizou a intervenção por um período de um mês. No entanto, uma duração mais longa é sugerida a fim de se ver melhorias ainda maiores.

Além disso, uma metanálise de 24 estudos demonstrou que o treinamento parental comportamental (TPC) em BITs é efetivo para reduzir comportamentos externalizantes em crianças em comparação com grupos-controle (Bausback & Bunge, 2021). Estudos também demonstraram eficácia em níveis clínicos e não clínicos de comportamento disruptivo em crianças, fornecendo apoio para TPC-BIT (Bausback & Bunge, 2021). "Ademais, análises não indicaram diferenças significativas entre apoio humano, estudos deficientes em escolas de educação especial, estudos de minorias raciais ou estudos com níveis clínicos de comportamento externalizante infantil" (Bausback & Bunge, 2021, p. 27). Isso demonstra que o TPC-BIT é eficaz em várias modalidades e populações.

TRANSTORNO DO ESPECTRO AUTISTA

Neste momento, uma em cada 54 crianças está sendo diagnosticada com TEA, com a prevalência aumentando a cada ano (Centers for Disease Control and Prevention [CDC], 2020). A literatura atual tem enfatizado três domínios-chave: 40,5% da pesquisa realizada é focada na comunicação, 37,8%, na aprendizagem e habilidades de imitação social e 21,6% evidencia problemas associados ao transtorno (Aresti-Bartolome e Garcia-Zapirain, 2014).

Atualmente, o TPC presencial é o principal padrão para intervenções para TEA. No entanto, esse método é muito estigmatizado, pois pode haver algumas barreiras por parte dos usuários, como restrições sistêmicas e financeiras, e fatores culturais ou individuais – por exemplo, achar que pode ser considerado um mau pai por realizar esse tipo de treinamento (Bausback & Bunge, 2021). Com o acesso melhorado a intervenções digitais de saúde, as famílias têm a opção de utilizar tecnologias avançadas no conforto de suas casas ou em um ambiente seguro e livre de estigma.

Uma das características do TEA é a depreciação social. Por isso, uma forma de intervenção digital de saúde para famílias de pessoas com o transtorno são as BITs.

O treinamento de habilidades sociais consiste em programas que instruem sobre conversação, relacionamentos e outras habilidades de resolução de problemas (Soares et al. 2020). O THS tem demonstrado diminuir os déficits sociais em crianças com TEA, mas tem sido realizado principalmente por meio de intervenções presenciais (Soares et al., 2020). O THS por meio de BITs ocorre em múltiplas modalidades para os diferentes níveis de funcionalidade no espectro. Ao rever formas alternativas de tratamento por meio do uso de tecnologia para crianças com TEA, pais e praticantes devem saber que o tratamento é individualizado. Abordagens tradicionais, como o THS presencial, podem funcionar para alguns por meio de ambientes de pares estruturados, enquanto as BITs podem melhorar o acesso e eliminar a ansiedade social, ao mesmo tempo que fornecem educação fundamental para melhorar a função social (Soares et al., 2020).

Mais especificamente, pesquisadores do TEA propuseram que a prática de habilidades sociais sem repercussões adversas no mundo real poderia ser mais eficaz do que o THS presencial (Soares et al., 2020). Estudos demonstram que o caráter interativo das BITs oferece situações flexíveis e realistas, permitindo que os indivíduos desenvolvam habilidades sociais em um ambiente seguro, e suporta generalizabilidade (Soares et al., 2020). As metanálises não revelaram diferenças significativas entre ensaios de intervenção com THS face a face e treinamento de habilidades sociais com tecnologias de intervenção comportamental (THS-BITs) para adolescentes com TEA (Soares et al., 2020).

✓ DICAS PARA A UTILIZAÇÃO DE INTERVENÇÕES DIGITAIS

Videogames e aplicativos móveis

Ao utilizar BITs, é importante examinar as evidências por trás dessas intervenções. Um tipo específico de BIT é o uso de *videogames*, incluindo *exergames* e jogos sérios. Ao introduzir uma intervenção digital na prática terapêutica, é importante que os clientes saibam que essas intervenções não são um substituto da terapia, mas podem ser usadas como adjuvante no seu tratamento (p. ex., para realizar tarefas de casa). É importante que os terapeutas explorem a literatura sobre o tipo de intervenções digitais disponíveis e em que circunstâncias elas foram utilizadas. Por exemplo, o SmartCat 2.0 foi eficaz na prática diária de habilidades da TCC relacionadas à ansiedade como um suporte adicional à terapia com elementos de gamificação (Silk et al., 2020). Em geral, o principal ganho é destacar a importância das intervenções com jogos digitais e aplicativos móveis como máquinas de aprendizagem promissoras, por meio da aprendizagem experiencial e do engajamento ativo, capazes de fornecer um meio interativo para oferecer habilidades de tratamento para os jovens (Ferrari et al., 2020; Silk et al., 2020).

> **Teleterapia**
>
> Ao conduzir a teleterapia, há alguns aspectos que devem ser considerados no processo. Para os clínicos, é importante estar em uma sala bem iluminada, garantir que o plano de fundo seja profissional e estar em um ambiente tranquilo. Ao trabalhar com adolescentes, é importante garantir que eles tenham privacidade para falar abertamente com o clínico. Se um cliente estiver em um ambiente onde outros podem ouvi-lo, o terapeuta pode trabalhar com o cliente para encontrar um lugar que forneça mais privacidade (ou seja, sentado dentro do carro da família ou no quintal). O clínico também pode recomendar que o cliente use fones de ouvido para que outros não possam ouvir o que está sendo dito na sessão.

CONSIDERAÇÕES FINAIS

Como mencionado ao longo deste capítulo, há muitos benefícios na utilização de intervenções *on-line*. No entanto, também é importante explorar possíveis limitações. Embora as intervenções *on-line* possam proporcionar flexibilidade, conforto e apoio direto, também podem surgir desvantagens e dúvida (Martinelli, 2020).

Embora a acessibilidade seja uma vantagem das intervenções *on-line*, existem também várias limitações. O uso de intervenções *on-line* requer o acesso a um dispositivo eletrônico, como um telefone ou um computador. Além disso, a maioria dos dispositivos exige que o usuário tenha acesso a uma conexão estável à internet (Soares et al., 2020). Os indivíduos sem acesso a esses recursos estão em desvantagem, pois não têm as ferramentas necessárias para utilizar intervenções digitais. Ademais, o acesso a essas ferramentas nem sempre garante uma experiência perfeita. Uma conexão à internet instável pode levar a uma série de dificuldades técnicas em sessões de terapia *on-line* (p. ex., congelamento de vídeo, perda de chamadas) e por meio de aplicativos (p. ex., dificuldade em carregar o aplicativo).

A construção de *rapport* está no centro da relação terapêutica tradicional. Muitas vezes, pode ser complicado construir *rapport* em um ambiente *on-line*. Algo difícil de capturar digitalmente é a linguagem corporal, que é um aspecto-chave dos modelos tradicionais de terapia, a qual dá ao cliente e ao terapeuta uma sensação de conexão (Martinelli, 2020). No entanto, embora a criação de *rapport* e de confiança possa ser mais difícil com as intervenções *on-line*, há provas de que isso é possível. Um estudo mostrou que os indivíduos que se envolveram com *chatbots on-line* foram capazes de construir relações e humanizar o *bot* com o qual estavam falando (Dosovitsky & Bunge, 2021).

Outra preocupação com as intervenções *on-line* é a falta de privacidade e confidencialidade. Os indivíduos podem ter problemas para ou ser incapazes de encontrar um espaço privado e tranquilo dentro de sua casa para participar das intervenções (Martinelli, 2020). Além disso, crianças e adolescentes podem ter distrações em seu ambiente que podem tornar difícil se concentrar e participar plenamente das intervenções (Martinelli, 2020). Ao analisar a confidencialidade, um estudo descobriu que menos de 5% dos aplicativos voltados para a ansiedade dos jovens abordaram a confidencialidade, e apenas 4% forneceram *software* de proteção de senha ou um aviso de segurança de dados aos usuários (Bry et al., 2018).

Por último, o desenvolvimento de intervenções *on-line* pode ser dispendioso. Para desenvolver BITs, é necessário financiar tanto a infraestrutura (*hardware*) quanto a programação dos aplicativos (*software*) (Soares et al., 2020). Embora o custo se torne secundário pelo uso continuado, ainda é um fator que precisa ser considerado ao se olhar para as limitações das intervenções *on-line* (Soares et al., 2020).

Apesar das restrições numerosos estudos têm mostrado que as intervenções *on-line* podem ser eficazes no tratamento de transtornos de saúde mental, como ansiedade, depressão, transtornos disruptivos e TEA. Com o uso da tecnologia em ascensão e as intervenções digitais aumentando sua popularidade, há um futuro promissor para essa modalidade de tratamento.

REFERÊNCIAS

Anderson, M., & Jiang, J. (2018). *Teens, social media & technology*. Pew Research Center. https://www.pewresearch.org/internet/2018/05/31/teens-social-media-technology-2018/

Aresti-Bartolome, N., & Garcia-Zapirain, B. (2014). Technologies as support tools for persons with autistic spectrum disorder: A systematic review. *International Journal of Environmental Research and Public Health*, 11(8), 7767-7802.

Bausback, K. B., & Bunge, E. L. (2021). Meta-analysis of parent training programs utilizing behavior intervention technologies. *Social Sciences*, 10(10), 367. https://www.mdpi.com/2076-0760/10/10/367/htm.

Bry, L. J., Chou, T., Miguel, E., & Comer, J. S. (2018). Consumer smartphone apps marketed for child and adolescent anxiety: A systematic review and content analysis. *Behavior Therapy*, 49(2), 249-261.

Centers for Disease Control and Prevention (CDC). (2020). *Basics About Autism Spectrum Disorder*. CDC. https://www.cdc.gov/ncbddd/autism/facts.html

Christ, C., Schouten, M. J., Blankers, M., van Schaik, D. J., Beekman, A. T., Wisman, M. A., ... Dekker, J. J. (2020). Internet and computer-based cognitive behavioral therapy for anxiety and depression in adolescents and young adults: Systematic review and meta-analysis. *Journal of Medical Internet Research*, 22(9), e17831.

Christie, G. I., Shepherd, M., Merry, S. N., Hopkins, S., Knightly, S., & Stasiak, K. (2019). Gamifying CBT to deliver emotional health treatment to young people on smartphones. *Internet Interventions*, 18, 100286.

Conaughton, R. J., Donovan, C. L., & March, S. (2017). Efficacy of an internet-based CBT program for children with comorbid High Functioning Autism Spectrum Disorder and anxiety: A randomised controlled trial. *Journal of Affective Disorders*, 218, 260-268.

Dosovitsky, G., & Bunge, E. (2021). Bonding with bot: User feedback on a chatbot for social isolation. *Frontiers in Digital Health, 3*, 1-11.

Ferrari, M., McIlwaine, S. V., Reynolds, J. A., Archie, S., Boydell, K., Lal, S., ... Iyer, S. N. (2020). Digital game interventions for youth mental health services (gaming my way to recovery): Protocol for a scoping review. *JMIR Research Protocols, 9*(6), e13834.

Fleming, T. M., Bavin, L., Stasiak, K., Hermansson-Webb, E., Merry, S. N., Cheek, C., ... Hetrick, S. (2017). Serious games and gamification for mental health: Current status and promising directions. *Frontiers in Psychiatry, 7*, 215.

Higinbotham, M. K., Emmert-Aronson, B., & Bunge, E. L. (2020). A meta-analysis of the effectiveness of behavioral intervention technologies and face-to-face cognitive behavioral therapy for youth with depression. *Journal of Technology in Behavioral Science, 5*(4), 324-335.

Hill, C., Martin, J. L., Thomson, S., Scott-Ram, N., Penfold, H., & Creswell, C. (2017). Navigating the challenges of digital health innovation: Considerations and solutions in developing online and smartphone-application-based interventions for mental health disorders. *British Journal of Psychiatry, 211*(2), 65-69.

Jones, M. K. (2017). A meta-analysis of the effectiveness of behavioral intervention technologies and face-to-face cognitive behavioral therapy for youth with depression [doctoral thesis]. Palo Alto University.

Jones, M. K., Dickter, B., Beard, C., Perales, R., & Bunge, E. L. (2016). Meta-analysis on cognitive behavioral treatment and behavioral intervention technologies for anxious youth: More than a BIT effective. *Contemporary Behavioral Health Care, 2*(1), 1-9.

Kollins, S. H., DeLoss, D. J., Cañadas, E., Lutz, J., Findling, R. L., Keefe, R. S. E., ... Faraone, S. V. (2020). A novel digital intervention for actively reducing severity of paediatric ADHD (STARS-ADHD): A randomised controlled trial. *The Lancet Digital Health, 2*(4), e168-e178.

March, S., Spence, S. H., & Donovan, C. L. (2009). The efficacy of an internet-based cognitive-behavioral therapy intervention for child anxiety disorders. *Journal of Pediatric Psychology, 34*(5), 474-487.

Martinelli, K., Cohen, Y., Kimball, H., & Sheldon-Dean, H. (2020). 2020 Children's mental health report: Telehealth in an increasingly virtual world. Child Mind Institute. https://childmind.org/our-impact/childrens-mental-health-report/2020-childrens-mental-health-report.

Merry, S. N., Stasiak, K., Shepherd, M., Frampton, C., Fleming, T., & Lucassen, M. F. G. (2012). The effectiveness of SPARX, a computerised self help intervention for adolescents seeking help for depression: Randomised controlled non-inferiority trial. *BMJ, 344*, e2598-e2598.

Pandian, G. S. B., Jain, A., Raza, Q., & Sahu, K. K. (2021). Digital health interventions (DHI) for the treatment of attention deficit hyperactivity disorder (ADHD) in children—A comparative review of literature among various treatment and DHI. *Psychiatry Research, 297*, 113742.

Pine, R., Sutcliffe, K., McCallum, S., & Fleming, T. (2020). Young adolescents' interest in a mental health casual video game. *Digital Health, 6*, 2055207620949391.

Saddichha, S., Al-Desouki, M., Lamia, A., Linden, I. A., & Krausz, M. (2014). Online interventions for depression and anxiety: A systematic review. *Health Psychology and Behavioral Medicine, 2*(1), 841-881.

Schoneveld, E. A., Malmberg, M., Lichtwarck-Aschoff, A., Verheijen, G. P., Engels, R. C. M. E., & Granic, I. (2016). A neurofeedback video game (MindLight) to prevent anxiety in children: A randomized controlled trial. *Computers in Human Behavior, 63*, 321-333.

Silk, J. S., Pramana, G., Sequeira, S. L., Lindhiem, O., Kendall, P. C., Rosen, D., & Parmanto, B. (2020). Using a smartphone app and clinician portal to enhance brief cognitive behavioral therapy for childhood anxiety disorders. *Behavior Therapy, 51*(1), 69-84.

Soares, E. E., Bausback, K., Beard, C. L., Higinbotham, M., Bunge, E. L., & Gengoux, G. W. (2020). Social skills training for autism spectrum disorder: A meta-analysis of in-person and technological interventions. *Journal of Technology in Behavioral Science*, 1-15.

Spence, S. H., Donovan, C. L., March, S., Gamble, A., Anderson, R. E., Prosser, S., & Kenardy, J. (2011). A randomized controlled trial of online versus clinic-based CBT for adolescent anxiety. *Journal of Consulting and Clinical Psychology, 79*(5), 629-642.

Spence, S. H., Holmes, J. M., March, S., & Lipp, O. V. (2006). The feasibility and outcome of clinic plus internet delivery of cognitive-behavior therapy for childhood anxiety. *Journal of Consulting and Clinical Psychology, 74*(3), 614-221.

Stephens, T. N., Tran, M. M., Bunge, E. L., Liu, N. H., Barakat, S., Garza, M., & Leykin, Y. (2020). Children and adolescents attempting to participate in a worldwide online depression screener. *Psychiatry Research, 291*, 113250.

Twomey, C., & O'Reilly, G. (2017). Effectiveness of a freely available computerised cognitive behavioural therapy programme (MoodGYM) for depression: Meta-analysis. *Australian & New Zealand Journal of Psychiatry, 51*(3), 260-269.

Weisz, J. R., Kuppens, S., Ng, M. Y., Eckshtain, D., Ugueto, A. M., Vaughn-Coaxum, R., ... & Fordwood, S. R. (2017). What five decades of research tells us about the effects of youth psychological therapy: a multilevel meta-analysis and implications for science and practice. *American Psychologist, 72*(2), 79.

Whiteside, S. P. H. (2016). Mobile device-based applications for childhood anxiety disorders. *Journal of Child and Adolescent Psychopharmacology, 26*(3), 246-251.

Zayeni, D., Raynaud, J.-P., & Revet, A. (2020). Therapeutic and Preventive use of video games in child and adolescent psychiatry: A systematic review. *Frontiers in Psychiatry, 11,* 36.

Leituras recomendadas

Dickter, B., Bunge, E. L., Brown, L. M., Leykin, Y., Soares, E. E., Van Voorhees, B., ... Gladstone, T. R. G. (2019). Impact of an online depression prevention intervention on suicide risk factors for adolescents and young adults. *MHealth*, 5, 11.

Gupte-Singh, K., Singh, R. R., & Lawson, K. A. (2017). Economic burden of attention-deficit/hyperactivity disorder among pediatric patients in the United States. *Value in Health, 20*(4), 602-609.

Mohr, D. C., Burns, M. N., Schueller, S. M., Clarke, G., & Klinkman, M. (2013). Behavioral intervention technologies: Evidence review and recommendations for future research in mental health. *General Hospital Psychiatry, 35*(4), 332-338.

National Institute of Mental Health (NIH). (2017). *Any anxiety disorder.* https://www.nimh.nih.gov/health/statistics/any-anxiety-disorder#part_155096

Stoll, R. D., Pina, A. A., Gary, K., & Amresh, A. (2017). Usability of a smartphone application to support the prevention and early intervention of anxiety in youth. *Cognitive and Behavioral Practice, 24*(4), 393-404.

7
Intervenções *on-line* com pais

Carmem Beatriz Neufeld
Myrian Silveira
Isabela Pizzarro Rebessi
Maria Isabel S. Pinheiro
Vitor Geraldi Haase

As formas mais tradicionais das intervenções parentais surgiram na década de 1960 e se baseavam, principalmente, na análise do comportamento, seguindo a lógica de treinamento de habilidades. O objetivo dessas intervenções era sobretudo ensinar os cuidadores a usarem técnicas de manejo de comportamento para reduzir problemas comportamentais, como hiperatividade e oposição (Barkley, 2013).

A aplicação das abordagens cognitivo-comportamentais nas intervenções de orientação parental é um movimento mais recente dentro da literatura sobre treinamento de pais. No entanto, estudos já mostram a eficácia da terapia cognitivo-comportamental (TCC) para mudança de comportamentos e práticas parentais. Em uma revisão sistemática da literatura internacional sobre intervenções parentais, Santini e Williams (2016) mostraram que em quase todos os programas foram utilizados os pressupostos e estratégias da TCC, principalmente a prática de averiguação das evidências para distorções cognitivas parentais.

Adicionalmente, a situação de isolamento social e o ensino remoto emergencial de crianças e adolescentes durante a pandemia de covid-19 acabaram gerando vários desafios no cotidiano das famílias em todo o mundo (Salari et al., 2020). Além dos impactos listados, muitas famílias tiveram sua rede de apoio, bem como o acesso aos sistemas de saúde e assistência social reduzidos (Cluver et al., 2020; Greco et al., 2021). Pesquisas já demonstram piora na saúde mental dos cuidadores, com aumento significativo nos níveis de estresse, depressão e ansiedade (Adams et al., 2021; Calvano et al., 2021; Russel et al., 2020). Esses resultados podem ser explicados pela percepção dos cuidadores sobre o aumento das demandas nos cuidados com seus filhos, devido à intensificação do acompanhamento nas questões escolares, aumento das obrigações domésticas e trabalho remoto (Grossi et al., 2020; Novianti & Garzia, 2020). Além disso, também houve um aumento de comportamentos disfuncionais e opositivos, juntamente com problemas emocionais no público infantojuvenil (Marques de Miranda et al., 2020; Spinelli et al., 2020).

Assim, a adaptação dos programas de assistência à saúde e de orientação de pais para o ambiente *on-line*, além da criação de novos protocolos de intervenção voltados para a modalidade virtual, se tornou bastante requisitada durante a pandemia (Lebow, 2020), e acredita-se que tais mudanças vieram para ficar e podem ser oportunidades para ampliar o trabalho da psicologia junto à população. Da mesma forma, estudiosos da área aumentaram os esforços para averiguar evidências sobre as intervenções de orientação parental na modalidade *on-line* (DuPaul et al., 2018). Em uma revisão da literatura publicada na pandemia (Fogler et al., 2020), pesquisadores afirmam que, em períodos excepcionais, com aumento de fatores de risco para a saúde mental e as limitações de acesso apropriado ao sistema de saúde, é possível oferecer atendimentos virtuais de orientação e treinamento de pais eficazes e validados.

Apesar de a procura por atendimentos *on-line* ter aumentado durante a pandemia, o histórico de evidências de eficácia de programas realizados *on-line* é mais antigo na literatura. Uma revisão mostrou um crescente interesse dos pais em buscar informações, suporte social e atendimento via internet (Plantin & Daneback, 2009). Os autores explicam esse aumento pelo fato de os pais estarem percebendo menos apoio da comunidade e/ou familiares, uma vez que as atividades diárias contemporâneas estão cada vez mais exigentes. Além disso, a revisão mostra uma escassez na literatura sobre programas de treinamento e orientação parental sendo realizados via internet (Plantin & Daneback, 2009).

Ao longo dos anos, a prática de teleatendimento foi se popularizando, iniciando-se pelos atendimentos por telefone, seguidos pelos atendimentos mediados pela internet (Nelson et al., 2011). No mesmo caminho, diversos programas de intervenção foram sendo adaptados e outros novos foram sendo desenvolvidos para o contexto virtual. Wade et al. (2020) relatam 20 anos de resultados de adaptações de programas de treinamento de pais para a modalidade virtual. Os estudos mencionados apresentaram resultados de eficácia de diferentes tipos de intervenções voltadas para cuidadores de crianças. Em geral, os resultados das intervenções adaptadas ao ambiente virtual demonstraram eficácia maior ou igual às presenciais (Wade et al., 2020).

Xie et al. (2015) avaliaram os efeitos de eficácia de um programa de treinamento de pais de crianças chinesas entre 6 e 14 anos com diagnóstico de transtorno de déficit de atenção/hiperatividade (TDAH). O programa foi realizado em 10 sessões, por meio de videoconferência em tempo real com um terapeuta. Os resultados mostraram que o grupo de pais com nove integrantes que participaram da intervenção *on-line* apresentaram resultados mais positivos na redução de sintomas de hiperatividade nas crianças em comparação ao grupo de 13 integrantes que participou da mesma intervenção na modalidade presencial. Outro exemplo é um programa *on-line* sueco de treinamento de pais em grupo, realizado em sete sessões de videochamadas, baseado na TCC e na teoria da aprendizagem social. A intervenção demonstrou eficácia na redução de problemas comportamentais em crianças de 3 a 12 anos e de práticas parentais negativas e inconsistentes (Enebrink et al., 2012).

Irvine et al. (2015) também avaliaram uma intervenção assíncrona de orientação de pais de adolescentes norte-americanos em situação de risco. Os conteúdos das sessões foram disponibilizados em centros comunitários tecnológicos e 307 participantes utilizaram o conteúdo interativo fundamentado na análise do comportamento. Os cuidadores que participaram da intervenção aumentaram as práticas parentais positivas e melhoraram sua autoeficácia. Adicionalmente, foi observada melhora no comportamento dos adolescentes após a intervenção.

Em relação às intervenções *on-line*, cabe lembrar que, além dos diferentes tipos de programas, extensões e bases teóricas, no ambiente virtual, três modalidades podem acontecer: a síncrona, a assíncrona ou a híbrida (Andersson et al., 2017). Programas síncronos são aqueles que ocorrem via aplicativos de videoconferência com o terapeuta, podendo ser realizados em grupos ou de forma individual. Os programas assíncronos, por sua vez, ocorrem via aplicativos, *sites* ou programas, geralmente sem a interação em tempo real, podendo ser autoguiados ou não, significando que os participantes acessam os conteúdos da intervenção por meio de uma plataforma.

Frequentemente, os programas assíncronos têm contatos eventuais com um cuidador em saúde, responsável pelo esclarecimento de dúvidas e averiguação do progresso. Nesse sentido, as intervenções mistas ou híbridas ocorrem quando propostas síncronas e assíncronas são disponibilizadas em um mesmo programa. Não existe ainda um consenso na literatura sobre quais dessas modalidades apresentam melhores resultados. Cada uma delas apresenta vantagens e desvantagens, dependendo da população e dos objetivos em que são aplicadas (Castelnuovo et al., 2003).

Por exemplo, os resultados de uma revisão bibliográfica mostraram que os pais tinham maior preferência por programas assíncronos porque dessa forma eles teriam mais liberdade para focar em um determinado conteúdo de interesse, além de essa modalidade reduzir os efeitos de estigmatização e julgamento pelo grupo ou pelo terapeuta de um atendimento ao vivo (Gordon & Stanar, 2003; Irvine et al. 2015). No entanto, outros pesquisadores defendem que os participantes são mais ativos nas atividades síncronas e por isso podem aprender mais e se engajar mais no processo (Means et al., 2009).

Em metanálise conduzida por Bausback e Bunge (2021) com o objetivo de comparar estudos e verificar a eficácia geral das intervenções tecnológicas para orientação de pais, foram selecionados 24 estudos, relatando programas que contavam ou não com apoio humano para sua execução. Os resultados apontaram que, no geral, as intervenções baseadas em tecnologias foram eficazes na redução dos comportamentos externalizantes de crianças e adolescentes. Não foram apontadas diferenças estatisticamente significativas entre os programas utilizando apenas a tecnologia digital e aqueles que contaram com apoio humano. Tais achados permitem apontar evidências preliminares da efetividade de intervenções baseadas na tecnologia para orientação de pais no que tange ao tratamento de sintomas externalizantes em crianças e adolescentes.

Law et al. (2017) buscaram avaliar os resultados com a passagem do tempo, investigando as relações longitudinais entre o funcionamento de crianças com dor crônica e seus pais. O estudo avaliou 138 famílias de crianças entre 11 e 17 anos com dor crônica que receberam uma terapia familiar *on-line* baseada em TCC como parte de um ensaio clínico randomizado. Medidas de dor das crianças, práticas parentais de proteção e estresse parental foram obtidas em pré e pós-teste e em dois *follow--ups* de 6 e 12 meses. Os resultados indicaram que houve diminuição do estresse parental e aumento de comportamentos protetivos. Além disso, o estresse parental foi preditor de menor melhora das dores crônicas nas crianças ao longo do tratamento. A intervenção *on-line* foi efetiva e notou-se a necessidade de mais estudos buscando intervenções focadas na família para intensificar os resultados de melhora nos tratamentos para dor crônica infantil. Buscando verificar a possibilidade de adaptação para a modalidade *on-line* de um programa de orientação a famílias de crianças com TDAH, Fogler et al. (2020) apontaram que é possível adequar programas como esse, com relatos de satisfação alta das sete famílias participantes do estudo. As dificuldades relatadas pelos pais estavam na vinculação e no compartilhamento de tela, o que não impediu a satisfação e aceitação pelos participantes.

A literatura aponta que, embora existam evidências consistentes sobre a efetividade da psicoterapia na modalidade *on-line* com famílias, é possível que os terapeutas de família ainda não se sintam suficientemente preparados para a prática *on-line*, uma vez que esta inclui particularidades específicas (Pickens et al., 2020; Silva et al., 2020). Podem aparecer dúvidas técnicas e éticas com relação a privacidade, confidencialidade e condução das técnicas *on-line* (Silva et al., 2020).

As contraindicações para psicoterapia de famílias na modalidade *on-line* são semelhantes às do atendimento presencial, como abuso de substâncias, alto risco de suicídio ou de violência. Com relação ao funcionamento da sessão, é importante prestar atenção a algumas recomendações necessárias no atendimento familiar. Os clientes podem estar em ambientes separados, com uma ou mais telas, ou podem utilizar uma mesma tela compartilhada. No caso dessa última opção, é importante que os familiares estejam sentados de forma a permitir uma comunicação fluida e a acomodação de todos na tela. Além disso, por conta das limitações causadas pela tela no que tange à comunicação não verbal, é indicado ao terapeuta que faça questões direcionadas a cada um dos membros, favorecendo a participação de todos na sessão (Silva et al., 2020).

Como nas outras formas de atendimento *on-line*, é necessário considerar alguns fatores, como segurança e privacidade da plataforma a ser utilizada para os atendimentos e estabilidade da internet, tanto pelo terapeuta quanto pelos clientes. Faz-se necessário estar em um ambiente reservado e tranquilo, de preferência com o uso de fones de ouvido, procurando manter ao máximo a privacidade e o sigilo dos atendidos (Silva et al., 2020).

RELATOS DE EXPERIÊNCIAS DE INTERVENÇÕES *ON-LINE* COM PAIS

No Brasil, Neufeld et al. (2018) desenvolveram um programa de orientação parental voltado para pais de crianças e adolescentes em atendimento psicoterápico individual chamado PROPAIS I. Esse programa de 11 sessões integra estratégias comportamentais, cognitivas e de regulação emocional. Tem como foco as habilidades dos cuidadores no manejo de "comportamentos-problema" dos filhos, mas também objetiva promover a flexibilização de pensamentos e a regulação das emoções dos pais. Os resultados do programa demonstraram impactos na redução de estilos parentais punitivos e uma alta satisfação dos pais com a intervenção e com as aprendizagens adquiridas ao longo do processo. O programa foi desenvolvido e testado para intervenção presencial, porém, com o advento da pandemia de covid-19, foi adaptado para sua aplicação *on-line* síncrona.

O PROPAIS I também serviu de base para o desenvolvimento de um programa presencial de orientação de pais que visa à promoção da saúde, o PROPAIS II (Cassiano-Russo et al., 2021). Esse programa de seis sessões também poderá ser adaptado para o atendimento *on-line* com base em algumas das experiências relatadas neste capítulo.

Ainda nesse sentido, no início da pandemia de covid-19, foi criado o WebPais (Silveira et al., 2021), com o objetivo de ajudar os pais na supervisão das atividades escolares em casa, e conta com seis sessões. O modelo abarca psicoeducação, treinamento de habilidades e propostas de práticas a serem realizadas em casa.

Assim, neste capítulo será relatada a experiência do PROPAIS no contexto digital e do WebPais, já desenvolvido para intervenções *on-line*. Os relatos a seguir apresentarão duas experiências de orientação parental em grupo, porém cabe ressaltar que ambos os programas podem ser adaptados para intervenções individuais com os cuidadores, desde que levadas em consideração as especificidades dos casos. Ao final do capítulo o leitor encontrará uma seção com dicas de adaptação e experiências clínicas de atendimento individual para orientação de pais.

PROPAIS I

O PROPAIS I, em sua versão presencial, começou a ser oferecido em 2009 pelo Laboratório de Pesquisa e Intervenção Cognitivo-comportamental (LaPICC-USP) no Centro de Pesquisa e Psicologia Aplicada do Departamento de Psicologia da Faculdade de Filosofia, Ciências e Letras de Ribeirão Preto (CPA da FFCLRP-USP). Em um estudo-piloto, participaram pais cujos filhos se encontravam em lista de espera para atendimento psicológico no serviço-escola do CPA. Esse programa era realizado em 11 sessões.* Após a experiência-piloto, o programa passou por adaptações, que se encontram descritas em Neufeld (2014). Os resultados preliminares de sua aplicação presencial podem ser encontrados em Neufeld et al. (2018).

Ainda em sua versão presencial, na modalidade grupal, tomando por base os preceitos da terapia cognitivo-comportamental em grupo (TCCG), o PROPAIS I fornece orientações para pais ou cuidadores, bem como ensina estratégias de resolução de problemas, promove interações positivas e comunicação efetiva entre pais e filhos, entre outras habilidades. O programa inclui 11 sessões de duração média de 50 a 60 minutos, com uma temática específica a ser trabalhada por encontro. O grupo é conduzido por estudantes de psicologia, atuando como terapeutas, coterapeutas e observadores, submetidos a supervisões semanais. Os pais que participam têm seus filhos em atendimento individual infantil com outros terapeutas em formação no próprio LaPICC-USP, sendo esse o único critério de inclusão (Neufeld, 2014). Durante todo o tempo de aplicação do PROPAIS I, ele foi realizado de maneira presencial.

Em 2020, com o advento da pandemia, surgiu a proposta de ofertar o programa a distância, com a mesma duração e o mesmo número de sessões, adaptando-se suas atividades e seu processo para a modalidade *on-line*.

Antes do início do grupo, ao ser realizado o contato com os participantes, são passadas as instruções sobre o atendimento *on-line*. Os terapeutas falam sobre a importância de estar em um ambiente seguro e confortável, preferencialmente com o uso de fones de ouvido, para assegurar o sigilo da sessão. Também é mencionado o envio do *link* da plataforma na qual o grupo será realizado e são sanadas eventuais dúvidas. O restante do contrato terapêutico é realizado na primeira sessão. No Capítulo 10, são apresentados mais detalhes sobre as especificidades de grupos *on-line*.

A seguir, serão descritas as atividades de cada sessão adaptadas para a modalidade *on-line*.

Sessão 1. Vínculo e contrato terapêutico

A primeira sessão tem o objetivo de apresentar os participantes e dar ênfase à coesão grupal. Os terapeutas começam se apresentando e realizando o contrato terapêutico.

---

* Para saber mais sobre esta versão do programa, consulte Neufeld e Maehara (2011).

Nele, são discutidos os horários dos encontros e a importância de manter câmeras e microfones ligados. É combinado com os participantes o tempo de tolerância para a entrada no grupo, geralmente cerca de 10 minutos após o início da sessão. É combinado que, caso a internet caia durante a sessão, o paciente apenas volte a se conectar, usando o mesmo *link*.

O terapeuta continua a sessão convidando os participantes para uma rodada de apresentações e pede aos pais para falarem nome, idade, qual a demanda da criança ou adolescente e quais as expectativas sobre o grupo. Aqui, é importante que o terapeuta já fomente a coesão grupal, permitindo que os participantes compartilhem experiências entre si. Para essa primeira parte de apresentações iniciais, é possível reservar de 20 a 30 minutos da sessão. Após a apresentação dos pais, a fim de proporcionar maior coesão grupal, é realizada uma dinâmica de interação, a qual consiste em duas rodadas de perguntas e/ou sentenças, das quais os terapeutas também participam. As perguntas da primeira rodada são referentes aos filhos que estão em atendimento (se os terapeutas não tiverem filhos, eles respondem sobre eles mesmos), a fim de refletir sobre o quanto os pais os conhecem, por exemplo: "O que deixa seu filho triste?", "O que ele mais gosta de fazer?", "Qual sua brincadeira favorita?", "Quando ele está com raiva, ele...", "Quando foi a última vez que ele chorou?", "O que o faz feliz?", "Quem é seu melhor amigo?". A segunda rodada consiste em perguntas e/ou sentenças incompletas referentes à infância dos pais, a fim de proporcionar uma reflexão sobre a fase que passaram comparada à que os filhos estão passando, por exemplo: "Qual era seu lugar preferido na infância?", "O que deixava você com raiva?", "Quando minha mãe brigava comigo, eu...", "O que você mais gostava de fazer?", "Qual era sua comida preferida?", "Eu ficava alegre quando...". Durante toda a dinâmica, a cada pergunta respondida, o terapeuta pode perguntar se os outros pais têm respostas semelhantes ou diferentes sobre sua infância e a dos filhos, a fim de fomentar, mais uma vez, a coesão grupal.

Sessão 2. Como estabelecer regras e limites

A segunda sessão tem o objetivo de abordar a importância das regras, a forma de estabelecê-las e as noções para uma comunicação eficaz entre pais e filhos. O terapeuta inicia a sessão questionando os pais sobre como foi a semana. Nessa primeira parte, com frequência os pais costumam relatar as dificuldades que passaram com os filhos durante a semana. Vale ressaltar a importância de o terapeuta manejar o tempo da agenda da sessão. Essa primeira parte pode durar em média 10 minutos, dependendo das queixas trazidas pelos participantes. Para abordar o tema da sessão, sugere-se a apresentação de um disparador antes da discussão do tema no grupo. Alguns disparadores sugeridos para abordar a temática de regras e limites utilizados no PROPAIS são trechos de filmes, fotos ou reportagens que proporcionam uma reflexão sobre a necessidade do estabelecimento de regras. Trechos de filmes como *Meu malvado favorito* e *Os incríveis* são sugestões para esses disparadores. Fotos que demonstram bagunça, desorganização e dificuldade dos pais para lidar com os filhos também são boas opções. Assim, o terapeuta apresenta o disparador e inicia a discussão com o grupo sobre o que eles compreenderam. É fundamental o uso desses recursos interativos nas sessões *on-line* para que o terapeuta possa discutir posteriormente as dicas práticas e a importância do estabelecimento de regras.

Sessão 3. Noções de desenvolvimento infantil

A sessão 3 tem o objetivo de apresentar aos pais os principais marcos para cada faixa etária, ou seja, os principais aspectos comportamentais e cognitivos esperados para cada fase do desenvolvimento. Para introduzir esse tema, o terapeuta apresenta algumas fotos de crianças e adolescentes em diferentes idades em uma apresentação de *slides*. A atividade consiste em passar foto por foto, e em cada uma questionar os pais sobre qual idade acreditam que a criança tem, que características os levaram a pensar nessa idade (p. ex., cabelo, roupa, tamanho da cabeça e do corpo, elementos na foto, como brinquedos, entre outros) e o que os pais esperariam que uma criança da idade atribuída já conseguiria fazer e o que ela não conseguiria fazer devido ao seu nível de desenvolvimento. Essa discussão deve ocupar cerca de 15 minutos da sessão e, após essa parte, o terapeuta apresenta a idade da criança/adolescente na imagem, e passa para a próxima imagem, com o mesmo processo. São discutidas as etapas do desenvolvimento e o que é esperado em cada uma delas, fazendo a ligação com o assunto da sessão anterior sobre regras. É muito importante que o uso dos recursos interativos durante as sessões *on-line* não gere a impressão de se tratar de uma aula ou palestra. Por isso, deve-se apresentar os disparadores e já iniciar a discussão do tema da sessão, incentivando os pais a interagirem com suas câmeras e microfones ligados.

Sessão 4. Psicoeducação sobre as leis do comportamento e as consequências do comportamento adequado (reforço)

O objetivo da quarta sessão é psicoeducar os pais sobre as leis do comportamento (modelo ABC) e abordar as consequências do comportamento adequado (reforço). Antes de apresentar as formas de consequenciar os comportamentos adequados dos filhos, o terapeuta apresenta em um *slide* o modelo ABC. Vale ressaltar que essa é uma apresentação breve, de apenas um *slide* ilustrativo, a fim de que os participantes visualizem o modelo. Assim, explica-se que todo evento, contexto ou estímulo (A) tem uma resposta comportamental (B), e essa resposta gera uma consequência (C), que pode aumentar ou diminuir a probabilidade de a resposta comportamental acontecer novamente. Ou seja, os comportamentos são influenciados pelas consequências que geram.

    O terapeuta exemplifica esses conceitos com relatos trazidos pelos participantes: "O filho não consegue dormir sozinho (A), chora e vai para a cama dos pais (B), os pais deixam o filho dormir com eles (C)". Isto é, se os pais deixarem o filho dormir com eles, aumenta a probabilidade de o comportamento do filho ocorrer novamente. Dessa forma, o terapeuta introduz dois tipos de consequências que serão abordadas: reforço e punição, sendo o reforço o tema específico da quarta sessão. Explica que todo comportamento desejado ou adequado dos filhos deve ser reforçado para aumentar sua frequência.

Sessão 5. Consequências do comportamento inadequado (punição)

A quinta sessão tem o objetivo de abordar as consequências dos comportamentos inadequados, a punição, e proporcionar uma reflexão sobre o impacto do seu uso no desenvolvimento da criança e na relação entre pais e filhos. Para introduzir esse tema, o terapeuta enfatiza que a temática da punição é bastante polêmica, relata alguns dados encontrados em pesquisas científicas a respeito das correlações das práticas parentais punitivas com o desenvolvimento dos comportamentos agressivos nos filhos e transtornos psicológicos na vida adulta. Vale ressaltar que a punição cessa o comportamento no momento que é aplicada, porém ele tende a se repetir posteriormente. Depois, abre-se para uma discussão sobre a punição física. É importante que o terapeuta enfatize os sentimentos envolvidos durante a punição, tanto para o pai como para o filho, e estimule os pais a fazer a seguinte reflexão: "O que você quer ensinar para seu filho?". Também são discutidos os pensamentos envolvidos e as emoções que a punição física suscita nos pais, tanto hoje no papel de pais quanto quando eles eram as vítimas desse tipo de prática educativa por parte de seus pais (não raro os pais relatam que, na sua época, apanhavam muito e que isso foi fundamental para a educação que eles têm hoje). Levando-se em consideração o impacto e os danos psicológicos causados por essa prática, o terapeuta deve frisar as vantagens das práticas parentais alternativas a fim de reduzir os comportamentos inadequados. Após essa discussão, são explicadas as técnicas de extinção, *time-out* e remoção de recompensas e privilégios com uso temporário. Como essa é uma sessão de bastante discussão entre os pais, é importante que o terapeuta incentive a coesão grupal e, caso seja necessário, utilize algum vídeo para ilustrar, como "Children see, children do",* disponível no YouTube.

Sessão 6. Relacionamento afetivo e envolvimento

A sexta sessão tem por objetivo refletir sobre a qualidade da relação com os filhos, suscitando a discussão sobre "amor incondicional", relacionamento afetivo e envol-

---

* NAPCAN (2013). *Children See Children Do* [Vídeo]. YouTube.
  https://www.youtube.com/watch?v=jOrGsB4qG_w

vimento. O terapeuta inicia a sessão perguntando como os pais passaram a semana e o grupo discute sobre as dificuldades encontradas com a aplicação das consequências que foram abordadas nas últimas sessões. Após, o terapeuta discorre sobre o objetivo da sessão atual e inicia uma dinâmica apresentando frases para os pais responderem como se fossem seus filhos. Algumas sugestões são: "O que mais gosto no jantar é...", "O que me irrita muito é...", "Acho minha mãe chata quando...", "Eu mudaria em mim...", "Gosto dos meus pais quando...", "Meu melhor amigo é...", "Meu lugar favorito para ir é...". É importante que essas perguntas também envolvam o cotidiano. Por exemplo, no caso da experiência aqui relatada, durante a pandemia, foi questionado se, na sua opinião, o tempo em casa colaborou ou dificultou o conhecimento e a interação com os filhos.

Com essa dinâmica, os pais podem perceber e refletir sobre o interesse e conhecimento que têm em relação aos filhos e quanta atenção dão a eles. O terapeuta reforça que dar atenção aos filhos está atrelado ao interesse genuíno dos pais e relembra a importância de dedicar tempo de qualidade a eles. Em seguida, pergunta aos pais o que eles acham que é o "amor incondicional". Após os pais discutirem sobre suas percepções, o terapeuta apresenta a noção de "amor incondicional" e a importância de deixar claro para os filhos que eles os amam por meio de envolvimento, afeto, cuidado e proteção. É importante destacar que, independentemente de como os filhos se comportam, as consequências são referentes ao comportamento, e não a eles como pessoas, pois os pais os amam apenas por existirem e serem seus filhos.

Sessão 7. Psicoeducação sobre o modelo cognitivo: como lidar com pensamentos, emoções e comportamentos ao educar

Esta sessão tem por objetivo introduzir os conceitos do modelo cognitivo e exemplificar a relação dos pensamentos, emoções e comportamentos na educação. Podem ser usados vários disparadores que levantem as percepções dos pais e suas emoções, como vídeos, por exemplo.*

---

* Alguns exemplos de vídeos de acesso livre usados nos nossos grupos estão disponíveis nos seguintes links:
   Andrade, F. (2016). *Menino que ganha um cachorro sem pata* [Vídeo]. YouTube. https://www.youtube.com/watch?v=UhFofFrY95g
   Costa, D. (2012). *Menina corta o cabelo para dar ao irmão que tem câncer* [Vídeo]. YouTube. https://www.youtube.com/watch?v=oo56kDmSv9s
   Pereira, A. (2009). *O melhor comercial Dia das Mães* [Vídeo]. YouTube. https://www.youtube.com/watch?v=9d7BsMdBWKs

Os vídeos sugeridos têm um desfecho surpreendente, provocando uma impressão no início e outra totalmente diferente no final. O terapeuta apresenta a primeira parte do vídeo e faz uma pausa para questionar os pais sobre suas percepções e sentimentos em relação ao que é apresentado. Nesse momento, discutem-se os pensamentos e emoções a respeito do conteúdo. Depois, o terapeuta exibe a segunda parte e são discutidas as mudanças nos pensamentos e emoções. Dessa forma, é possível debater a relação entre pensamentos, emoções e comportamentos, relacionando o vídeo com as situações apresentadas nas sessões anteriores.

O terapeuta exemplifica o impacto da relação do modelo cognitivo no relacionamento com os filhos, por exemplo: "um pai chega em casa cansado e preocupado com uma possível demissão no trabalho. Está triste e com raiva. Nesse momento, se os filhos o chamarem para brincar, ele pode recusar, devido às emoções que está sentindo". Depois, pergunta aos pais se viveram alguma situação semelhante e discutem e refletem sobre como esse tipo de funcionamento impacta a relação entre pais e filhos.

Sessão 8. Distorções cognitivas e sua influência na educação dos filhos: foco nas distorções do cotidiano

A oitava sessão tem como objetivo discutir as principais categorias de distorções cognitivas e auxiliar os pais a identificá-las no cotidiano, com foco na relação entre pais e filhos. A sessão é iniciada retomando o modelo cognitivo, discutido na sessão anterior, para que os conceitos possam ser relembrados.

Após a discussão inicial, o terapeuta compartilha com cada pai, via *e-mail*, aplicativo de mensagem ou plataforma de preferência dos participantes, uma lista das distorções cognitivas, que pode ser encontrada no livro *Terapia cognitivo-comportamental: teoria e prática* (Beck, 2013), que apresenta 15 categorias e suas definições: pensamento do tipo tudo ou nada (pensamento dicotômico); catastrofização; desqualificação ou desconsideração do positivo; raciocínio emocional; rotulação; magnificação/minimização; filtro mental; leitura mental; supergeneralização; personalização; afirmações com "deveria" e "tenho que"; visão em túnel; pensamento improdutivo; vitimização; e falácia de justiça.

As distorções são lidas por meio da tela compartilhada e exemplificadas uma a uma. Os exemplos são de situações cotidianas, como trabalho ou relacionamentos, para que os pais identifiquem de maneira mais fácil suas principais distorções. Depois disso, o terapeuta pede para que os pais deem exemplos de como podem estar distorcendo alguns pensamentos na relação com os filhos, e isso é discutido ao longo da sessão, com o profissional trazendo algumas possibilidades de flexibilização cognitiva.

Sessão 9. Modelo de resolução de problemas e conceitos cognitivos aprendidos no grupo

A sessão é iniciada com a retomada da discussão sobre as distorções cognitivas da semana anterior. É pedido aos pais que relatem quais distorções se lembram de ter observado durante a semana. Depois dessa atividade inicial, os participantes são encorajados a relatar problemas que gostariam de discutir por meio do modelo de resolução de problemas, que é apresentado nesta sessão. O modelo de resolução de problemas começa com a identificação do problema em si. Muitas vezes, os pais apresentam problemas muito amplos, como "meu filho não ajuda em casa" ou "meu filho não é obediente". É nessa primeira etapa que eles são auxiliados a delimitar melhor o problema, assegurando-se de que ele seja pontual e específico. O terapeuta deve fazer perguntas, de modo a refinar e delimitar o problema. Por exemplo, em vez de dizer "meu filho não ajuda em casa", o melhor é dizer "meu filho não cumpre a regra de lavar a louça", deixando o problema mais específico e claro. É nessa fase que os terapeutas procuram discutir com os pais o porquê de isso ser um problema, e se não há alguma distorção cognitiva envolvida. Todo o processo é feito em grupo e os exemplos podem ser compartilhados na tela para que fiquem mais visuais para os outros membros acompanharem. Depois desse primeiro passo de identificação e questionamento de por que aquilo é um problema, é feito um *brainstorming* com possíveis soluções. Nesse momento, todos os participantes do grupo são convidados a opinar e sugerir possíveis soluções, cabíveis ou não. Quando o levantamento de vantagens e desvantagens é finalizado, o grupo opina sobre qual seria a opção mais viável e menos onerosa. Dessa forma, o pai que apresentou o problema é desafiado a testar a solução aprovada durante a semana e levar o resultado para o grupo no próximo encontro.

Sessão 10. Manejo de emoções em situações difíceis: técnicas de relaxamento

A décima e penúltima sessão tem como foco auxiliar os pais no manejo de emoções desagradáveis, como raiva e tristeza, em meio a situações difíceis, como em momentos de birra, desatenção ou brigas. Além disso, são ensinadas técnicas de relaxamento muscular progressivo, respiração diafragmática e relaxamento mental.

O terapeuta pode compartilhar a tela com o passo a passo do relaxamento muscular progressivo. Também pode compartilhar um vídeo de uma paisagem ou outro tema relaxante ao fundo para conduzir o relaxamento mental e a respiração diafragmática. É importante orientar os pais para que usem roupas confortáveis e, caso estejam utilizando celular ou *tablet*, que deixá-los em um suporte é fundamental para uma boa execução das técnicas.

Sessão 11. Finalização, *feedback* e retomada dos conceitos

A última sessão consiste no *feedback* dos participantes, além da retomada dos conceitos aprendidos e finalização do grupo. É feito um resumo geral do que foi discutido ao longo do processo, e os pais tiram dúvidas finais e relatam sua experiência. Nesta sessão pode ser construído um mural virtual que congregue as aprendizagens dos pais e fomente o compartilhamento de informações entre eles.

A construção do mural virtual pode ocorrer enquanto o terapeuta resume o que foi abordado ao longo das sessões, e os pais podem escrever no mural o que aprenderam de mais importante. No *feedback*, é desejável que os pais relatem mudanças que foram alcançadas no comportamento dos filhos ou deles mesmos.

As experiências da aplicação do PROPAIS *on-line* foram extremamente positivas. Os participantes relataram grandes mudanças no seu comportamento, o que gerou mudanças nos filhos, especialmente no período de isolamento social. Muitos comentaram sobre como estava sendo difícil esse período em casa com os filhos, sobre como colocar e manter regras e desenvolver um relacionamento saudável apesar de todo o estresse envolvido. Disseram também se surpreender com o andamento do grupo, mesmo sendo *on-line*, encarando-o como um espaço de acolhimento para os momentos difíceis e aprendizagem de novas habilidades.

WEBPAIS

O WebPais foi desenvolvido durante o contexto de pandemia com o objetivo de ajudar os pais na supervisão das atividades escolares em casa (Silveira et al., 2021). O modelo abarca psicoeducação, treinamento de habilidades e propostas de práticas a serem realizadas em casa. O programa se baseou também nos pressupostos da TCCG, adotando homogeneidade de características entre os integrantes, trabalho terapêutico direcionado ao problema, agenda de sessões estruturada e trabalho colaborativo.

O programa compreende seis sessões de 90 minutos realizadas duas vezes por semana por videoconferência. A literatura indica que o modelo de intervenção *on-line* parece afetar a noção de tempo dos participantes e que sessões mais frequentes do que uma vez por semana tendem a ter melhores resultados em termos de adesão (Neufeld et al., 2021).

Para a escolha dos temas das sessões, foram utilizados programas de orientação de pais com relatos de evidências na literatura. As sessões iniciais (primeira e segunda) se fundamentaram no conteúdo voltado para análise do comportamento de programas mais tradicionais de treinamento de pais (Barkley, 2013; Kazdin, 2005) e na teoria das habilidades sociais educativas (Bolsoni-Silva & Borelli, 2012; Pinheiro et al., 2006). Estratégias voltadas especificamente para a supervisão parental durante as atividades escolares utilizadas na terceira sessão foram retiradas do programa Homework success for children with ADHD (Power et al., 2001).

As sessões 4 e 5 foram baseadas no modelo cognitivo de Beck, a partir da psicoeducação da relação entre pensamentos, emoções e comportamentos. A sessão 4 focou mais na psicoeducação das emoções e regulação emocional (Neufeld et al., 2018). A sessão 5, por sua vez, teve maior foco nos aspectos cognitivos, por meio da identificação de pensamentos, distorções cognitivas e trabalho de flexibilização de pensamento (Neufeld et al., 2018). Na última sessão, foi realizada uma revisão, com participação ativa dos pais, seguida de estratégias para manejo de problemas futuros, encerramentos e *feedback* (Beck, 2013).

Cada sessão foi construída com base na seguinte estrutura:

1. momento inicial, no qual era feita uma revisão das práticas realizadas em casa e do conteúdo da sessão anterior;
2. momento intermediário, utilizado para introduzir a discussão sobre o tema novo;
3. momentos finais, usados para a definição do plano de ação para a próxima sessão e *feedback* dos participantes.

Os resultados preliminares do WebPais mostraram impactos positivos na redução de sintomas de estresse, ansiedade e depressão nos participantes, aumento de comportamentos pró-sociais e redução de problemas de comportamento das crianças (Silveira et al., 2021).

A seguir, serão descritas as sessões do programa WebPais e a experiência do modelo *on-line* de intervenção.

Sessão 1. Criança vem com manual?

A primeira sessão se inicia com a apresentação do terapeuta e o estabelecimento do contrato terapêutico e dos combinados de funcionamento da sessão *on-line* (regras sobre proibição de gravar as sessões, conexão com a internet, manutenção do sigilo, uso de fones de ouvidos, obrigatoriedade de manter as câmeras abertas e observar a frequência da participação). A sessão segue para a apresentação das principais demandas, dificuldades e expectativas dos participantes, utilizando a pergunta inicial "O que motivou você a se inscrever no programa?". Nesse momento, a colaboração entre os participantes é incentivada, reforçando os processos de identificação entre os membros do grupo. As demandas são sumarizadas pelo terapeuta também com um ajuste da expectativa dos pais em relação ao conteúdo a ser trabalhado no programa.

A parte intermediária se inicia na discussão do tema: os fatores que explicam o comportamento dos filhos. O objetivo da discussão é responder a três perguntas norteadoras: "Como o processo de desenvolvimento explica o comportamento?", "Como o contexto explica o comportamento?" e "Como as práticas parentais influenciam o comportamento?". Os estilos parentais são apresentados em um plano cartesiano e os pais são convidados a identificar o estilo com que mais se identificam.

No momento seguinte, é realizada a apresentação da técnica recreio especial (Barkley, 2002), com o objetivo de fortalecer a relação entre pais e filhos. A técnica consiste em realizar, durante 20 minutos, uma brincadeira escolhida pela criança, sem uso de equipamentos eletrônicos, e a observação e incentivo dos comportamentos e atitudes positivas das crianças, encerrando-se a brincadeira quando aparecem comportamentos inadequados graves. Os princípios básicos do recreio especial são explicados, e os participantes são convidados a pensar em como realizar a atividade em sua rotina. Além disso, pede-se que os pais identifiquem e registrem comportamentos adequados e inadequados dos filhos durante as atividades escolares para serem discutidos na próxima sessão. Por fim, a sessão se encerra após o *feedback* dos participantes.

Sessão 2. Compreendendo as leis do comportamento

A sessão se inicia com o relato da experiência dos pais sobre a execução do recreio especial. Nesse momento, os pais que conseguiram realizar a atividade são reforçados e sugestões para superar eventuais dificuldades são discutidas (p. ex., estabelecer um combinado com a criança sobre o limite de tempo do recreio especial de forma adequada). Os participantes que não realizaram o plano de ação são incentivados a tentar novamente. Posteriormente, é realizada uma revisão do conteúdo discutido na sessão anterior. Após o momento de revisão, o tema do encontro é introduzido: como compreender o comportamento por meio do modelo ABC? É explicado aos participantes o funcionamento do comportamento dos filhos utilizando a metáfora do *boomerang*: toda ação provoca uma reação. São apresentados exemplos de problemas de comportamento, como birras e desobediência durante as atividades escolares, para explicar a lógica do reforçamento positivo. Ainda dentro do tema da sessão, ocorre a discussão sobre o reforço diferencial, ou seja, a utilização de reforço positivo de comportamentos adequados e redução da atenção e extinção de comportamentos inadequados.

São listadas e discutidas maneiras de oferecer elogios e *feedback* positivo de forma mais efetiva, por meio do uso das habilidades sociais educativas. Os participantes são incentivados a relatar situações com os filhos durante a tarefa de casa. Um exemplo é considerado para se realizar uma breve análise funcional, utilizando o modelo ABC. Finalmente, são discutidas maneiras para manejar situações desafiadoras durante a rotina de estudos. O tempo final é utilizado para propor o plano de ação: a prática do elogio (reforçamento) pelo menos duas vezes por dia, principalmente nos comportamentos adequados que as crianças apresentam ao realizarem o dever de casa. Além disso, é discutida a possibilidade de os pais não darem atenção aos pequenos deslizes e erros.

Sessão 3. Calibrando expectativas

De forma geral, essa sessão integra as estratégias de reforçamento com a prática diária nas atividades com os filhos, discutindo estratégias voltadas para os antecedentes (manejo do ambiente, estruturação da rotina para garantia do estabelecimento das regras) e para as consequências, sendo incentivado o reconhecimento dos pais de seus níveis de expectativa em relação às atividades escolares, principalmente durante o período de pandemia. O momento inicial é dedicado à discussão das práticas realizadas em casa. A revisão do plano de ação e do conteúdo das sessões anteriores demandam um tempo mais prolongado para melhor acomodação do conteúdo relacionado ao uso do reforçamento positivo. Em geral, é difícil para os pais desvincularem a ideia de correção de comportamento do uso de estratégias punitivas.

Além de uma revisão mais cuidadosa das dificuldades em relação à identificação dos comportamentos positivos e sobre como oferecer *feedback* positivo para as crianças de forma adequada, nesta discussão é feita uma psicoeducação sobre a importância do estabelecimento de rotinas e organização do tempo, além da relação entre motivação dos filhos e expectativas dos pais sobre o desempenho na escola. Uma imagem de uma curva normal (a letra U invertida) é utilizada como disparadora para a discussão de que muita exigência em relação ao desempenho nem sempre é garantia de motivação e aprendizagem. São usados exemplos relacionando a exigência dos pais com os filhos a situações de vida profissional, como ter um chefe muito exigente. Por fim, os momentos finais são utilizados para a proposta do plano de ação: aplicar ajustes na rotina e usar reforço positivo.

Sessão 4. O que as emoções têm a dizer?

Na parte inicial da sessão é discutido o plano de ação do encontro anterior. Considerando a importância do investimento dos pais na prática do reforçamento diferencial, é importante revisar as dificuldades que os participantes tiveram durante as práticas anteriores. O tema desta sessão é voltado para a discussão sobre as emoções, com um aprofundamento da compreensão dos pais sobre o modelo cognitivo – apresentado na primeira sessão como uma introdução aos três aspectos considerados durante o programa (pensamento/cognição, emoção e comportamento). Na quarta sessão, o modelo é introduzido de modo mais operacionalizado, com foco no processo de identificação das emoções, discussão das funções das emoções e estratégias de regulação emocional.

O principal objetivo de abordar esses tópicos é ajudar os pais a se conectarem às emoções ativadas na parentalidade, de modo a utilizar estratégias mais eficientes de manejo e regulação. Além disso, destacam-se a importância da atitude empática dos pais diante das emoções das crianças e como podem ajudar na educação emocional dos seus filhos. Para o plano de ação, é solicitado aos pais que identifiquem uma emoção desagradável que sentiram em uma situação experimentada na parentalidade. Além disso, eles devem preencher uma tabela relatando situações de interação com os filhos e quais foram os pensamentos, as emoções e os comportamentos ativados.

Sessão 5. A lente que distorce o mundo

A sessão se inicia com a revisão da sessão anterior, juntamente com o relato da experiência dos participantes com a identificação das emoções. Esse momento é crucial para introduzir a definição de pensamento, pois é comum os pais terem dificuldade de reconhecer o pensamento ou responder o que sentiram. A definição de pensamentos é dada a partir dos exemplos dos participantes no contexto da interação com os filhos, principalmente o envolvimento nas atividades escolares. É destacado que todas as pessoas interpretam as situações baseando-se em pensamentos e crenças, e por isso a mesma situação pode ter diversas interpretações. Muitas vezes, nossa interpretação está baseada em evidências, mas outras vezes podemos cair em armadilhas e interpretar a realidade de forma distorcida. Dessa forma, são discutidas práticas de flexibilização do pensamento, como a averiguação das evidências contra ou a favor do pensamento e a pontuação das vantagens e desvantagens do pensamento. A sessão é finalizada com a proposta do plano de ação do registro das situações (em interações com os filhos) na tabela de pensamentos, emoções e comportamentos.

Sessão 6. Fórmula da sobrevivência

O tempo inicial da sessão é utilizado para a discussão do plano de ação sobre a identificação dos pensamentos. Nesse momento, os participantes são instigados a relatar situações em que identificaram pensamentos, emoções e comportamentos. Ao mesmo tempo, é realizado um exercício de reconhecimento dos tipos de distorção cognitiva, a partir do uso do questionamento socrático, e a avaliação das evidências, além das vantagens e desvantagens do pensamento. Após a avaliação e melhor acomodação do conhecimento sobre o modelo cognitivo, a sessão passa pela revisão do conteúdo das sessões anteriores. Na revisão do conteúdo, os participantes são solicitados a fazer um exercício de memória e relembrar os temas principais de cada sessão. Questões norteadoras podem ser: "Do que conversamos aqui durante essas três semanas, qual conteúdo mais impactou você?" e "O que você aprendeu?". Nos minutos finais, pede-se que os pais descrevam um plano de sobrevivência para enfrentar os problemas futuros. O encontro termina com o *feedback* geral sobre o programa e o relato dos ganhos e dificuldades de participar da intervenção. Por fim, o terapeuta agradece a participação e parabeniza os cuidadores pela dedicação e o investimento durante o processo.

CONSIDERAÇÕES SOBRE A EXPERIÊNCIA *ON-LINE* COM PAIS EM GRUPO E INDIVIDUAL

Tomando por base a literatura de TCCG (Neufeld et al., 2021), algumas questões práticas foram essenciais para o bom funcionamento dos grupos. A primeira ação foi encaminhar a cada participante um passo a passo para acessar a plataforma Google Meet e os combinados, por escrito, sobre o uso obrigatório de câmeras ligadas e a proibição da gravação ou registro da tela das sessões.

Na primeira sessão, um tempo era destinado ao estabelecimento do contrato terapêutico, reforçando-se novamente as políticas de privacidade. Em todas as sessões foi dada uma tolerância de 10 minutos de atraso, e esse tempo era usado pelos terapeutas para ajudar os participantes que já estavam conectados com eventuais problemas para acessar a plataforma.

Além disso, foi dada atenção especial para os comportamentos não verbais dos participantes. Os terapeutas foram treinados para ficarem atentos a quaisquer expressões que demonstrassem desmotivação, dúvidas ou discordância. Durante as sessões, para evitar sobreposição de falas, eram feitas perguntas para o grupo, e cada pessoa tinha a sua vez de falar. Os microfones ficavam desligados, e os participantes utilizavam o recurso de "mão levantada" para pedir a palavra. Os terapeutas também utilizaram recursos como vídeos e imagens.

Além disso, os terapeutas utilizaram o modo de exibição que permite que todos os participantes apareçam na tela e incentivaram os participantes a fazer o mesmo. O número reduzido de membros em cada grupo, de até oito pessoas, também possibilitou uma melhor interação, tendo sido possível ouvir e acompanhar todas as demandas individuais.

As intervenções *on-line* individuais também ofereceram a oportunidade de realizar sessões colaborativas ou conjuntas, com a participação de pais e filhos, que geralmente são menos utilizadas na prática clínica presencial. As sessões conjuntas, muitas vezes incluindo mais de um filho, podem ser excelentes oportunidades de modelar comportamentos, de desenvolver habilidades específicas e de praticar resolução de problemas. É possível, por exemplo, identificar uma habilidade cujo desenvolvimento beneficiaria tanto a criança/adolescente quanto os cuidadores e organizar uma sessão lúdica na qual tal habilidade pudesse ser trabalhada, envolvendo mais pessoas da família na sessão *on-line* síncrona.

Outra sugestão para a orientação individual de pais é a atenção às demandas específicas e ao envolvimento deles durante o processo. É fundamental que o terapeuta atente às demandas de cada caso para que as orientações sejam plenamente adaptadas. Com as sessões *on-line*, é possível pedir aos pais que demonstrem como a demanda se manifesta no ambiente familiar por meio de observações. Dessa forma, as orientações podem ser mais específicas.

Também é necessário avaliar o envolvimento dos pais na sessão de orientação. Por ser *on-line* e individual, algumas vezes os cuidadores podem se distrair com outras demandas concomitantes, o que diminui seu engajamento. Uma forma de aumentar o envolvimento dos pais nas sessões é procurar alguns recursos *on-line*, como vídeos ou trechos de *podcasts*, que relatem situações parecidas com as apresentadas por eles em sessão. Dessa forma, o terapeuta incentiva o diálogo durante a sessão e promove a resolução dos problemas mencionados, aumentando o envolvimento dos pais no processo de orientação.

CONSIDERAÇÕES FINAIS

A prática do teleatendimento, apesar de ter aumentado recentemente, já é objetivo de investigação de pesquisadores ao redor do mundo há mais de 20 anos. Neste capítulo, foram apresentados o histórico das intervenções virtuais com pais na literatura e evidências de efetividade e eficácia de programas *on-line*.

Durante a pandemia de covid-19, a discussão e os esforços para a criação e adaptação de programas para o ambiente virtual aumentou consideravelmente. Da mesma forma, as demandas específicas de orientação parental também cresceram, devido aos fatores estressantes surgidos durante a pandemia e que interferiram na qualidade de vida das famílias, como o aumento das obrigações dos cuidadores e o ensino remoto emergencial das crianças.

Por fim, foram apresentadas duas experiências de programas de orientação parental baseados nos pressupostos da TCC. O relato detalhado de cada sessão teve o objetivo de apresentar de forma didática a prática de intervenção na modalidade *on-line*. Conclui-se que os programas *on-line* de orientação de pais produzem resultados positivos e acessíveis quando são consideradas de forma cuidadosa as características da modalidade virtual.

REFERÊNCIAS

Adams, E. L., Smith, D., Caccavale, L. J., & Bean, M. K. (2021). Parents are stressed! Patterns of parent stress across covid-19. *Frontiers in Psychiatry, 12*, 300.

Andersson, G., Carlbring, P., & Hadjistavropoulos, H. D. (2017). Internet-based cognitive behavior therapy. In S. G. Hofmann, & G. J. G. Asmundson (Eds.), *The science of cognitive behavioral therapy* (pp. 531-549). Elsevier.

Barkley, R. A. (2002). *Transtorno do déficit de atenção/hiperatividade – TDAH: Guia completo para pais, professores e profissionais da saúde*. Artmed.

Barkley, R. A. (2013). *Defiant children: A clinician's manual for assessment and parent training* (3rd ed.). Guilford.

Bausback, K. B., & Bunge, E. L. (2021). Meta-Analysis of parent training programs utilizing behavior intervention technologies. *Social Sciences, 10*(10), 367.

Beck, J. S. (2013). *Terapia cognitivo-comportamental: Teoria e Prática*. Artmed.

Bolsoni-Silva, A. T., & Borelli, L. M. (2012). Treinamento de habilidades sociais educativas parentais: Comparação de procedimentos a partir do tempo de intervenção. *Estudos e Pesquisas em Psicologia, 12*(1), 36-58.

Calvano, C., Engelke, L., Di Bella, J., Kindermann, J., Renneberg, B., & Winter, S. M. (2021). Families in the covid-19 pandemic: Parental stress, parent mental health and the occurrence of adverse childhood experiences - results of a representative survey in Germany. *European Child & Adolescent Psychiatry*, 1-13.

Cassiano-Russo, M., Rebessi, I. P., & Neufeld, C. B. (2021). Parental training in groups: A brief health promotion program. *Trends Psychiatry Psychotherapy, 43*(1), 72-80.

Castelnuovo, G., Gaggioli, A., Mantovani, F., & Riva, G. (2003). From psychotherapy to e-therapy: The integration of traditional techniques and new communication tools in clinical settings. *CyberPsychology & Behavior, 6*(4), 375-382.

Cluver, L., Lachman, J. M., Sherr, L., Wessels, I., Krug, E., Rakotomalala, S., ... McDonald, K. (2020). Parenting in a time of covid-19. *Lancet, 395*(10231), e64.

DuPaul, G. J., Kern, L., Belk, G., Custer, B., Hatfield, A., Daffner, M., & Peek, D. (2018). Promoting parent engagement in behavioral intervention for young children with ADHD: Iterative treatment development. *Topics in Early Childhood Special Education, 38*(1), 42-53.

Enebrink, P., Högström, J., Forster, M., & Ghaderi, A. (2012). Internet-based parent management training: A randomized controlled study. *Behaviour Research and Therapy, 50*(4), 240-249.

Fogler, J. M., Normand, S., O'Dea, N., Mautone, J. A., Featherston, M., Power, T. J., & Nissley-Tsiopinis, J. (2020). Implementing Group Parent Training in Telepsychology: Lessons Learned During the covid-19 Pandemic. *Journal of Pediatric Psychology, 45*(9), 983-989.

Gordon, D., & Stanar, C. (2003). Lessons learned from the dissemination of parenting wisely, a parent training CD-ROM. *Cognitive and Behavioral Practice, 10*(4), 312-323.

Greco, A. L. R., da Silva, C. F. R., de Moraes, M. M., Menegussi, J. M., & Tudella, E. (2021). Impacto da pandemia da covid-19 na qualidade de vida, saúde e renda nas famílias com e sem risco socioeconômico: Estudo transversal. *Research, Society and Development, 10*(4), e29410414094.

Grossi, M. G. R., Minoda, D. D. S. M., & Fonseca, R. G. P. (2020). Impacto da pandemia do covid-19 na educação: Reflexos na vida das famílias. *Teoria e Prática da Educação, 23*(3), 150-170.

Irvine, A. B., Gelatt, V. A., Hammond, M., & Seeley, J. R. (2015). A randomized study of internet parent training accessed from community technology centers. *Prevention Science, 16*(4), 597-608.

Kazdin, A. E. (2005). *Parent management training: Treatment for oppositional, aggressive, and antisocial behavior in children and adolescents*. Oxford University.

Law, E. F., Fisher, E., Howard, W. J., Levy, R., Ritterband, L., & Palermo, T. M. (2017). Longitudinal change in parent and child functioning after internet-delivered cognitive-behavioral therapy for chronic pain. *Pain, 158*(10), 1992-2000.

Lebow, J. L. (2020). Family in the age of covid-19. Family process. Lessons learned during the covid-19 pandemic. *Journal of Pediatric Psychology, 45*(9), 983-989.

Marques de Miranda, D., da Silva Athanasio, B., de Sena Oliveira, A. C., & Silva, A. C. S. (2020). How is covid-19 pandemic impacting mental health of children and adolescents? *International Journal of Disaster Risk Reduction, 51*, 101845.

Means, B., Toyama, Y., Murphy, R., Bakia, M., & Jones, K. (2009). *Evaluation of evidence-based practices in on-line learning: A meta-analysis and review of on-line learning studies*. https://www2.ed.gov/rschstat/eval/tech/evidence-based-practices/finalreport.pdf

NAPCAN (2013). *Children See Children Do* [Vídeo]. YouTube. https://www.youtube.com/watch?v=jOrGsB4qG_w.

Nelson, E. L., Bui, T. N., & Velasquez, S. E. (2011). Telepsychology: Research and practice overview. *Child and Adolescent Psychiatric Clinics, 20*(1), 67-79.

Neufeld, C. B. (2014). Intervenções e pesquisas em terapia-cognitivo comportamental com indivíduos e grupos. Synopsis.

Neufeld, C. B., & Maehara, N. P. (2011). Um programa cognitivo-comportamental de orientação de pais em grupo. In M. G. Caminha, & R. M. Caminha (Orgs.), *Intervenções e treinamento de pais na clínica infantil* (pp. 149-176). Synopsis.

Neufeld, C. B., Godoi, K., Rebessi, I. P., Maehara, N. P., & Mendes, A. I. F. (2018). Programa de orientação de pais em grupo: Um estudo exploratório na abordagem cognitivo-comportamental. *Psicologia e Pesquisa, 12*(3), 1-11.

Neufeld, C. B., Rebessi, I. P., Fidelis, P. C. B., Rios, B. F., Scotton. I. L., Bosaipo, N. B., ... Szupszynski, K. P. D. R. (2021). LaPICC contra covid-19: Relato de uma experiência de terapia cognitivo-comportamental em grupo *on-line*. *Psico, 52*(3), 1-13.

Novianti, R., & Garzia, M. (2020). Parental engagement in children's *on-line* learning during covid-19 pandemic. *Journal of Teaching and Learning in Elementary Education, 3*(2), 117-131.

Pickens, J. C., Morris, N., & Johnson, D. J. (2020). The digital divide: Couple and family therapy programs' integration of teletherapy training and education. *Journal of Marital and Family Therapy, 46*(2), 186-200.

Pinheiro, M. I. S., Haase, V. H., Del Prette, A., Amarante, C. L. D. & Del Prette, Z. A. P. (2006). Treinamento de habilidades sociais educativas para pais de crianças com problemas de comportamento. *Psicologia: Reflexão e Crítica, 19*(3), 407-414.

Plantin, L., & Daneback, K. (2009). Parenthood, information and support on the internet. A literature review of research on parents and professionals online. *BMC Family Practice, 10*(1), 1-12.

Power, T. J., Karustis, J. L., & Habboushe, D. F. (2001). *Homework success for children with ADHD: A family-school intervention program*. Guilford.

Russell, B. S., Hutchison, M., Tambling, R., Tomkunas, A. J., & Horton, A. L. (2020). Initial challenges of caregiving during covid-19: Caregiver burden, mental health, and the parent–child relationship. *Child Psychiatry & Human Development, 51*(5), 671-682.

Salari, N., Hosseinian-Far, A., Jalali, R., Vaisi-Raygani, A., Rasoulpoor, S., Mohammadi, M., ... Khaledi-Paveh, B. (2020). Prevalence of stress, anxiety, depression among the general population during the covid-19 pandemic: A systematic review and meta-analysis. *Globalization and Health, 16*(1), 57.

Santini, P. M., & Williams, L. C. (2016). programas parentales para la prevención del castigo corporal: Una revisión sistemática. *Paidéia (Ribeirão Preto), 26*(63), 121-129.

Silva, I. M., Schmidt, B., Lordello, S. R., Noal, D. S., Crepaldi, M. A., & Wagner, A. (2020). As Relações Familiares diante da covid-19: Recursos, riscos e implicações para a prática da terapia de casal e família. *Pensando Famílias, 24*(1), 12-28.

Silveira, M. M. P., Pinheiro, M. I. S., Silva, V. J. G., Neufeld, C. B., & Haase, V. G. (2021). WebParents: *On-line* parent counseling program focusing on homeschooling amidst the covid-19 pandemics. *Revista Brasileira de Terapias Cognitivas, 17*(2), 113-124.

Spinelli, M., Lionetti, F., Setti, A., & Fasolo, M. (2020). Parenting stress during the covid-19 outbreak: Socioeconomic and environmental, risk factors and implications for children emotion regulation. *Family Process, 60*(2), 639-653.

Wade, S. L., Gies, L. M., Fisher, A. P., Moscato, E. L., Adlam, A. R., Bardoni, A., ... Williams, T. (2020). Telepsychotherapy with children and families: Lessons gleaned from two decades of translational research. *Journal of Psychotherapy Integration, 30*(2), 332-347.

Xie, Y., Dixon, J. F., Yee, O. M., Zhang, J., Chen, Y. A., DeAngelo, S., ... Schweitzer, J. B. (2013). A study on the effectiveness of videoconferencing on teaching parent training skills to parents of children with ADHD. *Telemedicine and e-Health, 19*(3), 192-199.

Leituras recomendadas

Reese, R. J., Slone, N. C., Soares, N., & Sprang, R. (2015). Using telepsychology to provide a group parenting program: A preliminary evaluation of effectiveness. *Psychological Services, 12*(3), 274-282.

Riegler, L. J., Raj, S. P., Moscato, E. L., Narad, M. E., Kincaid, A., & Wade, S. L. (2020). Pilot trial of a telepsychotherapy parenting skills intervention for veteran families: Implications for managing parenting stress during covid-19. *Journal of Psychotherapy Integration, 30*(2) 1-14.

Traube, D. E., Hsiao, H. Y., Rau, A., Hunt-O'Brien, D., Lu, L., & Islam, N. (2020). Advancing home based parenting programs through the use of telehealth technology. *Journal of Child and Family Studies, 29*(1), 44-53.

8

Estratégias de avaliação e intervenção *on-line* com casais

Bruno Luiz Avelino Cardoso
Aline Sardinha Mendes Soares de Araújo
Mara Lins

Programas com casais têm sido aplicados em diversos países com uma série de objetivos. Entre os principais focos de abordagem com esse público, tem-se tentado buscar o aprimoramento de habilidades que, quando desempenhadas na relação afetivo-sexual, podem aumentar o nível de satisfação e a qualidade do relacionamento, como comunicação, resolução de problemas, expressividade emocional e outras habilidades importantes em um relacionamento afetivo-sexual (Cardoso, 2021a; Sardinha & Féres-Carneiro, 2019).

Os principais efeitos dos protocolos de atendimento a casais estão documentados na literatura, tanto para grupos (p. ex., Hawkings et al., 2012) quanto para intervenções diádicas (clínicas), incluindo apenas o casal (Dattilio, 2010). No que se refere à modalidade de intervenção, há um enfoque majoritário em estudos com intervenções presenciais. No entanto, as intervenções *on-line* também têm sido ampliadas para os casais, o que tem facilitado seu acesso aos públicos de diversos contextos socioculturais.

Em relação aos modelos de intervenção diádica, como as intervenções clínicas (psicoterápicas), há estratégias específicas nas terapias cognitivo-comportamentais (TCCs), que têm mostrado aplicabilidade com casais. Entre elas, além da TCC tradicional (Beck, 1988; Dattilio, 2010), encontram-se a terapia do esquema (Paim & Cardoso, 2019; Simeone-DiFrancesco et al., 2015), a terapia comportamental integrativa de casal (Christensen et al., 2020) e a terapia cognitiva sexual (Sardinha, 2020).

No exterior, há resultados promissores de estratégias de intervenção diádica e em grupo para casais na modalidade *on-line*. Entre as iniciativas com destaque, encontra-se o programa Our Relationship (Doss et al., 2016), para intervenção diádica com casais, que é baseado no ensino de habilidades como observar (*observe*), compreender (*understand*) e responder (*respond*). O casal participa da intervenção interagindo por meio de um aplicativo, tanto em momentos individuais (para obter a sua percepção do que será trabalhado) quanto em momentos conjuntos (ambos[as] os[as] parceiros[as]). O casal recebe *feedback* e, se desejar, pode consultar-se com um conselheiro do programa para receber orientação específica. Esse programa repercutiu na satisfação, qualidade conjugal e confiança no relacionamento e proporcionou efeitos positivos sobre o funcionamento geral individual dos participantes.

Outro programa desenvolvido no exterior e aplicado com casais na modalidade *on-line* é o Couple CARE (Halford et al., 2004). Essa intervenção ocorre por meio de três recursos: (1) gravações (*videotapes*) psicoeducativos sobre modelos de algumas habilidades fundamentais para os relacionamentos; (2) um livro de tarefas para que o casal aplique as ideias aprendidas e se engaje no processo de mudança; e (3) ligações telefônicas com um psicólogo para revisão do progresso terapêutico e para identificar estratégias de resolução de problemas. Os resultados da intervenção, que já tinha apresentado efeitos positivos na aplicação presencial, também sinalizaram efeitos positivos sobre a satisfação, estabilidade conjugal e autorregulação dos casais participantes.

Em relação aos modelos psicoterápicos, estudos acerca da efetividade e da eficácia da terapia *on-line* estavam sendo realizados quando, com a propagação do covid-19, os governos foram obrigados a adotar medidas de controle, tais como o distanciamento social. Isso impulsionou uma rápida transição do formato de intervenção presencial para a terapia *on-line*. Mesmo havendo poucos estudos acerca da terapia de casal nessa modalidade, sabe-se que esta pode beneficiar casais (e famílias) que necessitam de terapia (Wrape & McGinn, 2019).

No contexto grupal, um ensaio-piloto randomizado e controlado foi conduzido com casais a fim de avaliar a efetividade de um modelo de intervenção da psicoterapia analítica funcional (Tsai et al., 2020) baseado em consciência (*awareness*), coragem (*courage*) e amor (*love*) para promover a proximidade dos parceiros durante a pandemia de covid-19. Os resultados da intervenção mostraram que a proximidade dos casais integrantes do grupo experimental aumentou em 23%, enquanto no grupo-controle (que não recebeu a intervenção) aumentou apenas 2%. Na análise dos dados, após duas semanas da intervenção, houve diferenças estatisticamente significativas entre os dois grupos no nível de proximidade.

No Brasil, os programas educativos e/ou de treinamento para casais em grupo ainda estão em fase embrionária. Uma iniciativa relevante para a área foi a criação do Programa Viver a Dois: compartilhando este desafio (Neumann et al., 2018; Wagner et al., 2015), o primeiro programa para casais no país. Os resultados dos estudos derivados da aplicação do Programa Viver a Dois indicaram efeito positivo, entre outras variáveis, sobre a qualidade do relacionamento e a forma como os casais resolviam os problemas na relação. Todavia, algumas lacunas também restaram. Por exemplo, o recorte realizado para a composição da amostra foi de casais heterossexuais cisgênero, na modalidade presencial, na região sul do país, apontando novas possibilidades de estudos no campo das intervenções conjugais em grupo.

Considerando essas lacunas, encontradas tanto na literatura nacional quanto na internacional, foi desenvolvido o primeiro programa em grupo para casais na modalidade *on-line* no Brasil: CONECTE: fortalecendo a conexão das relações (Cardoso, 2021a). Além de ocorrer na modalidade *on-line*, o CONECTE também é o primeiro programa de intervenção para casais com diferentes orientações sexuais no país, com grupos realizados tanto com casais heterossexuais quanto do mesmo sexo. O programa, que foi realizado com casais de diferentes regiões do país, resultou em efeitos positivos sobre a aprendizagem de novas habilidades sociais conjugais, indicadores de qualidade conjugal e satisfação com a relação, entre outras variáveis.

Com base nesses modelos, este capítulo tem como objetivos (a) indicar especificidades e oferecer orientações para avaliação e atendimento conjugal na modalidade *on-line*; (b) identificar estratégias de intervenção psicoterápicas para casais no contexto *on-line*; (c) apontar peculiaridades na abordagem da sexualidade do casal no contexto *on-line*; e (d) apresentar a estrutura do programa CONECTE como uma possibilidade de intervenção para casais na modalidade *on-line* em grupo.

AVALIAÇÃO COM CASAIS NO CONTEXTO *ON-LINE*

Uma forma de sistematizar a avaliação dos casais e traçar estratégias de intervenção baseadas no que foi coletado nas histórias de vida e processos que envolvem os casais, é a conceitualização de casos. Para realizar essa avaliação, além daquilo que é observado em sessão, as entrevistas e o uso de instrumentos podem ser úteis no acesso às informações sobre o casal.

O diagrama de conceitualização cognitiva para casais (Cardoso, 2018) e a sua integração com a conceitualização cognitiva sexual (Sardinha et al., no prelo) e o diagrama de conceitualização esquemática para casais (Cardoso et al., no prelo) são modelos de avaliação que podem ser utilizados tanto na coleta de dados quanto na psicoeducação dos(das) participantes nos contextos presencial e *on-line*. Além deles, o *Baralho da conceitualização cognitiva para casais* (Cardoso, 2021b) consiste em recurso ilustrativo que pode facilitar a avaliação no cenário *on-line*. O baralho apresenta 243 cartas que abarcam todas as etapas de uma conceitualização cognitiva para casais (cf. Cardoso, 2018), incluindo histórias de vida (pessoal e do casal), processos cognitivos (crenças centrais, regras e pressupostos, expectativas e pensamentos sobre a parceria e o relacionamento), estratégias de enfrentamento (que ajudam e dificultam a relação) e consequências no relacionamento (em si, na relação e em contextos gerais). Um adicional desse recurso são as cartas que indicam (a) eventos ativadores na relação conjugal, (b) psicoeducação sobre distorções cognitivas, (c) estresse de minorias em casais e (d) elementos gráficos para ilustração e psicoeducação com os casais – o que facilita o processo de intervenção na modalidade *on-line*.

Um dos exemplos de intervenção e avaliação contido no *Baralho de conceitualização cognitiva para casais* é o *role-playing* em cinco etapas (Cardoso, 2021b). Essa técnica envolve estágios de treino de novos comportamentos com o casal, por meio de *videofeedback* e autoavaliação. A seguir será detalhado o passo a passo:

Etapa 1: O terapeuta pergunta aos(às) parceiros(as) sobre uma situação conflitante que estão vivenciando e pede que conversem durante um tempo predeterminado sobre ela. (Este momento é gravado.)

Etapa 2: O terapeuta pede que o casal converse sobre a mesma situação. Contudo, dessa vez, os papéis são trocados. A pessoa A será a pessoa B e vice-versa.

Etapa 3: O terapeuta pergunta a cada pessoa da relação se ela foi bem representada pelo(a) parceiro(a) durante a encenação da Etapa 2. Após escutar os(as) participantes, mostra o vídeo que foi gravado.

Etapa 4: Após os(as) parceiros(as) assistirem à gravação, o terapeuta pergunta o que perceberam e o que podem aprender, manter e/ou melhorar na sua forma de se comportar.

Etapa 5: O terapeuta solicita novamente que o casal converse sobre a situação, levando em consideração o que foi discutido nas etapas anteriores, e grava a nova conversa. Depois dessa discussão, mostra o novo vídeo ao casal e pergunta o que melhorou entre a primeira conversa e a segunda.

Ao final, o terapeuta faz uma reflexão com o casal sobre a aprendizagem de novos comportamentos e sobre como a maneira de cada pessoa se comportar na relação pode influenciar a outra. É importante deixar evidente que as habilidades para um relacionamento satisfatório são aprendidas e que, por meio de treinos e do engajamento do casal nas sessões, é possível aprimorar o repertório e ter suas necessidades emocionais supridas na relação.

Outra forma de realizar a avaliação da relação conjugal é proposta pela terapia comportamental integrativa de casal (IBCT, do inglês *integrative behavioral couple therapy*) (Christensen et al., 2020). Há um protocolo de avaliação específico que propõe quatro sessões para realizar uma formulação do caso, na primeira etapa do tratamento (Christensen et al., 2020; Lins, 2021; South et al., 2010). Essa avaliação também pode ser chamada de DEEP, que em inglês significa profundo, e é um acrônimo formado pelas iniciais de **d**iferenças de personalidade, sensibilidades **e**mocionais, **e**stressores externos que interferem na relação e **p**adrão de interação ou de comunicação, que se referem à forma como o casal tenta solucionar seus problemas, mas acaba por piorar a situação.

A primeira sessão ocorre com o casal junto, e as duas seguintes são sessões individuais, nas quais cada parceiro(a) responde a questionários de satisfação, compromisso com a relação, temáticas principais a serem trabalhadas e padrão de comunicação disfuncional, que são enviados de maneira privada para o terapeuta (Lins, 2020a). A quarta sessão ocorre com o casal junto para devolutiva e *feedback* sobre a avaliação realizada, com uma proposta de objetivos do tratamento (Christensen et al., 2020; Lins, 2020a). Uma forma de aproveitar os recursos tecnológicos é abrir uma janela no computador e ir apresentando o relatório para o casal, o qual pode participar ativamente da discussão dos resultados.

Avaliar os casais na modalidade *on-line* requer a *expertise* do terapeuta para utilizar recursos capazes de mapear as demandas e que sejam sensíveis às peculiaridades de um processo avaliativo não presencial. Indicadores como (a) posição em que o casal se senta para a sessão (estão próximos(as) ou distantes?), (b) início da sessão (há alguém que chega primeiro ou chegam juntos(as)?), (c) comportamentos não verbais e paralinguísticos precisam ter uma atenção maior no cenário *on-line*. Isso porque, em alguns casos, não há "liberdade" para que o casal se comporte de forma diferente frente às contingências já postas. Por exemplo, por utilizarem a mesma câmera do dispositivo, os(as) parceiros(as) podem já estar relativamente próximos(as) um(a) do(a) outro(a), ou devido à sessão começar com o casal junto no mesmo dispositivo, em muitos casos, não é possível saber quem chega primeiro. Nessas circunstâncias, a atenção do terapeuta deve estar em outros indicadores adequados ao contexto *on-line*, principalmente a linguagem não verbal (p. ex., expressões faciais, pequenos movimentos corporais, e/ou, inclusive, um(a) dos(as) parceiros(as) levantar-se e sair).

No processo avaliativo também deve ser feita uma análise cuidadosa para verificar se há presença de violência. Caso ocorra, a terapia de casal pode ser contraindicada, principalmente se houver agressões físicas. Avaliar esse aspecto é tão ou mais importante na modalidade *on-line* do que na presencial, devido à segurança do casal. Quando há violência grave ou abuso descontrolado de substâncias, a terapia de casal é contraindicada, sendo necessário outro tipo de intervenção (p. ex., intervenções individuais).

As entrevistas individuais são fundamentais para o mapeamento dessas situações. Um dos objetivos desses momentos é proporcionar um ambiente confidencial, para que os indivíduos estejam mais à vontade para falar sobre temáticas delicadas sem qualquer tipo de intimidação (Baucom et al., 2015; Cristensen et al., 2020; Wrape & McGinn, 2019).

Entre as estratégias de avaliação que podem ser utilizadas para identificar violência na relação, estão (a) os questionários da IBCT (Christensen et al., 2018, 2020; Lins, 2020b), que apresentam questões específicas sobre esta temática; (b) a Escala de Violência entre Parceiros Íntimos (EVIPI; Lourenço & Baptista, 2017), que é um instrumento psicométrico específico para avaliação das diversas formas de violência por parceiros íntimos; (c) a *Caixinha antiviolência* (Cardoso & D'Affonseca, 2021), que avalia de forma menos estruturada a presença de violência por parceiros(as) íntimos(as) e estratégias saudáveis para manutenção de relações satisfatórias; e (d) o *Baralho das habilidades sociais conjugais* (Cardoso, 2019), que indica desempenhos opostos aos comportamentos violentos nas relações.

ESTRATÉGIAS DE INTERVENÇÃO PSICOTERÁPICA *ON-LINE* COM CASAIS

Tanto no processo *on-line* quanto no presencial, o êxito de uma psicoterapia está, principalmente, em uma aliança terapêutica bem consolidada, um contexto terapêutico adequado e uma análise pertinente entre os problemas apresentados pelo casal e as estratégias terapêuticas a serem utilizadas (Wampold, 2015). Benson et al. (2012) apontam cinco princípios básicos para a terapia de casal ser efetiva: (1) alterar a percepção do casal acerca do seu problema, abandonando a ideia da culpabilização do(a) outro(a) e assumindo a própria participação na interação; (2) modificar o comportamento disfuncional; (3) diminuir a evitação das emoções, revelando vulnerabilidades; (4) melhorar a comunicação; e (5) valorizar os pontos positivos e interações funcionais da relação. Esses aspectos transcendem uma abordagem teórica específica. É necessário estudar como os fatores de determinada técnica e os elementos comuns das terapias se relacionam entre si (González-Blanch & Carral-Fernández, 2017; Norcross & Wampold, 2011), favorecendo uma modalidade de intervenção com efeitos positivos para o casal atendido.

O desenvolvimento de tratamentos *on-line* requer a compreensão de processos que podem ser afetados em intervenções realizadas via internet. No cenário presencial, há componentes como, por exemplo, a aliança terapêutica (facilitada pelo contato físico), que favorece resultados positivos na intervenção (Martin et al., 2000). No contexto *on-line*, há um desafio para superar a barreira da distância física e aprofundar outros elementos que podem facilitar o fortalecimento da aliança terapêutica.

A aliança terapêutica é considerada um componente central do sucesso terapêutico. Mesmo no contexto *on-line*, é possível ter uma relação eficaz e segura. Alguns autores não encontraram diferenças na qualidade da relação terapêutica entre as modalidades *on-line* e presencial (McCoy et al., 2013). Outros estudos também referem que, mesmo sendo um desafio, foi possível estabelecer um forte vínculo terapêutico com ambos(as) os(as) parceiros(as) (Machluf et al., 2021).

Na prática *on-line*, também há considerações éticas específicas. Caldwell et al. (2017) e Wrape e McGinn (2019) ressaltam cuidados a serem tomados sobre a privacidade e a confidencialidade das informações, visto que, geralmente, a terapia é realizada no ambiente doméstico. Deve-se avaliar a confidencialidade das informações, de modo que o casal participe da sessão de terapia sem o risco de ser escutado por terceiros. Por exemplo, um casal pode brigar durante a sessão, um(a) dos(as) dois(duas) parceiros(as) sair da sala ou se afastar da câmera e continuar falando em um tom de voz alto, permitindo que outras pessoas o(a) escutem (Wrape & McGinn, 2019). Dessa forma, os autores reforçam que, desde o início do processo psicoterápico, deve ser discutido um plano de gestão de crise para que todos(as) estejam cientes das etapas necessárias em alguma emergência.

Uma ferramenta importante para o terapeuta é o consentimento informado ainda no início da terapia. Desse modo, os(as) clientes serão os(as) principais responsáveis por proteger sua própria privacidade, e podem ser ajudados(as) pelo terapeuta a tomar esse cuidado. Também cabe ao terapeuta oferecer um local seguro e reservado para realizar a sessão de terapia com o casal. O ambiente precisa garantir a confidencialidade das pessoas atendidas.

No que se refere à relação terapêutica e a outros fatores comuns na terapia de casal, o terapeuta deve ter uma postura mais ativa do que o terapeuta individual, inclusive para evitar que haja um conflito mais intenso na sessão e para que o trabalho tenha bons resultados. Em vez de afastarem-se, por meio de ataques e/ou evitação, uma estratégia que pode ser utilizada é a união empática (Christensen et al., 2020). Ou seja, o casal pode observar seu padrão de funcionamento com perspectiva, em uma visão mais cognitiva. Uma abordagem possível na modalidade *on-line* seria o casal observar sua interação e descrever seu padrão de interação, como proposto em uma tarefa por Tilley (2003, documento *on-line*, tradução nossa):

> Casais são pegos em "ciclos negativos" de interação. Um "ciclo negativo" é um padrão repetitivo de comportamentos, pensamentos e sentimentos negativos que causam angústia e dificuldades. Você reage às reações de seu(sua) parceiro(a) e seu(sua) parceiro(a) reage às suas reações e vocês giram e giram em um ciclo negativo sem fim. Compreender e desenrolar seus "ciclos negativos" é o primeiro passo para sair do sofrimento. O exercício a seguir o ajudará nesse processo:
>
> Quando meu(minha) parceiro(a) e eu não estamos nos dando bem:
>
> - Como eu costumo reagir (descrever comportamentos):
> - Como meu(minha) parceiro(a) costuma reagir a mim (descrever comportamentos):
> - Quando meu(minha) parceiro(a) reage dessa maneira, muitas vezes eu sinto:
> - Quando eu me sinto assim, eu me vejo como:
> - Quando eu me sinto assim, eu anseio ou necessito:
> - Quando eu reajo da maneira que eu reajo, eu acho que meu(minha) parceiro(a) se sente:

Um momento que pode causar ansiedade no terapeuta de casal é quando se iniciam brigas. A tarefa do profissional é interrompê-las, visto que não são funcionais, mas, quando há desregulação das emoções, isso se torna mais difícil, principalmente na modalidade *on-line*. Wrape e McGinn (2019) referem que, quando a intensificação ocorre durante a sessão, o terapeuta não pode garantir a separação física para facilitar a redução da intensidade. Essa é uma das preocupações mais significativas, ou seja, como o terapeuta pode lidar remotamente com uma crise. Diversos autores relatam ocorrer uma paralisação da interação nesse momento (Christensen et al., 2020; McCoy et al., 2013; Monson & Fredman, 2012; Wrape & McGinn, 2019). Para lidar com esses momentos desafiadores, Christensen et al. (2020) propõem a estratégia de *time-out*, ou tempo limite, na qual o casal combina, previamente, condutas para interromper a escalada, partindo da identificação de um nome para essa interação. Após definir o nome, o combinado é que, se uma das pessoas falar a palavra que identifique que a intensificação está ocorrendo, o casal para a interação e utiliza outras condutas, também previamente trabalhadas (p. ex., respirar, sair de perto, tomar um banho, comer algo gelado, etc.). O terapeuta também pode utilizar a palavra que descreve esse padrão na sessão *on-line* quando observar que o casal não está mais se escutando e vai iniciar a briga. Destaca-se que, para a atividade ter êxito, deve ser muito bem trabalhada em momentos de tranquilidade emocional, como se fosse uma preparação para a intensidade de uma briga que ocorrerá.

Ainda, podem ser utilizadas práticas de atenção plena (*mindfulness*) (Christensen et al., 2018), as quais propõem um treinamento de observação do momento presente, sem julgar, apenas discriminando os pensamentos e sentimentos para, então, escolher o comportamento. Há várias práticas de *mindfulness* voltadas para o relacionamento, e o terapeuta pode utilizá-las durante a sessão *on-line*. Pode ser no início da sessão, com o objetivo de focar a atenção no atendimento, ou no meio, conforme o que estiver sendo trabalhado. A atenção plena pode inclusive ser utilizada como prática de regulação emocional, caso aconteça um conflito crescente na sessão.

Outro importante objetivo de intervenção comum nas terapias de casal é diminuir a evitação das emoções (Benson et al., 2012). O terapeuta encoraja um aprofundamento ou intensificação das emoções primárias, o que auxilia a consciência de vulnerabilidades emocionais dos(as) parceiros(as) e a empatia (Jacobson et al., 2000; Johnson & Brubacher, 2016). Na modalidade *on-line*, o terapeuta pode identificar a presença dessas emoções por meio de pistas, como a expressão facial, os olhos se enchendo de lágrimas, rubor na face. Essas pistas podem ser difíceis de perceber através da tela, e muitos sinais podem ser perdidos. Wrape e McGinn (2019) sugerem algumas alternativas para os terapeutas:

- Solicitar mais *feedback* verbal: "O que você está sentindo agora?", "Que pensamentos você está observando neste momento?".
- Praticar habilidades na sessão para ajudar na generalização dos comportamentos.
- Observar como a proximidade do casal para aparecer junto na tela interfere ou não ao trabalhar um conteúdo emocional. O terapeuta pode perguntar como os(as) parceiros(as) se sentem com isso.

- Utilizar a linguagem verbal para bloquear interações problemáticas, dizendo claramente o que é importante fazer no momento, e/ou utilizar linguagem não verbal, como acenar para a câmera ou levantar os braços, na tentativa de mudar a atenção do casal.
- Solicitar que os(as) parceiros(as) façam algo diferente do habitual naquele momento.

A partir da viabilização do acesso às emoções, o terapeuta pode encorajar os(as) parceiros(as) a entrar em contato e revelar seus sentimentos. Para isso, podem ser utilizados exercícios de escrita e uma estratégia de acesso às suas vulnerabilidades emocionais, observando se há repercussões na relação conjugal (Christensen et al., 2020).

AS FERIDAS DO PASSADO INTERFEREM NA RELAÇÃO CONJUGAL

Mesmo os pais mais amorosos e bem-intencionados não conseguem atender a todas as nossas necessidades. Também podemos experimentar decepções que nos marcam durante nosso processo de crescimento e vida adulta. Portanto, não é inesperado que possamos trazer essa dor para o nosso relacionamento atual e ter a fantasia de que o relacionamento pode, finalmente, compensar todo o carinho e a aceitação que perdemos. É importante que possamos esclarecer para nós mesmos e compartilhar com nosso(a) parceiro(a) a compreensão de nossas feridas. Isso permite entender melhor como nossos ferimentos influenciam a forma como interagimos um(a) com o(a) outro(a).

O que eu mais precisava quando era criança/adolescente/adulto e não obtive (ou não obtive o suficiente) das pessoas importantes na minha vida:

1. Mãe:
2. Pai:
3. Outros (outra situação/relação):
    *Após cada membro escrever sobre a atividade, o casal discute o que observou e, com auxílio do terapeuta, pode fazer relações com suas sensibilidades emocionais.

A tecnologia também pode servir para aumentar a conexão dos casais na terapia, fornecendo um contexto para discutirem seus problemas de uma nova maneira (McCoy et al., 2013): ao estarem em uma sala virtual, todos podem se olhar e observar o próprio comportamento durante uma interação (o que não é possível no encontro presencial, o qual estimula o foco no outro). Essa configuração permite que o indivíduo veja o comportamento não verbal do(a) parceiro(a), o próprio comportamento e o do terapeuta. Esse recurso incentiva cada um(a) a ser mais responsável com o próprio comportamento não verbal, encorajando o aumento da autoconsciência e automonitoramento.

Abordagem da sexualidade do casal na modalidade *on-line*

Dados consistentes sobre a viabilidade e a eficácia dos programas de educação conjugal e/ou treinamento para casais na modalidade *on-line*, infelizmente, não se transpõem da mesma maneira para o campo da sexualidade. Sardinha e Féres-Carneiro (2019) ressaltam o fato de que a maior parte desses programas não envolve aspectos relacionados à sexualidade. Intervenções *on-line* em sexualidade começaram a ser propostas, praticamente, apenas nas últimas duas décadas, e os ensaios clínicos oferecem, até o momento, somente dados preliminares (Jones & McCabe, 2011; Schover et al., 2012; van Lankveld, 2016). Existem vários desafios éticos e profissionais a serem superados para a adaptação da terapia sexual para a internet: preocupações sobre como verificar a identidade dos(as) pacientes, perda das pistas visuais e auditivas sutis e não tão sutis presentes na psicoterapia face a face, questões profissionais relativas à responsabilidade e aspectos legais implicados em atendimentos a distância. Também há preocupação com relação à confidencialidade e à segurança das conexões de internet. No entanto, seu uso apresenta vantagens para os pacientes, que incluem fácil acessibilidade, anonimato, praticidade, redução de constrangimento, isolamento geográfico, restrições de tempo e disponibilidade de atendimento psicológico especializado em comunidades onde não há profissional treinado (Althof, 2010).

Durante o período de uso, historicamente alto, da telemedicina, após o surto de covid-19, diversos estudos vêm sendo conduzidos com intervenções *on-line* em medicina sexual, dado seu potencial para melhorar o acesso aos cuidados (Meyers et al., 2020; Rabinowitz et al. 2021; Zippan et al., 2020). É provável, portanto, que nos próximos anos haja dados mais expressivos sobre eficácia, segurança e custos de longo prazo que permitam chegar a conclusões mais acertadas. Vale sublinhar, contudo, que a maior parte desses estudos não envolve psicoterapia de casal, mas outras modalidades de tratamento em medicina sexual. A tendência recente dos ensaios clínicos em sexualidade de envolver cada vez mais o casal no tratamento também ainda não se apresenta nas intervenções pela internet, que costumam visar o(a) paciente individualmente ou apenas o(a) parceiro(a).

A intervenção clínica em sexualidade pode ocorrer em diversos níveis, a depender da queixa e das habilidades do profissional, sendo os mais conhecidos permissão, informação, sugestões e tratamento (Taylor & Davis, 2007). Esse modelo possibilita uma atuação mais flexível e que pode ser utilizada por diversos profissionais da área da saúde, de acordo com as suas possibilidades.

P (permissão): o profissional abre espaço para discutir os temas relacionados à sexualidade, gerando um ambiente de escuta e acolhimento, validando e normalizando a experiência da queixa sexual.

IL (informação limitada): levantamento e compartilhamento de informações adequadas sobre sexualidade, informadas pela queixa específica do(a) paciente, com foco em educação sexual.

SE (sugestão específica): uma abordagem de solução de problemas a partir da queixa do(a) paciente, visando a pensar em alternativas comportamentais para favorecer o ajustamento, a função e a satisfação sexual da pessoa. Esse passo requer conhecimentos mais específicos sobre a sexualidade por parte do profissional, para evitar intervenções inadequadas e, possivelmente, iatrogênicas, baseadas no senso comum ou na própria experiência pessoal do profissional. As sugestões precisam ser baseadas em evidências e em uma boa avaliação da queixa sexual.

T (tratamento): intervenção completa para a compreensão e o tratamento da queixa sexual, que envolve habilidades e treinamento terapêutico específico no tratamento das disfunções sexuais.

Os primeiros estudos publicados relatavam protocolos pensados para aprimorar a saúde sexual, psicoeducar e trabalhar questões específicas em populações que notadamente carecem de cuidado em sexualidade, como pacientes com doenças crônicas e sobreviventes de câncer, entre outros (Hummel et al., 2015; Hummel et al., 2019; Schover et al., 2012). Apesar de O'Connor et al. (2021) terem afirmado, recentemente, que propostas *on-line* teriam o potencial de fornecer informações contínuas e apoio ao bem-estar sexual em todas as fases do atendimento, ainda são poucos os relatos de pesquisa com intervenções remotas especificamente voltadas para o tratamento de disfunções sexuais.

Uma revisão de 2020 acerca de intervenções *on-line* na sexualidade de adultos com doenças crônicas encontrou nove ensaios clínicos em que todas as intervenções foram realizadas por meio de *sites*, alcançando efeitos positivos nos desfechos estudados (Karim et al., 2020). A sugestão dos autores de que intervenções móveis possam ser mais eficazes utilizando-se aplicativos de *smartphone* é ainda um exemplo de como os avanços da tecnologia provavelmente caminham mais rapidamente do que os resultados de pesquisa vão conseguir informar sobre a prática clínica. Isso é marcante na literatura, com análises qualitativas e quantitativas mostrando que os participantes se beneficiam e aderem mais a propostas interativas, síncronas, alinhadas com o uso de tecnologia consistente com a realidade daquela pessoa, visualmente atrativas e de usabilidade adequada.

O estudo de McCabe e Jones (2013) aponta, ainda, a partir de dados preliminares, possíveis características dos(as) pacientes que possam influenciar sua resposta à intervenção na modalidade *on-line*, como a gravidade do problema e os níveis de desejo sexual e satisfação sexual no início do tratamento. A presença de problemas do(a) parceiro(a) e a qualidade do relacionamento terapêutico parecem ser ainda preditivos para o funcionamento sexual e a satisfação sexual após o término da terapia sexual pela internet (Blanken et al., 2015).

No caso do tratamento da disfunção sexual feminina, foi publicada por van Lankveld (2016) uma revisão que permite uma visão geral da metodologia e dos resultados da primeira década de pesquisa em intervenções baseadas na internet. A maioria das propostas ofereceu conteúdo terapêutico baseado na *web* dentro de uma estrutura mais ou menos pré-programada. A maioria delas também ofereceu contato pré-agendado e/ou iniciado pela participante com um profissional da saúde sexual. Estudos de efeito comparativo mostraram melhorias no funcionamento sexual, bem como no funcionamento relacional no ponto de término do período de intervenção. As melhorias no pós-tratamento foram geralmente mantidas por vários meses após o término do período de intervenção ativa. Além do estudo de van Lankveld (2016), novas pesquisas vêm sendo conduzidas, também com resultados interessantes (Meyers et al., 2020).

Em relação às disfunções masculinas, van Lankveld et al. (2009) testaram um protocolo de intervenção *on-line* baseado no modelo de foco sensorial e complementado com técnicas de reestruturação cognitiva em homens heterossexuais com queixa de disfunção erétil ou ejaculação precoce, em um projeto controlado de lista de espera, com medidas pré, pós e de acompanhamento aos 3 e 6 meses pós-tratamento. Os resultados da terapia foram significativos apenas para o grupo com dificuldades de ereção, não sendo encontrado efeito superior à lista de espera nos homens com ejaculação prematura. Um ensaio clínico não controlado mostrou, em contrapartida, efeitos positivos da intervenção *on-line* também para homens com ejaculação rápida. Entretanto, os autores sinalizaram para a alta taxa de desistência do tratamento (46%), sendo necessário compreender melhor os aspectos que contribuem para a adesão e o estabelecimento de uma relação terapêutica produtiva nesse formato (van Diest et al., 2007).

Não foram encontrados na literatura estudos reportando intervenções em psicoterapia de casais *on-line* especificamente voltadas para o tratamento de disfunções sexuais. É provável que nos próximos anos, a partir do grande desenvolvimento de psicoterapia *on-line* observado em consequência da pandemia da covid-19, haja evidências também sobre essa modalidade. É possível transpor, contudo, alguns *insights* advindos dos estudos disponíveis citados anteriormente para informar a abordagem da sexualidade na prática da terapia de casal *on-line*.

Visando a ampliar os recursos disponíveis para os terapeutas com pouco treinamento em sexualidade, a fim de que eles possam nortear suas intervenções de acolhimento e psicoeducação sexual, a terapia cognitiva sexual (TCS) propõe métodos didáticos que auxiliam mesmo o profissional inexperiente a avaliar e a conceitualizar queixas sexuais. Entre elas, podemos destacar as propostas de conceitualização cognitiva sexual em três níveis, que englobam os formulários de avaliação da queixa direcionando quais informações são relevantes na anamnese, os formulários de registro de pensamento nas diferentes situações, o ciclo da falha sexual para conceitualização transversal da queixa sexual e a conceitualização cognitiva sexual, para conceitualização longitudinal do problema (Sardinha, 2020).

Para orientar sobre a forma adequada de perguntar sobre a sexualidade e propor intervenções psicoeducativas e de reestruturação cognitiva para adolescentes, adultos e casais, Sardinha (2018) desenvolveu uma ferramenta lúdica, o *Baralho da sexualidade*. O recurso foi pensado para atender de forma flexível às demandas dos profissionais da saúde no manejo da sexualidade, podendo ser aplicado em diferentes *settings* e configurações (Sardinha, no prelo), incluindo os programas em grupo para casais na modalidade *on-line* (Cardoso, no prelo). Dessa forma, a ideia é desmistificar a crença de que sexualidade é um assunto que só pode ser trabalhado pelos especialistas na área, deixando muitas queixas sexuais de menor gravidade negligenciadas no espaço da psicoterapia (Sardinha et al., 2020). O *Baralho da sexualidade* é um instrumento composto por um *kit* de três baralhos que se dividem em:

- **Desvendando a sexualidade:** permite ao terapeuta abordar em sua entrevista todos os pontos necessários para uma conceitualização de caso adequada dentro do modelo da TCS.
- **Conversando sobre sexo:** pode ser utilizado para facilitar a abordagem de temas sexuais no consultório, incluindo o repertório sexual.
- **Mitos sexuais:** pode ser utilizado na psicoeducação das crenças distorcidas sobre sexualidade que se encontram na base das disfunções e dificuldades sexuais.

O terapeuta cognitivo-comportamental sabe que as crenças dos pacientes são inferidas a partir da escuta e das técnicas de descoberta guiada, seta descendente, entre outras. Essa ferramenta funciona ainda como um "puxa conversa", um início para que se possa abordar a questão diretamente, caso o terapeuta não se sinta confortável em perguntar de outra forma, ou até mesmo para ajudar a não deixar de fora perguntas importantes. Os baralhos também podem ajudar a desvendar paradigmas e crenças morais, religiosas e familiares, que podem formar padrões de alta valência afetiva.

As crenças construídas a partir dessas experiências, que têm um grande valor emocional e normalmente se encontram na base das disfunções sexuais, em geral são questões difíceis de serem abordadas (Sardinha et al., 2019). Os baralhos ajudam a fazer as perguntas de maneira mais adequada, considerando os pressupostos da TCC, bem como podem servir para construir intervenções individualizadas para as necessidades daquela parceria, combinando diferentes ferramentas (Cardoso, no prelo). A partir disso, o terapeuta pode utilizar as ferramentas de intervenção das TCCs já conhecidas ou mesmo da TCS.

É importante notar, ademais, que, por um lado, a literatura leva a crer que nem todos(as) os(as) pacientes vão se adaptar ou se beneficiar de um atendimento *on-line* (e o mesmo é verdadeiro para a psicoterapia de forma geral). Por outro lado, as intervenções *on-line* podem resolver um problema historicamente grave em nosso país, que é a falta de profissionais habilitados para abordar essa temática, agravado pela sua concentração nos grandes centros urbanos do sul e sudeste do país. Na prática, o que se percebe são os(as) pacientes e parcerias sofrendo durante anos sem uma escuta adequada e sem ter oportunidade de tratar suas dificuldades sexuais. Assim, as intervenções *on-line* se apresentam como uma proposta promissora no campo da sexualidade. Há evidências da literatura internacional para acreditar que estratégias baseadas na psicoeducação e na sugestão limitada, síncronas ou assíncronas, podem ampliar o acesso das pessoas à saúde sexual e reprodutiva.

Em relação ao tratamento das disfunções sexuais no contexto do casal oferecido na modalidade *on-line* ainda se sabe pouco. Entretanto, é provável que o planejamento de sessões mais estruturadas, com ferramentas que possam ser facilmente transpostas para o meio *on-line*, seja um caminho para contrabalançar a perda de informações não verbais que ocorre nessa modalidade.

O uso de estratégias de conceitualização colaborativa de caso, como proposto na TCS (De Carvalho & Sardinha, 2019), incluindo a integração entre um modelo de conceitualização de casais e da sexualidade (cf. Sardinha et al., no prelo), também pode ser um elemento fundamental na construção da relação terapêutica e de uma postura ativa dos membros da parceria, podendo se beneficiar, no ambiente virtual, de recursos digitais disponíveis e visualmente interessantes, como o compartilhamento de tela, diagramas interativos, aplicativos que compartilham registros de pensamentos com o terapeuta, entre outros. Outra possibilidade interessante que se apresenta para o *setting* da psicoterapia de casal é a possibilidade de atender casais em que cada um dos membros está em um local, gerando uma maior flexibilidade em relação a horários e restrições causadas por viagens constantes, por exemplo. O uso criativo e informado de recursos digitais pode, inclusive, ampliar o repertório de trocas sexuais e eróticas do casal, criando um espaço virtual exclusivo da intimidade, sem a presença do terapeuta, a partir do que foi discutido em terapia: mensagens, sexo virtual, compartilhamento de conteúdos eróticos e planejamento de encontros, por exemplo.

As evidências atuais também levam a acreditar que intervenções *on-line* com casais que sejam planejadas individualmente, baseadas na conceitualização cognitiva sexual e na conceitualização diádica daquela parceria, abordando os processos de mudança necessários para o caso específico e realizadas de forma síncrona tendem a apresentar resultados promissores. Além disso, podem ser uma esperança na ampliação do alcance da possibilidade de atendimento para casais cujo atendimento ficava inviável na modalidade presencial, seja pela falta de profissional habilitado na região, seja por impedimentos relacionados a horários, viagens, dificuldades de locomoção, deficiência de rede de apoio à parentalidade, entre outras restrições.

MODELO DE INTERVENÇÃO EM GRUPO ON-LINE COM CASAIS A PARTIR DO PROGRAMA CONECTE

O CONECTE é um programa de treinamento de habilidades sociais conjugais que tem como objetivo ampliar a qualidade e satisfação conjugal, por meio da aprendizagem do desempenho de habilidades fundamentais para um relacionamento afetivo-sexual (Cardoso, 2021a). O programa contém oito sessões, com duração de 1h30 cada, que abordam temas específicos dos relacionamentos (ver Quadro 8.1). O modelo de intervenção tem como fundamentos a integração entre o campo teórico-prático do treinamento de habilidades sociais e as terapias cognitivo-comportamentais (TCC tradicional, terapia do esquema, terapia de aceitação e compromisso e TCS).

Previamente ao início do grupo, é realizada uma sessão de avaliação personalizada com cada casal. Nesse momento, são respondidas medidas de satisfação conjugal, qualidade conjugal e habilidades sociais conjugais (autoavaliação e avaliação do[a] parceiro[a]). Na avaliação proporcionada pelo Inventário de Habilidades Sociais Conjugais (IHSC) (Villa & Del Prette, 2012), os(as) participantes respondem sobre os seus próprios desempenhos e avaliam o repertório de habilidades do(a) parceiro(a) (como forma de proporcionar uma avaliação multi-informante). Esse tipo de avaliação é importante, pois traz maior acurácia a respeito da autopercepção sobre esses desempenhos e sobre como eles são percebidos na relação.

Além dessas formas de avaliação, uma tarefa observacional é administrada para identificar as estratégias utilizadas pelos casais para resolução de problemas. O facilitador pede para que o casal escolha quatro situações no relacionamento nas quais gostariam de ver algum tipo de mudança (cada pessoa escolhe duas) e pede para que discutam durante 10 minutos sobre elas, tentando chegar a uma solução para aquele problema. Após esse momento, o facilitador retorna e pede para que o casal encerre a discussão. Os dados de observação são levados em consideração tanto para a intervenção, para que o facilitador fique atento para fazer intervenções pertinentes sobre o que foi coletado com os casais, quanto para comparação dos resultados obtidos durante o programa, visto que, ao final, a mesma tarefa observacional é repassada e, nesse momento, é possível identificar quais similaridades e diferenças ocorreram entre o primeiro momento e o último.

QUADRO 8.1 Temáticas, objetivos e planos de ação do CONECTE

Sessão 1: "Definindo os nossos objetivos."
Objetivo: identificar a estrutura e o conteúdo abordado no CONECTE; compreender os conceitos básicos envolvidos no programa (desempenhos sociais, habilidades sociais, habilidades sociais conjugais e competência social); praticar habilidades básicas de comunicação; traçar objetivos em comum e pessoais para a relação, expressar suporte e sentimentos agradáveis. **Plano de ação conjugal 1:** prestar atenção no que o(a) outro(a) está falando sem interromper.
Sessão 2: "O contexto em que estamos influencia o nosso relacionamento."
Objetivo: compreender tópicos pertinentes às relações de gênero e ao preconceito quanto a orientação sexual e questões raciais, relacionando-os com conflitos e satisfação conjugal. A partir disso, relacionar as experiências com o conceito de competência social. **Possíveis temáticas a serem abordadas:** sexismo, homofobia, estresse de minoria, estereótipos de gênero e divisão de tarefas conjugais. **Plano de ação conjugal 2:** pensar como as habilidades sociais e as habilidades sociais conjugais podem auxiliar a proteger o relacionamento de influências sociais prejudiciais.
Sessão 3: "O que eu penso ajuda a controlar o que sinto e como me comporto na relação."
Objetivo: praticar habilidades de automonitoramento (identificar pensamentos, emoções, comportamentos e consequências na relação), autocontrole proativo e reativo (perceber alterações em si e no(a) outro(a), acalmar-se, aguardar a vez para falar). **Plano de ação conjugal 3:** ficar atento(a) aos seus comportamentos e às consequências deles na relação.
Sessão 4: "Expressar-se emocionalmente também é comunicar."
Objetivo: praticar habilidades de expressividade (elogiar, agradecer/reagir ao elogio, expressar carinho, expressar bem-estar), dar *feedback* positivo e aplicar valores na relação. **Plano de ação conjugal 4:** expressar gratidão ao(à) parceiro(a) e dar *feedback* positivo.

(Continua)

QUADRO 8.1 Temáticas, objetivos e planos de ação do CONECTE *(Continuação)*

Sessão 5: "Vamos ter conflitos, mas podemos aprender a lidar com eles da melhor forma possível."
Objetivo: praticar habilidades de assertividade e resolução de problemas (solicitar mudança de comportamento, expressar desagrado, pedir ajuda, negar pedidos abusivos). **Plano de ação conjugal 5:** utilizar a vivência DESC* em alguma situação e avaliar impactos do uso dessa técnica na relação.
Sessão 6: "Imagino que não deva estar sendo fácil pra você..."
Objetivo: praticar habilidades empáticas (escutar atentamente o(a) parceiro(a), compreender a perspectiva do(a) outro(a), expressar apoio, identificar emoções no(a) outro(a), distinguir respostas empáticas de pró-empáticas). **Plano de ação conjugal 6:** planejar um jantar romântico.
Sessão 7: "Vamos falar sobre sexo?"
Objetivo: ampliar o conhecimento sobre habilidades relacionadas a sexualidade e assertividade afetivo-sexual (conversar sobre sexo e preferências na intimidade sexual, expressar satisfação sexual, negociar, recusar-se a ter relação sexual, dar *feedback*). **Plano de ação conjugal 7:** fazer o desafio do segundo quadrante do curtograma sexual (temos curiosidade, mas nunca fizemos) e identificar preferências sexuais.
Sessão 8: "CONECTANDO com nossas necessidades e futuro da nossa relação."
Objetivo: revisar e praticar habilidades aprendidas durante o programa, identificar ganhos e/ou dificuldades, antever situações e problemas futuros e identificar alternativas de como manejá-los.

*DESC = descrever, expressar, solucionar e consequenciar.
Fonte: Cardoso (2021a).

Diversas estratégias técnicas são utilizadas durante o programa com o objetivo de promover o desempenho de habilidades e facilitar a conexão do casal. O método vivencial, ou seja, "a estruturação de um contexto experiencial de aprendizagem que, além de permitir o uso de técnicas e procedimentos comuns à maioria dos programas de treinamento de habilidades sociais, estabelece condições adicionais favoráveis para a promoção da competência social" (Del Prette & Del Prette, 2017, p. 86), é a base do CONECTE. Durante o programa, além das demais técnicas, atividades e vídeos, há 13 vivências que são aplicadas durante toda a intervenção (Cardoso, 2021a), com objetivos diversos, incluindo desde o desempenho de habilidades básicas até o aperfeiçoamento de repertórios mais complexos de habilidades sociais conjugais. Alguns exemplos de vivências são:

- **Isso incomoda!!!:** tem o objetivo principal de aprimorar habilidades de automonitoramento e autocontrole proativo e reativo.
- **As características e qualidades que eu mais gosto em você:** visa a ampliar o desempenho de habilidades de expressividade emocional, principalmente nutrir afeto e admiração.
- **DESC: descrever, expressar, solucionar e consequenciar:** visa a fornecer recursos para que os casais utilizem habilidades de resolução de problemas frente a situações potencialmente estressoras.
- **Curtograma sexual:** facilita o contato do casal por meio de habilidades relacionadas à sexualidade.

Os efeitos do CONECTE sobre os casais participantes foram positivos tanto em indicadores de habilidades sociais conjugais quanto em melhorias no nível de satisfação conjugal e qualidade conjugal.* Nas tarefas observacionais, ao final do programa, foi possível identificar maior associação dos comportamentos dos casais ao que foi aprendido na intervenção e uma postura mais voltada para a resolução dos problemas existentes antes da intervenção.

CONSIDERAÇÕES FINAIS

No Brasil, as intervenções *on-line* são regulamentadas pelo Conselho Federal de Psicologia ([CFP], 2018) para casos específicos, incluindo atendimento a casais. Todavia, nem sempre essa prática foi permitida pelo CFP, o que reflete na carência de formação do profissional de psicologia para a realização de atendimentos *on-line*. Outro fator desafiante está na escassez de disciplinas em cursos de graduação em psicologia que contemplem temáticas como relacionamentos conjugais e sexualidade. Tais desafios demonstram a necessidade de aperfeiçoamento e atualização dos profissionais que desejam atender casais. Isso inclui a busca de materiais personalizados para o atendimento conjugal e a constante atualização sobre as modalidades de tratamento baseadas em evidências já disponíveis.

Os principais desafios para a realização de terapia de casais *on-line* observados referem-se a como manejar a desregulação emocional do casal; ao fato de os atendimentos serem na esfera doméstica, o que facilita interrupções; à falta de conhecimento acerca da tecnologia; à falta de experiência do terapeuta com os recursos; à maior dificuldade de interpretar os sinais não verbais dos clientes em relação ao atendimento presencial (Machluf et al., 2021; McCoy et al., 2013; Wrape & McGinn, 2019).

O divisor de águas para a aceitação e implementação da modalidade *on-line* foi a pandemia de covid-19, que obrigou à experimentação desse formato. Além disso,

---

* Mais detalhes sobre os resultados do programa CONECTE podem ser acessados em Cardoso (2021a).

a procura desse tipo de atendimento aumentou. Como resultado, os terapeutas que o experimentaram tiveram sucesso, e sua experiência de oferecer atendimento durante a pandemia teve impacto positivo em suas atitudes em relação à terapia *on-line*, mesmo considerando-a um pouco mais difícil do que o atendimento presencial. Observa-se a importância de o terapeuta seguir as orientações de seu conselho profissional, conforme descrito nas Melhores práticas para terapia *on-line* da American Association for Marriage and Family Therapy (AAMFT) (Caldwell et al., 2017).

A fim de aumentar a eficácia dos tratamentos *on-line*, existe a necessidade de compreender os processos de mudança que produzem benefícios nessa modalidade. Isso pode permitir o desenvolvimento de soluções *on-line* mais focadas em tratamentos que melhoram as habilidades psicológicas específicas. Além disso, a associação entre as facilidades propostas pela tecnologia e terapeutas com disponibilidade de usar a terapia *on-line* destaca a necessidade crucial de integrar a prática da terapia *on-line* em programas de treinamento de terapeutas de casal.

REFERÊNCIAS

Althof, S. E. (2010). What's new in sex therapy (CME). *The Journal of Sexual Medicine*, 7(1 Pt 1), 5-15.

Baucom, D. H., Epstein, N., Kirby, H, S., & LaTaillade, J. J. (2015). Cognitive-Behavioral Couple Therapy. In A. S. Gurman, J. L. Lebow, & D. K. Snyder (Eds.), *Clinical handbook of couple therapy* (5th ed., pp. 23-60). Guilford.

Beck, A. T. (1988). *Love is never enough: How couples can overcome misunderstandings, resolve conflicts, and solve relationship problems through cognitive therapy*. Harper & Row.

Benson, L. A., McGinn, M. M., & Christensen, A. (2012). Common principles of couple therapy. *Behavior Therapy*, 43(1), 25-35.

Blanken, I., Leusink, P., van Diest, S., Gijs, L., & van Lankveld, J. J. (2015). Outcome predictors of Internet-based brief sex therapy for sexual dysfunctions in heterosexual men. *Journal of Sex & Marital Therapy*, 41(5), 531-543.

Caldwell, B. E., Bischoff, R. J., Derigg-Palumbo, K. A., & Liebert, J. D. (2017). *Best practices in the on-line practice of couple and family therapy: Report of the on-line therapy workgroup*. American Association for Marriage and Family Therapy (AAMFT).

Cardoso, B. L. A. (2018). "Foi apenas um sonho": Análise, conceitualização e treinamento de habilidades sociais conjugais. In: B. L. A. Cardoso, & J. B. Barletta (Orgs.), *Terapias cognitivo-comportamentais: analisando teoria e prática por meio de filmes* (pp. 403-426). Sinopsys.

Cardoso, B. L. A. (2019). *Baralho das habilidades sociais conjugais: Avaliando e treinando habilidades com casais*. Sinopsys.

Cardoso, B. L. A. (2021a). *CONECTE: atualização de medida psicométrica e construção de um programa de treinamento de habilidades sociais conjugais* [tese de doutorado]. Universidade Federal de São Carlos.

Cardoso, B. L. A. (2021b). *Baralho da conceitualização cognitiva para casais: Avaliação, psicoeducação e planejamento da intervenção*. Sinopsys.

Cardoso, B. L. A. (no prelo). Uso combinado do baralho da sexualidade e do baralho das habilidades sociais conjugais em intervenções com casais com diferentes orientações sexuais. In: A. Sardinha (Org.), *Baralho da Sexualidade: Aplicações práticas* (pp. 90-94). Sinopsys.

Cardoso, B. L. A., & D'Affonseca, S. M. (2021). *Caixinha antiviolência: 100 questões para refletir sobre relacionamentos*. Matrix.

Cardoso, B. L. A., Paim, K., & Catelan, R. F. (no prelo). Terapia do esquema para casais do mesmo sexo: conceitualização esquemática e intervenções baseadas no modo sociocultural opressor internalizado e modo afirmativo. Manuscrito não pulicado.

Christensen, A., Doss, B. D., & Jacobson, N. S. (2018). *Diferenças reconciliáveis: Reconstruindo seu relacionamento ao redescobrir o parceiro que você ama, sem se perder* (2. ed.). Sinopsys.

Christensen, A., Doss, B. D., & Jacobson, N. S. (2020). *Integrative Behavioral Couple Therapy: A Therapist's Guide to Creating Acceptance and Change* (2nd ed.). Norton.

Dattílio, F. M. (2010). *Cognitive-behavioral therapy with couples and families: A comprehensive guide for clinicians*. Guilford.

De Carvalho, M. R., & Sardinha, A. (2019). Bases de evidências para conceitualização cognitiva e a prática em terapia cognitivo-comportamental. In Federação Brasileira de Terapias Cognitivas, C. B. Neufeld, E. M. O. Falcone & B. P. Rangé. (Orgs.), *PROCOGNITIVA Programa de Atualização em Terapia Cognitivo-Comportamental: Ciclo 5*. (Sistema de Educação Continuada a Distância, Vol. 4, pp. 9-56). Artmed Panamericana.

Del Prette, A., & Del Prette, Z. A. P. (2017). *Competência social e habilidades sociais: Manual teórico prático*. Vozes.

Doss, B. D., Cicila, L. N., Georgia, E. J., Roddy, M. K., Nowlan, K. M., Benson, L. A., & Christensen, A. (2016). A randomized controlled trial of the web-based OurRelationship Program: Effects on relationship and individual functioning. *Journal of Consult Clin Psychology, 84*(4), 285-296.

González-Blanch, C., & Carral-Fernández, L. (2017). ¡Enjaulad a Dodo, por favor! El cuento de que todas las psicoterapias son igual de eficaces. *Papeles del Psicólogo, 38*(2), 94-106.

Halford, W. K., Moore, E., Wilson, K. L., Farrugia, C., & Dyer, C. (2004). Benefits of flexible delivery relationship education: An evaluation of the Couple CARE Program. *Family Relations, 53*(5), 469-476.

Hawkings, A. J., Stanley, S. M., Blanchard, V. L., & Albright, M. (2012). Exploring programmatic moderators of the effectiveness of marriage and relationship education programs: A meta-analytic study. *Behavior Therapy, 43*(1), 77-87.

Hummel, S. B., van Lankveld, J. J. D. M., Oldenburg, H. S. A., Hahn, D. E. E., Kieffer, J. M., Gerritsma, M. A., ... Hummel, S. B., van Lankveld, J., Oldenburg, H., ..., Broomans, E., & Aaronson, N. K. (2019). Sexual Functioning and Relationship Satisfaction of Partners of Breast Cancer Survivors Who Receive Internet-Based Sex Therapy. *Journal of Sex & Marital Therapy, 45*(2), 91-102.

Hummel, S. B., van Lankveld, J. J., Oldenburg, H. S., Hahn, D. E., Broomans, E., & Aaronson, N. K. (2015). Internet-based cognitive behavioral therapy for sexual dysfunctions in women treated for breast cancer: Ddesign of a multicenter, randomized controlled trial. *BMC Ccancer, 15*, 321.

Jacobson, N. S., Christensen, A., Prince, S. E., Cordova, J., & Eldridge, K. (2000). Integrative behavioral couple therapy: An acceptance-based, promising new treatment for couple discord. *Journal of Consulting and Clinical Psychology, 68*(2), 351-355.

Johnson, S. M., & Brubacher, L. L. (2016). Emotionally focused couple therapy: Empiricism and art. In T. L. Sexton, & J. Lebow (Eds.), Handbook of family therapy (pp. 326-348). Routledge.

Jones, L. M., & McCabe, M. P. (2011). The effectiveness of an Internet-based psychological treatment program for female sexual dysfunction. *The Journal of Sexual Medicine, 8*(10), 2781-2792.

Karim, H., Choobineh, H., Kheradbin, N., Hosseiniravandi, M., Naserpour, A. & Safdari, R. (2020). Mobile health applications for improving the sexual health outcomes among adults with chronic diseases: A systematic review. *Digital Health, 6*, 1-15.

Lins, M. R. S. W. (2020a). Terapia Comportamental Integrativa de Casal: A terapia de casal da abordagem contextual. In B. L. A. Cardoso, & K. Paim (Orgs.), *Terapias Cognitivo-Comportamentais para casais e famílias: Bbases teóricas, pesquisas e intervenções* (pp. 165-190). Sinopys.

Lins, M. R. S. W. (2020b, junho 24). Atualização dos questionários da IBCT. Blog *CEFI Contextus*. http://terapiascontextuais.com.br/atualizacao-dos-questionarios-da-ibct/.

Lins, M. R. S. W. (2021). Formulação de Caso na Terapia Comportamental Integrativa de Casal. In P. Abreu, & J. Abreu (Orgs.), *Transtornos Psicológicos: Terapias Baseadas em Evidências* (pp. 111 - 120). Manole.

Lourenço, L. M., & Baptista, M. N. (2017). *Escala de violência entre parceiros íntimos (EVIPI)*. Hogrefe.

Machluf, R., Daleski, M., Shahar, B., Kula, O., & Bar-Kalifa, E. (2021). Couples therapists' attitudes toward *online* therapy during the COVID-19 crisis. *Family Process*, 16.

Martin, D. J., Garske, J. P., & Davis, M. K. (2000). Relation of the therapeutic alliance with outcome and other variables: A meta-analytic review. *Journal of Consulting and Clinical Psychology*, 68(3), 438-450.

McCabe, M. P., & Jones, L. M. (2013). Attrition from an Internet-based treatment program for female sexual dysfunction: Who is best treated with this approach? *Psychology, Health & Medicine*, 18(5), 612-618.

McCoy, M., Hjelmstad, L., & Stinson, M. (2013). The Role of Tele-Mental Health in Therapy for Couples in Long-Distance Relationships. *Journal of Couple & Relationship Therapy: Innovations in Clinical and Educational Interventions*, 12(4), 339-358.

Meyers, M., Margraf, J., & Velten, J. (2020). Psychological Treatment of Low Sexual Desire in Women: Protocol for a Randomized, Waitlist-Controlled Trial of Internet-Based Cognitive Behavioral and Mindfulness-Based Treatments. *JMIR Research Protocols*, 9(9), e20326.

Monson, C. M., & Fredman, S. J. (2012). *Cognitive-behavioral conjoint therapy for PTSD: Harnessing the healing power of relationships*. Guilford.

Neumann, A. P., Wagner, A., & Remor, E. (2018). Couple relationship education program "Living as Partners": Evaluation of effects on marital quality and conflict. *Psicologia: Reflexão e Crítica*, 31(26), 1-13.

Norcross, J. C., & Wampold, B. E. (2011). What works for whom: Tailoring psychotherapy to the person. *Journal of Clinical Psychology*, 67(2), 127-132.

O'Connor, S. R., Flannagan, C., Parahoo, K., Steele, M., Thompson, S., Jain S., ... & McCaughan, E. M. (2021). Efficacy, Use, and Acceptability of a Web-Based Self-management Intervention Designed to Maximize Sexual Well-being in Men Living With Prostate Cancer: Single-Arm Experimental Study. *Journal of Medical Internet Research*, 23(7), e21502.

Paim, K., & Cardoso, B. L. A. (Orgs). (2019). *Terapia do esquema para casais: Base teórica e intervenção*. Artmed.

Rabinowitz, M. J., Kohn, T. P., Ellimoottil, C., Alam, R., Liu, J. L., & Herati, A. S. (2021). The Impact of Telemedicine on Sexual Medicine at a Major Academic Center During the COVID-19 Pandemic. *Sexual Medicine*, 9(3), 100366.

Resolução nº 11, de 11 de maio de 2018. (2018). Regulamenta a prestação de serviços

psicológicos realizados por meios de tecnologias da informação e da comunicação e revoga a Resolução CFP nº 11/2012. https://site.cfp.org.br/wp-content/uploads/2018/05/RESOLU%C3%87%C3%83O-N%C2%BA-11-DE-11-DE-MAIO-DE-2018.pdf.

Sardinha, A. (2018). *Baralho da Sexualidade: Conversando sobre sexo com adolescentes e adultos*. Sinopsys.

Sardinha, A. (2020). *Terapia Cognitiva Sexual: Teoria e prática*. Episteme.

Sardinha, A. (no prelo). *Baralho da Sexualidade: Aplicações práticas*. Sinopsys.

Sardinha, A., Brasil, M. A., & Camera, D. S. L. (2020). Como falar de sexo no consultório. In M. R. De Carvalho, E. M. O. Falcone, L. E. N. Malagris, & A. D. Oliva (Orgs.), *Produções em Terapia Cognitivo-comportamental: Integração e atualização* (pp. 307-318). Artesã.

Sardinha, A., Cardoso, B. L. A., Carvalho, M. R., & Neufeld, C. B. (no prelo). Combinando modelos de conceitualização de casos na avaliação da sexualidade da parceria. In R. F. Catelan & A. Sardinha (Orgs.), *Manual de psicoterapia baseada em evidências para questões de gênero e sexualidade: Fundamentos teóricos e intervenções clínicas*. Sinopsys.

Sardinha, A., & Féres-Carneiro, T. (2019). Intervenções preventivas com casais: O que podemos aprender com a experiência internacional? *Psicologia: Teoria e Pesquisa, 35*, 1-12.

Sardinha, A., Lopes, K., & Brasil, M. A. (2019). Terapia Cognitiva Sexual. In W. V. de Melo (Ed.), *Prática das intervenções psicoterápicas* (pp. 573-608). Sinopsys.

Schover, L. R., Canada, A. L., Yuan, Y., Sui, D., Neese, L., Jenkins, R., & Rhodes, M. M. (2012). A randomized trial of internet-based versus traditional sexual counseling for couples after localized prostate cancer treatment. *Cancer, 118*(2), 500-509.

Simeone-DiFrancesco, C., Roediger, E., & Stevens, B. A. (2015). *Schema therapy with couples: A practitioner's guide to healing relationships*. John Wiley & Sons.

South, S. C., Doss, B., & Christensen, A. (2010). Through the Eyes of the Beholder: The Mediating Role of Relationship Acceptance in the Impact of Partner Behavior. *Family Relations, 59*(5), 611–622.

Taylor, B., & Davis, S. (2007). The Extended PLISSIT model for addressing the sexual wellbeing of individuals with an acquired disability or chronic illness. *Sexuality and Disability, 25*, 135-139.

Tilley, D. (2003). *Understanding Your Negative Cycle*. https://www.trieft.org/wp-content/uploads/2016/11/Understanding-Your-Negative-Cycle.pdf

Tsai, M., Hardebeck, E., Turlove, H., Nordal-Jonsson, K., Vongdala, A., Kohlenberg, R. J., ... & Zhang, W. (2020). Helping couples connect during the COVID-19 pandemic: A pilot randomized controlled trial of an awareness, courage, and love intervention. *Applied Psychology: Health and Well-Beingm, 12*(4), 1140-1156.

van Diest, S. L., Van Lankveld, J. J., Leusink, P. M., Slob, A. K., & Gijs, L. (2007). Sex therapy through the internet for men with sexual dysfunctions: A pilot study. *Journal of Sex & Marital Therapy, 33*(2), 115-133.

van Lankveld, J. J. (2016). Internet-based interventions for women's sexual dysfunction. *Current Sexual Health Reports, 8*, 136-143.

van Lankveld, J. J., Leusink, P., van Diest, S., Gijs, L., & Slob, A. K. (2009). Internet-based brief sex therapy for heterosexual men with sexual dysfunctions: A randomized controlled pilot trial. *The Journal of Sexual Medicine, 6*(8), 2224-2236.

Villa, M. B., & Del Prette, Z. A. P. (2012). *Inventário de Habilidades Sociais Conjugais (IHSC-Villa&Del-Prette): Manual de aplicação, apuração e interpretação*. Casa do Psicólogo.

Wagner, A., Neumann, A. P., Mosmann, A. P., Levandowski, D. C., Falcke, D., Zordan, E. P., ... Scheeren, P. (2015). 'Viver a dois: Compartilhando esse desafio': Uma proposta psicoeducativa para casais. Núcleo de Pesquisa Dinâmica das Relações Familiares.

Wampold, B. E. (2015). How important are the common factors in psychotherapy? An update. *World Psychiatry, 14*(3), 270-277.

Wrape, E., & McGinn, M. (2019). Clinical and ethical considerations for delivering couple and family therapy via telehealth. *Journal of Marital and Family Therapy, 45*(2), 296-308.

Zippan, N., Stephenson, K. R., & Brotto, L. A. (2020). Feasibility of a brief *on-line* psychoeducational intervention for women with sexual interest/arousal disorder. *The Journal of Sexual Medicine, 17*(11), 2208-2219.

9

Telepsicologia com idosos com depressão:
intervenções psicoterapêuticas e neuropsicológicas

Eduarda Rezende Freitas
Denise Mendonça de Melo
Maria Clara Gonçalves Monteiro de Oliveira

Segundo o relatório da Organização das Nações Unidas de 2019, uma em cada seis pessoas terá mais de 65 anos em 2050. Isso significa que, em menos de 30 anos, 16% da população mundial será idosa, contrapondo-se a 9% em 2019 (United Nations [UN], 2019). No Brasil, o fenômeno do envelhecimento populacional é ainda mais expressivo. Estima-se que a porcentagem de pessoas com 60 anos ou mais em 2050 será de 30,4%, enquanto em 2018 os idosos correspondiam a 13% da população brasileira (Fernández-Ardèvo, 2019).

Essa perspectiva de aumento de idosos com o passar dos anos evidencia a necessidade de se iniciar ou intensificar o desenvolvimento de medidas que garantam que o envelhecimento ocorra de forma ativa e seja assistido por políticas públicas e pela comunidade (UN, 2019). Com uma sociedade cada vez mais conectada e instrumentalizada por tecnologias da informação e comunicação (TICs), estratégias que incluam idosos no uso da internet e de aparelhos como computadores e *smartphones* tornam-se cada vez mais fundamentais. Essas medidas podem contribuir para a prevenção ou diminuição de algumas condições potencialmente presentes no envelhecimento, como solidão e sintomas depressivos, e para a promoção de autonomia e socialização (Santos & Almêda, 2017).

Uma pesquisa sobre o uso de TICs nos domicílios brasileiros em 2020 evidenciou que 45% das habitações têm um computador ou *notebook*, dos quais 83% têm acesso à internet (Núcleo de Informação e Coordenação do Ponto BR [NIC.br], 2021). Segundo o relatório de consumo de mídia desenvolvido pelo Reuters Institute (2021) da Universidade de Oxford, 71% dos brasileiros fazem uso da internet, sendo ela o principal meio de acesso a informações. Apesar da carência de dados atuais especificamente sobre idosos brasileiros, a Pesquisa Nacional por Amostra de Domicílios Contínua (Instituto Brasileiro de Geografia e Estatística [IBGE], 2021) constatou que, em 2019, 67% da população nacional com 60 anos ou mais possuía um aparelho celular e 45% faziam uso da internet, evidenciando um aumento em relação ao ano anterior, cujo percentual era de 38,7%. Ademais, verificou-se que os idosos foram o grupo etário que teve o maior aumento do uso da rede, quando comparado a outras faixas etárias (IBGE, 2021).

Favorecer a inclusão e o letramento digital de idosos pode ser benéfico tanto para a pessoa quanto para sua comunidade. A aprendizagem de recursos tecnológicos digitais contribui para a busca por informações em fontes confiáveis, o cuidado com a saúde (p. ex., por meio da utilização de ferramentas de monitoramento e assistência em saúde) e a socialização, aspectos que favorecem, ainda que indiretamente, a promoção de autonomia e benefícios para a saúde mental (Santos & Almêda, 2017; Silva & Couto Junior, 2020).

Um dos serviços em saúde disponíveis por meio de TICs é o atendimento psicológico, que pode ser realizado, por exemplo, *on-line* ou por telefone. No Brasil, o Conselho Federal de Psicologia (CFP) publicou, há cerca de uma década, a Resolução nº 11/2012, autorizando essa prática, porém ainda de forma restrita. No documento é informado que os profissionais precisam dispor de *site* próprio para os atendimentos e que estes só devem ser realizados em condições específicas, como impossibilidade de continuar presencialmente. Em 2018, uma nova normativa foi publicada (Resolução CFP nº 11/2018), autorizando consultas e atendimentos de diversos tipos e retirando a necessidade de *site* próprio do psicólogo, porém incluindo a obrigatoriedade de cadastro no endereço eletrônico do CFP (https://e-psi.cfp.org.br/). Devido à pandemia de covid-19 e às medidas de isolamento social, foi necessário que os serviços psicológicos se adaptassem à intervenção quase exclusivamente remota. Assim, em 2020, o CFP publicou outra normativa (Resolução CFP nº 4/2020), dispondo sobre a regulamentação dos serviços psicológicos prestados por meio de TICs durante a pandemia de covid-19. Com a regulamentação da psicoterapia e de outras práticas psicológicas por meios de telecomunicação, o serviço ficou mais acessível, podendo alcançar idosos que tinham algum empecilho para utilizá-lo de forma presencial.

O termo "teleneuropsicologia", por exemplo, surgiu para designar avaliações e reabilitações cognitivas realizadas de forma remota, como extensões naturais do movimento na área da saúde para expandir a disponibilidade de serviços especializados (Cullum & Grosch 2012). Essa modalidade de assistência permite a avaliação e a intervenção em pacientes idosos potencialmente afetados por deficiências neurocognitivas, dependentes de cuidadores para se deslocar, acamados em instituições de longa permanência para idosos (ILPI) ou residentes em áreas rurais, encontrando-se isolados geograficamente (Parsons, 2016).

A atuação por meio de telepsicologia (telepsicoterapia, telerreabilitação, etc.) com idosos exige (ainda mais) perspicácia do psicólogo que a realiza. Assim, este capítulo tem como objetivo geral apresentar e discutir algumas possibilidades de utilização de intervenções psicológicas mediadas por TICs com idosos, especialmente no que se refere à presença de sintomatologia depressiva e declínio cognitivo.

ENVELHECIMENTO HUMANO: CONSIDERAÇÕES GERAIS SOBRE COGNIÇÃO E DEPRESSÃO

O consenso literário sustenta que o processo de envelhecimento normal gera alterações na mecânica cognitiva, deflagradas por pequenas mudanças no desempenho neurológico, como esquecimentos repentinos de palavras e diminuição da velocidade de processamento da informação (Teixeira-Fabrício et al., 2012). Essas alterações tendem a evoluir com o aumento da idade, gerando queixas que não são caracterizadas patologicamente, pois revelam unicamente mudanças estruturais encefálicas típicas (Porto & Nitrini, 2014).

Embora do ponto de vista teórico essa compreensão esteja clara, ela se apresenta como um componente desafiador para o estabelecimento de limites entre o que seria de fato normativo e o que comporia a trajetória de envelhecimento cognitivo patológico em fase inicial. A fase pré-clínica da demência de Alzheimer, por exemplo, não costuma ser visualizada em exames de neuroimagem, apesar da presença de marcadores biológicos de beta-amiloide (Cecchini et al., 2021). Além dessa condição, outras manifestações mais significativas de declínio cognitivo na velhice podem não ser sustentadas por modificações estruturais ou neuroanatômicas, mas estarem atreladas a sintomatologias emocionais típicas das síndromes depressivas.

A depressão tem sido considerada um problema de saúde pública (Lima et al., 2016) e, não raro, é entendida como um processo natural do envelhecimento, tendo, muitas vezes, seu tratamento negligenciado ou realizado apenas com medicamentos (para mais discussões, ver Ferreira & Batistoni, 2016). No que se refere à negligência na assistência, um dos fatores que contribui para que isso ocorra diz respeito à dificuldade em diagnosticar o transtorno em pessoas idosas. Quando se avalia a depressão na velhice, é necessário considerar outros fatores, como histórico de depressão ao longo da vida, diminuição do nível de atividades e fatores estressantes recentes, por exemplo, luto e aposentadoria (Ferreira & Batistoni, 2016).

Com relação à utilização frequente de medicamentos para tratamento da depressão em idosos, Lima et al. (2016) afirmam haver um uso excessivo de terapia medicamentosa com esse grupo. Na Pesquisa Nacional de Saúde de 2019, a porcentagem de idosos que faziam uso de medicamentos para depressão (56,3% das pessoas entre 60 e 64 anos; 56,8%, entre 65 e 74 anos; e 61,9%, das pessoas com 75 anos ou mais) foi maior que a média nacional (48%) (IBGE, 2020). Essa situação acende um alerta para a necessidade do olhar de profissionais para a implementação de métodos não farmacológicos, como as psicoterapias (Lima et al., 2016). Além de não produzirem efeitos prejudiciais ao organismo, elas contribuem para a estimulação cognitiva de pessoas idosas (Lima et al., 2016). Nesse sentido, reitera-se que o rebaixamento do humor pode afetar o processamento cognitivo, mas também a saúde física e a socialização, e desencadear outros sintomas de humor, como aqueles relacionados à ansiedade e aos níveis de estresse (Batistoni, 2016; Camacho-Conde & Gálan-Lopez, 2021).

Apesar de idosos brasileiros com idade entre 60 e 64 anos serem aqueles com maiores índices de depressão (13,2%), se comparados a outras faixas etárias (IBGE, 2020), de a depressão ser o transtorno psiquiátrico mais frequente em idosos e, ainda assim, ser subdiagnosticada e subtratada, ela é um dos transtornos psicológicos com maiores chances de ser tratável (Ferreira & Batistoni, 2016; Ferreira-Filho et al., 2021). A literatura científica já conta com exemplos de práticas baseadas em evidências em psicologia clínica para tratamento da depressão em idosos (ver Freitas & Barbosa, no prelo). Não obstante, essas intervenções têm sido realizadas, sobretudo, de forma presencial.

Dito isso, serão descritos ao longo deste capítulo exemplos de intervenções remotas com idosos com depressão e/ou declínio cognitivo. Cumpre destacar que os estudos foram conduzidos com pessoas de outras nacionalidades, limitando ou mesmo inviabilizando a generalização dos resultados para os idosos do Brasil.

TELEPSICOLOGIA COM IDOSOS COM DEPRESSÃO

Embora existam tratamentos psicológicos eficazes para a depressão na velhice, são poucos os idosos que, de fato, têm acesso a esses tratamentos, sobretudo baseados em evidências (Titov et al., 2015). Idosos que apresentam dificuldades para sair de casa (p. ex., limitações de mobilidade, dor elevada, osteoartrite de joelho) ou vivem em ambientes de difícil acesso, como em algumas áreas rurais, experimentam ainda mais desafios em relação ao acesso à psicoterapia (Egede et al., 2015; Raue et al., 2017). A essas barreiras também pode-se acrescentar o estigma relacionado à intervenção psicológica com idosos, os custos do tratamento e o número limitado de psicólogos treinados para o trabalho com esse grupo (Titov et al., 2015). Nesses casos, as TICs contribuem para expandir o alcance da psicoterapia baseada em evidências para pessoas na velhice.

Um ensaio clínico randomizado (ECR) (Choi et al., 2014) foi realizado nos Estados Unidos, com 121 pessoas com depressão, de baixa renda e idade entre 50 e 89 anos (M = 65,21; DP = 9,22), a fim de avaliar a aceitação e eficácia de uma intervenção de terapia de resolução de problemas (TRP) administrada via Skype (tele-TRP). A tele-TRP foi comparada com a TRP presencial (realizada na casa do participante) e com suporte psicológico fornecido por telefone. A primeira sessão com os participantes da tele-TRP foi conduzida da mesma maneira que com os de TRP presencial. Nela, o terapeuta forneceu materiais psicoeducativos sobre depressão e planilhas de TRP para os participantes usarem nos encontros posteriores. Ao final dessa primeira sessão, cada participante recebeu do terapeuta o equipamento de videoconferência e aprendeu sobre como utilizá-lo da segunda à sexta sessão.

Tanto na tele-TRP quanto na TRP presencial, as seis sessões tiveram duração de 60 minutos cada uma. Em cada sessão, terapeuta e participante utilizaram planilhas que contemplavam as sete etapas da resolução de problemas (Choi et al., 2012):

1. identificar e clarificar uma área problemática;
2. estabelecer metas claras, realistas e alcançáveis para a resolução de problemas;
3. gerar, por meio de *brainstorming*, múltiplas alternativas apropriadas de resolução do problema;
4. implementar diretrizes de tomada de decisão, identificando prós e contras de cada solução potencial (p. ex., vantagens e desvantagens, viabilidade e obstáculos, benefícios e desafios);
5. avaliar e escolher soluções, comparando-as e contrastando-as;
6. desenvolver um plano de ação, detalhando as etapas que devem ser executadas para implementar as soluções preferidas;
7. avaliar o resultado e reforçar o sucesso e/ou esforço contínuo.

A partir do Inventário de Avaliação de Tratamento (utilizado para avaliar a aceitação da intervenção), evidenciou-se que a pontuação dos participantes de tele-TRP foi ligeiramente superior à pontuação dos que realizaram a intervenção presencial. A redução na sintomatologia depressiva ocorreu tanto para a amostra que compôs a tele-TRP quanto a TRP presencial, sendo, em ambas, significativamente maior do que a observada nos participantes que receberam suporte psicológico por chamada telefônica. Esse resultado, avaliado 12 semanas após o pré-teste, foi mantido por mais 12 semanas. Destaca-se que os escores dos participantes da tele-TRP não diferiram dos daqueles da TRP presencial (Choi et al., 2014).

De acordo com Choi et al. (2014), apesar do ceticismo inicial dos participantes, que eram, majoritariamente, minorias raciais/étnicas, de baixa renda e com pouca familiaridade com tecnologia, quase todos, incluindo a maioria dos que experimentaram transmissão de baixa qualidade de áudio ou vídeo no início do estudo, tiveram atitudes bastante positivas em relação à tele-TRP no pós-tratamento. Ademais, alguns ficaram orgulhosos com sua capacidade de utilizar a videoconferência e ficaram satisfeitos com a sua conveniência.

Ao não serem encontradas diferenças significativas nos efeitos do tratamento sobre a gravidade da depressão entre os participantes da tele-TRP e da TRP presencial, a telepsicologia configura-se como uma importante ferramenta para facilitar o acesso de idosos deprimidos ao tratamento (Choi et al., 2014).

Outro estudo que evidenciou o potencial da psicoterapia conduzida remotamente foi realizado por Egede et al. (2015) com norte-americanos. Nele, 237 veteranos de guerra com transtorno depressivo, sendo a maioria (98%) homens com idade igual ou superior a 58 anos (M = 63,9; DP = 5,1), foram divididos em duas modalidades de intervenção, intituladas telemedicina (via videofone) e presencial (face a face). Para o grupo de telemedicina, adotou-se uma tecnologia de videoconferência em que os participantes não precisavam de internet banda larga – foi utilizado um videofone analógico que funciona por meio de serviço telefônico padrão. Além de ter uma tela de vídeo, o equipamento se parece muito e funciona como um telefone.

Tanto os participantes da intervenção por telemedicina quanto os da presencial receberam o mesmo tratamento de ativação comportamental para depressão (Lejuez et al., 2011). As oito sessões ocorreram individualmente, uma vez por semana, com duração aproximada de 60 minutos cada uma (Egede et al., 2015).

A ativação comportamental é baseada na compreensão de que os comportamentos desempenham um papel importante na maneira como a pessoa se sente. A partir dessa abordagem, a base para uma "vida sem depressão" envolve desenvolver padrões comportamentais mais saudáveis, nos quais, em cada dia, estejam contidas atividades importantes e/ou agradáveis, que contribuam para uma sensação de realização e propósito de vida. Para alcançar esses objetivos, identificam-se, inicialmente, as áreas da vida em que o paciente deseja se concentrar e, em seguida, seus valores nessas áreas. A partir daí, são identificadas e planejadas atividades diárias que ajudem o paciente a viver de acordo com os valores que lhes são mais caros. Isso é importante, pois, ao realizar atividades que estão intimamente relacionadas ao que a pessoa valoriza, há mais chances de que ela tenha experiências positivas e agradáveis, melhorando como se sente e o que pensa sobre sua vida (Lejuez et al., 2011).

No Quadro 9.1, é apresentada uma síntese do *Manual de tratamento breve de ativação comportamental para depressão*, disponível em Lejuez et al. (2011). De acordo com os autores, é possível que, quando necessário, o tratamento tenha mais ou menos sessões, e já existem estudos indicando reduções significativas na sintomatologia depressiva mesmo com seis ou oito sessões. O ECR conduzido por Egede et al. (2015) fez uso desse manual adaptado para oito sessões.

Constatou-se que participantes de ambos os grupos suportaram e se beneficiaram clinicamente com a ativação comportamental para depressão. Se considerada a Geriatric Depression Scale (Yesavage et al., 1983), um dos instrumentos utilizados no estudo, 45% dos veteranos do grupo de telemedicina e 39% do grupo presencial tiveram uma redução de pelo menos 50% na gravidade dos sintomas e foram classificados como respondentes ao tratamento, considerando o ponto de avaliação primário e o *follow-up* de 12 meses (Egede et al., 2015). Segundo os autores, a magnitude do efeito do tratamento obtida nesse estudo foi semelhante ao que é observado em outras investigações sobre tratamentos para depressão em veteranos de guerra.

QUADRO 9.1 Manual de tratamento breve de ativação comportamental para depressão

Sessão	Elementos-chave

1	1. Discussão sobre depressão
	2. Introdução aos fundamentos do tratamento para ativação comportamental
	  – Eventos estressantes e perdas
	3. Introdução ao monitoramento diário
	  – Avaliações de satisfação e importância
	  – Quando preencher o formulário de monitoramento diário?
	4. Pontos importantes sobre a estrutura do tratamento
	Atribuições: preencher o formulário de monitoramento diário

2	1. Revisão da atribuição: monitoramento diário – Solução de problemas 2. Revisão da fundamentação do tratamento 3. Inventário de áreas de vida, valores e atividades **Atribuições:** preencher o formulário de monitoramento diário e revisar e preencher o inventário de áreas de vida, valores e atividades
3	1. Revisão da atribuição: formulário de monitoramento diário 2. Revisão de atribuição: inventário de áreas de vida, valores e atividades 3. Seleção e classificação de atividades **Atribuições:** monitoramento diário; revisão e edição do inventário de áreas de vida, valores e atividades; revisão e edição da seleção e classificação de atividades
4	1. Revisão da atribuição: monitoramento diário 2. Monitoramento diário com planejamento de atividades **Atribuições:** monitoramento diário com planejamento de atividades para a próxima semana
5	1. Revisão da atribuição: monitoramento diário com planejamento de atividades 2. Contratos (identificação das atividades em que o paciente poderia obter ajuda de alguém para realizá-las ou concluí-las) 3. Monitoramento diário com planejamento de atividades para a próxima semana **Atribuições:** monitoramento diário com planejamento de atividades para a próxima semana e continuação da adição/edição de contratos

(Continua)

QUADRO 9.1 Manual de tratamento breve de ativação comportamental para depressão *(Continuação)*

Sessão	Elementos-chave
6	1. Revisão da atribuição: monitoramento diário com planejamento de atividades 2. Revisão da atribuição: contratos 3. Monitoramento diário com planejamento de atividades para a próxima semana **Atribuições:** monitoramento diário com planejamento de atividades para a próxima semana e continuação da adição/edição de contratos
7	1. Revisão da atribuição: monitoramento diário com planejamento de atividades 2. Revisão e edição de conceitos: inventário de áreas de vida, valores e atividades 3. Monitoramento diário com planejamento de atividades para a próxima semana **Atribuições:** monitoramento diário com planejamento de atividades para a próxima semana e continuação da adição/edição de contratos
8	1. Revisão da atribuição: monitoramento diário com planejamento de atividades 2. Revisão e edição de conceitos: seleção e classificação de atividades 3. Monitoramento diário com planejamento de atividades para a próxima semana **Atribuições:** monitoramento diário com planejamento de atividades para a próxima semana e continuação da adição/edição de contratos
9	1. Revisão da atribuição: monitoramento diário com planejamento de atividades 2. Revisão e edição de conceitos: contratos 3. Monitoramento diário com planejamento de atividades para a próxima semana **Atribuições:** monitoramento diário com planejamento de atividades para a próxima semana e continuação da adição/edição de contratos

(Continua)

QUADRO 9.1 Manual de tratamento breve de ativação comportamental para depressão *(Continuação)*

Sessão	Elementos-chave
10	1. Revisão da atribuição: monitoramento diário com planejamento de atividades 2. Monitoramento diário com planejamento de atividades para a próxima semana 3. Preparação para o fim do tratamento **Atribuições:** monitoramento diário com planejamento de atividades para a próxima semana e continuação da adição/edição de contratos

Fonte: Elaborado com base em Lejuez et al. (2011).

A partir desse e de outros resultados obtidos, Egede et al. (2015) constataram que a psicoterapia administrada por telemedicina para idosos com depressão não é inferior ao tratamento presencial, demonstrando que esse método de psicoterapia baseada em evidências pode ser administrado, sem modificação, por meio da telemedicina domiciliar. Esse é um achado importante, pois mostra que um método de baixo custo, como o investigado, pode ser utilizado para superar barreiras à assistência a idosos, especialmente aquelas associadas ao custo, à distância ou à dificuldade de comparecimento a sessões presenciais. Cumpre mencionar que cerca de 70% da amostra foi composta por residentes de áreas rurais e 40% por afro-americanos (Egede et al., 2015).

Na Austrália, Titov et al. (2015) também conduziram um ECR com idosos (M = 65,31; DP = 3,30; 61-76 anos) com sintomas de depressão. Um dos objetivos desse estudo foi examinar a eficácia, em curto e longo prazos, de uma intervenção baseada em terapia cognitivo-comportamental (TCC) mediada por internet (iTCC). Esclarece-se que iTCCs têm sido administradas tanto de forma autoguiada, como utilizada na pesquisa de Titov et al. (2015), quanto com o suporte de um terapeuta, via *e-mail* e telefone.

Os participantes foram alocados de forma aleatória para o grupo experimental, de tratamento (N = 29), ou o grupo-controle, de lista de espera (N = 25). Iniciaram a iTCC, intitulada "Gerenciando seu humor" 27 idosos. Essa intervenção consistiu em cinco lições, distribuídas ao longo de oito semanas. Cada lição foi apresentada em formato de *slides* e contemplou uma parte didática, com instruções e informações baseadas na literatura científica, e outra de exemplos de casos, quando foram apresentadas histórias educacionais que demonstram a aplicação de habilidades e resolução de problemas.

Para facilitar a aprendizagem gradual e o domínio das habilidades, é proposta mais de uma semana para as lições que abordam conteúdos mais complexos (p. ex., questionamento de pensamento e exposição gradual). Ademais, os participantes são impedidos de pular as lições ou avançar muito rapidamente no material, sendo encorajados a cumprir o cronograma disponibilizado.

Para cada lição, são fornecidos resumos e planos de ação (tarefas). Além desses materiais, durante a iTCC também foram disponibilizados recursos adicionais, como materiais sobre assertividade, resolução de problemas, gerenciamento de preocupações, crenças desafiadoras e higiene do sono. Lembretes automáticos regulares, *e-mails* de notificação, histórias de casos detalhando experiências de idosos se recuperando da depressão e troca de mensagens por *e-mail* com o terapeuta foram outros recursos também utilizados. No que se refere a esse último aspecto, verificou-se que o tempo médio total do terapeuta por participante da iTCC foi de 45,07 minutos (DP = 32,51). Esse tempo foi gasto com o envio de *e-mails*, a leitura das mensagens recebidas e a realização de chamada telefônica para os participantes.

Os resultados da investigação de Titov et al. (2015) revelaram que a iTCC foi eficaz para a diminuição de sintomatologia depressiva e ansiosa dos idosos participantes. Ademais, constatou-se que essa redução foi mantida no acompanhamento, que ocorreu três e 12 meses após a finalização da intervenção.

No que se refere à avaliação da iTCC, dos 23 idosos que finalizaram o tratamento, 20 forneceram *feedback* ao final. A partir deste, foi possível constatar que 80% (N = 16) relataram ter ficado satisfeitos ou muito satisfeitos com a intervenção e somente um indicou estar um pouco insatisfeito. Nenhum dos idosos relatou muita insatisfação com a iTCC, e todos afirmaram que a recomendariam a um amigo e que valeu a pena ter participado do tratamento.

Outro ECR, também conduzido com idosos australianos com transtorno depressivo maior, mas com comorbidade com osteoartrite de joelho, objetivou avaliar a eficácia de um programa de iTCC (O'Moore et al., 2017). Os 69 participantes (M = 62,0; DP = 7,07; 50-81 anos) foram alocados para o grupo experimental, isto é, programa de 10 semanas de iTCC para depressão somado ao tratamento padrão para osteoartrite (N = 44), ou para o grupo-controle, apenas com o tratamento padrão (N = 25).

O programa utilizado por O'Moore et al. (2018) está descrito em Perini et al. (2008) e denomina-se Sadness, que em inglês significa tristeza. Ele consiste em quatro componentes: 1) seis lições *on-line*; 2) planos de ação; 3) participação em fórum de discussão *on-line*; e 4) contato regular por *e-mail* com um profissional de saúde mental. Todas as lições abordam princípios e técnicas das melhores práticas normalmente utilizadas na TCC para depressão, como ativação comportamental, reestruturação cognitiva, resolução de problemas e assertividade.

Parte do conteúdo de cada lição é apresentada em forma de história, sobre uma jovem com depressão que, com a ajuda de um psicólogo, aprende a regular seus sintomas. Cada lição começa com um resumo do material da etapa anterior, inclui um resumo para impressão do conteúdo a ser trabalhado naquela lição e um plano de ação. Espera-se que os participantes concluam o plano de ação antes de finalizar a lição seguinte. Eles são orientados a postar regularmente, usando um pseudônimo, em um fórum de discussão *on-line*, seguro e confidencial, mensagens e os planos de ação realizados. O terapeuta é responsável por moderar o fórum e responder às postagens em até 24 horas (Perini et al., 2008).

Após o término de cada lição, o terapeuta é notificado e envia aos participantes *e-mails* com mensagens de reforço pela participação e esforços contínuos, incentivo para praticar as habilidades aprendidas, estímulo para completar as lições e os planos de ação, questionamentos sobre o progresso na iTCC e respostas às perguntas dos participantes (Perini et al., 2008).

A amostra da investigação de O'Moore et al. (2018) foi avaliada em três momentos: antes do programa Sadness, uma semana e três meses após sua finalização. Em comparação com os participantes que receberam o tratamento padrão, aqueles que compuseram o grupo experimental apresentaram redução de sintomas depressivos e angústia e melhora da saúde mental geral na finalização da iTCC e após três meses. Relataram também melhora da dor, rigidez, função física e autoeficácia relacionada à osteoartrite três meses após a conclusão do programa. Esses resultados indicam que não apenas os ganhos do tratamento foram mantidos, mas também que os benefícios se estenderam além do bem-estar mental, incluindo melhora dos estados funcional e físico autorrelatados. Cumpre ressaltar que a iTCC não incluiu tratamento para a osteoartrite, corroborando, desse modo, outros estudos que identificam que intervenções psicológicas podem melhorar o funcionamento físico de pessoas com artrite (O'Moore et al., 2018).

Apesar dos resultados abonadores obtidos nos ECR expostos anteriormente, cumpre destacar que nenhum deles incluiu idosos com comprometimento cognitivo nas amostras, nem brasileiros. Assim, investigações com amostras nacionais de pessoas na velhice com sintomatologia depressiva e funcionamento cognitivo normal ou com declínio são fundamentais para o avanço do conhecimento e aplicação da telepsicologia no Brasil com esse agrupamento etário.

TELENEUROPSICOLOGIA COM IDOSOS: DA AVALIAÇÃO À REABILITAÇÃO

Avaliação neuropsicológica *on-line*

A avaliação neuropsicológica do idoso é um processo, baseado em uma metodologia, que pretende investigar suas funções cognitivas e comportamentais, traçando um perfil de forças e fraquezas do funcionamento neurológico (Mansur-Alves, 2018). Esse processo sustenta-se em evidências científicas que definem quantitativamente dados populacionais normativos a partir de respostas a testes específicos e balizam o referido perfil. Além disso, informações coletadas a partir da anamnese e análise da capacidade funcional do idoso precisam ser relacionadas à quantificação. A etapa qualitativa do processo avaliativo pode ser realizada com minúcia e eficácia no formato *on-line*, enquanto a quantitativa ainda tem respaldo limitado de evidências nessa modalidade, sobretudo no Brasil.

A anamnese *on-line* mantém o protocolo usual, como entrevista semiestruturada, englobando múltiplos domínios da história de vida pessoal, antecedente e atual, além de sintomas, queixas subjetivas e resultados de exames de neuroimagem. Esclarece-se que essa etapa é habitualmente realizada com um informante ou familiar próximo do paciente.

Para a fase quantitativa da avaliação neuropsicológica *on-line*, é necessário que se verifique se os instrumentos a serem utilizados foram construídos para esse tipo de aplicação, ou seja, de forma remota. Não é recomendado adaptar testes padronizados para utilização presencial para a aplicação *on-line*, pois esse procedimento comprometeria as evidências de validade do material.

A American Educational Research Association (AERA), a American Psychological Association (APA) e o National Council on Measurement in Education (NCME, 2014) explicitam que um teste psicológico precisa apresentar evidências de validade que informem se ele, de fato, mede o construto que se propõe a medir. Essa regulamentação precisa ser rigidamente cumprida para qualquer modelo de testagem e apresenta-se como um desafio para os pesquisadores que pretendem construir instrumentos robustos para aplicação remota. São várias as dificuldades na adaptação ou reconstrução de modelos desses instrumentos para o formato *on-line*, destacando-se, por exemplo, a padronização de itens que avaliam a visuopraxia construtiva e aqueles que exigem uso de lápis e papel pelo idoso, avaliado sem supervisão direta.

Atualmente, são poucos os instrumentos disponíveis para aplicação virtual ou mesmo computadorizada para uso na população brasileira. Além disso, eles contemplam um número reduzido de domínios neuropsicológicos que possam distinguir as peculiaridades manifestas pelas queixas cognitivas das pessoas idosas. O Sistema de Avaliação de Testes Psicológicos (Satepsi) (https://satepsi.cfp.org.br/) regulamenta e elenca quais são esses testes. Constituem exemplos de instrumentos disponibilizados com evidências de validade para avaliação neuropsicológica *on-line* de idosos:

1. D2-R (Serpa et al., 2019);
2. Atenção *on-line* (AOL): atenção alternada, concentrada e dividida (Lance et al., 2018);
3. Teste de Inteligência Não Verbal (G-38) (Boccalandro, 2018);
4. Teste Neuropsicológico para Avaliação do Binding Visuoespacial (TNABV) (Abreu et al., 2020);

5. Teste de Habilidades para o Trabalho Mental (HTM-VERBAL) (Santaros, 2011).

Há também instrumentos neuropsicológicos de domínio público que apresentam evidências satisfatórias para aplicação *on-line*. Citam-se como exemplos:

1. Computer Assessment of Mild Cognitive Impairment (CAMCI) (Saxton et al., 2009), que apresentou 86% de sensibilidade e 94% de especificidade para o diagnóstico de comprometimento cognitivo leve em amostra de idosos com 60 anos ou mais;
2. The Computer Self Test (CST) (Dougherty et al., 2010), que classificou com precisão 96% dos indivíduos com deficiência cognitiva em comparação com os controles em uma amostra de 215 indivíduos (M = 75,24 anos), sendo 84 com deficiência cognitiva e 104 controles normais;
3. NIH Toolbox para Avaliação da Função Neurológica e Comportamental (NIH-TB) (Weintraub et al., 2013), que avalia função motora, sensação e emoção e foi testado em 476 participantes com idade máxima de 85 anos;
4. Miniexame do Estado Mental para Videoconferência (VMMSE) (Timpano et al., 2013), que, em amostra de 342 pessoas, foi sugerido um ponto de corte considerado adequado para comprometimento cognitivo em idosos e apresentada a consistência por meio da análise de confiabilidade inter e intraexaminadores.

Salienta-se que esses testes de domínio público exemplificados não foram adaptados transculturalmente para a população brasileira, não podendo, portanto, ser utilizados no país.

Assim, no Brasil, evidencia-se certa fragilidade na emissão de um laudo neuropsicológico, se realizado de forma remota, em virtude de não ser suficientemente robusto para respaldar uma hipótese diagnóstica satisfatória. Essa situação é ainda mais preocupante se considerados os desafios do envelhecimento neurológico e as manifestações comportamentais, cognitivas e afetivas de múltiplas valências. Portanto, no modelo de teleconsulta para avaliação neuropsicológica, é recomendável, até o momento, ater-se à realização da anamnese e à aplicação dos poucos instrumentos padronizados *on-line* para o contexto brasileiro e, em seguida, proceder à testagem complementar de forma presencial. A devolutiva do laudo pode ser feita de forma remota, exibindo-se e explicando-se os resultados obtidos pelo idoso por meio do compartilhamento da tela do computador.

Embora não se disponha de um número significativo de evidências para uso da avaliação *on-line* no Brasil, em âmbito internacional as pesquisas apresentam novas perspectivas. Utilizando amostras estrangeiras, Cullum et al. (2006), Cullum et al. (2012, 2014) e Grosch et al. (2011, 2015) conduziram uma série de estudos comparando neuroavaliações realizadas por videoconferência com avaliações presenciais convencionais, incluindo idosos com comprometimento cognitivo leve e com demência de Alzheimer (Collum et. al., 2006; Collum et al., 2014; Collum & Grosch, 2012; Grosch et al., 2011, 2015). Os resultados sugerem que a avaliação neuropsicológica por videoconferência é uma alternativa válida e confiável.

Há que se considerar que não somente na avaliação neuropsicológica, mas na avaliação psicológica quantitativa como um todo, vislumbra-se, em um futuro não muito distante, a utilização de modelos computadorizados e *on-line*. Esses modelos, por meio de sofisticados algoritmos matemáticos, sustentarão uma variedade de informações que essa quantificação poderá oferecer. Caberá aos psicólogos a dedicação fundamental ao raciocínio clínico baseado em evidências populacionais e nas particularidades do caso para sustentar uma hipótese diagnóstica precisa.

Telerreabilitação neuropsicológica

Cumprida a etapa avaliativa, torna-se possível identificar, além do perfil cognitivo do idoso, sua estrutura emocional subjacente à possível alteração neurológica manifesta. Köhler et al. (2010) identificaram, em amostra de 67 idosos com depressão maior e 36 saudáveis, que os déficits cognitivos na depressão tardia persistem por até quatro anos, afetando vários domínios, e estão relacionados a efeitos de traço, e não de estado.

Elderkin-Thompson et al. (2003) examinaram a capacidade cognitiva de pacientes com depressão menor (N = 28), depressão maior (N = 26) e idosos saudáveis (N = 38) transversalmente e concluíram que o declínio no desempenho cognitivo esteve relacionado a uma tendência semelhante observada em estudos neuroanatômicos, nos quais o volume dos lobos frontal e temporal diminui com o aumento da gravidade da depressão. Embora ainda não esteja claro como a depressão contribui para a demência, sugere-se que até 60% dos idosos com depressão atendam aos critérios de comprometimento cognitivo leve (Köhler et al., 2010).

Isso posto, há que se salientar a necessidade da operacionalização das intervenções pertinentes a cada caso demandante de intervenção neuropsicológica. Considerando os benefícios da telepsicologia, destacados anteriormente neste capítulo, passa-se à explanação sobre a reabilitação *on-line* de pessoas idosas.

A reabilitação neuropsicológica no envelhecimento é um processo biopsicossocial, interativo, em que o psicólogo trabalha em conjunto com o paciente e sua família ou até a comunidade. Pretende alcançar o potencial máximo de recuperação de alterações neurológicas manifestas por déficit cognitivo e, consequentemente, da capacidade funcional. Envolve atividades promotoras da neuroplasticidade por meio de exercícios demandantes cognitivamente, ensino de estratégias compensatórias, organização ambiental, métodos facilitadores do bem-estar psicológico, da qualidade de vida e da funcionalidade do indivíduo (Lopes & Nascimento, 2020; Wilson et al., 2020). É balizada pelas metas e desejos do idoso e seus familiares.

A telerreabilitação neuropsicológica do idoso, embora seja uma prática recente, vem ganhando espaço, principalmente por viabilizar a intervenção contínua de pacientes com dificuldade de mobilidade ou de acesso presencial. Nessa perspectiva, também apresenta diminuição dos custos de transporte e, assim, maior engajamento (Kumar & Cohn, 2013). Holst et al. (2017), por exemplo, utilizaram a telerreabilitação para tratamento de pacientes com depressão por meio de um programa de TCC e concluíram que esse procedimento foi economicamente significativo para o tratamento em geral.

Linder et al. (2015) aplicaram um programa de neurorreabilitação *on-line* em 99 pacientes pós-acidente vascular cerebral (AVC), com a finalidade de intervir em sintomas depressivos e aumentar a qualidade de vida. Os autores identificaram melhoria nos dois domínios almejados em menos de seis meses após o AVC. Em 2016, foi relatado que cerca de 125.000 pacientes que tiveram um AVC ou sintomas de AVC usaram a tecnologia baseada em telerreabilitação (Peretti et al., 2017). Segundo Peretti et al. (2017), a reabilitação remota permite o manejo rápido de uma lesão ou doença, o que é fundamental para obter resultados satisfatórios no que se refere ao aumento da autoeficácia do paciente. Portanto, um programa de reabilitação deve começar o mais rápido possível, ser intensivo, prolongado e continuar durante a fase de recuperação. A modalidade *on-line* contribui para que essas exigências sejam cumpridas.

Embora dispositivos e aplicativos digitais estejam cada vez mais acessíveis no mercado para uso comercial e residencial, alguns cuidados precisam ser tomados para que ocorra o engajamento do idoso no serviço de telerreabilitação ou telepsicologia em geral. A inclusão digital no envelhecimento vem crescendo (Alvarenga et al., 2019), porém, há que se considerar que a população-alvo da reabilitação *on-line* habitualmente apresenta declínio cognitivo e alteração de humor, exibindo certas especificidades.

Para maior adesão do paciente idoso ao programa de reabilitação *on-line* em fase inicial, é importante a consulta à sua avaliação neuropsicológica realizada previamente, principalmente à história de vida do paciente. De posse dessas informações, vale retomar sua história, na primeira sessão, possibilitando a ressignificação dos conteúdos e oportunizando a fala com foco psicoterapêutico e também o planejamento dos encontros remotos seguintes. Como os idosos acumulam uma experiência crescente, o que constitui um recurso rico para o aprendizado, as sessões devem ser direcionadas para a aplicação imediata do conhecimento (Alvarenga et al., 2019) na prática da reabilitação.

Além dessas recomendações apresentadas para a telerreabilitação, na próxima seção serão elencadas algumas dicas práticas para a realização de intervenções psicológicas remotas com idosos.

DICAS PRÁTICAS PARA INTERVENÇÕES EM TELEPSICOLOGIA COM IDOSOS

Para o trabalho remoto, seja de avaliação ou intervenção, alguns cuidados precisam ser adotados (Noal et al., 2020), sobretudo quando os pacientes são idosos. Recomenda-se, em um momento anterior ao início da teleconsulta:

- consultar previamente o idoso (e/ou cuidador formal ou informal) sobre os conhecimentos tecnológicos e digitais do paciente;
- promover a educação digital, dinamizar o processo e potencializar a sinaptogênese;
- solicitar o acompanhamento do idoso para mediar o uso do equipamento escolhido, pelo menos no início da(s) sessão(ões);
- orientar e informar o idoso e o responsável por seu acompanhamento (quando for o caso) sobre o uso da plataforma *on-line* mais adequada e segura e sobre a necessidade de um ambiente privativo, que não ofereça interferências externas;
- sugerir o uso de fones de ouvidos – psicólogos também devem usá-los – para o favorecimento do sigilo;
- proceder a checagem do perfil sensorial do idoso para ajuste de volume, cor, intensidade de brilho e tamanho da tela. Algumas tarefas de estimulação visual coloridas, por exemplo, não devem ser executadas com idosos que apresentem daltonismo ou outra alteração oftalmológica.

As normas que regem a conduta do psicólogo no atendimento *on-line* são as mesmas indicadas pelo Código de Ética Profissional dos Psicólogos (CFP, 2005) para o modelo presencial, reforçadas na Resolução CPF n° 04/2020. Especificamente sobre a prática mediada por TICs, Noal et al. (2020) reforçam a importância de:

- manter o contato visual com o paciente, estando o rosto posicionado no centro da tela, a posição corporal sugestiva de disponibilidade, o tom de voz amigável, calmo e fonologicamente compreensível;
- facilitar a verbalização, a fim de obter informações fiéis sobre a vida do idoso;
- avisar com antecedência sobre possíveis movimentos corporais que o profissional precise fazer, como se levantar da cadeira para carregar o computador ou avisar que está fazendo anotações, caso o paciente não consiga visualizar;
- manter o cenário de fundo organizado e, de preferência, o mesmo, para manter a estabilidade do ambiente;
- não gravar a anamnese e manter os registros em prontuário sob a guarda do psicólogo por, pelo menos, cinco anos.

CONSIDERAÇÕES FINAIS

Estudos que avaliam a eficácia e a efetividade de intervenções psicológicas mediadas por TICs com pessoas na velhice já têm sido realizados em outros países, sobretudo na última década, e apresentam resultados animadores. Além disso, quando investigam a aceitabilidade do atendimento psicológico remoto, os resultados são, em geral, igualmente positivos.

A pandemia de covid-19, que assolou o planeta em 2020, fez essa forma de assistência se expandir exponencialmente também no Brasil. Espera-se, a partir disso, que pesquisas sejam desenvolvidas a fim de analisar a eficácia, a efetividade e a eficiência da telepsicologia (telepsicoterapia, teleneuropsicologia, etc.) com idosos brasileiros, especialmente no que se refere à depressão, transtorno psiquiátrico mais prevalente nessa fase do curso de vida. Além disso, é urgente que profissionais e pesquisadores incorporem nas intervenções com essa população os aspectos cognitivos, e sua avaliação, já que problemas nessa área são comorbidades comuns em muitos casos.

Por fim, é necessário considerar que os idosos constituem um dos principais grupos excluídos digitalmente. Superar essa barreira é fundamental para que eles tenham, de fato, acesso à teleassistência em saúde mental exemplificada neste capítulo.

REFERÊNCIAS

Abreu, N., Santana, Y., Bessa, J. (2020). *Teste Neuropsicológico para Avaliação do Binding Visuoespacial – TNABV*. Vetor.

Alvarenga, G. M. D. O., Yassuda, M. S., & Cachioni, M. (2019). Inclusão digital com tablets entre idosos: Metodologia e impacto cognitivo. *Psicologia, Saúde & Doenças, 20*(2), 384-401.

American Educational Research Association (AERA), American Psychological Association (APA), & National Council on Measurement in Education (NCME). (2014). *Standards for educational and psychological testing*, 194. AERA.

Batistoni, S. S. T. (2016). Saúde Emocional na Velhice. In E. R. Freitas, A. J. G. Barbosa, & C. B. Neufeld (Orgs.), *Terapias Cognitivo-Comportamentais com Idosos* (pp. 353-374). Sinopsys.

Boccalandro, E. R. (2018). *G-38 Teste Não Verbal de Inteligência*. Vetor.

Camacho-Conde, J. A., & Galán-López, J. M. (2021). The Relationship Between Depression and Cognitive Deterioration in Elderly Persons. *Psicologia: Teoria e Pesquisa, 37*, 1-10.

Cecchini, M. A., Yassuda, M. S., Squarzoni, P., Coutinho, A. M., Faria, D. P., Duran F. L. S., ... & Busatto, G. F. (2021). Deficits in short-term memory binding are detectable in individuals with brain amyloid deposition in the absence of overt neurodegeneration in the Alzheimer's disease continuum. *Brain and Cognition, 152*, 105749.

Choi, N. G., Hegel, M. T., Marti, N., Marinucci, M. L., Sirrianni, L., & Bruce, M. L. (2014). Telehealth problem-solving therapy for depressed low-income homebound older adults. *The American Journal of Geriatric Psychiatry, 22*(3), 263-271.

Choi, N. G., Hegel, M. T., Sirrianni, L., Marinucci, M. L., & Bruce, M. L. (2012). Passive coping response to depressive symptoms among low-income homebound older adults: Does it affect depression severity and treatment outcome? *Behaviour Research and Therapy, 50*(11), 668-674.

Conselho Federal de Psicologia (CFP). (2005). *Código de Ética Profissional do Psicólogo*. https://site.cfp.org.br/wp-content/uploads/2012/07/codigo-de-etica-psicologia.pdf.

Cullum, C. M., & Grosch, M. G. (2012). Teleneuropsychology. In K. Myers, & C. Turvey (Eds.), *Telemental health: Clinical, technical and administrative foundations for evidence-based practice* (pp. 275-294). Elsevier.

Cullum, C. M., Weiner, M. F., Gehrmann, H. R., & Hynan, L. S. (2006). Feasibility of tele-cognitive assessment in dementia. *Assessment, 13*(4), 385-390.

Cullum, M., Hynan, C., Grosch, L., Parikh, M., & Weiner, M. F. (2014). Teleneuropsychology: Evidence for video teleconference-based neuropsychological assessment. *Journal of the International Neuropsychological Society, 20*(10), 1028-1033.

Dougherty, J. H., Jr., Cannon, R. L., Nicholas, C. R., Hall, L., Hare, F., Carr, E., ... & Arunthamakun, J. (2010). The computerized self test (CST): An interactive, internet accessible cognitive screening test for dementia. *Journal of Alzheimer's Disease, 20*(1), 185-195.

Egede, L. E., Acierno, R., Knapp, R. G., Lejuez, C., Hernandez-Tejada, M., Payne, E. H., & Frueh, B. C. (2015). Psychotherapy for depression in older veterans via telemedicine: A randomised, open-label, non-inferiority trial. *The Lancet Psychiatry, 2*(8), 693-701.

Elderkin-Thompson, V., Kumar, A., Bilker, W. B., Dunkin, J. J., Mintz, J., Moberg, P. J., ... & Gur, R. E. (2003). Neuropsychological deficits among patients with late-onset minor and major depression. *Archives of Clinical Neuropsychology: the official journal of the National Academy of Neuropsychologists, 18*(5), 529-549.

Fernández-Ardèvol, M. (2019). Práticas digitais móveis para pessoas idosas no Brasil: dados e reflexões. *Centro Regional de Estudos para o Desenvolvimento da Sociedade da Informação/ Núcleo de Informação e Coordenação do Ponto BR, 1*, 1-20. https://www.cetic.br/publicacao/ano-xi-n-1-praticas-digitais-moveis-pessoas-idosas/

Ferreira, H. G., & Batistoni, S. S. T. (2016). Terapia Cognitivo-Comportamental para Idosos com Depressão. In E. R. Freitas, A. J. G. Barbosa, & C. B. Neufeld (Orgs.), *Terapias Cognitivo-Comportamentais com Idosos* (pp. 261-285). Sinopsys.

Ferreira-Filho, S. F., Borelli, W. V., Squario, R. M., Biscaia, G. F., Müller, V. S., Vicentini, G., ... & Silveira, S. (2021). Prevalence of dementia and cognitive impairment with no dementia in a primary care setting in southern Brazil. *Arquivos de Neuro-Psiquiatria, 79*(7), 565-570.

Freitas, E. R., & Barbosa, A. J. G. (no prelo). Intervenções clínicas em grupos de idosos: a depressão em foco. In Sociedade Brasileira de Psicologia, R. Gorayeb, M. C. Miyazaki, & M. Teodoro (Orgs.), *PROPSICO Programa de Atualização em Psicologia Clínica e da Saúde: Ciclo 5* (Sistema de Educação Continuada a Distância, Vol. 4). Artmed Panamericana.

Grosch, M. C., Gottlieb, M. C., & Cullum, C. M. (2011). Initial practice recommendations for teleneuropsychology. *The Clinical Neuropsychologist, 25*(7), 1119-1133.

Grosch, M. C., Weiner, M. F., Hynan, L. S., Shore, J., & Cullum, C. M. (2015). Video teleconference-based neurocognitive screening in geropsychiatry. *Psychiatry Research, 225*(3), 734-735.

Holst, A., Nejati, S., Björkelund, C., Eriksson, M. C. M., Hange, D., & Kivi, M. (2017). Patients' experiences of a computerised self-help program for treating depression – a qualitative study of Internet mediated cognitive behavioural therapy in primary care. *Scandinavian Journal of Primary Health Care, 35*(1), 46-53.

Instituto Brasileiro de Geografia e Estatística (IBGE). (2020). Pesquisa nacional de saúde 2019: Percepção do estado de saúde, estilos de vida, doenças crônicas e saúde bucal. https://biblioteca.ibge.gov.br/visualizacao/livros/liv101764.pdf

Instituto Brasileiro de Geografia e Estatística (IBGE). (2021). Acesso à internet e posse de telefone móvel celular para uso pessoal 2019. https://biblioteca.ibge.gov.br/index.php/biblioteca-catalogo?view=detalhes&id=2101794

Köhler, S., Thomas, A. J., Barnett, N. A., & O'Brien, J. T. (2010). The pattern and course of cognitive impairment in late-life depression. *Psychological Medicine, 40*(4), 591-602.

Kumar, S., & Cohn, E. R. (2013). *Telerehabilitation*. Springer.

Lance, A. C. N., Esteves C., Arsuffi, E. S., Lima, F. F., & Reis, J. S. (2018). *Atenção Online – AOL (Alternada, Concentrada e Dividida)*. Vetor.

Lejuez, C. W., Hopko, D. R., Acierno, R., Daughters, S. B., & Pagoto, S. L. (2011). Ten year revision of the brief behavioral activation treatment for depression: revised treatment manual. *Behavior Modification, 35*(2), 111-161.

Lima, A. M. P., Ramos, J. L. S., Bezerra, I. M. P., Rocha, R. P. B., Batista, H. M. T., & Pinheiro, W. R. (2016). Depressão em idosos: Uma revisão sistemática da literatura. *Revista de Epidemiologia e Controle de Infecção, 6*(2), 97-103.

Linder, S. M., Rosenfeldt, A. B., Bay, R. C., Sahu, K., Wolf, S. L., & Alberts, J. L. (2015). Improving Quality of Life and Depression After Stroke Through Telerehabilitation. *American Journal of Occupational Therapy, 69*(2), 1-10.

Lopes, R. M. F., & Nascimento, R. F. L. (2020). *Reabilitação Neuropsicológica: Avaliação e intervenção de adultos e idosos*. Artesã.

Mansur-Alves, M. (2018). Contrastando avaliação psicológica e neuropsicológica: Acordos e desacordos. In L. F Malloy-Diniz, D. Fuentes., P. Mattos, & N. Abreu (Orgs.), *Avaliação Neuropsicológica* (2. ed., pp. 3-9). Artmed.

Noal, D. S., Passos, M. F. D., & Freitas, C. M. (2020). *Recomendações e Orientações em Saúde Mental e Atenção Psicossocial na Covid-19*. Fiocruz. https://www.fiocruzbrasilia.fiocruz.br/wp-content/uploads/2020/10/livro_saude_mental_covid19_Fiocruz.pdf.

Núcleo de Informação e Coordenação do Ponto BR. (NIC.br). (2021). *Pesquisa sobre o uso das tecnologias de informação e comunicação nos domicílios brasileiros: Pesquisa TIC Domicílios*. NIC.br. https://cetic.br/pt/arquivos/domicilios/2020/domicilios/.

O'Moore, K. A., Newby, J. M., Andrews, G., Hunter, D. J., Bennell, K., Smith, J., & Williams, A. D. (2018). Internet cognitive–behavioral therapy for depression in older adults with knee osteoarthritis: A randomized controlled trial. *Arthritis Care & Research, 70*(1), 61-70.

Parsons, T. D. (2016). *Clinical Neuropsychology and Technology: What's new and how we can use it*. Springer.

Peretti, A., Amenta, F., Tayebati, S., Nittari, G., & Mahdi, S. (2017) Telerehabilitation: Review of the State-of-the-Art and Areas of Application. *JMIR Rehabilitation Assistance Technology, 4*(2), 1-10.

Perini, S., Titov, N., & Andrews, G. (2008). The climate sadness program of internet-based treatment for depression: A pilot study. *E-Journal of Applied Psychology, 4*(2), 18-24.

Porto, F. H. G., & Nitrini, R. (2014). Neuropsicologia do envelhecimento normal e do comprometimento cognitivo leve. In L. Caixeta, & A. L. Teixeira (Orgs.), *Neuropsicologia geriátrica: Neuropsiquiatria cognitiva em idosos* (pp. 141-152). Artmed.

Raue, P. J., McGovern, A. R., Kiosses, D. N., & Sirey, J. A. (2017). Advances in Psychotherapy for Depressed Older Adults. *Current Psychiatry Reports, 19*(9), 1-9.

Resolução CPF nº 11/2012. (2012). Regulamenta os serviços psicológicos realizados por meios tecnológicos de comunicação a distância, o atendimento psicoterapêutico em caráter experimental e revoga a Resolução CFP nº 12/2005. https://atosoficiais.com.br/cfp/resolucao-do-exercicio-profissional-n-11-2012-regulamenta-os-servicos-psicologicos-realizados-por-meios-tecnologicos-de-comunicacao-a-distancia-o-atendimento-psicoterapeutico-em-carater-experimental-e-revoga-a-resolucao-cfp-no-12-2005?origin=instituicao&q=11/2012.

Resolução CPF n° 11, de 11 de maio de 2018. (2018). Regulamenta a prestação de serviços psicológicos realizados por meios de tecnologias da informação e da comunicação e revoga a Resolução CFP n° 11/2012. https://atosoficiais.com.br/cfp/resolucao-do-exercicio-profissional-n-11-2018-regulamenta-a-prestacao-de-servicos-psicologicos-realizados-por-meios-de-tecnologias-da-informacao-e-da-comunicacao-e-revoga-a-resolucao-cfp-no-11-2012?origin=instituicao&q=11/2018.

Resolução CPF n° 4, de 26 de março de 2020. (2020). Dispõe sobre regulamentação de serviços psicológicos prestados por meio de Tecnologia da Informação e da Comunicação durante a pandemia do COVID-19. https://atosoficiais.com.br/cfp/resolucao-do-exercicio-profissional-n-4-2020-dispoe-sobre-regulamentacao-de-servicos-psicologicos-prestados-por-meio-de-tecnologia-da-informacao-e-da-comunicacao-durante-a-pandemia-do-covid-19?origin=instituicao&q=04/2020.

Reuters Institute (2021). *Digital News Report 2021* (10th ed.). Reuters Institute. https://reutersinstitute.politics.ox.ac.uk/digital-news-report/2021/brazil.

Santaros, L. M. C. (2011). *Teste de Habilidades para o Trabalho Mental – HTM-VERBAL*. Vetor.

Santos, R. F., & Almêda, K. A. (2017). O envelhecimento humano e a inclusão digital: Análise do uso das ferramentas tecnológicas pelos idosos. *Ciência Da Informação Em Revista*, 4(2), 59-68.

Saxton, J., Morrow, L., Eschman, A., Archer, G., Luther, J., & Zuccolotto, A. (2009). Computer assessment of mild cognitive impairment. *Postgraduate Medicine*, 121(2), 177-185.

Serpa, A. L. O., Schlottfeldt, C. G. M. F., & Malloy-Diniz, L. F. (2019). *D2-R online*. Hogrefe.

Silva, R., & Couto Junior, D. (2020). Inclusão digital na educação de jovens e adultos (EJA): Pensando a formação de pessoas da terceira idade. *Revista Docência e Cibercultura*, 4(1), 24-40.

Teixeira-Fabrício, A., Lima-Silva, T. B., Kissaki, P. T., Vieira, M. G., Ordonez, T. N., Oliveira, T. B. D., ... & Yassuda, M. S. (2012). Cognitive training in older adults and the elderly: Impact of educational strategies according to age. *Psico-USF*, 17(1), 85-95.

Timpano, F., Pirrotta, F., Bonanno, L., Marino, S., Marra, A., Bramanti, P., & Lanzafame, P. (2013). Videoconference-based mini mental state examination: A validation study. *Telemedicine Journal and e-health: The Official Journal of the American Telemedicine Association*, 19(12), 931-937.

Titov, N., Dear, B. F., Ali, S., Zou, J. B., Lorian, C. N., Johnston, L., ... & Fogliati, V. J. (2015). Clinical and cost-effectiveness of therapist-guided internet-delivered cognitive behavior therapy for older adults with symptoms of depression: A randomized controlled trial. *Behavior Therapy*, 46(2), 193-205.

United Nations (UN), Department of Economic and Social Affairs, Population Division (2020). *World Population Ageing 2019*. https://www.un.org/en/development/desa/population/publications/pdf/ageing/WorldPopulationAgeing2019-Report.pdf.

Weintraub, S., Dikmen, S. S., Heaton, R. K., Tulsky, D. S., Zelazo, P. D., Bauer, P. J., ... & Gershon, R. C. (2013). Cognition assessment using the NIH Toolbox. *Neurology*, 80(11), 54-64.

Wilson, A. B., Gracey, F., Evans, J. J., & Bateman, A. (2020). *Reabilitação neuropsicológica: Teoria, modelos, terapia e eficácia*. Artesã.

Yesavage, J. Á., Brink, T. L., Rose, T. L., Lum, O., Huang, V., Adey, M., & Leirer, V. O. (1983). Development and validation of a geriatric depression screening scale: A preliminary report. *Journal of Psychiatric Research*, 17(1), 37-49.

PARTE III

Diferentes contextos, aspectos técnicos e demandas

10

Terapia cognitivo-comportamental em grupos *on-line*

Carmem Beatriz Neufeld
Isabela Lamante Scotton
Suzana Peron
Karen P. Del Rio Szupszynski

A terapia cognitivo-comportamental (TCC) apresenta inúmeras evidências de eficácia como intervenção para diversos problemas de saúde mental, possuindo uma forte base empírica. Apesar de sua origem datar da década de 1960, a abordagem foi ainda mais favorecida nos anos 1990, quando houve um movimento dos governos e organizações profissionais da América do Norte e do Reino Unido em direção à identificação de tratamentos sustentados empiricamente, endossando a necessidade de treinamento e prática nessas terapias, principalmente nas instituições de ensino e formação.

Um exemplo dessa demanda é o fato de a American Psychiatric Association e as associações psicológicas norte-americanas e canadenses exigirem que seus residentes sejam treinados em tratamentos baseados em evidências. Assim, a TCC tem sido extensamente divulgada por meio de manuais de tratamento e livros para os profissionais da saúde mental e para o público em geral, que está cada vez mais optando por essa forma de tratamento. Além disso, a ênfase na TCC também está associada ao fato de esta geralmente promover um tratamento de curto prazo e, consequentemente, ter melhor custo-benefício em relação aos demais tratamentos (Dobson & Dobson, 2018).

Além da busca por tratamentos baseados em evidências, na década de 1990 também foram estimuladas forças-tarefa de outras especialidades na prática da psicologia, como psicologia forense, clínica infantil e psicologia de grupo, resultando na formação, nos Estados Unidos, do Conselho de Especialidades em Psicologia (CoS). Esses movimentos caminham na direção de empregar uma heurística educacional baseada em competências a partir de diretrizes de competência de referência para cada especialidade, visando a definir mais cuidadosamente as competências comuns e exclusivas que residem dentro e através de suas especialidades (Barlow, 2012, 2013).

À medida que as especialidades de psicologia continuaram a ser definidas e as organizações buscaram o desenvolvimento de modelos de treinamento com base em competências, especialistas em terapia de grupos se reuniram em várias cúpulas para desenvolver um modelo de competências e diretrizes de educação e treinamento dessa modalidade (Barlow, 2012). Nos últimos anos, observa-se o uso crescente de intervenções em grupos estruturados e focados em várias áreas da saúde e ambientes sociais. A terapia de grupo tem se apresentado como uma modalidade efetiva para o tratamento de diversos transtornos psicológicos e demandas clínicas e interpessoais, com evidência de efetividade comparável à da terapia individual (Rangé et al., 2017; Singh, 2014; Yalom & Leszcz, 2020).

Embora a TCC tradicionalmente tenha sido praticada em um formato de terapia individual, o texto clássico para a depressão (Beck et al., 1997) já incluía um capítulo sobre a TCC em grupo (TCCG). Naquele momento, a preocupação se voltava para o acesso simultâneo de um maior número de indivíduos ao tratamento com um único terapeuta e, assim como na modalidade individual, as primeiras intervenções em TCCG foram realizadas com pacientes deprimidos, expandindo-se posteriormente para outros transtornos mentais. A partir da década de 1970, diversos estudos foram desenvolvidos a fim de avaliar a eficácia da TCCG e, com o passar do tempo, os serviços de saúde públicos e privados começaram a considerar cada vez mais a eficiência, a eficácia e a efetividade dos tratamentos como critérios determinantes na escolha de sua modalidade. Atualmente, estão disponíveis diversos protocolos de tratamento em grupo para os mais variados transtornos, com comprovação de eficácia e com contínuos estudos de efetividade e desenvolvimento de recursos (Bieling et al., 2008; Rangé et al., 2017).

Diversas pesquisas demonstram a efetividade de intervenções *on-line* em saúde mental em geral, para diversas demandas e transtornos mentais, com resultados equiparáveis ao das intervenções realizadas presencialmente (Andersson, 2018; Weinberg, 2020). Entretanto, segundo Weinberg (2020a), os estudos são mais escassos em relação a intervenções grupais, sendo a maior parte deles disponíveis sobre TCC. O autor salienta que os estudos em grupos *on-line* são escassos e com parcos ensaios clínicos randomizados (ECRs), ressaltando a necessidade de ampliação do número de pesquisas para determinar a eficácia dessa modalidade para indivíduos com diferentes demandas.

EVIDÊNCIAS CIENTÍFICAS: A TCCG *ON-LINE*

Ainda que em quantidade insuficiente na literatura, existem estudos que buscam avaliar a efetividade e/ou descrever intervenções da TCCG na modalidade *on-line*. A seguir, serão apresentados exemplos de diferentes programas, direcionados para distintas demandas, com o intuito de ilustrar algumas das diversas possibilidades e os resultados alcançados na TCCG *on-line*. De forma geral, a literatura demonstra que a oferta de grupos via plataformas de videoconferência é viável e apresenta resultados de tratamento semelhantes aos dos grupos presenciais (Weinberg, 2020a).

Algumas pesquisas buscaram comparar a efetividade da TCCG em sua aplicação *on-line* e presencial. Khatri et al. (2014) compararam intervenções em grupo baseadas em TCC para sintomas depressivos e ansiosos, realizadas por meio de videoconferência e de forma presencial. Os resultados demonstraram que a TCCG pode ser ministrada em um ambiente com suporte de tecnologia digital (videoconferência), atendendo aos mesmos padrões de prática profissional e apresentando os mesmos resultados que a modalidade presencial.

Também nesse sentido, Vallejo et al. (2015) buscaram avaliar a eficácia da TCCG realizada pela internet no tratamento de fibromialgia em comparação com um programa idêntico usando a TCCG presencial. No pós-tratamento, apenas o grupo presencial apresentou diminuição do impacto da fibromialgia no funcionamento diário dos indivíduos. Tanto o grupo *on-line* quanto o presencial demonstraram melhora no sofrimento psicológico, depressão, catastrofização e utilização do relaxamento como estratégia de enfrentamento. O grupo *on-line* ainda mostrou melhora na autoeficácia, que não foi obtida no grupo presencial. Em relação aos dados de *follow-up*, os participantes da intervenção *on-line* apresentaram melhora em suas pontuações pós-tratamento para autoeficácia (reavaliação em seis e 12 meses), enquanto os do grupo presencial mostraram melhora em relação ao impacto no dia a dia e diminuição da catastrofização nas pontuações pós-tratamento (reavaliação em 12 meses). Dessa forma, os autores sugerem que a autoeficácia e a catastrofização podem ser potencializadas pela TCCG realizada pela internet.

Já o estudo de Mariano et al. (2019) apresentou os resultados preliminares de um ensaio aberto de teleterapia de TCCG em comparação com um grupo de pacientes com dor crônica realizado presencialmente. No acompanhamento, ambos os grupos mostraram melhoras modestas nas medidas de resultados, sugerindo benefícios semelhantes entre as intervenções. Ainda, muitos participantes do grupo *on-line* avaliaram sua experiência como muito útil (62,5%) e a maioria recomendaria esse programa a outras pessoas (93,7%).

Considerando intervenções nesse formato com adolescentes, Douma et al. (2021) tiveram como objetivo avaliar a eficácia do Op Koers Online, um programa de intervenção psicossocial *on-line* em grupos baseado na TCC para adolescentes com doenças crônicas. Os resultados encontrados no *follow-up* de seis meses demonstraram que a intervenção apresentou efeitos benéficos em uso e desenvolvimento de habilidades de enfrentamento, relaxamento, competência social e qualidade de vida relacionada à saúde (funcionamento social, funcionamento na escola e saúde psicossocial). Dessa forma, os autores concluem que o programa apresenta resultados positivos quanto a seus objetivos. Outro exemplo bastante interessante é o SMART Recovery (Kelly et al., 2021), um grupo de apoio que utiliza a TCC e abordagens de entrevista motivacional para o tratamento de abuso de álcool e outras drogas. Com a sua recente expansão para a modalidade *on-line*, seus realizadores têm incentivado o desenvolvimento de pesquisas em relação aos resultados da intervenção nesse novo formato. O SMART Recovery está disponível em 23 países, e o Brasil, felizmente, é um deles.

ASPECTOS TÉCNICOS *VERSUS* ASPECTOS DE PROCESSO EM TCCG E SUAS APLICAÇÕES *ON-LINE*

Até o momento, estamos focando as intervenções em grupo *on-line*. Entretanto, é de fundamental importância compreender os aspectos técnicos e de processo em TCCG, conforme destacado por Neufeld et al. (2017) e Bieling et al. (2008).

As intervenções em TCCG são caracterizadas por grupos estruturados, com tempo predefinido, nos quais os participantes têm objetivos semelhantes, o que facilita seu senso de pertencimento. Além disso, seguem o formato original da TCC, permitindo a aplicação de técnicas específicas que visam ao desenvolvimento de autonomia e/ou a remissão de sintomas (Neufeld & Peron, 2018).

Apesar de os aspectos do processo em grupo serem considerados desde seu início na TCC, historicamente a TCCG caracterizava-se, do ponto de vista técnico, como uma reprodução da TCC individual. Ou seja, qualquer técnica ou procedimento desenvolvido para o uso com um único paciente poderia ser aplicado em um contexto coletivo. Essa característica de reprodução de protocolos individuais sofreu algumas modificações ao longo dos anos, mas continua presente em algumas intervenções, apesar de os estudiosos de grupos contraindicarem essa prática (Rangé et al., 2017). Nesse ponto, a TCCG diferencia-se das outras intervenções de terapia grupal, que se concentram principalmente nos processos de grupo como um meio de mudança (Singh, 2014).

Os aspectos técnicos em TCCG, portanto, referem-se a todas as estratégias adotadas pelo arcabouço teórico para atingir o objetivo do grupo, como modificações cognitivas, comportamentais e emocionais (Neufeld et al., 2017). Entretanto, é fundamental destacar que, em sua aplicação, esses pressupostos devem ser associados aos fatores do processo grupal (Bieling et al., 2008; Neufeld & Peron, 2018; Rangé et al., 2017). Assim, parte-se da premissa básica de que o grupo em TCC é um sistema, no qual são distribuídas e aplicadas técnicas específicas, e, como um sistema, cada grupo reagirá de forma única à aplicação das técnicas.

Portanto, o processo terapêutico é o resultado das interações entre os membros do grupo, destes com o(s) terapeuta(s) e da condução da terapia em formato grupal, que influenciarão o desfecho da intervenção. Alguns dos fatores que interferem no processo são (Neufeld et al., 2017):

- os efeitos dos sintomas dos participantes;
- os efeitos da melhora ou piora dos membros do grupo;
- as interações entre os membros do grupo;
- as interações entre os terapeutas e entre os terapeutas e o grupo;
- o efeito da evasão e das faltas;
- a adaptabilidade dos pacientes ao tratamento;
- a remoção do foco de si mesmo;
- o aprendizado e a coesão grupais.

Em TCCG *on-line*, tanto os aspectos técnicos quanto os aspectos de processo grupal devem ser levados em consideração ao se estruturar uma intervenção. Adicionalmente, novos elementos técnicos e de processo são aludidos em virtude de a terapia ser realizada *on-line*. Assim como a terapia presencial, a modalidade *on-line* ainda carece de atenção aos aspectos de processo, pois os poucos estudos disponíveis dão ênfase a pesquisas de resultados e efetividade. Segundo Weinberg (2020b), ainda existem algumas questões a serem respondidas, como, por exemplo, se a coesão ou clima de grupo é semelhante nos grupos *on-line* e presencial; se alguns pacientes podem se sair melhor em grupos *on-line* do que presencialmente; e se a empatia do terapeuta e a presença terapêutica são equivalentes nos grupos *on-line* e presenciais.

Neste capítulo, temos o objetivo de apresentar nossa experiência com esta modalidade de intervenção.

Aspectos técnicos

Uma das primeiras questões a serem consideradas na formação de grupos em TCC é a homogeneidade de composição e de objetivos. A primeira diz respeito aos participantes terem algum grau de homogeneidade em termos de idade, escolaridade, cultura, etc., sempre tomando por base os objetivos e as metas do grupo. A segunda refere-se à necessidade de o grupo ter um foco de intervenção, ou seja, um objetivo homogêneo. Logo, ao estruturar um programa de intervenção em grupo, deve-se responder às perguntas: "Para quê? Para quem?" (Neufeld, 2011). Tais aspectos são preconizados pela TCCG para promover o senso de pertencimento aos indivíduos e favorecer fatores terapêuticos, como a universalidade. Entretanto, salienta-se que alguma heterogeneidade irá existir e, quando as características dos participantes não forem tão destoantes entre si, pode favorecer a troca de experiências e o surgimento de diferentes pontos de vista, possibilitando que o processo se concretize (Bieling et al., 2008; Neufeld et al., 2017).

Um exemplo pode ser observado na iniciativa do Laboratório de Pesquisa e Intervenção Cognitivo-comportamental da Universidade de São Paulo (LaPICC-USP), que realizou intervenções em grupos *on-line* voltados para o manejo de sintomas de ansiedade e estresse, decorrentes da pandemia de covid-19 (Neufeld et al., 2021). Uma vez que os grupos tinham um objetivo específico, havia certa homogeneidade nas demandas dos participantes, mas diferenças entre os indivíduos, como na idade, por exemplo. Em um dos grupos, essa diferença possibilitou integrar perspectivas distintas acerca do momento pandêmico, e diferentes valores puderam ser analisados sob outros enfoques.

Além disso, vale destacar que, na modalidade *on-line*, podem se reunir em um mesmo grupo pessoas de várias localidades e, portanto, culturas distintas, permitindo estabelecer trocas mais ricas. Isso pode ser utilizado pelo terapeuta para favorecer, de maneira construtiva, a ocorrência de fatores terapêuticos como aprendizagem interpessoal e universalidade, entre outros. Em contrapartida, deve-se estar atento para não gerar estranhamento, a fim de que todos possam se identificar, gerar pertencimento entre os participantes, e por isso o equilíbrio entre homogeneidade e heterogeneidade é tão importante.

Nas fases iniciais da intervenção, um aspecto fundamental a ser considerado é a avaliação. Primeiro, porque reforça a prática baseada em evidências e permite a verificação da eficácia da intervenção (Dobson & Dobson, 2018). Ressalta-se que toda intervenção em TCCG visa a avaliar os resultados obtidos ao final da intervenção, e uma boa avaliação, com rigor metodológico, garante mais precisão acerca da eficácia dos resultados e das variáveis associadas. Além disso, a avaliação serve como um *feedback* para os participantes do grupo sobre as mudanças alcançadas ao longo da terapia (Neufeld et al., 2017). Assim, deve-se estabelecer *a priori* que variáveis serão avaliadas, de acordo com os objetivos do grupo, e então buscar instrumentos com boas qualidades psicométricas que atendam adequadamente a esse propósito (Bieling et al., 2008; Neufeld et al., 2017). Por exemplo, se a intervenção for voltada para compulsão alimentar, deve-se selecionar um bom instrumento para avaliar tal construto, antes e após a intervenção.

No contexto *on-line*, a literatura chama a atenção para alguns aspectos, principalmente no que diz respeito ao uso dos instrumentos. Segundo Marasca et al. (2020), não se pode utilizar arbitrariamente no contexto *on-line* um instrumento que foi construído e validado para aplicação presencial, pois apenas exportar os estímulos de um modo para outro não garante que eles sejam visualizados da mesma forma. Apesar de as escalas e inventários administrados pela internet tenderem a ter alta correlação com suas versões em papel, não é possível assumir em todas as situações que suas propriedades psicométricas serão idênticas, por exemplo, por efeitos de desinibição e mudanças na motivação dos respondentes em ambiente virtual.

Assim, os autores destacam a importância de atentar para as diretrizes estabelecidas pela International Test Comission (ITC), pela American Educational Research Association (AERA), pela American Psychological Association (APA) e pelo National Council on Measurement in Education (NCME), que apontam especificidades para o desenvolvimento ou a adaptação de instrumentos mediados por tecnologias da informação e comunicação (TICs) no que diz respeito à padronização, à normatização e às evidências de validade dos resultados extraídos nesse contexto. Esses cuidados também são traduzidos na Resolução nº 11/2018 do Conselho Federal de Psicologia (CFP), que enfatiza a necessidade de estudos de padronização e normatização específicos para a modalidade remota. Assim, cabe ao psicólogo a análise e o estudo do manual do teste psicológico para identificar se a padronização permite seu uso *on-line*/remoto (Marasca et al., 2020). O *site* do CFP disponibiliza orientações sobre o uso de testes psicológicos informatizados/computadorizados e/ou de aplicação remota/*on-line*.*

A TCCG *on-line* mantém uma estrutura semelhante à presencial, com verificação semanal do humor, revisão do plano de ação, definição do objetivo da sessão, estabelecimento do novo plano de ação, resumo e *feedback* final, em consonância com o programa de intervenção, que normalmente é estabelecido no início do trabalho do grupo. Nesse formato, um aspecto que se diferencia do individual é que todas as sessões contam com um material, ou "disparador", relacionado ao objetivo de cada sessão. Contudo, nas sessões iniciais a estrutura pode variar, uma vez que o foco é estabelecer o vínculo entre os membros e os terapeutas. Esse momento pode incluir dinâmicas "quebra-gelo", visando a estabelecer o primeiro contato e favorecer a interação (Neufeld et al., 2017).

Na modalidade *on-line*, é importante verificar que estratégias serão mais adequadas, visto que muitas das dinâmicas conhecidas e preferidas por alguns profissionais têm elementos que só as torna viáveis no modelo presencial (p. ex., dinâmicas que exigem troca de lugares físicos, uso de materiais, como barbante, etc.). Entretanto, vale destacar que algumas podem ser adaptadas (p. ex., dinâmicas em que se formam duplas ou pequenos grupos para apresentação dos membros), pois podem-se utilizar recursos tecnológicos das plataformas de videoconferência, como a divisão em subsalas.

Assim, a existência de uma agenda de sessão é fundamental para o uso eficaz do tempo (Neufeld et al., 2017). Em nossa experiência, a agenda torna-se ainda mais importante na modalidade *on-line*, uma vez que mesmo terapeutas experientes podem ser novatos ao ministrar intervenções nesse formato. Segundo Marasca et al.

---

* Disponível em https://satepsi.cfp.org.br/testesFavoraveis.cfm

(2020), a utilização das TICs é incipiente e verifica-se uma carência na experiência e na formação dos profissionais para uso destas na prática clínica. Além disso, participar de intervenções *on-line* também pode ser uma novidade para alguns membros do grupo, refletindo inexperiência de ambos os lados.

Também foi percebida na experiência de atendimentos do LaPICC-USP a necessidade de maior duração da sessão no formato *on-line*, considerando-se a probabilidade de haver dificuldades técnicas e as adequações necessárias ao processo (lista de espera para os participantes falarem, interrupções por falhas técnicas no momento das falas, tempo para os participantes ligarem e desligarem os microfones, entre outros). Adicionalmente, reduzir o número de participantes também tem se mostrado uma estratégia eficaz. Se na modalidade presencial um programa era adequado para atender um grupo de 10 pessoas, na modalidade *on-line* sugere-se reduzir esse número para oito. Além de a comunicação *on-line* afetar a noção de tempo, podem ocorrer imprevistos, além de haver um *delay* na fala dos participantes, que acabam precisando aguardar algum tempo para ter certeza de que outra pessoa terminou e começar a falar (Neufeld, et al., 2021).

Um dos focos das sessões iniciais é o contrato terapêutico. Em TCCG, um aspecto técnico preconizado é a configuração em grupos preferencialmente fechados, ou seja, não é permitida a entrada de novos participantes uma vez que estes são selecionados e que o grupo se inicia, e isso deve ser discutido no contrato. De início também devem ser combinados critérios de permanência e conclusão do grupo (p. ex., número de faltas permitidas, tolerância a atrasos), expectativas dos participantes em relação ao grupo e resultados que podem ser esperados com a intervenção (Neufeld et al., 2017). A literatura destaca que essas regras devem ser construídas junto com o grupo, com tranquilidade por parte do terapeuta, a fim de aumentar a probabilidade de os membros aderirem a elas. Assim, o contrato terapêutico é crucial para o bom andamento do grupo, e sua clareza configura-se como um diferencial para a adesão dos participantes (Neufeld et al., 2017).

Assim como na modalidade presencial, o contrato terapêutico deve ser igualmente abordado na modalidade *on-line*, mas aspectos adicionais também precisam ser discutidos, e as questões tecnológicas não podem ser desconsideradas. Antes do início da intervenção, é essencial garantir que todos os participantes saibam utilizar a plataforma escolhida. Para isso, são necessárias explicações e instruções sobre como resolver problemas técnicos simples (p. ex., o áudio não está funcionando ou a câmera está desligada) e como proceder quando há problemas de conexão de um ou mais participantes ou dos terapeutas. Além disso, é importante combinar como deve ser o procedimento quando alguém quiser falar, para evitar excesso de interrupções (p. ex., usar o recurso "levantar a mão" do Google Meet), uma vez que a linguagem corporal, que poderia sinalizar a intenção de falar, fica limitada pela imagem que aparece na tela. Outras orientações também são cruciais para o andamento da sessão, como a de usar o modo de exibição em galeria, para que todos os participantes possam se ver, a necessidade de as câmeras ficarem ligadas durante toda a sessão e de manter os microfones desligados enquanto a pessoa não estiver falando.

Pode-se também enviar materiais instrutivos, como vídeos ou uma cartilha digital explicando como usar a plataforma, ou aproveitar o encontro pré-intervenção para auxiliar os participantes com relação aos aspectos técnicos e sanar possíveis dúvidas e dificuldades considerando essas questões. Esses cuidados visam a promover mais coesão grupal desde o início, uma vez que ter participantes entrando em momentos distintos pode atrapalhar o andamento da sessão, dificultar a manutenção da relação terapêutica com o grupo e interromper falas importantes, da mesma forma que ocorreria em uma intervenção presencial.

Ainda sobre o contrato, é essencial considerar o sigilo. Esse é um aspecto fundamental a ser observado em intervenções *on-line*, uma vez que as possibilidades de quebra do sigilo se tornam mais amplas, e o controle se torna menor dentro desse contexto. Portanto, discussões e acordos específicos devem ser feitos juntamente com os participantes, no sentido de garantir a privacidade de todos os envolvidos. Nesse acordo, é importante ressaltar a necessidade de, durante as sessões, os participantes estarem em um ambiente no qual outras pessoas não consigam ouvir o que está sendo dito ou ter acesso às imagens da tela. Para isso, alguns cuidados podem ser tomados, como usar fones de ouvido, ligar o ventilador ou ar-condicionado, ligar uma caixa de som do lado de fora da porta, fechar portas e janelas, estar sozinho no ambiente/cômodo e solicitar que outras pessoas não interrompam ou entrem no local durante o período da sessão (Neufeld et al., 2021). Ainda, é importante que a conexão à internet seja segura, assim como antivírus e dispositivos de segurança sejam instalados nos aparelhos eletrônicos utilizados para o atendimento (Weinberg, 2020a).

Neufeld et al. (2021) recomendam que seja acordado que a imagem da tela e o áudio da sessão não podem ser gravados ou compartilhados pelos membros do grupo, de forma a não expor os participantes. É necessário lembrar que, no mundo *on-line*, os espaços são mais abertos e os limites mais fluidos, e, portanto, os terapeutas devem ser muito mais cautelosos e tomar mais medidas para garantir a confidencialidade das sessões. Além disso, Weinberg (2020a) ressalta que se deve atentar para a necessidade de os participantes do grupo assinarem um termo de consentimento que aborde questões específicas da modalidade *on-line*, incluindo riscos e benefícios.

Nas sessões iniciais, ainda ocorre a psicoeducação, em que são fornecidas informações sobre demanda, tratamento e prognóstico. É importante evitar que esse momento se torne uma aula expositiva, o que é bastante comum de ocorrer. O terapeuta deve atentar para o envolvimento dos participantes, podendo lançar mão de questionamentos, *brainstorming* ou disparadores para discussão, como vídeos, reportagens, imagens, etc. (Neufeld et al., 2017). Na modalidade *on-line*, esses recursos podem facilmente ser compartilhados nas plataformas que estão sendo utilizadas, mas é importante que os terapeutas entendam previamente como fazê-lo e façam testes antes da sessão, para evitar atrasos ou dificuldades técnicas.

Nesse momento da intervenção também ocorre a verificação de expectativas e metas do grupo. O terapeuta deve estar atento a expectativas irreais ou inferiores, devendo discutir esse aspecto com os participantes, a fim de ajustá-las e garantir a instilação de esperança no tratamento. Além disso, levando em consideração todos os aspectos estruturais da sessão, é fundamental destacar que estes não impedem que haja flexibilidade ou que os conteúdos possam ser adaptados às necessidades dos participantes. Além disso, podem-se prever sessões individuais adicionais, requeridas pelo terapeuta ou pelos participantes, dentro de um limite preestabelecido, para tratar de aspectos não abordados nas sessões em grupo (Neufeld et al., 2017). Sabe-se que a flexibilidade e a adaptação às necessidades são essenciais para a relação terapêutica, bem como para a eficácia dos resultados da intervenção (Scotton et al., 2021).

Em TCCG, os grupos podem ter um coterapeuta, que tem o papel de um "segundo par de olhos e ouvidos", ou seja, de observar as interações que ocorrem durante a sessão mas podem passar despercebidas pelo terapeuta (Neufeld, 2011). A harmonia entre os profissionais é fundamental para o andamento satisfatório da intervenção, e a observação das reações, verbais ou não, dos membros pode auxiliar na identificação de fatores e variáveis que influenciam o grupo. É importante salientar que, apesar de não terem a mesma responsabilidade imediata na condução da sessão, ambos os terapeutas devem ter igual responsabilidade nos "bastidores", com divisão igualitária de tarefas administrativas e do planejamento. Além disso, muitos fatores processuais estão envolvidos ao mesmo tempo na sessão, tornando necessária, em determinados grupos, a presença de um observador (Neufeld et al., 2017).

Diversas técnicas de TCC podem ser usadas ou adaptadas ao trabalho em grupos on-line. Além daquelas usadas no início da intervenção, para facilitar a interação entre os membros, iniciar o desenvolvimento da coesão grupal e instilar esperança, como as técnicas de apresentação, de integração e de sensibilização, já mencionadas, são utilizadas técnicas voltadas para a tarefa, de treinamento e desenvolvimento, de relacionamento interpessoal e podem também ser utilizadas técnicas ludopedagógicas. Para a fase final, diversas técnicas de encerramento estão disponíveis conforme exposto por Neufeld et al. (2017).

Ao desenvolver uma intervenção on-line, é fundamental que todas as técnicas sejam adaptadas a esse formato, levando-se em consideração as limitações e potencialidades oferecidas por essa modalidade. Por exemplo, ao utilizar uma técnica voltada para a tarefa, como o questionamento de evidências, pode-se criar um quadro usando uma ferramenta on-line como Padlet, que permite a criação de um mural ou quadro virtual dinâmico e interativo para registrar, guardar e partilhar conteúdos multimídia, no qual se pode inserir qualquer tipo de conteúdo (textos, imagens, vídeos, *hiperlinks*) juntamente com outras pessoas.

Nesse quadro, os membros do grupo podem registrar colaborativamente evidências contra e a favor de um pensamento ou registrar os resultados de um *brainstorm* quando for usada a técnica de resolução de problemas. Nas sessões iniciais, quando as pessoas ainda não se sentem tão à vontade para abrir o microfone e falar, podem ser usadas ferramentas como nuvens de palavras criadas no Mentimeter. Nessa ferramenta, pode-se fazer uma pergunta ao grupo e compartilhar um *link* por meio do qual os participantes registram suas respostas, formando uma nuvem de palavras com as respostas que mais aparecem.

Um último ponto que merece destaque, segundo Neufeld et al. (2021), refere-se ao número e à frequência das sessões na modalidade *on-line*. De acordo com a experiência dessas autoras, os participantes parecem se beneficiar de sessões mais frequentes e programas mais curtos. Duas sessões semanais parecem ser adequadas a grupos em situação de crise, e programas presenciais com 10 sessões parecem alcançar resultados clínicos semelhantes com seis a oito sessões *on-line*. As autoras levantam hipóteses que podem explicar esses resultados, mas tais pontos merecem maior atenção e estudos mais aprofundados.

Modalidades de grupo em TCCG

De acordo com Neufeld (2011), existem diferentes modalidades ou tipos de grupos em TCCG, de acordo com os objetivos de cada um deles. A autora aponta quatro modalidades de grupos que se destacam na literatura: grupos de apoio, de psicoeducação, de orientação/treinamento e terapêuticos.

Os grupos de apoio têm por objetivo oferecer suporte a um tratamento em andamento ou a um sintoma crônico que já recebeu intervenção específica, visando a auxiliar na continuidade da utilização das estratégias aprendidas, assim como ser um espaço de saúde para cuidadores de pacientes crônicos. Em geral são grupos abertos, comportam mais de 15 participantes, têm uma estrutura variável, na qual trabalha-se com o que surgir na sessão, e têm como principal fator terapêutico o espaço de discussão e o apoio a outro tratamento finalizado ou em andamento.

Esse tipo de grupo é o que conta com menos literatura em TCCG, tanto na modalidade *on-line* quanto presencial. Entretanto, um exemplo bastante interessante é o SMART Recovery. Recentemente, esse grupo assumiu o formato *on-line* devido às necessidades impostas pela pandemia de covid-19, o que, segundo Kelly et al. (2021), permitiu uma grande proliferação de grupos pelo mundo.

Os grupos de psicoeducação caracterizam-se por oferecer informações sobre a natureza dos sintomas e/ou dificuldades de seus participantes, bem como por permitir que os integrantes reconheçam seus pensamentos, emoções e comportamentos associados às dificuldades e a inter-relação entre eles. Além disso, visam a discutir estratégias de mudança, oferecendo conhecimentos sobre características, curso e tratamentos eficazes. Em geral, são grupos fechados, que não excedem seis sessões estruturadas na modalidade presencial e baseadas em técnicas de psicoeducação e de resolução de problemas, podendo ser realizados com mais de 15 participantes. Hipotetiza-se que na modalidade *on-line* esses grupos possam se beneficiar de uma redução significativa do número de sessões.

O Programa Psicologia para Crianças (Neufeld et al., no prelo), por exemplo, utiliza a biblioterapia para psicoeducar as crianças em relação a conceitos de psicologia, como reconhecimento e manejo de emoções, competência interpessoal e resolução de problemas. Em decorrência da pandemia de covid-19, o projeto também ganhou uma versão *on-line*, em que os livros de psicoeducação utilizados no programa, da coleção *Habilidades para a vida* (Neufeld et al., 2016), são projetados na tela do computador, e as atividades práticas relacionadas ao tema são digitalizadas para facilitar a realização pelas crianças.

Os grupos de orientação e/ou treinamento, além de oferecer informações e auxiliar a identificar pensamentos, emoções e comportamentos, têm o objetivo de orientar e/ou treinar os integrantes do grupo de forma mais direcionada para mudanças nas suas formas de agir, pensar e sentir. Em geral são grupos fechados e de frequência semanal, com mais de oito sessões na modalidade presencial, e não excedem 15 participantes. A iniciativa "LaPICC contra covid-19" é um exemplo de intervenção *on-line* com grupos dessa modalidade, uma vez que é voltada para psicoeducação e estratégias de manejo de sintomas associados à pandemia (Neufeld et al., 2021), bem como os grupos de terapia focada na compaixão (Almeida et al., 2021), do mesmo projeto.

Os grupos terapêuticos promovem intervenções estruturadas para sintomas específicos, tendo como objetivo apoio, psicoeducação, prevenção de recaídas e orientação para a mudança. São grupos fechados, nos quais se sugere frequência pelo menos semanal, que conte com um mínimo de 12 sessões na modalidade presencial e que a média de participantes seja limitada a 12 integrantes. Um exemplo de grupo terapêutico baseado na TCCG pode ser visto no trabalho de Vallejo et al. (2015) sobre a eficácia do tratamento para fibromialgia citado anteriormente neste capítulo.

Elaboração de programas em TCCG on-line

Para elaborar um programa de intervenção em TCCG, a literatura aponta seis fases a serem consideradas: aspectos pré-grupo, estágios inicial, de transição, trabalho, final e questões pós-grupo. Destaca-se que apenas os grupos terapêuticos contemplam todas as fases (Bieling et al., 2008; Neufeld, 2011; Neufeld et al., 2017).

A fase pré-grupo abrange o planejamento da intervenção, como escolha do tipo de grupo, número de sessões, objetivo e estratégias de seleção. Considerando os aspectos da intervenção *on-line*, a seleção dos participantes é essencial para garantir o melhor desfecho possível para o grupo. A literatura recomenda que sejam estabelecidos critérios de inclusão e exclusão, que irão variar de acordo com o objetivo do grupo, e que sejam utilizadas estratégias de seleção e triagem dos participantes, que podem incluir sessões de aplicação de instrumentos, entrevistas e coleta de dados sociodemográficos e, inclusive, encaminhamentos para outras modalidades de intervenção, quando necessários (Neufeld et al., 2017).

Os critérios usuais para inclusão em grupos presenciais valem também para grupos *on-line*, mas alguns cuidados adicionais são necessários. Os grupos *on-line* podem não ser adequados, por exemplo, para pessoas em crise aguda ou com extrema desregulação emocional, pois esses indivíduos geralmente requerem mais tempo e atenção, que o grupo não pode fornecer, especialmente *on-line*. Também é desafiador estabelecer critérios de inclusão quando uma intervenção em crise é necessária, uma vez que os pacientes não estão fisicamente presentes. Portanto, indivíduos gravemente deprimidos com ideação suicida não devem ser incluídos em grupos *on-line* (Weinbergb, 2020).

Ao selecionar os participantes, também é necessário certificar-se de que eles tenham um ambiente em que possam ter privacidade e qualidade de conexão com a internet. Se não for o caso, deve-se avaliar se outro tipo de intervenção seria mais adequado (Versuti et al., 2020). Independentemente do motivo pelo qual o indivíduo não possa realizar o atendimento, é necessário, na devolutiva do processo de triagem, explicitá-lo de forma adequada. Por exemplo, no caso das pessoas em crise aguda, deve-se explicar que o grupo não será suficiente para atender às suas necessidades e que outras intervenções/serviços poderão fazê-lo de maneira mais adequada. Além disso, deve-se orientá-las em relação a outras possibilidades de intervenção, como fazer uma pesquisa prévia e prover informações sobre serviços de saúde mental disponíveis na cidade delas, psicoeducá-las sobre a função e o escopo de cada tipo de intervenção (grupal *versus* individual, *on-line versus* presencial, como funciona a "porta de entrada" do sistema público para atendimentos em saúde mental, etc.).

Ainda, a partir das experiências do LaPICC-USP nessa modalidade de atendimento, foram percebidos outros elementos que se mostram relevantes dentro desse contexto. No estágio pré-grupo, é essencial considerar dois pontos: o número de participantes e a explicação sobre a especificidade e elegibilidade para o grupo *on-line*. No atendimento em grupo *on-line*, o número de participantes precisa ser considerado com cuidado, uma vez que o processo e as interações no grupo se dão de forma ligeiramente diferente do atendimento presencial. Portanto, no momento de preparação para a intervenção, é necessário que a equipe de terapeutas esteja atenta ao número de integrantes, que deve ser menor do que o geralmente indicado na literatura para os objetivos do grupo na modalidade presencial. Considerando a explicação sobre as especificidades da modalidade, é fundamental fazer uma reunião prévia para a explicação do funcionamento do grupo e dos aspectos técnicos. Nesse momento, é importante esclarecer a necessidade e a obrigatoriedade do uso da câmera e do microfone do dispositivo durante as sessões. Caso o indivíduo não se sinta confortável com essas normas, será necessário reavaliar sua elegibilidade para participar do grupo e encaminhá-lo para outra modalidade de atendimento.

No estágio inicial, são feitos os primeiros contatos, o contrato terapêutico, a psicoeducação e são definidas as expectativas e metas do grupo, além de ser abordada a coesão grupal. Na fase de transição, os pacientes começam a perceber ganhos, mas sintomas ainda persistem, ou até mesmo pioram, e o terapeuta deve manejar eventuais conflitos, preocupações e resistências dos participantes, discutindo-os com o grupo.

No estágio de trabalho ocorre a intervenção propriamente dita, e o foco volta-se para o objetivo do grupo e para as crenças, pensamentos e comportamentos disfuncionais, com a inclusão das técnicas definidas no protocolo, bem como de aspectos de processo, como fatores terapêuticos mais relevantes que possam estar contribuindo ou não para o desfecho do grupo. No estágio final, são trabalhadas a consolidação dos aprendizados e a prevenção de recaída, e preocupações, dúvidas e descrença sobre a capacidade fora do grupo devem ser atendidas e discutidas. Podem ser utilizados recursos extras, como cartilhas com o resumo do que foi trabalhado ou um planejamento pós-grupo, e é nesse estágio que será realizada a avaliação dos participantes, seguimentos, encaminhamentos e a avaliação dos terapeutas sobre o percurso do grupo em relação a suas limitações e benefícios (Neufeld et al., 2017). É fundamental que os participantes do grupo possam contatar os terapeutas em caso de dúvidas, de recaídas ou mesmo em caso de novas demandas, para que recebam suporte e encaminhamento para outros serviços.

Aspectos de processo

Como já citado, o processo caracteriza-se pelo conjunto de fatores que resultam das interações entre os membros do grupo, destes com o(s) terapeuta(s) e da condução da terapia em formato grupal, que influenciarão o desfecho da intervenção. Os aspectos associados ao processo grupal podem ser considerados vantagens dessa modalidade de intervenção em relação à individual (Douma et al., 2021).

Na literatura sobre terapia de grupos, destacam-se os fatores terapêuticos de Yalom e Leszcz (2020). Nove dos 11 fatores descritos pelos autores foram encontrados nas intervenções em TCCG: instilação de esperança, universalidade, compartilhamento de informações, altruísmo, desenvolvimento de técnicas de socialização, comportamento imitativo, aprendizado interpessoal, fatores existenciais e coesão grupal. Além disso, Burlingame et al. (2004) acrescentam outros cinco fatores: teoria de mudança, aspectos de processo de pequenos grupos, estrutura do contexto, aspectos relacionados aos pacientes e liderança do terapeuta (Bieling et al., 2008; Neufeld et al., 2017).

Assim, torna-se fundamental o reconhecimento desses fatores para uma compreensão completa do processo da intervenção e dos aspectos associados à mudança, bem como para o aprimoramento e a boa condução das intervenções em grupo.

Um terapeuta em TCCG pode valer-se dos princípios da TCC para favorecer a ocorrência adaptativa dos fatores terapêuticos propostos por Yalom e Leszcz (2020), visando à mudança dos participantes. Por exemplo, o diálogo socrático e a descoberta guiada são habilidades que podem ser usadas para incutir esperança do participante em relação a recuperação e inclusão no grupo, desenvolvendo universalidade, coesão e altruísmo.

O uso pelo terapeuta de psicoeducação, *feedback* de outros membros do grupo, modelação e estratégias de resolução de problemas promove a aprendizagem interpessoal e também a instilação de esperança, uma vez que o terapeuta esclarece sobre características da demanda, tipos de tratamento e prognóstico. A diretividade do terapeuta em promover a mudança de enfoque de um indivíduo para outros membros do grupo e para o grupo como um todo facilita aos participantes oferecer reflexão, apoio, segurança e dividir formas de enfrentamento, fomentando o compartilhamento de informações, o altruísmo e a coesão (Singh, 2014).

A homogeneidade de objetivo no grupo que visa aumentar o senso de pertencimento pode favorecer a percepção de universalidade, uma vez que os participantes ouvem relatos sobre problemas e dificuldades semelhantes aos seus. Esse formato pode oferecer um ambiente rico para o desenvolvimento de estratégias de socialização, que o terapeuta pode oportunizar por meio de técnicas de treinamento de habilidades sociais, como *role-playing*, modelagem e modelação, favorecendo também o comportamento imitativo ao engajar os participantes em novos comportamentos, instigados por modelos que deram certo. Além disso, a relação terapêutica favorece a coesão, que consiste na atração que os membros têm pelo grupo e pelos outros, crucial para o desenvolvimento de confiança, aceitação e apoio entre os indivíduos (Bieling et al., 2008; Neufeld et al., 2017). É válido destacar que fatores terapêuticos específicos podem desempenhar um papel diferente a depender da demanda, podendo variar ao longo da intervenção em relação ao seu aparecimento ou importância (Neufeld et al., 2017).

Na modalidade *on-line*, para cuidar do manejo desses fatores terapêuticos, é importante atentar para aspectos específicos, como os referentes ao "espaço" do atendimento e o sigilo. Assim, um aspecto importante a ser contratado com os participantes é a necessidade de ligar a câmera durante as sessões, como já mencionado. Isso auxilia na visualização de todos os membros e contribui para a identidade grupal, sendo um importante fator para que os participantes se sintam à vontade, por conseguirem ver os demais, e seguros, por terem acesso ao que se passa do outro lado da tela (Weinbergb, 2020), favorecendo a coesão grupal. Ainda no que tange ao "espaço" do atendimento, terapeutas podem se sentir um pouco perdidos, pois passam a ter acesso restrito a uma infinidade de manifestações de linguagem não verbal devido ao ambiente *on-line*. Em contrapartida, Neufeld et al. (2021) chamam atenção para o fato de que na exibição em formato de galeria há a vantagem de se ter acesso a todos os integrantes do grupo na tela, sendo possível visualizar as expressões faciais, por exemplo, às quais o terapeuta não teria acesso na modalidade presencial, pois quando se volta para um membro do grupo, perde muitas informações dos outros participantes.

Um recurso que deve ser utilizado com moderação, pois pode tanto auxiliar nos fatores terapêuticos quanto causar efeitos iatrogênicos, são os grupos no WhatsApp ou em outras ferramentas similares. Por meio desses grupos, é possível estimular a motivação, a integração e a participação dos membros do grupo terapêutico, pois eles funcionam como um espaço para troca de experiências e estímulos relacionados à intervenção, facilitam o contato para a comunicação entre a equipe e os participantes e o envio de conteúdos. Contudo, caso o grupo seja utilizado para a comunicação de faltas, por exemplo, pode desencadear um "efeito manada", ou seja, a ausência de vários participantes na sessão daquela semana. Também pode ser utilizado de forma inapropriada por alguns membros (p. ex., para o envio de mensagens sobre outros temas, assuntos pessoais e conteúdos polêmicos). Isso pode gerar o efeito oposto ao desejado, desestimular os participantes e dificultar a coesão grupal. Por esses motivos, é importante que, caso seja feita a opção por formar grupos no WhatsApp, as regras para a utilização sejam claramente estabelecidas e o conteúdo compartilhado seja moderado pela equipe de profissionais, com o intuito de evitar dificuldades no processo de intervenção.

Em relação aos fatores apontados por Burlingame et al. (2004), o primeiro refere-se aos princípios a partir dos quais a intervenção será estruturada, como a escolha do programa a ser utilizado, o plano de sessão, os mecanismos de mudança a partir dos estudos de eficácia e efetividade, bem como aspectos estruturais, como duração, tamanho do grupo, frequência das sessões, etc. A TCC configura-se como teoria baseada em evidências, portanto, a escolha do tipo de intervenção deve ser baseada na literatura científica disponível e no melhor tratamento encontrado até o momento.

Nos grupos *on-line*, existem aspectos do ambiente físico que interferem no atendimento, como o fundo que se pode visualizar no vídeo, os sons externos, a iluminação e os movimentos captados pela câmera. Assim, é importante que o fundo seja neutro e não ofereça distrações ou possível desconforto aos participantes. É necessário fazer um bom planejamento e escolher um fundo adequado, dentro do próprio ambiente de atendimento do terapeuta. Uma alternativa é usar fundos de tela artificiais, disponibilizados pela maioria das plataformas de videoconferência.

A iluminação também representa um aspecto importante. Uma luz fraca ou um ambiente escuro dificulta a visualização do terapeuta e também compromete a atenção dos participantes. Uma iluminação muito forte ofusca os olhos e o participante desviar o olhar do terapeuta, também causando desconforto. Para evitar esses problemas, pode-se considerar o uso de recursos de iluminação próprios para gravação em vídeo. Ruídos ao fundo da fala do terapeuta também causam distração e, em certo nível, até mesmo desconforto relacionado à confiança no sigilo da sessão. Nesse sentido, fones de ouvido são uma ferramenta bastante útil para melhorar a escuta dos participantes e do terapeuta, minimizando influências externas.

O segundo fator terapêutico apontado por Burlingame et al. (2004) refere-se ao estilo de liderança do terapeuta e à interconexão que este faz entre os membros e os elementos estruturais de ordem prática. O terapeuta é o responsável por fazer a interconexão entre esses fatores, ao organizar e estruturar a intervenção em TCCG, garantindo a homogeneidade de composição. Ainda, é importante que ele saiba lidar com as interações e com os elementos únicos presentes no grupo, favorecendo ou dificultando os desfechos positivos – por exemplo, sendo capaz de garantir atendimento consistente, ambiente seguro para autorrevelação, aceitação, empatia e *feedback* construtivo (Bieling et al., 2008; Neufeld et al., 2017; Singh, 2014).

O estilo do terapeuta é fundamental para o funcionamento do grupo. Ele deve dar atenção às relações entre os participantes e aos objetivos da sessão, manejar eventuais conflitos, acolher demandas que fogem ao tema do grupo sem perder a atenção à estrutura e tema da sessão e ter competência técnica para unir o raciocínio clínico à adaptação das técnicas para o contexto grupal. Além disso, deve manejar limitações específicas, como características de personalidade ou demandas de um paciente diferentes das apresentadas na avaliação prévia, ou mesmo a limitação causada pelo tempo e duração da intervenção (Neufeld et al., 2017; para mais detalhes sobre competências do terapeuta de grupos, ver Scotton et al., 2021). Ademais, o terapeuta precisa ter habilidades específicas para lidar com pacientes difíceis, conforme destacam Bieling et al. (2008) e Neufeld et al. (2017) em relação a papéis e estratégias de manejo em grupo.

Segundo Weinberg (2020a), a modalidade *on-line* apresenta um desafio adicional: quando os terapeutas trabalham juntos por algum tempo, desenvolvem confiança e podem sinalizar uns aos outros com os olhos, mas na terapia *on-line* não é possível se comunicar da mesma forma e pode ser preciso encontrar maneiras de superar essas barreiras. O autor sugere como alternativas a interação verbal entre os terapeutas na presença dos participantes, trocando opiniões e fazendo perguntas um ao outro, ou a troca de mensagens privadas, apesar de esta última ser pouco favorável, por distrair os terapeutas do "aqui e agora" da sessão e ser uma comunicação "pelas costas" do grupo, desfavorecendo aspectos de processo.

Além disso, também é fundamental que a equipe de terapeutas esteja atenta aos elementos não verbais das interações dentro do grupo. É possível que nuanças importantes dos comportamentos dos participantes e aspectos não verbais se percam, por não serem captados pela câmera, e eles são fundamentais para o bom funcionamento do grupo, uma vez que impactam o processo como um todo. Assim, os papéis dos coterapeutas tornam-se ainda mais relevantes.

Também é importante que a equipe esteja atenta para perceber possíveis distratores da sessão, como um participante usando o celular ou com foco em outras abas no computador. A atenção focada na sessão permite a adequada absorção e compreensão dos conteúdos expostos, assim como a interação dos integrantes do grupo entre si e com a equipe. Por esses motivos, o cuidado da equipe em procurar incentivar a participação de todos os integrantes de forma adequada e não expositiva é essencial para o bom funcionamento da sessão.

RELATO DE EXPERIÊNCIA DE GRUPO EM TCC *ON-LINE*

Nesta seção, será relatada a experiência da realização de grupos *on-line* com professores voltados para o manejo de sintomas de estresse e ansiedade decorrentes das contingências impostas pela pandemia de covid-19. Essas intervenções foram realizadas pelas autoras do capítulo como parte do projeto "LaPICC contra covid-19".

Como consequência da pandemia, alguns grupos da população se tornaram especialmente vulneráveis em termos de saúde mental. Os professores, especificamente, foram impelidos a adaptar-se de maneira súbita ao ensino remoto, de modo a atender às necessidades das populações infantil, jovem e adulta, e muitos deles não tinham formação para atuar nessa modalidade. Além disso, muitos foram demitidos ou viram seus salários serem diminuídos, além de sofrer com o aumento da carga horária de trabalho e da carga mental associada à inexperiência com o ensino a distância. Ainda, foram alvo de pressão da sociedade para o retorno ao ensino presencial, mesmo com a escassez de estudos sobre o impacto do isolamento social na saúde mental. Esses fatores contribuíram para elevar os níveis de desgaste, estresse, ansiedade e angústia nesses trabalhadores, somados aos demais problemas enfrentados pela população devido ao distanciamento social e outras consequências da pandemia (Melo et al., 2020).

Nesse cenário, observou-se a importância de realizar intervenções voltadas à prevenção e à promoção de saúde mental adaptadas a esse contexto. Ciente da sua responsabilidade e da oportunidade de contribuir para mitigar os efeitos da pandemia, o LaPICC-USP lançou o projeto voluntário "LaPICC contra covid-19". A iniciativa ofertou duas modalidades de atendimento em grupos *on-line*: uma de intervenções psicoeducativas em TCCG (Neufeld et al., 2021) e outra de terapia focada na compaixão em grupo (TFCG) (Almeida et al., 2021). Também foram oferecidos grupos para profissionais da saúde, pais, estudantes universitários e para a população em geral.

Foram realizadas duas rodadas com o grupo de professores, a primeira com cinco participantes e a segunda, com três. Todas eram mulheres com idade entre 19 e 46 anos. Cada etapa teve duas sessões de 1h30, que ocorreram na mesma semana. Antes do início da intervenção, todas as participantes responderam a um questionário para registro de informações sociodemográficas (nome, idade, se possuía plano de saúde, etc.). Também informaram se estavam passando por outros tratamentos de saúde e saúde mental, e foram aplicados instrumentos de rastreio de sintomas de depressão, ansiedade e estresse. Além disso, todas assinaram um termo de consentimento livre e esclarecido em relação à sua participação. Ao final de cada sessão, foi pedido às participantes que respondessem a uma escala visual analógica de 0 a 10 para indicar o quão ansiosas se sentiam naquele momento. Ao final da intervenção, os instrumentos de rastreio de sintomas foram aplicados novamente.

Com base na literatura, foi elaborada uma proposta de grupos psicoeducativos fechados, voltados para o manejo de sintomas de ansiedade e estresse. Por existirem diferentes demandas e populações-alvo e o número de voluntários disponíveis ser pequeno, os grupos foram conduzidos apenas por uma terapeuta. Na primeira rodada, estava presente uma terapeuta observadora, que requisitou sua participação nesse papel para adquirir experiência com grupos *on-line*. As sessões foram realizadas por videoconferência, na plataforma Google Meet, e materiais de apoio foram enviados pelo WhatsApp.

O programa foi elaborado com base nos princípios da TCC (Beck, 2021) e da TCCG (Bieling et al., 2008; Neufeld et al., 2017), com sessões estruturadas e temas previamente estabelecidos. A primeira sessão teve como objetivos a apresentação da proposta do grupo, o estabelecimento do contrato terapêutico, a psicoeducação sobre ansiedade e técnicas de manejo de ansiedade e estresse. Nessa sessão, além de ser feita a apresentação dos terapeutas e de cada professora, foram levantadas as expectativas das participantes sobre o grupo e feita a verificação do humor. Na psicoeducação sobre a ansiedade, foi discutida sua origem adaptativa e sua importância na vida das pessoas e os problemas comuns quando esse sintoma ocorre de maneira muito intensa. Foram trabalhadas as técnicas de aceitação e tolerância das sensações de ansiedade e técnicas de relaxamento, como a respiração diafragmática e o ACALME-SE (Rangé, 2001).

A segunda sessão teve como objetivo trabalhar o manejo da frustração e técnicas de *mindfulness* e compaixão. Foram revistos os pontos-chave abordados na primeira sessão, discutida a frustração como um sentimento comum ligado à mudança de rotina e seu manejo, por exemplo, por meio da aceitação do que não se pode mudar. Foram realizados exercícios de habituação de emoções desagradáveis e descatastrofização, por meio de técnicas de *mindfulness* e compaixão, e de trazer o foco para o presente. Nessa sessão também foi solicitado *feedback* do grupo. Para mais detalhes da intervenção, ver Neufeld et al. (2021). Vale destacar que, assim como preconizado pela literatura (Bieling et al., 2008; Neufeld et al., 2017), as sessões ocorreram de maneira flexível, de acordo com as necessidades e demandas apresentadas pelas participantes.

O primeiro grupo contou com a participação de professoras de 19 a 46 anos da rede municipal, de escolas privadas e que davam aulas particulares e trabalhavam com bebês, crianças do ensino fundamental e adultos. Ou seja, o grupo era relativamente heterogêneo, tanto em relação às características demográficas das participantes como dos públicos para quem lecionavam. Isso pôde ser constatado logo no início da primeira sessão, quando a terapeuta propôs a dinâmica de apresentações.

Essa dinâmica permitiu que a terapeuta visualizasse as necessidades de manejo adequado dos fatores terapêuticos que pudessem ocorrer diante desta configuração do grupo. Por exemplo, logo após as apresentações, foram levantadas as principais demandas no momento, e as dificuldades mencionadas foram semelhantes, como questões associadas ao teletrabalho e à dificuldade de manejo do tempo e das ferramentas *on-line* disponibilizadas pelas instituições onde trabalhavam. Assim, foi possível ressaltar as semelhanças visando à promoção da universalidade no grupo.

A heterogeneidade também contribuiu para a aprendizagem interpessoal. Por exemplo, uma participante expôs algumas estratégias que funcionavam com ela para amenizar o estresse ao longo do dia, e foi possível discutir se e como essas estratégias poderiam ser adotadas pelas demais. É importante destacar que o terapeuta deve estar atento para essa dinâmica, ou seja, conduzir as falas de modo que os próprios participantes comentem os exemplos apresentados, com falas como: "O que vocês acham dessa estratégia trazida pela...?", "Acham que funcionaria para vocês?", "Que outras estratégias podem ser pensadas a partir desse comentário?".

Um exemplo de flexibilização do conteúdo pôde ser observado também nesse grupo. Logo na primeira sessão, ao se fazer uma conceitualização do grupo, percebeu-se que este era bastante marcado pela autocobrança e pela intolerância à incerteza sobre como seria a volta ao trabalho presencial, aspecto manifestado pelas falas de todas as participantes. Assim, optou-se por antecipar para a primeira sessão conteúdos programados para a segunda, já introduzindo conceitos como aceitação, tolerância a emoções desagradáveis, descatastrofização e autocompaixão. A partir dos *feedbacks* dos membros ao final da sessão, constatou-se que a mudança teve um impacto positivo na adesão das participantes ao grupo e na relação delas com a terapeuta.

No segundo grupo, foi possível manter um pouco mais a estrutura da intervenção inicialmente proposta, corroborando a literatura no sentido de que cada grupo é único (Yalom & Leszcz, 2020). Nesse grupo, destacaram-se a universalidade e o compartilhamento de experiências, além do benefício das técnicas propostas pela intervenção, notadamente manejo das emoções e *mindfulness*. Pôde-se perceber, por meio da fala das participantes, que ter um espaço para acolhimento mútuo e para a troca de experiências entre profissionais da mesma área foi benéfico (p. ex., uma professora comentou que "era bom poder conversar com adultos sobre essas coisas, para variar"), ressaltando o papel terapêutico da homogeneidade de composição (Bieling et al., 2008; Neufeld et al., 2017).

Observou-se que, assim como apontado pela literatura (Weinberg, 2020b), não houve prejuízos nos aspectos técnicos nem de processo das intervenções oferecidas. Ambos os grupos demonstraram boa coesão, bom nível de participação e envolvimento das participantes e adesão às sessões. Considera-se que, em condições em que o contato presencial era restrito, essa modalidade de intervenção mostrou-se adequada. Ainda, tornou possível o contato entre indivíduos de diferentes regiões e culturas, favorecendo uma troca que, de outra forma, não seria possível.

DICAS PRÁTICAS PARA O MANEJO E APLICAÇÃO DA TCCG *ON-LINE*

Por fim, Weinberg (2020b) destaca alguns aspectos importantes a serem considerados na aplicação em intervenções em grupos *on-line* por meio de videoconferência. O autor lista algumas instruções específicas, que denomina "etiqueta *on-line*", que serão apresentadas e aprofundadas a seguir.

1. **Não ignore eventos e estímulos que parecem parte do plano de fundo.** O ambiente fora do consultório pode trazer algumas dificuldades e particularidades à sessão. Por exemplo, se um gato passou na tela, não ignore esse fato, pois todos os integrantes do grupo observaram que isso aconteceu, e é importante ressaltar que o terapeuta está atento ao que está acontecendo com os participantes.
2. **Dificuldades técnicas e falhas de comunicação fazem parte da dinâmica.** Essas dificuldades são inerentes ao uso de tecnologias, portanto, inclua-as na sessão. Caso algum participante perca a conexão, aponte isso para o restante dos membros do grupo, diga que vocês estão tentando retomar o contato. Quando o paciente retornar, ressalte que agora vocês o estão vendo, e que a sessão pode continuar com a participação daquela pessoa. Caso haja problemas com o áudio, aponte isso para o participante, para que ele possa tentar resolver o problema e participar da melhor forma possível e para que todos possam compartilhar a experiência.
3. **A exibição em galeria é melhor que a exibição apenas de quem está falando no momento.** Quando usar uma plataforma que permita a alteração da visualização dos membros do grupo, dê prioridade para a opção de galeria, uma vez que nela pode-se ver todos os indivíduos na tela, o que facilita o processo grupal e o aparecimento dos fatores terapêuticos.
4. **Ensine aos membros do grupo como ocultar seu próprio vídeo.** As ferramentas de chamada de vídeo permitem que o participante se veja no momento da sessão, o que não ocorre em formatos presenciais. Esse novo fator pode causar distração, pela atenção à própria imagem, e dificultar a atenção e participação nas atividades do grupo. É possível ocultar a própria imagem ou colocar um *patch* na tela onde seu rosto está sendo exibido.
5. **Não incentive o uso de bate-papo durante a reunião do grupo.** Essa opção muitas vezes concorre com a fala do terapeuta ou com a participação dos

outros membros, pois tira a atenção e pode se tornar um tipo de comunicação externa à do grupo se a troca for privada. Incentive-os a ligar o microfone e participar falando.
6. **A conexão a partir de um *smartphone* não é recomendada.** Incentive os participantes a usar *tablet*, *laptop* ou *desktop* para a realização da sessão, pois nos *smartphones* o tamanho reduzido da tela não permite que se vejam todos os membros do grupo.
7. **Instrua os membros do grupo a não se conectarem quando estiverem dentro de um carro.** Mesmo quando não estiverem dirigindo, estar em um carro com mais pessoas não garante confidencialidade e privacidade, e o membro não mantém o foco na sessão, mas, sim, nos acontecimentos externos a sua volta.

CONSIDERAÇÕES FINAIS

Este capítulo teve como objetivo trazer importantes aspectos técnicos e de processo preconizados pela literatura em TCCG e apresentar como adaptá-los para a modalidade *on-line*. Visto o crescimento e a demanda pela TCC e sua aplicação no formato grupal e a escassez de estudos sobre TCCG *on-line*, buscou-se apresentar a experiência do LaPICC-USP nessa modalidade, bem como dicas para sua aplicação, levando em consideração as mais recentes evidências da literatura. Entretanto, como já citado, ainda existem poucos estudos embasados em ECRs. Além disso, os que existem enfocam os resultados de efetividade da intervenção, sendo necessárias mais pesquisas sobre aspectos como adaptabilidade dos pacientes à intervenção *on-line*, coesão grupal, características dos terapeutas no ambiente virtual, etc.

É importante ressaltar a necessidade de treinamento específico dos terapeutas para intervenções *on-line* e de adaptação dos protocolos originalmente projetados para o modo presencial às especificidades do ambiente virtual. É preciso fazer adequações relacionadas ao sigilo e verificar a adequabilidade dos pacientes à intervenção *on-line*, entre outras necessidades explicitadas neste capítulo. Vale a pena salientar também que as intervenções *on-line* permitem atingir pessoas de diversas localidades e regiões, viabilizando que muitas delas tenham o atendimento de que necessitam e, possivelmente, não conseguiriam ter de outra forma.

REFERÊNCIAS

Almeida, N. O., Rebessi, I. P., Szupszynski, K. P. D. R., & Neufeld, C. B. (2021). Uma intervenção de Terapia Focada na Compaixão em grupos *on-line* no contexto da pandemia por COVID-19. *Psico, 52*(3), 1-12.

Andersson, G. (2018). Internet interventions: Past, present and future. *Internet interventions, 12,* 181-188.

Barlow, S. H. (2012). An application of the competency model to group-specialty practice. *Professional Psychology: Research and Practice, 43*(5), 442-451.

Barlow, S. H. (2013). *Specialty competencies in group psychology*. Oxford University.

Beck, A. T., Rush, A. J., Shaw, B. F., & Emery, G. (1997). *Terapia cognitiva da depressão*. Artmed.

Beck, J. S. (2021). *Terapia cognitivo-comportamental: teoria e prática*. (3. ed.) Artmed.

Bieling, P. J., McCabe, R. E., & Antony, M. M. (2008). *Terapia Cognitivo-Comportamental em Grupos*. Artmed.

Burlingame, G. M., MacKenzie, K. R., & Strauss, B. (2004). Small-group treatment: Evidence for effectiveness and mechanisms of change. In M. J. Lambert, A. E. Bergin, & S. L. Garfield (Eds.), *Bergin and Garfield's handbook of psychotherapy and behavior change* (5th ed., pp. 647-696). Wiley.

Dobson, D., & Dobson, K. S. (2018). *Evidence-based practice of cognitive-behavioral therapy*. Guilford.

Douma, M., Maurice-Stam, H., Gorter, B., Houtzager, B. A., Vreugdenhil, H. J. I., Waaldijk, M., ... Scholten, L. (2021). Online psychosocial group intervention for adolescents with a chronic illness: A randomized controlled trial. *Internet Intervention, 26*, 1-10.

Kelly, P. J., McCreanor, K., Beck, A. K., Ingram, I., O'Brien, D., King, A., ... Larance, B. (2021). SMART Recovery International and COVID-19: Expanding the reach of mutual support through online groups. *Journal of Substance Abuse Treatment, 131*, 108568.

Khatri, N., Marziali, E., Tchernikov, I., & Shepard, N. (2014). Comparing telehealth-based and clinic-based group cognitive behavioral therapy for adults with depression and anxiety: A pilot study. *Clinical Interventions in Aging, 9*, 765-770.

Marasca, A. R., Yates, D. B., Schneider, A. M. A., Feijó, L. P., & Bandeira, D. R. (2020). Avaliação psicológica online: Considerações a partir da pandemia do novo coronavírus (COVID-19) para a prática e o ensino no contexto à distância. *Estudos de Psicologia, 37*, e200085.

Mariano, T. Y., Wan, L., Edwards, R. R., Lazaridou, A., Ross, E. L., & Jamison, R. N. (2019). Online group pain management for chronic pain: Prelim- inary results of a novel treatment approach to teletherapy. *Journal of Telemedicine and Telecare, 27*(4), 209-216.

Melo, M. T., Dias, S. R., & Volpato, A. N. (2020). *Impacto dos fatores relacionados à pandemia de Covid-19 na qualidade de vida dos professores atuantes em SC*. Contexto Digital.

Neufeld, C. B. (2011). Intervenções em grupos na abordagem cognitivo-comportamental. In B. Rangé (Cols.), *Psicoterapias cognitivo-comportamentais: Um diálogo com a psiquiatria* (2. ed., pp. 737-750). Artmed.

Neufeld, C. B., & Peron, S. (2018). A terapia cognitivo-comportamental em grupos com crianças e adolescentes: Desafios e estratégias. *Journal of Child & Adolescent Psychology, 9*(2), 233-245.

Neufeld, C. B., Ferreira, I. M. F., & Maltoni, J. (2016). *Coleção Habilidades para a vida*. Sinopsys.

Neufeld, C. B., Maltoni, J., Ivatiuk, A. L. & Rangé, B. (2017). Aspectos Técnicos e o processo em TCCG. In C. B. Neufeld, & B. Rangé, (Orgs.), *Terapia Cognitivo-Comportamental em Grupos: Das evidências à prática* (pp. 33-56). Artmed.

Neufeld, C. B., Rebessi, I. P., Fidelis, P. C. B., Rios, B. F., Scotton. I. L., Bosaipo, N. B., ... Szupszynski, K. P. D. R. (2021). LaPICC contra COVID-19: Relato de uma experiência de terapia cognitivo-comportamental em grupo online. *Psico, 52*(3), 1-13.

Neufeld, C. B., Scotton, I. L., Rezende, A. L. & Vito, L. C. (no prelo). Psicologia para crianças do LaPICC-USP: Um relato da experiência de literacia psicológica para crianças. In L. Bizarro, M. A. Pieta & M. Vasconcelos (Orgs.), *Divulgação da Ciência e Literacia Psicológica*.

Rangé, B. (2001). *Vencendo o pânico: Instruções passo-a-passo para quem sofre de ataques de pânico*. http://www.santoandre.sp.gov.br/pesquisa/ebooks/412098.pdf

Rangé, B., Pavan-Cândido, C., & Neufeld, C. B. (2017). Breve histórico das terapias em grupo e da TCCG. In C. B. Neufeld, & B. Rangé, (Orgs.), *Terapia Cognitivo-Comportamental em Grupos: Das evidências à prática* (pp. 17-32). Artmed.

Resolução n° 11, de 11 de maio de 2018. (2018). Regulamenta a prestação de serviços psicológicos realizados por meios de tecnologias da informação e da comunicação e revoga a Resolução CFP N.º 11/2012. https://site.cfp.org.br/wp-content/uploads/2018/05/RESOLU%C3%87%C3%83O-N%C2%BA-11-DE-11-DE-MAIO-DE-2018.pdf

Scotton, I. L., Barletta, J. B., & Neufeld, C. B. (2021). Competências Essenciais ao Terapeuta Cognitivo-Comportamental. *Psico-USF, 26(1)*, 141-152.

Singh, S. (2014). Delivering group CBT competencies and group processes. *Journal of Cognitive-Behavioral Psychotherapy and Research, 3(3)*, 150-155.

Vallejo, M. A., Ortega, J., Rivera, J., Comeche, M. I., & Vallejo-Slocker, L. (2015). Internet versus face-to-face group cognitive-behavioral therapy for fibromyalgia: A randomized control trial. *Journal of Psychiatry Research, 68*, 106-113.

Versuti, F. M., Lima, J., Rebessi, I., P., & Neufeld, C. B. (2020). Habilidades para vida e tecnologias digitais educacionais: Uma revisão sistemática de literatura. *Revista Brasileira de Informática na Educação, 28*, 1105-1120.

Weinberg, H. (2020a). Online psychotherapy: Challenges and possibilities during COVID-19 - A practice review. *Group Dynamics: Theory, Research, and Practice, 24(3)*, 201-211.

Weinberg, H. (2020b). Practical considerations for *on-line* group therapy. In H. Weinberg, & A. Rolnick (Eds.), *Theory and practice of on-line therapy, internet-delivered interventions for individuals, groups, families and organizations* (pp. 188-205). Routledge.

Yalom, I. D., & Leszcz, M. (2020). *The theory and practice of group psychotherapy* (6th ed.). Station Hill.

11

Intervenções *on-line* no contexto da saúde coletiva

Gustavo Affonso Gomes
Kátia Bones Rocha

As intervenções *on-line* no contexto da saúde pública já são uma realidade nos diferentes níveis de assistência (atenção primária e especializada) em diferentes áreas, tanto no Brasil (de Araujo et al., 2020) quanto no contexto internacional (Kleiboer et al., 2016; Topooco et al., 2017). Porém, duas perguntas surgem: as intervenções *on-line* da psicologia no campo da saúde pública são eficazes? Quais são as vantagens e as desvantagens das intervenções *on-line* no contexto da saúde pública?

Para responder a essas perguntas, iniciaremos discutindo o modelo teórico dos direitos humanos, a Agenda 2030 com os Objetivos de Desenvolvimento Sustentável (ODSs) e o enfrentamento das iniquidades em saúde mediante tecnologia e inovação. Posteriormente, apresentaremos o modelo dos determinantes sociais da saúde (DSS) para compreender os mecanismos estruturais e intermediários que produzem as desigualdades em saúde (Buss & Pellegrini, 2007; Solar & Irwin, 2010), tendo em vista o acesso aos serviços de saúde como uma estratégia também de enfrentamento dessas desigualdades.

A seguir, será analisado o campo de produção da saúde pública, entendida neste capítulo como saúde coletiva, tendo em vista a compreensão do processo de saúde-doença-cuidado como político, histórico, interdisciplinar e científico (Paim, 1992; Paim & Almeida Filho, 1998). A saúde coletiva tem um compromisso com o acesso à saúde de qualidade por parte de todos os cidadãos e cidadãs, sendo entendida como um direito de todos.

No campo da saúde coletiva no Brasil, cabe enfatizar a importância do Sistema Único de Saúde (SUS), que representou um grande avanço na diminuição das desigualdades em saúde (Souza et al., 2019). Contudo, observam-se entre os desafios para a plena efetivação do SUS os recursos financeiros e humanos limitados, principalmente em áreas específicas, como a saúde mental. Nesse contexto, a atenção *on-line* pode surgir como uma boa opção para aumentar o acesso à atenção à saúde.

Cabe destacar que as pessoas que vivem em piores condições socioeconômicas, medidas por indicadores como educação, classe social e nível de renda, apresentam pior saúde física e mental (Artazcoz et al., 2004; Muntaner et al., 2010; World Health Organization [WHO], 2004). A pobreza é o maior fator de risco para várias doenças físicas (Benach, 1997) e mentais, como depressão, transtornos de ansiedade, personalidade antissocial e abuso de substâncias (Dohrenwend, 2000; Dohrenwend et al., 1992). Estudos têm mostrado de forma consistente a associação entre a pobreza da área de residência e maior prevalência de transtornos mentais (Rocha et al., 2012; WHO, 2004). As chances de ter depressão aumentam ainda mais significativamente entre as pessoas pobres (WHO, 2017).

Os problemas de saúde mental são altamente frequentes, com estimativa de taxas de prevalência ao longo da vida e de 12 meses em diferentes países variando de 18,1% a 36,1% e de 9,8% a 19,1%, respectivamente (Kessler et al., 2009). Os transtornos mentais são responsáveis por uma redução de 32% dos anos de vida saudáveis e por 13% dos anos de vida perdidos ajustados por incapacidade (Vigo et al., 2016). Além disso, pessoas com problemas de saúde mental enfrentam taxas aumentadas de morbidade em decorrência de condições médicas gerais (Firth et al., 2019) e maior risco de morte prematura (Patel et al., 2018; Walker et al., 2015).

Contudo, é importante destacar que pessoas com doenças crônicas apresentam risco elevado de ter problemas de saúde mental. Um estudo desenvolvido na Espanha aponta que quanto maior o número de doenças crônicas referidas pelos participantes maior era a prevalência de problemas de saúde mental, mostrando um claro gradiente de aumento (Rocha et al., 2010). Pacientes com comorbidade devido à depressão com menos frequência conseguem seguir o tratamento ou recomendações médicas e têm maior risco de incapacidade e mortalidade. Por exemplo, pacientes com HIV/aids têm um risco muito aumentado de ter depressão (WHO, 2004). O tratamento da depressão em casos de comorbidade com doenças físicas pode melhorar a adesão às intervenções de doenças médicas crônicas (WHO, 2004). Assim, os serviços de saúde precisam organizar estratégias de cuidado que considerem a interdependência entre as questões de saúde física e mental.

Apesar da elevada prevalência dos transtornos mentais e do impacto negativo que eles têm sobre a saúde da população, na maioria dos países as pessoas têm dificuldades de acesso a diagnóstico e tratamento em saúde mental (Kovess-Masfety et al., 2007; WHO, 2011). Em países de baixa e média rendas, entre 76% e 85% das pessoas com transtornos mentais graves não recebem tratamento, e nos países de alta renda, entre 35% e 50%. Outro agravante é a má qualidade dos serviços e cuidados ofertados àqueles que têm acesso a tratamento (WHO, 2013).

Existem lacunas persistentes na organização da oferta, no acesso e na qualidade dos serviços de saúde mental em todo o mundo (Lopes et al., 2016). A qualidade dos serviços de saúde mental é rotineiramente pior do que a qualidade dos serviços de saúde física (Patel et al., 2018). Em relação à saúde mental, diferentes países estão buscando estratégias de atenção, mas existem grandes desigualdades na distribuição e acesso aos recursos de saúde, não apenas entre, mas também dentro dos países (Patel et al., 2018).

Nesse contexto, a atenção *on-line* pode contribuir para a diminuição de algumas barreiras de acesso. Entre os desafios que a atenção *on-line* no contexto da saúde coletiva pode enfrentar destacam-se:

- a desigualdade de distribuição dos dispositivos da Rede de Atenção Psicossocial (RAPS) no território nacional, especialmente em áreas rurais e com menos densidade populacional;
- a pobreza, que pode dificultar o acesso aos serviços especializados;
- a dificuldade de acesso da população trabalhadora, devido ao horário restrito de funcionamento, aos serviços da atenção primária, o primeiro nível de contato com os usuários em saúde e componente integral do SUS, e aos Centros de Atenção Psicossocial (CAPS), serviços públicos de saúde mental que visam a substituir a lógica hospitalocêntrica dos atendimentos por uma lógica psicossocial de reinserção e exercício de cidadania dos usuários.

Entre as abordagens teóricas utilizadas para as intervenções *on-line*, a terapia cognitivo-comportamental (TCC) foi mais rapidamente adequada para ser conduzida por meio da internet em virtude das abordagens diretivas e com muitos elementos psicoeducacionais (Lopes & Berger, 2016). Porém, outras abordagens teóricas, como a terapia de aceitação e compromisso (ACT) (Lopes & Berger, 2016), a terapia interpessoal (TIP) e modelos transteóricos, vêm adaptando suas intervenções para o contexto *on-line*.

Um elemento comum de tais intervenções é que os processos emocionais, cognitivos e comportamentais são modificados, e suas generalizações para a vida diária dos usuários são promovidas por meio de técnicas psicológicas estabelecidas (Ebert et al., 2017). Além disso, a modalidade *on-line* pode favorecer a capacitação das equipes de saúde para a atenção à saúde mental (Novaes et al., 2012), por meio de interconsultas realizadas virtualmente entre profissionais de diferentes áreas, favorecer estratégias de matriciamento e aumentar a coordenação do cuidado entre atenção primária e especializada.

Segundo Ebert et al. (2017), as intervenções *on-line* são efetivas e se apresentam como um meio relativamente novo para promover a saúde mental e prevenir problemas de saúde mental, que introduz uma nova gama de possibilidades, incluindo o fornecimento de intervenções psicológicas baseadas em evidências que estão livres das limitações relacionadas ao tempo de deslocamento e permitem alcançar participantes para os quais as intervenções psicológicas tradicionais não são uma opção. Outro aspecto positivo é a possibilidade de monitoramento e seguimento dos pacientes, além das estratégias de promoção, prevenção e tratamento. As intervenções baseadas na internet podem contribuir para reduzir recaída e recorrência dos transtornos mentais (Ebert et al., 2017).

Além de diversos estudos apresentarem bons resultados para intervenções *on-line* em diferentes contextos, cabe ressaltar o benefício no custo/efetividade para a saúde coletiva. Conforme esses recursos são aplicados e servem para a promoção, prevenção e tratamento em diferentes níveis de atenção, gastos em determinadas terapêuticas podem ser evitados.

Assim, apresentaremos os modelos teóricos utilizados para compreender o processo de saúde-doença-cuidado, a partir dos referenciais teóricos dos direitos humanos, dos determinantes sociais da saúde e da saúde coletiva. A partir desses referenciais e da literatura relacionada às intervenções *on-line* no contexto da saúde coletiva, algumas propostas de intervenção serão destacadas.

DIREITOS HUMANOS: AGENDA 2030 E ENFRENTAMENTO DAS INIQUIDADES EM SAÚDE MEDIANTE TECNOLOGIA E INOVAÇÃO

Desde os filósofos antigos até os dias atuais, a noção de dignidade humana e os direitos humanos vêm sendo pensados no mundo, mas foi no século XVIII, com a Revolução Francesa e a Independência dos Estados Unidos, que os primeiros documentos cujo objetivo era formalizar esses direitos foram produzidos: a *Declaração dos Direitos do Homem e do Cidadão*, e a *Declaração de Direitos "do bom povo"* da Virgínia. Esses eventos marcaram a constitucionalização de alguns direitos humanos e uma nova forma de constituir o Estado de Direito, marcada pelos direitos civis e a liberdade (Comparato, 1999).

Com o passar do tempo, diferentes eventos exigiram que os direitos humanos fossem repensados, como as demandas advindas do mundo industrializado e os direitos trabalhistas, as guerras mundiais e a proteção internacional dos direitos humanos, o avanço da globalização mediante novas tecnologias e novas discussões bioéticas, etc. A partir desses marcos históricos, hoje entendemos ao menos cinco dimensões dos direitos humanos (Bonavides, 2008; Diógenes, 2012; Vasak, 1982):

1. direitos civis e políticos – liberdade;
2. direitos econômicos, sociais e culturais – igualdade;

3. direito ao meio ambiente, à qualidade de vida, ao progresso, à paz, aos diferentes povos e à solidariedade – fraternidade;
4. direitos que consideram a globalização e o avanço das tecnologias;
5. retomada ao direito à paz.

Nesse contexto, diversas conquistas foram alcançadas, como a *Declaração Universal de Direitos Humanos*, a criação da Organização das Nações Unidas (ONU), da Organização Mundial da Saúde (OMS), da Organização Pan-Americana da Saúde (OPAS), do Programa das Nações Unidas para o Desenvolvimento (PNUD), do Programa Conjunto das Nações Unidas sobre HIV/aids (UNAIDS), e tantas outras. Além disso, foram definidas características fundamentais para os direitos humanos, isto é, uma compreensão de que estes:

> São normas que reconhecem e protegem a dignidade de todos os seres humanos. Os direitos humanos regem o modo como os seres humanos individualmente vivem em sociedade e entre si, bem como sua relação com o Estado e as obrigações que o Estado tem em relação a eles.
> (Fundo das Nações Unidas para a Infância [UNICEF], 20--?)

Os direitos humanos também são considerados universais, inalienáveis, indivisíveis, interdependentes e inter-relacionados. Buscam a igualdade e o enfrentamento de todo e qualquer tipo de discriminação, promovendo a inclusão e a participação social na garantia desses direitos, bem como entendem a responsabilização necessária dos Estados para isso (UNICEF, 2015).

Para facilitar a proteção desses direitos, a ONU lançou, em 2015, os ODSs, que compõem a Agenda 2030 dessa organização. Essa agenda foi pensada considerando as demandas globais para o desenvolvimento sustentável e para propor indicadores que pudessem mensurar de algum modo o quanto o mundo, em diferentes regiões, estaria se encaminhando para tais objetivos em um período de 15 anos (Colglazier, 2015). A agenda foi uma herança de estratégias passadas, que já discutiam a sustentabilidade, porém a temática é relativamente nova, se considerarmos que foi a partir da década de 1980, com o relatório de Brundtland, *Nosso futuro comum*, que o termo passou a ser usado em diversos documentos formais com vistas a um desenvolvimento sustentável (Brundtland & Comum, 1987).

No que diz respeito aos direitos humanos e a uma perspectiva global e multidimensional da saúde coletiva e da inserção de tecnologias em seus campos de práticas, os ODSs podem servir para o desenvolvimento de estratégias programáticas. Na medida em que precisamos considerar uma série de iniquidades em saúde, esses objetivos visam a cumprir metas que foram pensadas para tornar o mundo o mais sustentável possível no momento atual e no futuro (Brasil, 2016a).

Entende-se como sustentabilidade uma série de ações que servem para manter a vitalidade, a integridade e a preservação do planeta e suas formas de vida, além da continuidade, expansão e efetivação de potencialidades da humanidade em suas diferentes expressões. Ela pode ocorrer de forma passiva ou ativa. No que diz respeito à forma passiva, trata-se do que o próprio planeta e seus ecossistemas produzem naturalmente para a sua preservação, enquanto a forma ativa busca proteger e incentivar as potencialidades a partir de procedimentos e estratégias desenvolvidas pela humanidade (Boff, 2017).

Além disso, a partir de 1990, o PNUD passou a publicar o *Relatório de Desenvolvimento Humano* (RDH), lançando o conceito de desenvolvimento humano e o índice de desenvolvimento humano (IDH). Assim, além da discussão sobre desenvolvimento sustentável e desenvolvimento humano, foram propostos também indicadores que pudessem mensurar essas dimensões (United Nations Development Programme [UNDP], 1990).

Com a discussão em pauta, bem como com indicadores para verificar o estado do desenvolvimento sustentável em níveis global e local, foi lançada em 2000, a partir do encontro de líderes de Estado em Nova York, a Agenda do Milênio. Essa agenda continha oito objetivos de desenvolvimento sustentável:

1. erradicar a pobreza extrema e a fome;
2. garantir educação básica universal;
3. promover igualdade de gênero e empoderar as mulheres;
4. reduzir a mortalidade infantil;
5. melhorar a saúde materna;
6. combater HIV/aids, malária e outras doenças;
7. garantir sustentabilidade ambiental;
8. promover a parceria global pelo desenvolvimento.

Ela previa dar conta dos objetivos citados até 2015. No entanto, após avaliação naquele ano, e entendendo diversos outros aspectos a serem desenvolvidos, os objetivos foram continuados e ampliados, sendo lançada a Agenda 2030 (Roma, 2019).

A Agenda 2030 apresenta 169 metas, distribuídas entre 17 objetivos de desenvolvimento sustentável (Quadro 11.1).

Vale ressaltar que, assim como os direitos humanos, os ODSs também têm importância equivalente entre si, são inalienáveis, inter-relacionados e interdependentes. Além disso, só se compreende que o objetivo foi atingido após o cumprimento de todas as suas metas relacionadas.

QUADRO 11.1 Objetivos de desenvolvimento sustentável da Agenda 2030

1	Erradicação da pobreza
2	Fome zero
3	Saúde e bem-estar
4	Educação de qualidade
5	Igualdade de gênero
6	Água potável e saneamento
7	Energia limpa e acessível
8	Trabalho decente e crescimento econômico
9	Indústria, inovação e infraestrutura
10	Redução das desigualdades
11	Cidades e comunidades sustentáveis
12	Consumo e produção responsáveis
13	Ação contra a mudança global do clima
14	Vida na água
15	Vida terrestre
16	Paz, justiça e instituições eficazes
17	Parcerias e meios de implementação

Fonte: Brasil (2016a).

Para tanto, a Agenda 2030 baseia-se na ideia de que o desenvolvimento sustentável precisa abarcar:

- pessoas, com a erradicação da pobreza e da fome, bem como com a garantia de igualdade e dignidade;
- prosperidade, garantindo vidas prósperas e plenas em harmonia com a natureza;
- paz, promovendo sociedades pacíficas, justas e inclusivas;
- parcerias, implementando a agenda por meio de parcerias globais e locais; e
- o planeta, protegendo recursos naturais e o clima (Brasil 2016a).

No presente capítulo, o interesse está nos objetivos e metas que abordam a saúde e o campo da inovação em estratégias *on-line* para o enfrentamento das iniquidades. Assim como visa a Agenda 2030, os objetivos, em sua inter-relação, podem propor o uso de tecnologias como ferramentas à disposição da saúde e redução das desigualdades.

No que diz respeito à inovação tecnológica, está previsto até 2030 o aumento do acesso às tecnologias da informação e da comunicação (TICs), bem como o desenvolvimento de infraestrutura sustentável e resiliente em países em desenvolvimento. Além disso, a Agenda 2030 prevê o incentivo a pesquisa e inovação, bem como desenvolvimento tecnológico para suprir demandas contemporâneas e reduzir as desigualdades sociais. Já no que corresponde à saúde, a agenda tem suas metas girando em torno de processos de saúde-doença em diferentes pontos e em todos os níveis de atenção, como a atenção primária e especializada, visando a promoção, prevenção e tratamento em diversos âmbitos, como vacinação, HIV/aids, saúde mental, abuso de substâncias, acidentes de trânsito, etc. (Instituto de Pesquisa Econômica Aplicada [IPEA], 2018).

Tais aspectos, no entanto, não podem ser compreendidos de modo isolado e nem abordados de modo reducionista apenas pelos objetivos 3 (Saúde e bem-estar) e 9 (Indústria, inovação e infraestrutura). Para o enfrentamento das desigualdades sociais no campo da saúde coletiva, se faz necessária uma intersecção entre todos os ODSs previstos pela Agenda 2030 e uma crítica às lacunas identificadas nessa proposta. Portanto, não é possível atingir saúde e bem-estar sem discutir e propor medidas concretas para as desigualdades sociais, a fome, a pobreza, o saneamento básico, o clima, o consumo e tantos outros aspectos que hoje são entendidos como chaves para uma vida mais sustentável.

Pensando na complexidade da sustentabilidade e na sua garantia para a dignidade humana na nossa geração e nas gerações futuras, a ONU tem cada vez mais incentivado os setores público e privado e a sociedade civil a desenvolver estratégias que contribuam para o alcance dos ODSs. Desse modo, diversos financiamentos para pesquisa e desenvolvimento de tecnologias têm sido disponibilizados por esses setores.

Na esteira de ações programáticas e de financiamentos para inovação e desenvolvimento de tecnologias no campo da saúde, o Brasil tem apresentado alguns espaços de incentivo. Além de editais de pesquisa de órgãos como Ministério da Saúde, Conselho Nacional de Desenvolvimento Científico e Tecnológico (CNPq), Fundação de Amparo à Pesquisa do Estado do Rio Grande do Sul (Fapergs), Fundação de Amparo à Pesquisa do Estado de São Paulo (Fapesp) e afins, bem como o financiamento para ações em serviços de saúde e assistência, o país conta também com a Comissão Nacional de Incorporação de Tecnologias no SUS (Conitec). Criada em 2011, pela Lei nº 12.401, a Conitec visa a assessorar o Ministério da Saúde na incorporação, exclusão ou alteração em tecnologias em saúde no SUS, atuando como um órgão importante no processo de inovação e tecnologia no campo da saúde coletiva brasileira (Biella & Petramale, 2015).

A Conitec faz parte do Departamento de Gestão e Incorporação de Tecnologias e Inovação em Saúde (DGITIS), cujos objetivos são: contribuir para a qualificação das decisões judiciais e para a redução da judicialização do direito à saúde no país; aprimorar o processo brasileiro de avaliação de tecnologias em saúde (ATS) em conformidade com o marco legal e o avanço da ciência; ampliar e qualificar a participação social no processo de incorporação tecnológica; dar visibilidade ao processo de gestão e incorporação de tecnologias em saúde; gerir o processo de elaboração e revisão de protocolos clínicos e diretrizes terapêuticas (PCDT) (Brasil, 2016b; Comissão Nacional de Incorporação de Tecnologias no Sistema Único de Saúde [CONITEC], 2015).

Desse modo, é correto afirmar que o Estado brasileiro tem como dever incentivar o desenvolvimento de tecnologias e incorporá-las aos cotidianos dos serviços, tomando por base pesquisas, ouvindo os gestores, os profissionais que estão na linha de frente dos serviços, a sociedade civil organizada e considerando a necessidade da população, conforme preconiza a Constituição Federal de 1988.

DETERMINANTES SOCIAIS DA SAÚDE

Nesta seção, abordaremos especificamente os efeitos das desigualdades econômicas, sociais e culturais na saúde e na qualidade de vida das pessoas. As desigualdades em saúde estão associadas com oportunidades e recursos relacionados com a saúde que têm as pessoas de diferentes classes sociais, sexo, etnia e território (Whitehead et al., 1997). Numerosos estudos apontam que as desigualdades em saúde são enormes e causam excesso de morbidade e mortalidade superior à da maioria dos fatores de risco conhecidos (Benach, 1997).

Krieger (2003) destaca que as desigualdades em saúde se referem às desigualdades, dentro de um mesmo país ou entre países, consideradas desleais, injustas, evitáveis e desnecessárias. Os fatores sociais estão relacionados e são determinantes dos problemas de saúde física e mental da população.

Existem diferentes modelos para explicar as desigualdades em saúde. Aqui, utilizaremos o modelo da Comissão para Reduzir as Desigualdades em Saúde na Espanha (2012), que é uma adaptação do modelo proposto por Navarro (2004) e Orielle Solar e Alec Irwin (2010) para a Comissão dos Determinantes Sociais da Saúde da OMS. O modelo está dividido em determinantes estruturais e determinantes intermediários das desigualdades em saúde.

Os determinantes estruturais são compostos pelos contextos socioeconômico e político e dizem respeito aos fatores que afetam de maneira importante a estrutura social, determinando a distribuição de poder e de recursos dentro dela. São exemplos, o Governo, em seu aspecto amplo, com a tradição política, a corrupção, o poder dos sindicatos; os fatores econômicos e sociais, como as grandes corporações que determinam as políticas macroeconômicas e fiscais que afetam a distribuição de riquezas; as políticas sociais, que afetam o mercado de trabalho e o estado de bem-estar social (acesso equitativo a educação, saúde, etc.); os valores sociais e culturais, que sustentam as políticas e hierarquias.

Os distintos eixos de desigualdades determinam as oportunidades de ter uma boa saúde e colocam em evidência a existência de desigualdades em saúde associadas a distribuição de poder e prestígio na estrutura social. Essas disparidades determinam as diferentes possibilidades de acesso a recursos, que são maiores entre as pessoas de classe social mais privilegiada (Marmot et al., 2008), os homens (Krieger, 2003), as pessoas mais jovens e adultas, brancas e de países mais ricos (Krieger, 2001).

Os determinantes estruturais têm sua origem nas instituições e em mecanismos-chave dos contextos socioeconômico e político (Solar & Irwin, 2010). A teoria "neomaterial" apoia a análise dos determinantes estruturais e, além da perspectiva de análise da saúde na esfera individual, incorpora a noção de que as desigualdades em saúde são o resultado da acumulação de diferentes exposições e experiências, que têm sua fonte no mundo material (Lynch et al., 2000). Assim, a exposição incorpora fatores tanto do nível individual como contextual, mas coloca maior ênfase nas condições precárias do entorno, na má qualidade do sistema educativo, na falta de serviços sociais que afetam negativamente a vida e nas oportunidades de saúde e de atenção à saúde das pessoas que estão na parte inferior do espectro social (Lynch et al., 2001).

A estrutura social define as desigualdades nos determinantes intermediários, que estabelecem as desigualdades em saúde. Entre os determinantes intermediários estão os recursos materiais, como as condições de emprego (situação laboral e precariedade do mundo laboral) e trabalho (riscos físicos, ergonômicos, situação econômica e patrimonial, qualidade), a carga de trabalho não remunerado, o nível de ingressos e situação econômica e patrimonial, a qualidade das casas, o bairro de residência e as suas características.

Os recursos materiais influenciam os processos psicossociais, como falta de controle, falta de apoio social, exposição a situações de estresse (acontecimentos vitais estressantes), e as condutas que influenciam a saúde e os processos biológicos. Assim, compreende-se que os estilos de vida ou comportamentos de saúde estão associados não apenas a fatores individuais (desejo, interesse, educação), mas também às condições de vida das pessoas.

A partir do modelo teórico dos determinantes sociais da saúde, é importante considerar que a saúde é o resultado de todas os fatores anteriormente descritos. Ainda que os serviços de saúde contribuam um pouco menos para as desigualdades em saúde, o menor acesso aos serviços de saúde e serviços de saúde de mais baixa qualidade para pessoas de classes sociais menos favorecidas constituem uma vulnerabilização dos direitos humanos.

Cabe destacar ainda que aqueles que pertencem às classes socioeconomicamente mais desfavorecidas tendem a ter maior necessidade de cuidados em saúde e em saúde mental (Muntaner et al., 2004) e, em contraposição, têm menor acesso a esses cuidados (Coleman et al., 2016; Saxena et al., 2007; WHO, 2013). Para finalizar, lançamos a seguinte questão: como a tecnologia poderia contribuir para a diminuição das desigualdades em saúde, considerando os pontos citados?

INTERVENÇÕES *ON-LINE* NO CAMPO DA SAÚDE COLETIVA

Conforme referido anteriormente, as desigualdades em saúde se produzem a partir de determinantes estruturais e intermediários, e o acesso aos serviços de saúde seria um dos elementos na produção dessas disparidades. Assim, o acesso à saúde universal, equitativo para todos os cidadãos e cidadãs, pode ser considerado uma estratégia de redução das desigualdades em saúde.

Souza et al. (2019) fizeram uma síntese da melhoria de vários indicadores de saúde do Brasil. Observa-se uma melhora de indicadores de saúde no período entre 1990 e 2015, com reduções significativas das taxas de mortalidade por doenças transmissíveis e por causas evitáveis, morbimortalidade materno-infantil e desnutrição infantil. A expectativa de vida da população aumentou, passando de 68,4 anos (1990) para 75,2 anos (2016). As taxas de mortalidade geral padronizadas por idade caíram 34%. Os autores referem que a redução da mortalidade de crianças foi impulsionada pelo programa Bolsa Família e pela Estratégia Saúde da Família. Houve progressos acentuados no Norte e Nordeste, que não eliminaram, mas reduziram desigualdades regionais. Enfim, os avanços no SUS e em políticas sociais, somados a melhorias econômicas, confluíram para melhorar a saúde dos brasileiros. A partir de 2015, contudo, alguns indicadores passaram a assinalar a existência de riscos à continuidade dessa evolução positiva da situação de saúde. Entre 2015 e 2016, as taxas de mortalidade infantil cresceram, invertendo uma tendência histórica de redução. Microssimulações têm mostrado que a eventual redução das coberturas do Programa Bolsa Família e da Estratégia de Saúde da Família (ESF) terão como efeito o aumento do número de óbitos de crianças de até 5 anos e de pessoas acima de 70 anos (Souza et al., 2019).

Embora se observe o impacto positivo do SUS e das políticas sociais na redução das desigualdades em saúde, é importante pontuar que existem importantes desafios para que todos os resultados positivos alcançados possam seguir sendo efetivados. Nessa direção, desafios importantes ainda são o acesso aos serviços de saúde, a alta demanda e, muitas vezes, a escassez de recursos humanos no campo da saúde coletiva.

Conforme apontam Paim e Almeida Filho (1998), pode-se entender a saúde coletiva como campo científico, no qual se produzem saberes e conhecimentos acerca do objeto "saúde" e no qual operam distintas disciplinas e práticas, onde se realizam ações em diferentes organizações e instituições por diversos agentes dentro e fora do espaço convencionalmente reconhecido como "setor saúde".

Originalmente, o marco conceitual proposto para orientar o ensino, a pesquisa e a extensão em saúde coletiva, no caso brasileiro, foi composto pelos seguintes pressupostos básicos (Paim, 1992, p. 3):

> A saúde, enquanto estado vital, setor de produção e campo do saber, está articulada à estrutura da sociedade por meio das suas instâncias econômica e político-ideológica, possuindo, portanto, uma historicidade. As ações de saúde (promoção, proteção, recuperação, reabilitação) constituem uma prática social e trazem consigo as influências do relacionamento dos grupos sociais. O objeto da saúde coletiva é construído nos limites do biológico e do social e compreende a investigação dos determinantes da produção social das doenças e da organização dos serviços de saúde, e o estudo da historicidade do saber e das práticas sobre eles. Nesse sentido, o caráter interdisciplinar desse objeto sugere uma integração no plano do conhecimento e não no plano da estratégia, de reunir profissionais com múltiplas formações (...) O conhecimento não se dá pelo contato com a realidade, mas pela compreensão das suas leis e pelo comprometimento com as forças capazes de transformá-la.

Esses pressupostos destacam a saúde coletiva do processo saúde-doença-cuidado como um processo biológico e social, que deve ser analisado e contemplado de forma integral e interdisciplinar e que tem como objetivo final a transformação das desigualdades.

Ao tratar das intervenções *on-line* na saúde coletiva no cenário brasileiro, faz-se necessário abordar inicialmente os princípios e as diretrizes do SUS. Desde sua criação, este segue alguns princípios fundamentais, que obedecem às diretrizes do Artigo 198 da Constituição Federal de 1988, que prevê a universalidade, a integralidade e a equidade no acesso à saúde (Paim, 2009). Essas informações são importantes na medida em que dão o tom para o uso das tecnologias *on-line*, quais podem ser seus objetivos e como podem servir para facilitar o acesso dos usuários às estratégias de saúde.

Na medida em que as políticas públicas de saúde têm uma série de normativas e ações programáticas construídas ao longo das últimas décadas, essas tecnologias não podem negligenciar os seguintes princípios:

a. **universalidade:** representando uma conquista democrática do Brasil, o conceito de universalidade transformou a saúde em um direito de todos e um dever do Estado. Ele determina que todos os cidadãos brasileiros têm direito ao acesso à saúde, sem qualquer tipo de discriminação;

b. **integralidade:** é o que rege a necessidade de um atendimento à saúde resolutivo, em todas as áreas. Segundo esse princípio, o sistema de saúde deve ser preparado para atender a todas as demandas dos usuários, ouvindo suas necessidades e trabalhando para atendê-los de forma respeitosa e com qualidade;

c. **equidade:** em relação direta com os conceitos de igualdade e justiça, o princípio da equidade prevê o atendimento de pacientes de acordo com as necessidades de cada indivíduo – por exemplo, observando-se a classificação de risco de cada um e definindo-se as prioridades de atendimento. Porém, a equidade não é prevista somente em situações de risco. Paim (2009) destaca que, com uma população tão plural, esse conceito norteia o SUS para reconhecer as necessidades de grupos específicos e atuar na redução do impacto de alguns determinantes sociais, como no caso de moradores de rua, idosos e outros grupos que requerem mais atenção.

Os princípios mencionados, portanto, fazem entender que quaisquer estratégias *on-line* para atenção aos usuários dos sistemas de saúde precisam viabilizar o cuidado integral para todos, considerando as iniquidades em saúde e a proteção e assistência à população em sua pluralidade, entendendo a saúde como tópico dos direitos humanos e essencial para a promoção da dignidade humana. Nessa direção, as intervenções *on-line* no contexto da saúde coletiva podem contribuir na efetivação desses princípios, facilitando, por exemplo, o acesso à saúde por parte de todos e todas. Nesse sentido, para pessoas com deficiência ou dificuldade de locomoção, o atendimento *on-line* pode possibilitar o acesso a diferentes recursos de saúde, favorecendo também que o princípio da equidade possa ser operacionalizado a partir da adequação da atenção às necessidades individuais, proporcionando também uma atenção integral e resolutiva.

Andersson e Titov (2014) apontam que os pacientes que usam os tratamentos fornecidos pela internet representam uma ampla gama de perfis, que incluem pessoas com baixo e alto níveis de educação e de diferentes grupos culturais. Cabe ressaltar que o uso de TICs já é uma prática comum na saúde coletiva ao redor do mundo e no SUS (de Araujo et al., 2020; Kleiboer et al., 2016; Topooco et al., 2017). É possível identificar essas tecnologias na infraestrutura, na interação entre profissionais, usuários, gestores e serviços, na avaliação de serviços e em determinadas intervenções. É cada vez mais difícil pensar contextos na saúde que não envolvam o uso de TICs, visto que estas estão nos computadores, nos *smartphones*, nos equipamentos de saúde e na rede *on-line*.

Nesse sentido, a rede do SUS, composta por diferentes serviços de saúde, políticas públicas e vários setores da sociedade, nas últimas décadas, passou a incorporar também a internet como um dos elementos articuladores de suas tramas. A rede, cada vez mais informatizada, extrapola as fronteiras físicas e viabiliza o campo virtual como um espaço potente para práticas coletivas e individuais de promoção, prevenção e reabilitação da saúde.

Dados dos Estados Unidos, por exemplo, apontam que, em 2012, 72% das pessoas que utilizam a internet buscaram *on-line* informações sobre saúde (Fox & Duggan, 2013). Além disso, o uso de estratégias *on-line* pode facilitar diferentes tipos de intervenções, na medida em que viabiliza práticas remotas e combinadas (presenciais e a distância).

Deve-se frisar também que as estratégias *on-line* e os equipamentos de saúde não são as únicas tecnologias disponíveis na saúde coletiva. Segundo Merhy (2014), o campo da saúde conta com ao menos três modalidades de recursos: as tecnologias leves, as leve-duras e as duras. As leves são compreendidas como aquelas envolvendo o acolhimento, os vínculos e as relações construídas entre os sujeitos ao longo do cuidado em saúde. As leve-duras dizem respeito às especialidades técnicas para o manejo de determinadas tecnologias de intervenções, bem como a utilização de protocolos estruturados de intervenção. As duras equivalem aos equipamentos necessários para os serviços de saúde, como máquinas de ressonância magnética, testes para HIV/aids e acesso à internet, por exemplo. Assim, para um uso adequado das estratégias *on-line*, faz-se necessária uma relação interdependente dessas três modalidades de tecnologias.

Por exemplo, na medida em que as estratégias *on-line* devem se relacionar com as tecnologias leves, é fundamental produzir intervenções que requeiram o contato humano e a produção de vínculo entre os usuários de saúde e os serviços. Além disso, o uso das tecnologias deve vir acompanhado de um acolhimento por profissionais qualificados, que possam encaminhar as demandas adequadamente. Desse modo, a adesão aos tratamentos e educação em saúde é facilitada, bem como a obtenção de melhores resultados em terapêuticas que requeiram tecnologias leve-duras ou duras, como os dispositivos digitais.

As intervenções *on-line* ocorrem em diferentes formatos: via *websites*, aplicativos para *smartphones* e *softwares* para computadores (Elbert et al., 2017). Nessas plataformas, existe uma variada gama de funcionalidades e recursos, como *feedback* de tarefas, utilização de realidade virtual para intervenções de exposição, treinamento de estratégias psicológicas no contexto de um jogo de computador, uso de memória automatizada, *feedback* e intervenções de reforço, por exemplo, por meio de *apps*, *e-mails*, mensagens de texto, que apoiam o participante na incorporação dos conteúdos da intervenção na vida cotidiana (Ebert et al., 2017).

A atenção *on-line* no contexto da saúde coletiva pode ocorrer de diferentes formas, tais como:

1. terapia *on-line* via bate-papo, *e-mail* ou videoconferência;
2. intervenções que utilizam a internet para fornecer informações e programas autoguiados que não requerem a contribuição de um clínico;
3. estratégias combinadas (tratamentos que mesclam tecnologias baseadas na *web* e psicoterapia tradicional face a face).

Em relação às estratégias de intervenção *on-line* que não requerem a participação direta do profissional da saúde, são importantes algumas considerações. Existem várias intervenções para a promoção de saúde que podem ser ofertadas para os usuários nos serviços de atenção primária, especializada e hospitalar. No artigo de revisão sistemática e metanálise de Rogers et al. (2017), os autores descrevem uma série de intervenções estruturadas na internet que funcionam. O maior número de ensaios clínicos randomizados com *sites* de intervenções em saúde que mostraram resultados positivos estão relacionados a abuso de substâncias (álcool e tabaco), saúde mental (ansiedade, depressão, estresse pós-traumático e fobias), dieta e atividade física, manejo de problemas de saúde (insônia, dor crônica, diabetes), prevenção de doenças (cardiovascular, saúde sexual e câncer de pele) e problemas de saúde na infância (problemas de comportamento infantil e encoprese).

Entre as intervenções, destacamos o *website* Check your Drinking, dirigido ao consumo de álcool, de acesso livre e que possui uma versão em português. Rogers et al. (2017) descrevem efeitos positivos do uso dessa ferramenta na redução do consumo semanal de álcool. No *site*, o usuário responde a um *quiz* sobre questões relacionadas com o seu consumo de álcool. No final é gerado um *feedback* personalizado, por meio de um relatório que apresenta uma síntese das respostas do usuário. O primeiro tópico é o cálculo da porcentagem dos dias do ano em que a pessoa consumiu bebidas alcoólicas, quantos *drinks* em média a pessoa bebeu durante o ano, qual o maior número de *drinks* que a pessoa bebeu em um dia, quanto a pessoa gastou durante um ano em bebidas alcoólicas, quantas calorias a pessoa ingeriu só em função do álcool, quanto a pessoa precisaria realizar de exercícios em função da quantidade de bebida alcoólica ingerida, em quantos dias teve um consumo pesado de álcool e, para finalizar, é calculado um escore denominado Audit, que a partir das perguntas, classifica o usuário como sem problemas com álcool, com problemas moderados, em consumo perigoso, em consumo prejudicial e com dependência.

Outra intervenção que também é de acesso livre e possui uma versão em português é o *website* Stop-tobacco, dirigido para quem quer deixar de fumar. A intervenção também tem um questionário que deve ser respondido pelo usuário, conta com conselhos de especialistas, adaptação dos estágios de mudança, métodos de enfrentamento, estratégias de mudança própria, *feedback* e testemunhos de pessoas que realizaram a intervenção. Rogers et al. (2017) descrevem grandes taxas de abstinência entre as pessoas que utilizaram a plataforma.

Na revisão de Rogers et al. (2017), todas as intervenções dirigidas a depressão têm como base a terapia cognitivo-comportamental. As intervenções trazem informação sobre sintomas da depressão, estratégias de prevenção e tratamento e recursos de ajuda. Os resultados descritos no estudo de Rogers e colaboradores apresentam resultados significativos de redução de sintomas depressivos (Rogers et al., 2017).

Já os problemas das intervenções estruturadas na internet e sem profissionais da saúde diretamente envolvidos, de acordo com Ebert et al. (2017), incluem:

1. capacidade limitada para identificar oportunamente os pacientes propensos à autolesão, por exemplo, em intervenções de prevenção de recaída;
2. desenvolvimento de reduzida autoeficácia relacionada à saúde se os participantes não tiverem sucesso com a intervenção autônoma;
3. desenvolvimento de atitudes negativas de pessoas que não respondem a intervenções psicológicas em geral e, como resultado, redução da vontade de buscar atendimento em caso de início de algum problema de saúde mental.

A seguir, serão descritas diferentes possibilidades de intervenções *on-line* no contexto da RAPS no SUS. Para isso, iniciaremos analisando estratégias de prevenção na atenção primária, seguiremos abordando a temática de intervenções no campo da saúde mental e finalizaremos com a apresentação de uma estratégia *on-line* construída a partir da interface dos conhecimentos produzidos na academia e na prática.

Rede de Atenção Psicossocial (RAPS): possibilidades de intervenções *on-line*

A saúde mental pode ser definida como o estado de bem-estar que permite que os indivíduos desempenhem suas habilidades, lidem com as tensões normais da vida, trabalhem de forma produtiva e frutífera e façam uma contribuição significativa para sua comunidade (WHO, 2004). Os problemas de saúde mental são uma importante questão de saúde pública, com impacto significativo em termos de dependência, cronicidade, incapacidade, morbidade e elevado custo econômico (Patel et al., 2018).

Como política pública, a saúde mental acompanhou os avanços promovidos pela reforma psiquiátrica e pelo movimento de luta antimanicomial internacional. Contudo, ainda é preciso avançar muito. Há necessidade de ampliação da rede substitutiva e, consequentemente, da extinção completa dos hospitais psiquiátricos. Nesse contexto, a RAPS, disposta por meio de seus componentes, conforme prevê a Portaria nº 3.088 (2011) do Ministério da Saúde, tem muito a contribuir nesse processo, ampliando a perspectiva do cuidado em saúde mental para além dos serviços especializados, com a inclusão da atenção básica.

Ao instituir a RAPS, a portaria explicita e reforça a necessidade de articulação e integração entre os níveis de atenção e um funcionamento em rede, o que está de acordo com diversos estudos, que vêm apontando a importância de uma rede de saúde bem instrumentalizada (serviços, profissionais e recursos), com dispositivos diversificados, o que permite melhor entendimento do sistema (individual, familiar e comunitário) e oferece retaguarda aos usuários e às famílias no território. Enfatiza também a necessidade de fortalecer a atenção primária como via de acesso e a dimensão relacional da assistência para que se produzam melhores fluxos, garantindo o cuidado continuado aos sujeitos e uma melhor resolubilidade da atenção (Liberato & Dimenstein, 2009; Luzio & Yasui, 2010; Pitta, 2011).

A RAPS é a articulação dos pontos de atenção à saúde para pessoas com sofrimento, transtorno mental e/ou usuárias de drogas. Ela é constituída por seis níveis de atenção e dispositivos como CAPSs, divididos em três tipos (I, II e III), de acordo com a estrutura e horário de funcionamento, voltados especificamente para crianças e adolescentes (CAPSi) ou usuários de drogas (CAPSs AD), unidades básicas de saúde (UBSs), equipes da ESF, consultórios na rua, residências terapêuticas, entre outros (Costa et al., 2015).

Mesmo com a implementação da RAPS, muitas vezes a porta de entrada dos usuários com problemas de saúde mental ainda é o hospital. Nesse sentido, um estudo recente constatou que mais de 50% dos usuários em primeira internação não possuíam vínculo com serviço de saúde, utilizando o hospital como a porta de entrada para o cuidado em saúde mental (Zanardo et al., 2017). Esses resultados podem indicar o desconhecimento dos serviços ou, ainda, a dificuldade de acesso aos serviços básicos e comunitários para detecção da necessidade de cuidados e acompanhamento, que poderiam evitar internações desnecessárias.

Em relação aos recursos financeiros e humanos, os investimentos com saúde representam menos de 2% das administrações públicas, com um gasto médio de 2,5 dólares *per capita* e uma grande variação entre as regiões do mundo (WHO, 2017). Segundo documentos analisados por Trapé e Campos (2017), apesar de a OMS recomendar que o investimento em saúde mental represente 5% do orçamento em saúde dos governos, no Brasil esse investimento é de apenas 2,3% do orçamento, aumentando pouco quando incluídos os investimentos na atenção básica e nos Núcleos de Apoio à Saúde da Família (NASFs), havendo um subfinanciamento em saúde mental dentro de um sistema de saúde já subfinanciado.

Segundo o Atlas de Saúde Mental de 2015 da WHO, uma grande proporção dos gastos em saúde ainda era feita em internações, principalmente em hospitais psiquiátricos. Assim, além da falta de investimento em saúde mental, grande parte do investimento existente ainda é utilizado na atenção hospitalar em hospitais psiquiátricos, o que representa um grande desafio para a consolidação do modelo de atenção psicossocial.

Nesse contexto, as intervenções *on-line* oferecem uma oportunidade de ampliar as possibilidades de atenção à saúde mental nos aspectos de promoção, prevenção, tratamento e reabilitação, podendo contribuir para o enfrentamento de alguns dos fatores que impactam na saúde mental.

Na atenção primária, por exemplo, sabe-se que um terço dos usuários apresenta algum transtorno mental comum (TMC). Em pesquisa realizada por Lucchese et al.

(2014), 31,47% dos entrevistados apresentaram probabilidade de ter algum TMC. Foram associadas à menor probabilidade de desenvolvimento desse tipo de transtorno as variáveis gênero, estado civil solteiro, ocupação estudante e com carteira assinada, maior nível de escolaridade e renda acima de quatro salários mínimos. A maior probabilidade de desenvolvimento de TMC associava-se a ocupação autônoma, do lar, ter filhos, menor escolaridade e baixa renda. Já o estudo de Molina et al. (2012) destaca uma prevalência de depressão de 23,9% (n = 256), apresentando-se mais evidente nas mulheres com 4 a 7 anos de escolaridade, de classe socioeconômica D ou E, que abusam ou são dependentes de álcool, com algum transtorno de ansiedade e com risco de suicídio.

A atenção primária é considerada o dispositivo da RAPS que pode atender grande parte da demanda de saúde mental nos territórios. Além disso, os profissionais da atenção básica contam com os Núcleos Ampliados de Saúde da Família e Atenção Básica (NASF-ABs), que foram criados pelo Ministério da Saúde em 2008 com o objetivo de realizar a retaguarda especializada das UBSs e das equipes da ESF, principal estratégia para apoio matricial. Eles são compostos por equipes multiprofissionais e sua configuração permite a discussão de casos clínicos, atendimento compartilhado entre profissionais e construção conjunta de projetos terapêuticos. Já o matriciamento é o processo no qual duas ou mais equipes coconstroem esses projetos terapêuticos, a partir de conhecimentos especializados, para ações básicas de saúde. Aos CAPSs são encaminhados os usuários com transtornos mentais graves e persistentes, e algumas equipes dos CAPSs fazem o matriciamento na atenção primária.

A atenção primária é um espaço privilegiado para ações de promoção e atenção em saúde mental. Nesse sentido, a evidência de ensaios clínicos randomizados ainda é escassa quando se trata das intervenções estruturadas para a prevenção de TMC. Contudo, resultados indicam que intervenções guiadas pela internet para depressão, ansiedade, problemas de sono, tabagismo e consumo de álcool têm probabilidades favoráveis de ser mais econômicas quando comparadas aos controles, demonstrando uma boa relação custo-efetividade em saúde pública (Ebert et al., 2017). Essas intervenções podem ser implementadas na atenção primária e têm como vantagens a relação custo-efetividade e a possibilidade de ser ofertadas para um maior número de usuários.

Contudo, cabe pontuar que as revisões da literatura mostram de forma consistente que os tratamentos que incluem orientação profissional conduzem a melhores resultados do que tratamentos não guiados (Andersson e Titov, 2014). Nessa direção, segundo Erbet et al. (2017), os tratamentos combinados são programas de tratamento que usam elementos de intervenções presenciais e baseadas na internet, incluindo o uso sequencial de ambas as modalidades. As evidências empíricas sugerem que as intervenções psicológicas baseadas na internet podem ser usadas para tratar efetivamente adultos, adolescentes e crianças para vários transtornos mentais, como depressão, ansiedade ou uso problemático de substâncias.

A depressão, a ansiedade e o uso problemático de substâncias são demandas de saúde muito presentes no contexto da atenção primária. Entre os desafios para atenção à saúde mental na atenção primária, Costa et al. (2015), em sua revisão sistemática, apontam insuficiência de serviços e profissionais, dificuldades na implementação de apoio matricial, falta de preparo dos profissionais, repasse de responsabilidades, obstáculos da referência e contrarreferência e dificuldade de interlocução entre os serviços.

Nesse contexto, as diferentes estratégias de atenção *on-line* surgem como uma grande possibilidade de enfrentamento dessas dificuldades. Entre elas se destacam:

- capacitações em telessaúde para os profissionais da rede de atenção primária em saúde mental;
- realização de interconsultas com profissionais da atenção primária e especializada e usuários de forma remota (apoio matricial);
- reunião entre equipes da atenção primária, NASF e CAPS para discussão de casos (apoio matricial);
- realização da transição de cuidado entre atenção primária e CAPS de forma *on-line*, sem depender de deslocamento;
- oferta de intervenções estruturadas na internet para usuários da atenção primária com forma de prevenção e tratamento;
- oferta de intervenções combinadas com protocolos estruturados para problemas de saúde mental, que poderiam diminuir a sobrecarga dos profissionais da atenção primária.

Erbet et al. (2017) destacam que as intervenções baseadas na internet podem ser administradas a longas distâncias, economizar tempo dos terapeutas, permitir que pacientes e profissionais da saúde mental trabalhem em seu próprio ritmo, economizar tempo de viagem e reduzir o estigma de ter um transtorno mental ou ir a um psicólogo ou terapeuta.

Nesse panorama, como estratégia, entende-se que cuidados compartilhados e a intersetorialidade são fundamentais para dar conta da demanda exposta. O diálogo entre diferentes organizações localizadas nos territórios dos sujeitos contribui para a facilitação do acesso aos serviços de saúde mental, bem como à atenção integral. Por exemplo, a relação da escola com os serviços de saúde e a comunidade, um olhar para os regimes de trabalho dos usuários, visitas domiciliares e tantas outras relações.

Na medida em que falamos de assistência neste âmbito, estratégias *on-line* na saúde mental e na atenção primária precisam transitar por essa rede. Por exemplo, o *website* Saúde Mental na Escola (https://www.saudementalnaescola.com) disponibiliza materiais psicoeducativos para pais e professores sobre saúde mental no contexto escolar, realizado na cidade de Porto Alegre. Nele são abordados temas como saúde mental, identificação e manejo de problemas envolvendo saúde mental para o público escolar, bem como orientações e indicação de serviços para obtenção de ajuda.

Outro exemplo de ação intersetorial que utiliza estratégias *on-line* é o projeto Galera Curtição, que tem como objetivo promover um jogo cultural e educativo para jovens, sendo realizado em escolas da rede pública. Diversos assuntos são trabalhados, como álcool e outras drogas, HIV/aids, violência, *bullying*, habilidades para a vida e depressão/suicídio. Fazendo uso da gamificação, esse projeto realiza atividades presenciais, mas utiliza alguns recursos tecnológicos para sistematizar determinadas atividades. É realizada uma formação com professores, tarefas nas escolas, teatro, oficinas e um programa de auditório.

Em relação à eficácia de tratamentos combinados no âmbito da saúde coletiva, o projeto E-COMPARED foi realizado em oito países da Europa. O atendimento regular para a depressão foi comparado à prestação de serviços híbridos, combinando tecnologias móveis e de internet com tratamento face a face em um protocolo de tratamento. Os participantes da pesquisa foram 1.200 pacientes e o objetivo do estudo foi fornecer às partes interessadas informações e recomendações sobre a eficácia clínica e a relação custo-benefício do tratamento combinado da depressão. O tratamento para depressão nesse estudo associou TCC individual face a face e TCC por meio de uma plataforma na internet com componentes do telefone móvel integrados ou como um sistema separado. Os componentes nucleares do tratamento com TCC na internet foram: (1) psicoeducação, (2) reestruturação cognitiva, (3) ativação comportamental e (4) prevenção de recaídas. O tratamento tradicional da TCC consiste principalmente em sessões presenciais. No tratamento combinado, o número de sessões presenciais é reduzido e substituído por módulos de tratamento *on-line*. No estudo, o tratamento foi composto por 11 a 20 sessões. Os resultados da pesquisa foram obtidos por meio de seguimentos de 3, 6 e 12 meses após o início do estudo para determinar melhorias clínicas nos sintomas de depressão (desfecho primário: Questionário de Saúde do Paciente-9), remissão da depressão e custo--efetividade, mas os resultados da pesquisa ainda não foram publicados (Kleiboer et al., 2016).

O projeto TelePSI (https://telepsi.hcpa.edu.br/) é outro exemplo de estratégia remota para os cuidados em saúde mental. Realizado pelo Governo Federal, em parceria com diferentes instituições acadêmicas, visa a amenizar o impacto da pandemia nos profissionais da saúde envolvidos nos cuidados de pacientes com covid-19, por meio de teleconsultas para questões emocionais, e oferece algumas intervenções baseadas na lógica psicoterápica. Para acessar o serviço, o profissional deve realizar um cadastro *on-line*. Depois, ele recebe uma mensagem via WhatsApp para agendar uma avaliação e dar início ao tratamento. Além disso, o TelePSI disponibiliza diversos vídeos de psicoeducação voltados para diferentes temas, como ansiedade, *burnout*, cuidado com os filhos e com idosos, estresse, consumo excessivo de álcool e outras drogas, alimentação saudável e luto. Até agosto de 2020 foram realizadas 631 sessões de treinamento envolvendo orientações acerca de técnicas, especificidades dos protocolos de intervenção e consultas simuladas com atores (Salum et al., 2020).

O TelePSI mostra-se relevante na medida em que diferentes profissionais da saúde apresentaram índices de depressão, irritabilidade e ansiedade no período da pandemia. De 111 enfermeiros entrevistados em um estudo, por exemplo, a presença dessas sintomatologias foi: depressiva moderada, 45,9% e grave, 8,1%; irritabilidade moderada, 41,4% e grave, 18%; ansiedade moderada, 46,8% e grave, 49,5% (Streda, 2020).

Diversos estudos sobre o TelePSI foram publicados até o momento, apontando resultados positivos na sua aplicabilidade. Segundo Silva et al. (2020), mediante as consultas do TelePSI foi possível averiguar estratégias positivas e negativas utilizadas pelos profissionais da saúde para cuidados de saúde mental no contexto da pandemia de covid-19, como "ver filmes" e "ouvir músicas" no rol das positivas e "dormir mal" e "comer muitos carboidratos" no das negativas. Maurmann et al. (2020) trazem ainda o benefício das teleconsultas para orientar acerca dessas estratégias e propor outras mais funcionais nesse contexto, como, por exemplo, atividades físicas adequadas às demandas dos profissionais.

Porém, cabe lembrar que os materiais aqui mencionados podem não estar mais disponíveis quando for feita a leitura deste capítulo. Entende-se que as estratégias *on-line* têm durabilidade maleável em função das constantes pesquisas e ações desenvolvidas nesse âmbito. Além disso, é importante reforçar a ideia de que são estratégias relativamente novas, sendo aprimoradas rapidamente. Devem-se também considerar as singularidades dos diferentes cenários em que elas são aplicadas, havendo um diálogo permanente com o território e com os sujeitos, entendendo que, mesmo abrindo fronteiras ao facilitar o acesso a determinadas práticas, nem todas podem fazer sentido para certas demandas e usuários.

CONSIDERAÇÕES FINAIS

Para finalizar, pode-se dizer que as estratégias *on-line* na saúde coletiva ainda são um terreno novo, apesar de tecnologias desse tipo já serem utilizadas há alguns anos no SUS. Ao longo do capítulo, foram identificadas algumas vantagens e limitações de seu uso. Além disso, recomenda-se a realização de mais estudos, com diferentes delineamentos, para o desenvolvimento de novas estratégias no campo. O Quadro 11.2 apresenta algumas vantagens identificadas em estudos já publicados.

QUADRO 11.2 Vantagens das intervenções *on-line* no contexto da saúde coletiva

- Custo-efetividade
- Flexibilidade de horários
- Maior autonomia do paciente
- Acesso facilitado a moradores de áreas rurais
- Acesso a pessoas com dificuldade de locomoção
- Possibilidade de atendimento a pessoas que têm medo de ser estigmatizadas e podem não buscar um serviço de saúde mental
- Acesso a indivíduos tímidos que podem criar barreiras para participar de intervenções de prevenção

No entanto, é preciso estar atento não só para as potencialidades dos recursos *on-line*, como também a suas restrições e desafios. Entendendo-se a desigualdade como um fator que impacta a saúde dos sujeitos, a internet pode alargar a distância dos usuários dos serviços, uma vez que o acesso à internet ainda é restrito em algumas regiões do país. Segundo dados do Instituto Brasileiro de Geografia e Estatística (IBGE; 2019), 82,7% dos domicílios brasileiros possuem acesso à internet, porém esse número cai drasticamente se considerarmos as áreas rurais do país, onde o acesso é de 55,6%. Além disso, as razões para não ter acesso à internet seriam majoritariamente a falta de interesse (32,9%), serviços de internet caros (26,2%) e não saber utilizá-la (25,7%). Por essa razão, cabe ressaltar que as práticas *on-line* de cuidado na saúde coletiva não devem substituir as relações entre profissionais da saúde e usuários dos serviços, mas servir como um acréscimo às estratégias em conjunto com outras.

É preciso reforçar ainda que, além do acesso à internet, é preciso garantir um sinal de qualidade para que as vantagens das intervenções *on-line* possam ser alcançadas. Junto com a qualidade do acesso, também é importante assegurar espaços seguros para as intervenções, viabilizando a privacidade e o sigilo, quando necessário, em termos éticos e técnicos.

Assim, mesmo buscando a ampliação do acesso por meio das intervenções *on-line*, corre-se o risco de que as pessoas vivendo em situação de maior vulnerabilidade possam ter dificuldades de acessar os serviços dessa forma. Portanto, o uso de estratégias *on-line* no campo da saúde coletiva é complexo, na medida em que abarca determinantes sociais estruturais e intermediários, bem como precisa estar de acordo com direitos coletivos e individuais. Além disso, a inserção desses recursos perpassa uma série de instâncias, desde o Ministério da Saúde até a adesão dos profissionais que estão na prática – na relação entre profissionais e usuários de saúde. Segundo Bock (2009), o trabalho na saúde requer um olhar atento para essas dinâmicas complexas, visto que envolve dimensões macrossociais e microssociais. Isso requer a formulação de políticas públicas que façam sentido para os profissionais que atuam na assistência, na medida em que a sua aplicabilidade dependerá da realidade de cada serviço e da maneira como os profissionais da saúde entendem a relevância de determinadas estratégias.

Para encerrar, deixamos algumas questões sobre as quais consideramos importante refletir:

- Para quem as intervenções baseadas na internet funcionam melhor?
- Como essas intervenções devem e podem ser implementadas na prática regular e como elas devem ser complementadas e combinadas com tratamentos presenciais?
- Como os tratamentos realizados por *smartphones* podem adicionar algo às abordagens existentes?
- Qual é a porcentagem de intervenções *on-line* e presenciais mais adequada?
- Quais os profissionais que têm mais êxito?
- O equilíbrio entre atividades presenciais e *on-line* pode ser definido de acordo com os diferentes problemas de saúde mental?

REFERÊNCIAS

Andersson, G., & Titov, N. (2014). Advantages and limitations of Internet-based interventions for common mental disorders. *World Psychiatry, 13*(1), 4-11.

Artazcoz, L., Borrell, C., Benach, J., Cortès, I., & Rohlfs, I. (2004). Women, family demands and health: The importance of employment status and socio-economic position. *Social Science & Medicine, 59*(2), 263-274.

Benach, J. (1997). Las desigualdades perjudican seriamente a la salud. *Gaceta Sanitaria, 11,* 255-257.

Biella, C. A., & Petramale, C. A. (2015). A incorporação de tecnologias no Brasil e a Comissão Nacional de Incorporação de Tecnologias no SUS–CONITEC. *Revista Eletrônica Gestão & Saúde, 6*(Supl 4), 3013-3015.

Bock, A. M. (2009). Psicologia Social e as políticas públicas. In T. T. Dirce, N. M. F. Guareschi, T. B. Silvana (Orgs.), *Tecendo relações e intervenções em psicologia social* (pp. 174-182). ABRAPSO Sul.

Boff, L. (2017). *Sustentabilidade: O que é-o que não é*. Vozes.

Bonavídes, P. (2008). A quinta geração de direitos fundamentais. *Revista Brasileira de Direitos Fundamentais & Justiça, 2*(3), 82-93.

Brasil. (2016a). *A Agenda 2030 para o Desenvolvimento Sustentável*. Ministério das Relações Exteriores. https://www.gov.br/mre/pt-br/canais_atendimento/imprensa/respostas-a-imprensa/avancos-em-relacao-a-agenda-2030-e-ao-desenvolvimento-sustentavel

Brasil. (2016b). *Entendendo a incorporação de tecnologias em saúde no SUS: Como se envolver*. Ministério da Saúde.

Brundtland, G. H., & Comum, N. F. (1987). *Relatório Brundtland: Our Common Future*. Brundtland.

Buss, P. M., & Pellegrini Filho, A. (2007). A saúde e seus determinantes sociais. *Physis: Revista de Saúde Coletiva, 17*(1), 77-93.

Coleman, K. J., Stewart, C., Waitzfelder, B. E., Zeber, J. E., Morales, L. S., Ahmed, A. T., ... & Simon, G. E. (2016). Racial-ethnic differences in psychiatric diagnoses and treatment across 11 health care systems in the mental health research network. *Psychiatric Services, 67*(7), 749-757.

Colglazier, W. (2015). Sustainable development agenda: 2030. *Science, 349*(6252), 1048-1050.

Comissão Nacional de Incorporação de Tecnologias no Sistema Único de Saúde (CONITEC). (2015). *A comissão.* http://conitec.gov.br/entenda-a-conitec-2

Comparato, F. K. (1999). *A afirmação histórica dos direitos humanos*. Saraiva.

Costa, P. H. A. D., Colugnati, F. A. B., & Ronzani, T. M. (2015). Avaliação de serviços em saúde mental no Brasil: Revisão sistemática da literatura. *Ciência & Saúde Coletiva, 20*(10), 3243-3253.

de Araujo, M. P. B., Pacciulio, A. L. M., Montanha, L. T., Emerich, B. F., Pellati, G., & Campos, R. O. (2020). Pandemia de COVID-19 e a implementação de teleatendimentos em saúde mental: Um relato de experiência na Atenção Básica. *Saúde em Redes, 6*(2 Supl.), 7-13.

Diógenes, J. E. N., Jr. (2012). Gerações ou dimensões dos direitos fundamentais. *Âmbito Jurídico, 15*(100), 571-572.

Dohrenwend, B. P. (2000). The role of adversity and stress in psychopathology: Some evidence and its implications for theory and research. *Journal of Health and Social Behavior, 41*(1), 1-19.

Dohrenwend, B. P., Levav, I., Shrout, P. E., Schwartz, S., Naveh, G., Link, B. G., ... & Stueve, A. (1992). Socioeconomic status and psychiatric disorders: The causation-selection issue. *Science, 255*(5047), 946-952.

Ebert, D. D., Cuijpers, P., Muñoz, R. F., & Baumeister, H. (2017). Prevention of mental health disorders using internet-and mobile-based interventions: A narrative review and recommendations for future research. *Frontiers in Psychiatry, 8*, 116.

Firth, J., Siddiqi, N., Koyanagi, A., Siskind, D., Rosenbaum, S., Galletly, C., ... & Stubbs, B. (2019). The Lancet Psychiatry Commission: A blueprint for protecting physical health in people with mental illness. *The Lancet Psychiatry, 6*(8), 675-712.

Fox, S., & Duggan, M. (2013). *Health online 2013*. Pew Research Center. https://www.pewinternet.org/wp-content/uploads/sites/9/media/Files/Reports/PIP_HealthOnline.pdf

Fundo das Nações Unidas para a Infância (UNICEF). (20--?). *O que são direitos humanos?* https://www.unicef.org/brazil/o-que-sao-direitos-humanos

Fundo das Nações Unidas para a Infância (UNICEF). (2015). *Introduction to the human rights based approach: A guide for finnish NGOs and their partners*. UNICEF.

Instituto Brasileiro de Geografia e Estatística (IBGE). (2019). *Pesquisa Nacional de Amostra de Domicílios Contínua*. IBGE.

Instituto de Pesquisa Econômica Aplicada (IPEA). (2018). *Agenda 2030: ODS - Metas nacionais dos objetivos de desenvolvimento sustentável*. IPEA.

Kessler, R. C., Aguilar-Gaxiola, S., Alonso, J., Chatterji, S., Lee, S., Ormel, J., ... Wang, O. S. (2009). The global burden of mental disorders: An update from the WHO World Mental Health (WMH) surveys. *Epidemiologia e Psichiatria Sociale, 18*(1), 23-33.

Kleiboer, A., Smit, J., Bosmans, J., Ruwaard, J., Andersson, G., Topooco, N., ... & Riper, H. (2016). European COMPARative Effectiveness research on blended Depression treatment versus treatment-as-usual (E-COMPARED): Study protocol for a randomized controlled, non-inferiority trial in eight European countries. *Trials, 17*(1), 1-10.

Kovess-Masfety, V., Alonso, J., Brugha, T. S., Angermeyer, M. C., Haro, J. M., & Sevilla-Dedieu, C. (2007). Differences in lifetime use of services for mental health problems in six European countries. *Psychiatric Services, 58*(2), 213-220.

Krieger, N. (2001). A glossary for social epidemiology. *Journal of Epidemiology & Community Health, 55*(10), 693-700.

Krieger, N. (2003). Genders, sexes, and health: what are the connections—and why does it matter?. *International Journal of Epidemiology, 32*(4), 652-657.

Liberato, M. T. C., & Dimenstein, M. (2009). Experimentações entre dança e saúde mental. *Fractal: Revista de Psicologia, 21*(1), 163-176.

Lopes, C. S., Hellwig, N., & Menezes, P. R. (2016). Inequities in access to depression treatment: Results of the Brazilian National Health Survey–PNS. *International Journal for Equity in Health, 15*(1), 1-8.

Lopes, R. T., & Berger, T. (2016). Intervenções auto-guiadas baseadas na internet: Uma entrevista com o Dr. Thomas Berger. *Revista Brasileira de Terapias Cognitivas, 12*(1), 57-61.

Lucchese, R., Sousa, K. D., Bonfin, S. D. P., Vera, I., & Santana, F. R. (2014). Prevalência de transtorno mental comum na atenção primária. *Acta Paulista de Enfermagem, 27*(3), 200-207.

Luzio, C. A., & Yasui, S. (2010). Além das portarias: Desafios da política de saúde mental. *Psicologia em Estudo, 15*(1), 17-26.

Lynch, J., Due, P., Muntaner, C., & Smith, G. D. (2000). Social capital—Is it a good investment strategy for public health?. *Journal of Epidemiology & Community Health, 54*(6), 404-408.

Lynch, J., Smith, G. D., Hillemeier, M., Shaw, M., Raghunathan, T., & Kaplan, G. (2001). Income inequality, the psychosocial environment, and health: Comparisons of wealthy nations. *The Lancet, 358*(9277), 194-200.

Marmot, M., Friel, S., Bell, R., Houweling, T. A., Taylor, S., & Commission on Social Determinants of Health. (2008). Closing the gap in a generation: Health equity through action on the social determinants of health. *The Lancet, 372*(9650), 1661-1669.

Maurmann, B. C., Suffert, L., Santos, A. C. D., & Bertoletti, O. A. (2020). Teleorientação de atividade física e postura em tempos de covid-19. *Clinical and Biomedical Research, 40*.

Merhy, E. E. (2014). *Saúde: Cartografia do trabalho vivo em ato*. Hucitec.

Molina, M. R. A. L., Wiener, C. D., Branco, J. C., Jansen, K., De Souza, L. D. M., Tomasi, E. ... Pinheiro, R. T. (2012). Prevalência de depressão em usuários de unidades de atenção primária. *Archives of Clinical Psychiatry, 39*(6), 194-197.

Muntaner, C. A. R. L. E. S., Borrell, C. A. R. M. E., Chung, H. A. E. J. O. O., & Benach, J. O. A. N. (2010). Class Explotation and psychiatric disorders. In R. Hofrichter, & R. Bhatia (Eds.), *Tackling health inequalities through public health action: Theory to action* (pp. 179-195). Oxford.

Muntaner, C., Eaton, W. W., Miech, R., & O'campo, P. (2004). Socioeconomic position and major mental disorders. *Epidemiologic Reviews, 26*(1), 53-62.

Navarro, V. (Ed.). (2004). *The political and social contexts of health*. Baywood.

Novaes, M. D. A., Machiavelli, J. L., Verde, F. C. V., Campos Filho, A. S. D., & Rodrigues, T. R. C. (2012). Tele-educação para educação continuada das equipes de saúde da família em saúde mental: A experiência de Pernambuco, Brasil. *Espaço Aberto, 16*(43), 1095-1106.

Paim, J. (2009). *O que é o SUS*. Fiocruz.

Paim, J. S. (1992). Desenvolvimento teórico-conceitual do ensino em saúde coletiva. In Associação Brasileira de Pós-Graduação em Saúde Coletiva (ABRASCO), *Ensino da saúde pública, medicina preventiva e social no Brasil* (p. 3). ABRASCO.

Paim, J. S., & Almeida Filho, N. D. (1998). Saúde coletiva: Uma "nova saúde pública" ou campo aberto a novos paradigmas? *Revista de Saúde Pública, 32*(4), 299-316.

Patel, V., Saxena, S., Lund, C., Thornicroft, G., Baingana, F., Bolton, P., ... & UnÜtzer, J. (2018). The Lancet Commission on global mental health and sustainable development. *The Lancet, 392*(10157), 1553-1598.

Pitta, A. M. F. (2011). Um balanço da reforma psiquiátrica brasileira: Instituições, atores e políticas. *Ciência & Saúde Coletiva, 16*(12), 4579-4589.

Portaria nº 3.088, de 23 de dezembro de 2011. (2011). Institui a Rede de Atenção Psicossocial para pessoas com sofrimento ou transtorno mental e com necessidades decorrentes do uso de crack, álcool e outras drogas, no âmbito do Sistema Único de Saúde (SUS). https://bvsms.saude.gov.br/bvs/saudelegis/gm/2011/prt3088_23_12_2011_rep.html

Rocha, K. B., Pérez, K., Rodríguez-Sanz, M., Borrell, C., & Obiols, J. E. (2010). Prevalencia de problemas de salud mental y su asociación con variables socioeconómicas, de trabajo y salud: resultados de la Encuesta Nacional de Salud de España. *Psicothema, 22*(3), 389-395.

Rocha, K., Pérez, K., Rodríguez-Sanz, M., Obiols, J. E., & Borrell, C. (2012). Perception of environmental problems and common mental disorders (CMD). *Social Psychiatry and Psychiatric Epidemiology, 47*(10), 1675-1684.

Rogers, M. A., Lemmen, K., Kramer, R., Mann, J., & Chopra, V. (2017). Internet-delivered health interventions that work: systematic review of meta-analyses and evaluation of website availability. *Journal of Medical Internet Research, 19*(3), e7111.

Roma, J. C. (2019). Os objetivos de desenvolvimento do milênio e sua transição para os objetivos de desenvolvimento sustentável. *Ciência e Cultura, 71*(1), 33-39.

Salum, G. A., Spanemberg, L., de Souza, L. H., Teodoro, M. D., das Chagas Marques, M., Harzheim, E., ... & Dreher, C. B. (2020). Letter to the editor: Training mental health professionals to provide support in brief telepsychotherapy and telepsychiatry for health workers in the SARS-CoV-2 pandemic. *Journal of Psychiatric Research, 131*, 269-270.

Saxena, S., Thornicroft, G., Knapp, M., & Whiteford, H. (2007). Resources for mental health: Scarcity, inequity, and inefficiency. *The Lancet, 370*(9590), 878-889.

Silva, J. A. D., Schlegel, M. N., Casarin, R. G., Dreher, C. B., Spanemberg, L., Salum Junior, G. A., & Costa, M. D. A. (2020). Estratégias de enfrentamento do estresse, ansiedade e depressão relacionados à covid-19 no Projeto TelePSI. *Clinical and Biomedical Research, 40* (Suppl.), 19.

Solar, O., & Irwin, A. (2010). *A conceptual framework for action on the social determinants of health*. WHO.

Souza, L. E. P. F. D., Paim, J. S., Teixeira, C. F., Bahia, L., Guimarães, R., Almeida-Filho, N. D., ... & Azevedo-e-Silva, G. (2019). Os desafios atuais da luta pelo direito universal à saúde no Brasil. *Ciência & Saúde Coletiva, 24*(8), 2783-2792.

Streda, M. N. S., Casarin, R. G., Silva, J. A. D., Dreher, C. B., Spanemberg, L., Salum Junior, G. A., & Costa, M. D. A. (2020). Saúde mental de enfermeiros no contexto da covid-19 no Brasil. *Clinical and Biomedical Research*.

Topoooco, N., Riper, H., Araya, R., Berking, M., Brunn, M., Chevreul, K., ... & On Behalf of the E-COMPARED Consortium. (2017). Attitudes towards digital treatment for depression: a European stakeholder survey. *Internet Interventions, 8*, 1-9.

Trapé, T. L., & Campos, R. O. (2017). Modelo de atenção à saúde mental do Brasil: Análise do financiamento, governança e mecanismos de avaliação. *Revista de Saúde Pública, 51*(0), 1-8.

United Nations Development Programme (UNDP). (1990). *Human Development Report 1990*. Oxford.

Vasak, K. (1982). *The International Dimensions of Human Rights*. Greenwood.

Vigo, D., Thornicroft, G., & Atun, R. (2016). Estimating the true global burden of mental illness. *The Lancet Psychiatry, 3*(2), 171-178.

Walker, E. R., McGee, R. E., & Druss, B. G. (2015). Mortality in mental disorders and global disease burden implications: A systematic review and meta-analysis. *JAMA Psychiatry, 72*(4), 334-341.

Whitehead, M., Evandrou, M., Haglund, B., & Diderichsen, F. (1997). As the health divide widens in Sweden and Britain, what's happening to access to care?. *BMJ, 315*(7114), 1006-1009.

World Health Organization (WHO). (2004). *Invertir en salud mental*. WHO.
World Health Organization (WHO). (2011). *Mental Health Atlas 2011*. WHO.
World Health Organization (WHO). (2013). *The European Mental Health Action Plan 2013-2020*. WHO.
World Health Organization (WHO). (2015). *Mental Health Atlas 2014*. WHO.
World Health Organization (WHO). (2017). *Depression and other common mental disorders: Global health estimates*. WHO.
Zanardo, G. L. D. P., Silveira, L. H. D. C., Rocha, C. M. F., & Rocha, K. B. (2017). Psychiatric admission and readmission in a general hospital of Porto Alegre: Sociodemographic, clinic, and use of Network for Psychosocial Care characteristics. *Revista Brasileira de Epidemiologia, 20*(3), 460-474.

Leitura recomendada

Comisión para Reducir las Desigualdades Sociales en Salud en España. (2012). Propuesta de políticas e intervenciones para reducir las desigualdades sociales en salud en España. *Gaceta Sanitaria, 26*(2), 182-189.

12

Intervenções *on-line* em contextos de vulnerabilidade social

Júlia Zamora
Priscila Lawrenz
Greice Graff
Luísa F. Habigzang

Abordar o tema da vulnerabilidade é um desafio porque o termo assume diferentes conotações de acordo com a área de estudo (Scott et al., 2018). Por exemplo, pode se referir ao conjunto de aspectos individuais, coletivos e contextuais que aumentam os riscos de desenvolvimento de doenças e agravos (Ayres et al., 2009). Além disso, é utilizado para designar a precariedade de acesso à renda e as fragilidades de vínculos afetivos e relacionais (Carmo & Guizardi, 2018). Neste capítulo, o objetivo é abordar o conceito de vulnerabilidade social, que também não tem um significado único e consolidado na literatura. A vulnerabilidade social tem sido atrelada à pobreza, à insegurança de renda decorrente da precária inserção no mercado de trabalho e à falta de acesso a outros direitos fundamentais (Costa et al., 2018). O conceito faz referência a indivíduos ou grupos expostos a situações adversas e que não têm garantidos os seus direitos como cidadãos (Morais et al., 2012; Scott et al., 2018). O processo de vulnerabilização social ocorre a partir do acesso restrito a bens materiais, simbólicos e culturais. Historicamente, indivíduos que nascem em grupos socialmente marginalizados têm opções limitadas que marcam o seu processo de desenvolvimento (Souza et al., 2019).

Em 2015, 193 países, incluindo o Brasil, aderiram à Agenda 2030 e se comprometeram com os 17 Objetivos de Desenvolvimento Sustentável (ODSs), que visam a erradicar a pobreza e a promover uma vida digna para todos. Para atingir os ODSs, é preciso colocar em prática um modelo econômico, social e político que priorize os indivíduos e grupos que vivem em contextos de vulnerabilidade (Nações Unidas Brasil, 2021). No entanto, a realidade em que vive grande parte da população brasileira indica que o país está longe de alcançar tais objetivos. Muitos brasileiros vivem sem acesso a condições básicas de educação, saúde, moradia, segurança e infraestrutura. Nos últimos anos, verificou-se o aumento da pobreza e a precarização do trabalho (Kuzma, 2020). De acordo com um estudo divulgado em 2019, a desigualdade de renda no Brasil atingiu, no primeiro trimestre do mesmo ano, o maior patamar já registrado. As pessoas que viviam em situação de vulnerabilidade social foram as mais impactadas pela crise econômica. Desde 2012, a renda acumulada dos mais ricos aumentou 8,5%, enquanto a renda dos mais pobres diminuiu 14% (Fundação Getúlio Vargas [FGV], 2019).

A vulnerabilidade social é um fator de risco para a saúde e o desenvolvimento, já que está associada a exposição à violência, evasão escolar e agravamento de problemas de saúde física e mental. Fatores de risco são condições que aumentam as chances de desfechos indesejáveis ou negativos (Cowan et al., 1996; Morais et al., 2012). Em contextos de vulnerabilidade social, há a exposição a eventos estressores, os quais são definidos como acontecimentos que alteram o ambiente e provocam tensões que interferem nas respostas dos indivíduos (Masten & Garmezy, 1985; Poletto & Koller, 2008). Tais eventos envolvem desemprego, violência e falta de acesso a serviços de qualidade (p. ex., escola, posto de saúde).

O Brasil é destaque internacional quando se trata das altas taxas de violência urbana e doméstica. De acordo com o Atlas da Violência, em 2019 foram registrados 45.503 homicídios no Brasil, o que corresponde a uma taxa de 21,7 mortes por 100.000 habitantes (Instituto de Pesquisa Econômica Aplicada [IPEA], 2021). Além disso, em 2020, o Disque 190 recebeu 694.131 ligações relatando casos de violência doméstica, um número 16,3% maior do que no ano anterior (Fórum Brasileiro de Segurança Pública, 2021). Em 2019, foram realizadas 86.837 notificações de violações contra os direitos de crianças e adolescentes. As formas de violência mais reportadas foram negligência (38%), violência psicológica (23%), física (21%) e sexual (11%). Em 28% dos casos, a violência ocorreu na casa da vítima (Ministério da Mulher, da Família e dos Direitos Humanos, 2020).

Em 2020 e 2021, além de enfrentar a crise econômica, os brasileiros foram impactados pela pandemia de covid-19. Desde a identificação dos primeiros casos da doença no país, estudos alertavam para a gravidade dos efeitos da pandemia para as populações que viviam em um contexto de vulnerabilidade social (Calmon, 2020; Pires et al., 2020). A capacidade individual e coletiva de se proteger contra a devastação provocada por epidemias varia significativamente entre as classes e os grupos sociais. Historicamente, as classes sociais mais pobres e os grupos sociais marginalizados têm sido os mais atingidos, devido às condições de vida precárias (Silva, 2020). No Brasil, diferentes fatores tornaram as populações de baixa renda as mais expostas à contaminação pelo coronavírus, como a necessidade de utilizar o transporte público, o número maior de moradores por domicílio, a precariedade do saneamento básico, a falta de acesso aos serviços de saúde e a dificuldade de manter o isolamento social sem perda do emprego e da renda (Pires et al., 2020). A experiência deixou claro o quanto a falta de coerência do Governo Federal corroeu a confiança e ampliou os impactos da pandemia no Brasil (Fundação Oswaldo Cruz [Fiocruz], 2020). Até o final de outubro de 2021, o país registrou mais de 600 mil óbitos pela doença (Ministério da Saúde, 2021).

O contexto atual, marcado pelos impactos da pandemia, da crise econômica e do aumento da vulnerabilidade social, tem exigido que psicólogas(os) acolham as demandas de indivíduos que sofrem os impactos de todas essas tensões. Psicólogas(os) passaram a realizar atendimentos na modalidade *on-line* para que pudessem ser respeitadas as medidas de distanciamento físico. Além disso, serviços públicos e privados tiveram as suas atividades suspensas ou alteradas em decorrência dos riscos da exposição. Parte da população acompanhou e se adaptou a essas mudanças. No entanto, no decorrer do processo, questionamentos surgiram: como será o acesso aos serviços prestados por psicólogas(os) para aqueles que não contam com os recursos que são necessários, como internet e dispositivos eletrônicos?

Tendo em vista que a falta de recursos afeta, principalmente, indivíduos e famílias que vivem em situação de vulnerabilidade social, quais foram as estratégias utilizadas pelas(os) psicólogas(os)? No último trimestre de 2019, meses antes de os primeiros casos de covid-19 serem identificados no Brasil, 12,6 milhões de famílias ainda não tinham acesso à internet, e 4,1 milhões de estudantes estavam matriculados em escolas da rede pública e não contavam com acesso à internet em casa para realizar as atividades. As famílias mais afetadas viviam em um contexto de vulnerabilidade social (Instituto Brasileiro de Geografia e Estatística [IBGE], 2021). Esses dados apontam para a realidade em que vive uma parcela importante da população brasileira e não devem ser deixados de lado quando são pensadas as potencialidades e os limites da atuação das(os) psicólogas(os).

DIRETRIZES E CONSIDERAÇÕES ÉTICAS ACERCA DAS INTERVENÇÕES PSICOLÓGICAS *ON-LINE*

No Brasil, as intervenções psicológicas na modalidade *on-line* foram regulamentadas pelo Conselho Federal de Psicologia (CFP) em 2000 e atualizadas em 2012 e 2018 (CFP, 2000, 2012, 2018). De acordo com a Resolução nº 11 de 2018, as(os) psicólogas(os) podem oferecer atendimentos ou consultas de diferentes tipos por meio de tecnologias da informação e comunicação (TICs), resguardando aspectos científicos e éticos. As(os) profissionais devem fundamentar, inclusive nos registros sobre prestação de serviços, se a tecnologia utilizada é tecnicamente adequada, metodologicamente pertinente e eticamente respaldada (CFP, 2018).

Na Resolução nº 11 de 2018, o atendimento de pessoas ou grupos em situação de urgência, emergência ou desastre por meio das TICs era considerado inadequado. Também era vedado o atendimento *on-line* de pessoas ou grupos em situação de violência ou violação de direitos. A prestação desses tipos de serviços deveria ser realizada por profissionais ou equipes de forma presencial (CFP, 2018). Tal impedimento era decorrente do entendimento de que essas são situações de maior gravidade, não sendo, portanto, compatíveis com o atendimento não presencial. Por conta das medidas adotadas para controlar a disseminação do coronavírus, verificou-se a necessidade de alterar as diretrizes para a prestação de serviços psicológicos no formato *on-line*. Tais mudanças foram motivadas pela preocupação com os impactos da pandemia e pelo reconhecimento da importância do trabalho das(os) profissionais da psicologia nesse contexto (CFP, 2020).

Assim, em março de 2020, o CFP regulamentou a prestação de serviços psicológicos por meio das TICs durante a pandemia de covid-19. Foram suspensos os artigos 6º, 7º e 8º da Resolução nº 11 de 2018, que previam que a prestação de serviços psicológicos *on-line* era vedada em situações de urgência, emergência, violência ou violação de direitos. As(os) psicólogas(os) foram orientadas(os) a registrar-se no *site* Cadastro e-Psi, e os serviços que poderiam ser oferecidos incluíam: consultas e/ou atendimentos psicológicos realizados em tempo real ou de forma assíncrona, nas diferentes áreas de atuação da psicologia com vistas à avaliação, orientação e/ou intervenção em processos individuais e grupais; processos de seleção de pessoal; utilização de instrumentos psicológicos devidamente regulamentados e padronizados para o contexto *on-line*; e supervisão técnica dos serviços prestados por psicólogas(os) em diversos contextos (CFP, 2020).

POTENCIALIDADES E LIMITAÇÕES DAS INTERVENÇÕES PSICOLÓGICAS *ON-LINE*

A internet pode ser considerada uma aliada no exercício da democracia por se tratar do meio de comunicação mais veloz já desenvolvido. Diferentemente de outros meios de comunicação, a internet surge com a possibilidade de interação simultânea. Por conta disso, amplia as possibilidades de interação entre os indivíduos, favorece a participação política da sociedade civil e possibilita o engajamento entre pessoas para reivindicações de direitos e conquistas de objetivos em comum. É a chamada "ciberdemocracia" (Oliveira & Oliveira, 2018).

No Brasil, o direito à saúde é uma conquista atrelada ao movimento de reforma sanitária e à criação do Sistema Único de Saúde (SUS), em 1988 (Fiocruz, 2021). Consta na Constituição Federal que:

> a saúde é direito de todos e dever do Estado, garantido mediante políticas sociais e econômicas que visem à redução do risco de doença e de outros agravos e ao acesso universal e igualitário às ações e serviços para a promoção, proteção e recuperação (Constituição da República Federativa do Brasil, 1988, documento *on-line*).

A pandemia de covid-19 gerou uma crise sanitária no Brasil e exigiu a reorganização dos serviços de saúde públicos e privados. Um dos maiores desafios foi garantir o direito à saúde da população e encontrar alternativas para os atendimentos que não puderam ser realizados de forma presencial. Para dar continuidade aos serviços prestados, as(os) psicólogas(os) tiveram que se reinventar e introduzir novos elementos no trabalho, como os atendimentos *on-line* (Conselho Regional de Psicologia do Rio Grande do Sul [CRPRS], 2021).

Estudos realizados em diferentes partes do mundo avaliaram intervenções psicológicas *on-line* e reconheceram os seus resultados positivos (Anderson & Titov, 2014; Hedman et al., 2012). O ambiente *on-line* promove a desinibição pessoal e a autorrevelação (Pieta & Gomes, 2014). Além disso, tem o potencial de tornar os serviços de saúde mental mais acessíveis e flexíveis (Siegmund et al., 2015). O atendimento pode ser realizado quando o paciente ou usuário não está no mesmo local que a(o) profissional e proporciona uma economia de tempo no dia a dia, porque não exige deslocamento (Anderson & Titov, 2014). De modo geral, trata-se de uma opção potencialmente mais econômica, se comparada à modalidade presencial (Knaevelsrud & Maercker, 2006). Além disso, as intervenções psicológicas *on-line* são alternativas para pessoas ou grupos que, por algum motivo, têm dificuldade de locomoção ou de aderir às intervenções presenciais (Pinto, 2002).

Apesar das potencialidades das intervenções psicológicas *on-line*, a receptividade por profissionais e pacientes é maior em regiões onde há suporte para o uso de tecnologias. A prática de combinar atendimentos *on-line* e modelos clássicos de atenção à saúde está presente em diversos países. No entanto, quanto mais precários os recursos tecnológicos de cada região, maior a tendência de as(os) psicólogas(os) encontrarem limitações para intervenções *on-line* (Gun et al., 2011; Schuster et al., 2018; Topooco et al., 2017). Além disso, quando se trata de situações de risco, psicólogas(os) tendem a preferir intervenções combinadas em detrimento de intervenções exclusivamente *on-line* (Schuster et al., 2018). Independentemente da atividade profissional realizada, psicólogas(os) devem identificar se há condições técnicas e capacitação adequada para o trabalho remoto. Deve-se verificar os motivos e as condições (p. ex., psicológicas, logísticas e econômicas) de quem está solicitando o serviço. A viabilidade da intervenção *on-line* deve ser avaliada caso a caso (CRPRS, 2021).

CONSIDERAÇÕES ACERCA DA REALIDADE BRASILEIRA NO ATENDIMENTO A PESSOAS EM SITUAÇÃO DE VULNERABILIDADE SOCIAL

No Brasil, de modo geral, pessoas que vivem em situação de vulnerabilidade social são atendidas em serviços públicos e acessam políticas públicas de educação, saúde e assistência social. Os serviços prestados à população geralmente envolvem agentes comunitários, equipes da Estratégia Saúde da Família (ESF), unidades básicas de saúde (UBSs), hospitais, Centros de Atenção Psicossocial (CAPSs), centros de referência de assistência social (CRASs), Defensoria Pública, entre outros. O país dispõe de dois sistemas amplos e complexos que ofertam serviços de prevenção, orientação, tratamento e atendimento à população e cujo acesso independe de contribuição direta: o Sistema Único de Saúde (SUS) e o Sistema Único de Assistência Social (SUAS) (Carmo & Guizardi, 2018). Ambos envolvem uma rede ampla de instituições e são organizados em níveis de complexidade. A organização, o financiamento e a execução dos serviços são realizados com a participação dos municípios, dos estados e da União, os quais têm atribuições específicas (Paim, 2015). Profissionais da psicologia atuam tanto no âmbito da saúde quanto no da assistência social. Embora existam semelhanças e proximidades, cada uma dessas políticas públicas apresenta especificidades, cabendo à(o) profissional adequar sua prática a cada um dos contextos (Yamamoto & Oliveira, 2010).

No SUS são desenvolvidas ações de promoção, proteção e recuperação da saúde. A Política Nacional de Atenção Básica (PNAB) propõe um conjunto de serviços e ações nos contextos individual e coletivo nos âmbitos da prevenção, diagnóstico, tratamento e reabilitação, tendo como modelo prioritário a ESF. A equipe da ESF é composta por médico, enfermeiro, técnicos em enfermagem e agente comunitário de saúde. Também está prevista uma equipe de apoio multiprofissional, denominada Núcleo Ampliado de Saúde da Família e Atenção Básica (NASF-AB), que é composta por diferentes profissionais, inclusive psicólogas(os) (Portaria nº 2.436, 2017; Paim, 2015; Santos & Bosi, 2021). Os serviços de média e alta complexidade do SUS são voltados para situações que necessitam de atendimentos ambulatoriais e hospitalares especializados, bem como de recursos tecnológicos para diagnóstico e tratamento (Paim, 2015). No âmbito da saúde mental, há diferentes modalidades de CAPSs, que dispõem de equipe multidisciplinar e ofertam atendimento, acompanhamento e tratamento para pessoas com variados transtornos mentais. A atenção pode ser ofertada de maneira individual e grupal, por meio de atividades familiares e comunitárias (Portaria nº 336, 2002).

No contexto brasileiro, a atuação das(os) profissionais da psicologia no âmbito da saúde mental foi fortemente influenciada pela reforma psiquiátrica que ocorreu na segunda metade do século XX. Embora a psicoterapia seja uma das principais ferramentas utilizadas, a atuação profissional também envolve clínica ampliada, acompanhamento terapêutico, humanização e apoio matricial (Yamamoto & Oliveira, 2010). No período da pandemia de covid-19, verificou-se um incentivo para que profissionais da saúde realizassem atendimentos de forma remota. No caso da psicologia, documentos e materiais com orientações foram produzidos a fim de qualificar as intervenções realizadas no formato *on-line*. Além disso, evidenciou-se a relevância de intervenções psicossociais com o objetivo de reduzir o estresse e o sofrimento causados pelos impactos diretos e indiretos da pandemia. Nesse sentido, tornou-se essencial o acompanhamento dos usuários dos serviços de saúde mental, como os CAPSs (Boschi et al., 2020).

O SUAS é uma das referências para o atendimento de pessoas que vivem em situação de vulnerabilidade social no Brasil. Cada unidade de assistência social dispõe de uma equipe técnica para o atendimento à população, composta frequentemente por psicólogas(os) e assistentes sociais, organizada de acordo com o porte do município, o serviço e o nível de proteção social. Seus equipamentos estão organizados em dois níveis de complexidade: a proteção social básica (PSB) e a proteção social especial (PSE), dividida em serviços de média e alta complexidade. A PSB visa à prevenção de situações de risco pessoal e social, relacionados à ausência de renda, pobreza, dificuldade em acessar serviços públicos e fragilização de vínculos sociais e afetivos decorrentes de discriminações por deficiência, gênero, raça/etnia, idade ou outras. Tais serviços são organizados pelo Centro de Referência Especializado de Assistência Social (CREAS; Ministério do Desenvolvimento Social e Combate à Fome [MDS], 2004, 2014).

A PSE oferece serviços especializados de atenção socioassistencial para pessoas e famílias em situação de violação de direitos, como violência psicológica, física e sexual, adolescentes cumprindo medidas socioeducativas, em situação de rua, entre outras. A organização dos serviços de média complexidade é de competência do CREAS, voltado ao atendimento e orientação a famílias e indivíduos. Há também os centros de referência especializados para população em situação de rua, conhecidos como Centros POP. Já os serviços da PSE de alta complexidade incluem acolhimento institucional e proteção integral a indivíduos e famílias que vivenciaram rompimento de vínculos familiares e comunitários em decorrência de situações de violência, abandono ou negligência (MDS, 2014).

No âmbito da assistência social, diante da pandemia de covid-19, o Governo Federal recomendou o agendamento remoto de horários, priorizando atendimentos presenciais para casos urgentes ou graves, evitando aglomerações nas salas de espera. Além disso, houve a possibilidade de realização de acompanhamentos de forma remota por meio de ligações telefônicas ou aplicativos de mensagens e videochamadas. Tais intervenções foram promovidas com o objetivo de identificar e atender necessidades básicas, como alimentação. Quanto aos serviços de acolhimento, foi possível promover o contato remoto com as famílias das pessoas acolhidas, mantendo o acompanhamento permanente por meio de telefonemas, mensagens e videochamadas (Portaria nº 54, 2020; Portaria nº 100, 2020).

Profissionais que atuam em serviços do SUAS têm utilizado aplicativos como WhatsApp para troca de mensagens com os usuários. Trata-se de uma prática muito presente atualmente, porque envolve menos custos em ações voltadas à realização de agendamentos, encaminhamentos, acompanhamentos e orientações simples. Apesar das potencialidades do uso dessas tecnologias, parte dos usuários não conta com um espaço em casa que garanta privacidade. Dessa forma, são comuns as interrupções e o receio de que a conversa seja ouvida por algum familiar. O WhatsApp também é utilizado para a organização de atividades em grupo. São encaminhados vídeos e propostas de atividades que permitem a interação entre os participantes. Nesse sentido, as(os) profissionais devem ficar atentas(os), porque os usuários podem enviar mensagens em grupos que acabam expondo questões pessoais. Orientações devem ser dadas e aspectos de cunho pessoal podem ser tratados de forma privada. O manejo dessas situações, que é comum em atividades grupais que ocorrem de forma presencial, parece ser um pouco mais difícil quando o contato acontece a distância, por conta da ausência de recursos de comunicação não verbal, como gestos e olhares. É possível, também, que a falta de treinamento para essa modalidade de trabalho seja um obstáculo para uma atuação profissional mais qualificada.

No atendimento a pessoas em situação de vulnerabilidade social, tem sido observado um aspecto referente à documentação pessoal que requer atenção. Cada vez mais utilizam-se *smartphones* para acessar documentos, como a carteira de trabalho. Pessoas que não dispõem de tais equipamentos por vezes utilizam aparelhos de outras pessoas, informando dados pessoais que podem ser utilizados de maneira prejudicial. Ou seja, se, por um lado, a tecnologia pode facilitar o acesso a direitos e serviços, por outro, pode ser um fator de risco, dependendo da forma como é utilizada.

Ao ser considerada a possibilidade de atendimento *on-line* de pessoas que vivem em situação de vulnerabilidade social, é pertinente observar a viabilidade de acesso a recursos tecnológicos. De acordo com dados divulgados pelo IBGE (2021), em 2019 a internet era utilizada em 82,7% dos domicílios particulares permanentes brasileiros (86,7% na zona urbana e 55,6% na zona rural). Em 98,6% dos domicílios, o acesso à internet era realizado através de telefone móvel celular, enquanto em 46,2% o acesso era realizado por microcomputador. Quanto à finalidade do acesso à internet, 95,7% a utilizavam para enviar mensagens de texto, vídeo e voz por aplicativos diferentes de *e-mail*; 91,2% conversavam por chamadas de voz ou vídeo; 88,4% assistiam a vídeos, como programas, séries e filmes; e 61,5% enviavam e recebiam *e-mails*. Entre os que não acessavam a internet, 75,45% alegaram não saber utilizar ou não ter interesse nesse recurso e 31,2% argumentaram que o serviço de internet ou o aparelho era caro. Verificou-se uma diferença expressiva no rendimento real médio *per capita* entre os domicílios em que a internet era utilizada (R$ 1.527,00) e aqueles em que o recurso não era utilizado (R$ 728,00). Estima-se que 12,6 milhões de famílias brasileiras não têm acesso à internet (IBGE, 2021). Esses dados permitem inferir que uma parcela significativa da população não acessa a internet pela falta de recursos financeiros e de conhecimento acerca do manuseio das ferramentas tecnológicas. Dessa forma, as intervenções psicológicas *on-line* podem ser recursos limitados e não devem ser a única opção quando se trata do atendimento de pessoas que vivem em situação de vulnerabilidade social.

Além da viabilidade de acesso a recursos tecnológicos, deve-se considerar os objetivos dos atendimentos realizados. No setor público, mais especificamente no SUAS, a(o) profissional da psicologia pode realizar atendimento psicossocial de pessoas e grupos em situação de vulnerabilidade social. Nessa modalidade de atendimento, o olhar da(o) profissional se volta para a pessoa e sua interação com o ambiente, tendo como objetivo a elaboração de estratégias que proporcionem condições de vida promotoras de saúde e bem-estar (Neiva, 2010). Tais intervenções são diferentes de psicoterapia, cujo objetivo é promover saúde mental e condições para enfrentar transtornos mentais e conflitos (Resolução CFP nº 10, 2000). A intervenção psicossocial busca promover melhor qualidade de vida, visando ao atendimento das necessidades de pessoas, grupos, instituições e comunidades, tais como educação, cultura, renda, trabalho, moradia e alimentação. Diante de variadas demandas, pode ser necessário estabelecer prioridades, com base em critérios de maior viabilidade ou urgência (Neiva, 2010).

Para que um atendimento psicossocial seja bem-sucedido, é imprescindível o estabelecimento de uma articulação efetiva entre as unidades que compõem a rede de atendimento, a fim de assegurar os direitos das pessoas em situação de vulnerabilidade social. Tais serviços incluem políticas de educação, saúde, assistência social, segurança pública e sistema de justiça. Entretanto, estudos têm apontado as limitações e dificuldades presentes na rede de serviços, inclusive no que diz respeito ao atendimento de crianças, adolescentes e mulheres em situação de violência. Entre outras questões, observa-se a precarização da infraestrutura, a carência de profissionais qualificados e a dificuldade de articulação entre os variados serviços. De modo geral, a morosidade e a burocratização prejudicam as pessoas que necessitam de atendimento (Curia et al., 2020; Faraj et al., 2016; Meneghel et al., 2011; Pelisoli et al., 2010).

Dessa forma, ao ser considerada a realização de atendimentos psicossociais *on-line*, é necessário avaliar como serão realizados os encaminhamentos a outros serviços e políticas públicas. Por exemplo, em unidades que requerem o envio de documentação por *e-mail*, deve-se questionar se o usuário compreende as orientações, dispõe de endereço eletrônico, tem acesso a dispositivos como *scanner* ou a outros aplicativos. Além disso, tendo em vista a precariedade da infraestrutura, os próprios serviços públicos podem não dispor dos equipamentos necessários para a realização dos atendimentos e encaminhamentos no formato *on-line*. De acordo com os dados do Censo SUAS de 2017, referente ao acesso à internet com computadores, 95,8% dos CREASs, 93,1% dos CRASs, 88,1% dos Centros POP e 79,1% das unidades de acolhimento dispunham desse recurso (MDS, 2018).

De acordo com a experiência de profissionais que atuam em serviços públicos, celulares e aplicativos para troca de mensagens têm sido utilizados para realizar contato com os usuários, principalmente em situações em que é necessário repassar informações e encaminhamentos simples. Assim, não há a necessidade de a pessoa se deslocar até o serviço. Pode-se informar, por exemplo, a localização e o horário de funcionamento do serviço, bem como a data e o horário de um agendamento de atendimento presencial ou virtual. Pessoas não alfabetizadas podem se beneficiar do uso de tais recursos utilizando o aplicativo para troca de mensagens por áudio. Apesar de as(os) profissionais fazerem uso do celular, os investimentos financeiros nos serviços não podem ser deixados de lado pelos governos. O investimento em políticas públicas envolve a compra de materiais de consumo permanente e de custeio. Também é necessário financiar pesquisas que proporcionem conhecimento e embasamento científico das intervenções.

A TECNOLOGIA COMO FERRAMENTA COMPLEMENTAR DE INTERVENÇÃO

Em muitos casos, a tecnologia pode não ser suficiente ou substituir integralmente o atendimento presencial, seja pela falta de acesso de algumas populações, seja pela complexidade das demandas. Entretanto, entende-se que, para promover formas alternativas de comunicação ou divulgação de informações e direitos, é possível contar com a tecnologia como recurso. Tais práticas podem ser realizadas por meio de canais como WhatsApp, Facebook, Instagram, YouTube, *sites*, rádios comunitárias, entre outros (Noal et al., 2020). Entende-se que a internet pode ser mais um recurso facilitador do exercício de cidadania (Oliveira & Oliveira, 2018).

Devido a diversos obstáculos ou recomendações, o uso de tecnologias para realizar atendimentos pode não ser viável em todos os casos. Entretanto, em algumas situações, o atendimento *on-line* pode ser considerado uma "porta de entrada" para alguns serviços. A partir de avaliações e orientações mais emergenciais ou pontuais, a pessoa pode ser encaminhada para atendimento presencial (Fortim & Consentino, 2007). Tal prática poderia evitar, por exemplo, que pessoas se deslocassem até serviços ou instituições que não são recomendados para suas demandas ou que as atendem parcialmente. Não é incomum, principalmente em relação às instituições públicas, que pessoas busquem atendimento jurídico ou psicossocial em locais que não contemplam o serviço necessário para o caso e, portanto, precisam ser reencaminhadas para outros locais. Isso pode culminar em exaustão e desmotivar a pessoa na busca pela garantia de seus direitos.

Operacionalizar uma intervenção efetiva no formato *on-line* depende de fatores que englobam os recursos tecnológicos disponíveis, os aspectos éticos e técnicos da(o) profissional e as características de cada indivíduo. Quanto a este último, considera-se que o acompanhamento remoto é adequado em situações de agravos de saúde de nível leve a moderado, mas não em situações graves (Gun et al., 2011). Nesses casos, sugere-se que seja previamente preparada uma lista com serviços diversos, incluindo telefone e endereço, que podem ser úteis em situações de maior gravidade ou risco. Com isso, a(o) profissional já terá algum preparo para intervir durante situações de crise. Além disso, o contato com a rede social e afetiva de quem está em atendimento pode ser ainda mais importante quando a principal intervenção é realizada *on-line*. Pode-se estabelecer uma rede de apoio que inclua familiares, colegas, vizinhos e amigos, de modo que sempre se tenha o contato telefônico dessas pessoas para apoio em casos de urgência. Tudo isso, é claro, com autorização de quem está sendo atendido (Noal et al., 2020). O contexto *on-line* pode dificultar a percepção de sinais não verbais e contribuir para a omissão de informações (Schuster et al., 2018). Dessa forma, recomenda-se que a(o) profissional crie estratégias, ou um "plano B", caso a conexão à internet deixe de funcionar durante o atendimento. Caso haja uma situação importante e a pessoa não tenha acesso ao atendimento por videochamada, a(o) psicóloga(o) pode realizar um atendimento por ligação telefônica (Noal et al., 2020).

Um grupo em situação de vulnerabilidade social, em especial, tem sido foco de estudos para avaliar a aplicabilidade das intervenções *on-line*: as mulheres em situação de violência doméstica. Há estudos que utilizam modelos e protocolos estruturados originalmente para doenças crônicas e os adaptam para situações de violência contra a mulher (Tarzia, May et al., 2016). Uma das ferramentas mais conhecidas e utilizadas é o *site* australiano I-DECIDE, que consiste em uma ferramenta virtual com o objetivo de favorecer autonomia, planejamento de ação, avaliação de risco e construção de planos de segurança para mulheres que estão em uma relação violenta. Trata-se de um *site* que não necessita de identificação ou instalação de aplicativo, a fim de facilitar a saída do ambiente virtual caso a mulher precise fazer isso rapidamente. No *site* é utilizada a linguagem "relacionamento saudável" em vez de "violência doméstica" ao longo de toda a sua interface, proporcionando discrição para a mulher que busca ajuda e facilitando a adesão de mulheres que ainda não se reconhecem em uma relação violenta (Tarzia, Murray et al., 2016; Tarzia et al., 2017).

A maioria dos *sites* ou aplicativos tende a fornecer exclusivamente estratégias de proteção para quem sofre violência. No caso do I-DECIDE, o programa também conta com algumas atividades denominadas "terapêuticas" e "autorreflexivas". O *site* oferta os seguintes recursos: reflexões para avaliar o quão saudável o relacionamento está; exercícios não diretivos com foco em resolução de problemas; análise de segurança e risco; exercícios para definir prioridades de ação; validação e mensagens de apoio livres de julgamento para favorecer a motivação; fórum anônimo para mulheres compartilharem dicas e experiências; estratégias para acessar e construir redes de apoio; lista de serviços que podem ser úteis; e plano de ação personalizado com base na interação de quem acessa a ferramenta (Tarzia, Murray et al., 2016; Tarzia et al., 2017).

Em todo o mundo, com as limitações físicas oriundas da pandemia de covid-19 e as altas taxas de violência no contexto doméstico, foi necessário pensar em estratégias que auxiliassem mulheres a receber ajuda e realizar uma denúncia. Nesse sentido, as tecnologias e serviços *on-line* surgiram como uma possibilidade. Serviços ampliaram atendimentos de modo que pudessem ser realizados no formato *on-line* pelo *site* da instituição ou por aplicativos de mensagens. Alguns estados brasileiros implantaram o registro de boletins de ocorrência via *site* da delegacia e a possibilidade de fazer denúncias diretamente pelo WhatsApp da polícia civil (Zamora et al., 2020). Além disso, já existem aplicativos para *smartphone* que têm como objetivo facilitar denúncias e pedidos de ajuda para a rede de apoio em caso de violência. Um dos mais conhecidos no cenário nacional é o PLP 2.0, que em 2014 recebeu o Prêmio Desafio de Impacto Social Google (Themis, 2021). Outros aplicativos voltados para auxiliar mulheres vítimas de violência são: Alerta Mulher, Botão da Vida, Projeta Brasil Juntas e Mete a Colher (Zamora et al., 2020).

Outra mudança voltada para contextos de vulnerabilidade social ocorreu nesse período com o objetivo de acompanhar os agressores de maneira remota. Os grupos reflexivos de gênero para homens já são reconhecidos como de extrema importância para o enfrentamento da violência contra a mulher. Com a impossibilidade de realizar encontros presenciais, alguns serviços optaram por dar continuidade às atividades no formato *on-line*, como é o caso do Estado do Rio Grande do Sul (Tribunal de Justiça do Estado do Rio Grande do Sul [TJRS], 2021).

Beiras et al. (2020) realizaram um estudo com o objetivo de avaliar a experiência de adaptação dos grupos reflexivos de gênero para o formato *on-line*. Os resultados demonstraram que, no formato *on-line*, houve a presença das seguintes dificuldades: falta de acesso à internet, conexões instáveis que atrapalharam ou impediram a presença síncrona dos homens nas atividades, e falta de recursos tecnológicos, como celular, computador *desktop* ou *notebook*. Com a instabilidade do sinal de internet, alguns precisavam desligar sua câmera de vídeo e participavam via interação por áudio ou *chat*, o que prejudicava a sensação de pertencimento ao grupo e impedia que participantes e facilitadores pudessem observar como cada membro do grupo estava reagindo aos tópicos discutidos. Para além de questões referentes à conexão, algumas pessoas não se sentiram à vontade para participar, pois seu contexto doméstico ou configuração da residência não garantia a privacidade necessária à realização dos encontros.

A escuta é um dos elementos-chave da maioria das intervenções em grupo e pode ser afetada pelo contexto virtual. A comunicação por videochamada tem menos fluidez e nota-se maior dificuldade de interação entre os membros, tanto pela facilidade de dispersão quanto pelas interrupções de fala, que são mais fáceis de acontecer no ambiente virtual devido a idiossincrasias. Para evitar esse último ponto, é importante adaptar as regras para o formato virtual a partir da ordenação e organização de falas e combinações, como deixar o microfone desligado enquanto outro participante está com a palavra (Beiras et al., 2020).

Como vantagens da realização dos grupos reflexivos de gênero no formato *on-line*, verificou-se que os homens preferiram manter os encontros virtuais a não acompanhá-los. Além disso, um grande benefício é que o formato *on-line* facilitou a presença nos grupos, por não necessitar de deslocamento. Alguns participantes se atrasavam ou desistiam de participar por conta do trânsito até o local onde os grupos se reuniam ou por terem que retornar para casa tarde da noite após o encontro. Com os encontros via Google Meet e Zoom, esses problemas foram resolvidos. O formato *on-line*, por sua praticidade, gerou maior interesse em participar do grupo. Menos de 48 horas após a divulgação das vagas, já havia mais de 500 homens interessados em participar (Beiras et al., 2020).

A conclusão dessa primeira experiência aponta que há um prejuízo na realização desse tipo de intervenção no contexto *on-line* no que diz respeito à espontaneidade para conversação. Apesar disso, mostra-se como alternativa válida e que pode contribuir para maior adesão de homens para esse tipo de atividade por conta da praticidade (Beiras et al., 2020).

A partir da pandemia de covid-19, profissionais da psicologia e de outras áreas se depararam com o desafio de operacionalizar suas atividades em um contexto de distanciamento físico. Essa problemática se mostrava ainda mais grave em casos que envolviam vulnerabilidade social. Na Bahia, por exemplo, um grupo de estagiárias(os) e de psicólogas(os) precisou repensar o atendimento comunitário para a população em situação de rua, bem como o trabalho de redução de danos por uso de substâncias.

Por meio da publicação de um estudo, o grupo descreveu as possibilidades de adaptação do trabalho voltado para essa população ao contexto remoto. A partir da parceria com programas do Governo da Bahia, foi possível seguir com o acompanhamento psicológico de usuários que estavam vinculados aos programas voltados para a população em situação de rua e seus familiares. Entretanto, a atuação mais viável se deu por meio da produção de mídias e recursos de comunicação *on-line*, como o desenvolvimento de *podcasts*, materiais informativos e cartilhas (Carvalho et al., 2021).

Em face da impossibilidade de desenvolver práticas convencionais para essa população, foi observado que o ambiente virtual poderia ser uma importante ferramenta para disseminação de informação e conhecimento. Ao mesmo tempo que a produção de materiais buscava abordar questões teóricas e críticas, identificou-se como prioridade que os próprios usuários dos serviços assistenciais compusessem os materiais de psicoeducação e opinassem sobre sua construção. O principal objetivo foi desconstruir preconceitos e estigmas e ampliar o conhecimento dos profissionais sobre a população em situação de rua e usuária de substâncias valendo-se do amplo acesso que mídias como Facebook, WhatsApp, YouTube, Spotify e Instagram proporcionam. É possível pensar o atendimento remoto a pessoas em situação de rua quando estas estão vinculadas a alguma instituição. No entanto, de modo geral, a tecnologia é mais facilmente utilizada e potente como disseminadora de informações para profissionais e a população em geral sobre o trabalho com esse grupo historicamente estigmatizado (Carvalho et al., 2021).

CONSIDERAÇÕES FINAIS

A partir das considerações e reflexões apresentadas neste capítulo, identifica-se que o primeiro passo para a avaliação da pertinência do atendimento *on-line* em situações de vulnerabilidade social é a identificação dos recursos disponíveis. O paciente ou usuário possui acesso à internet? Qual é a qualidade desse acesso? Ele tem acesso a aparelhos eletrônicos, como computador ou celular? Em caso afirmativo, o ambiente no qual fará o atendimento *on-line* preserva o sigilo e considera outras questões éticas? Essas reflexões são necessárias, já que as intervenções psicológicas *on-line* esbarram na desigualdade de acesso digital no Brasil e em outras partes do mundo. Não é possível implementar intervenções e políticas públicas mediadas por TICs sem considerar que o acesso a elas não é universal.

Além das questões relacionadas ao acesso, o *setting* em que a intervenção será realizada também deve ser considerado. Pessoas que vivem em situação de vulnerabilidade social estão, por vezes, em locais que não favorecem a privacidade, por residirem com muitos indivíduos em um ambiente pequeno ou por não terem sua privacidade respeitada. Este último aspecto é comum em situações que envolvem violência intrafamiliar. Em decorrência disso, a intervenção *on-line* poderá ocorrer somente de forma breve, para acolhimento e orientações pontuais.

As intervenções psicológicas *on-line* podem ser facilitadoras para alguns grupos (p. ex., pessoas com deficiência e dificuldade de locomoção) e dificultadoras para outros (p. ex., crianças em situação de violência). Tal disparidade significa que, para muitas pessoas, a prática mediada por tecnologias não pode substituir o atendimento presencial. Entretanto, a tecnologia pode ser entendida como ferramenta complementar ao atendimento presencial, por meio do fomento de acesso a informações sobre direitos e serviços existentes ou para aproximar a pessoa à rede de apoio.

É fundamental compreender que ainda há uma escassez de pesquisas que avaliam intervenções psicológicas *on-line* em contextos de vulnerabilidade social. Os apontamentos aqui discutidos têm como base a literatura científica disponível até o momento, reflexões teóricas e a experiência de trabalho dos autores. Considera-se, portanto, que, antes da implementação de intervenções *on-line*, estas devem ter sua eficácia e efetividade avaliadas cientificamente. Tal prerrogativa é importante para que sejam considerados os diferentes marcadores sociais, níveis de gravidade e viabilidade das ações, de modo que o contexto *on-line* não seja revitimizador e atrapalhe o acesso à saúde e a direitos básicos.

REFERÊNCIAS

Andersson, G., & Titov, N. (2014). Advantages and limitations of Internet-based interventions for common mental disorders. *World Psychiatry, 13*(1), 4-11.

Ayres, J. R., França, I., Jr., Calazans, G. J., & Saletti Filho, H. C. (2009). O conceito de vulnerabilidade e as práticas de saúde: Novas perspectivas e desafios. In D. Czeresnia (Org.), *Promoção da saúde: Conceitos, reflexões, tendências* (2. ed.). Fiocruz.

Beiras, A., Bronz, A., & Schneider, P. F. (2020). Grupos reflexivos de gênero para homens no ambiente virtual: Adaptações, desafios metodológicos, potencialidades. *Nova Perspectiva Sistêmica, 29*(68), 61-75.

Boschi, L. F., Pilegi, C., Lourenço, K. B., Vicente, R., Piassi, E. C. A., Silva, A. A., ... Oliveira, M. L. G. (2020). *Guia de atenção psicossocial para o cuidado relacionado ao uso abusivo de álcool e outras drogas no contexto da pandemia da Covid-19*. UFSCar. https://www.ppggc.ufscar.br/pt-br/news/guia-covid-caps-4-1.pdf

Calmon, T. V. L. (2020). As condições objetivas para o enfrentamento ao COVID-19: Abismo social brasileiro, o racismo e as perspectivas de desenvolvimento social como determinantes. *Revista NAU Social, 11*(20), 131-136.

Carmo, M. E., & Guizardi, F. L. (2018). O conceito de vulnerabilidade e seus sentidos para as políticas públicas de saúde e assistência social. *Cadernos de Saúde Pública, 34*(3), 1-11.

Carvalho, E. L., Santiago, T. S. C, Rocha, R. V. S., & Rodrigues, I. L. S. (2021). Psicologia social comunitária e situação da população em situação de rua: Vivências da psicologia à redução de danos. *Boletim de Conjuntura (BOCA), 6*(18), 13-25.

Conselho Federal de Psicologia (CFP). (2020). *Coronavírus: Informações do CFP.* https://site.cfp.org.br/coronavirus/legislacao/

Conselho Regional de Psicologia do Rio Grande do Sul (CRPRS). (2021). *Atendimento psicológico em tempos de pandemia.* https://www.crprs.org.br/entrelinhas/95/orientacao-atendimento-psicologico-em-tempos-de-pandemia

Constituição da República Federativa do Brasil de 1988. (1988). http://www.planalto.gov.br/ccivil_03/constituicao/constituicao.htm

Costa, M. A., Santos, M. P. G., Marguti, B., Pirani, N., Pinto, C. V. S., Curi, R. L. C., ... Albuquerque, C. G. (2018). *Vulnerabilidade social no Brasil: Conceitos, métodos e primeiros resultados para municípios e regiões metropolitanas brasileiras.* https://www.ipea.gov.br/portal/index.php?option=com_content&view=article&id=32296&Itemid=433

Cowan, P. A., Cowan, C. P., & Schulz, M. S. (1996). Thinking about risk and resilience in families. In E. M. Hetherington, & E. A. Blechman (Eds.), *Stress, coping and resilience in children and families* (pp. 1-38). Erlbaum.

Curia, B. G., Gonçalves, V. D., Zamora, J. C., Ruoso, A., Ligório, I. S., & Habigzang, L. (2020). Produções científicas brasileiras em psicologia sobre violência contra mulher por parceiro íntimo. *Psicologia: Ciência e Profissão, 40*, 1-19.

Faraj, S. P., Siqueira, A. C., & Arpini, D. M. (2016). O atendimento psicológico no Centro de Referência Especializado da Assistência Social e a visão de operadores do direito e conselheiros tutelares. *Estudos de Psicologia (Campinas), 33*(4), 757-766.

Fortim, I., & Cosentino, L. A. M. (2007). Serviço de orientação via e-mail: Novas considerações. *Psicologia: Ciência e Profissão, 27*(1), 164-175.

Fórum Brasileiro de Segurança Pública. (2021). *Anuário Brasileiro de Segurança Pública.* https://forumseguranca.org.br/anuario-brasileiro-seguranca-publica/

Fundação Getúlio Vargas (FGV). (2019). *Desigualdade de renda no Brasil bate recorde, aponta levantamento do FGV IBRE.* https://portal.fgv.br/noticias/desigualdade-renda-brasil-bate-recorde-aponta-levantamento-fgv-ibre?utm_source=portal-fgv&utm_medium=fgvnoticias&utm_campaign=fgvnoticias-2019-05-22

Fundação Oswaldo Cruz (Fiocruz). (2020). *A gestão de riscos e governança na pandemia por COVID-19 no Brasil: Análise dos decretos estaduais no primeiro mês.* Fiocruz. https://www.arca.fiocruz.br/handle/icict/41452

Fundação Oswaldo Cruz (Fiocruz). (2021). *Direito à saúde.* https://pensesus.fiocruz.br/direito-a-saude

Gun, S. Y., Titov, N., & Andrews, G. (2011). Acceptability of internet treatment of anxiety and depression. *Australas Psychiatry, 19*(3), 259-264.

Hedman, E., Ljótsson, B., & Lindefors, N. (2012). Cognitive behavior therapy via the Internet: A systematic review of applications, clinical efficacy and cost-effectiveness. *Expert Review of Pharmacoeconomics & Outcomes Research, 12*(6), 745-764.

Instituto Brasileiro de Geografia e Estatística (IBGE). (2021). *PNAD Contínua: Pesquisa Nacional por Amostra de Domicílios.* Recuperado de: https://www.ibge.gov.br/ estatisticas/multidominio/cultura-recreacao-e-esporte/17270-pnad-continua.html?=&t=o-que-e

Instituto de Pesquisa Econômica Aplicada (IPEA). (2021). *Atlas da violência 2021.* https://www.ipea.gov.br/atlasviolencia/publicacoes

Knaevelsrud, C., & Maercker A. (2006). Does the quality of the working alliance predict treatment outcome in online psychotherapy for traumatized patients? *Journal of Medical Internet Research, 8*(4), e31.

Kuzma, C. (2020). *O COVID-19 e a vulnerabilidade social.* http://www.ihu.unisinos.br/78-noticias/597260-o-covid-19-e-a-vulnerabilidade-social

Masten, A. S., & Garmezy, N. (1985). Risk, vulnerability and protective factors in developmental psychopathology. In B. B. Lahey, & A. E. Kazdin (Eds.), *Advances in clinical child psychology* (pp. 1-52). Plenum.

Meneghel, S. N., Bairros, F., Mueller, B., Monteiro, D., Oliveira, L. P., & Collaciol, M. E. (2011). Rotas críticas de mulheres em situação de violência: Depoimentos de mulheres e operadores em Porto Alegre, Rio Grande do Sul, Brasil. *Cadernos de Saúde Pública, 27*(4), 743-752.

Ministério da Mulher, da Família e dos Direitos Humanos. (2020). *Disque Direitos Humanos: Relatório 2019.* https://www.gov.br/mdh/pt-br/centrais-de-conteudo/disque-100/relatorio-2019_disque-100.pdf

Ministério da Saúde. (2021). *Painel coronavírus.* https://covid.saude.gov.br/

Ministério do Desenvolvimento Social e Combate à Fome. (2004). *Política Nacional de Assistência Social – PNAS/2004.* MDS. https://www.mds.gov.br/webarquivos/publicacao/assistencia_social/Normativas/PNAS2004.pdf

Ministério do Desenvolvimento Social e Combate à Fome. (2014). *Tipificação nacional dos serviços socioassistenciais.* https://www.mds.gov.br/webarquivos/publicacao/assistencia_social/Normativas/tipificacao.pdf

Ministério do Desenvolvimento Social. (2018). *Censo SUAS 2017: Análise dos componentes sistêmicos da Política Nacional de Assistência Social.* https://aplicacoes.mds.gov.br/sagirmps/ferramentas/docs/Censo%20SUAS%202017.pdf

Morais, N. A., Koller, S. H., & Raffaelli, M. (2012). Rede de apoio, eventos estressores e mau ajustamento na vida de crianças e adolescentes em situação de vulnerabilidade social. *Universitas Psychologica, 11*(3), 779-791.

Nações Unidas Brasil. (2021). *Sobre o nosso trabalho para alcançar os Objetivos de Desenvolvimento Sustentável no Brasil*. https://brasil.un.org/pt-br/sdgs

Neiva, K. M. C. (2010). O que é intervenção Psicossocial? In K. M. C. Neiva (Org.), *Intervenção psicossocial: Aspectos teóricos, metodológicos e experiências práticas* (pp. 13-24). Vetor.

Noal, D. S., Passos, M. F. D., & Freitas, C. M. (2020). *Recomendações e orientações em saúde mental e atenção psicossocial na COVID-19*. Fiocruz.

Oliveira, M. L. C., & Oliveira, A. C. (2018). Comunicação, cidadania e direitos humanos: A internet como lócus para o exercício da democracia e o fortalecimento dos laços sociais. *Crítica Social, 1*, 45-50.

Paim, J. S. (2015). *O que é o SUS*. Fiocruz.

Pelisoli, C., Pires, J. P. M., Almeida, M. E., & Dell'Aglio, D. D. (2010). Violência sexual contra crianças e adolescentes: Dados de um serviço de referência. *Temas em Psicologia, 18*(1), 85-97.

Pieta, M. A. M., & Gomes, W. B. (2014). Psicoterapia pela Internet: Viável ou inviável? *Psicologia: Ciência e Profissão, 34*(1), 18-31.

Pinto, E. R. (2002). As modalidades do atendimento psicológico online. *Temas em Psicologia, 10*(2), 167-178.

Pires, L. N., Carvalho, L., & Xavier, L. L. (2020). *COVID-19 e desigualdade: A distribuição dos fatores de risco no Brasil*. https://ondasbrasil.org/wp-content/uploads/2020/04/COVID-19-e-desigualdade-a-distribui%C3%A7%C3%A3o-dos-fatores-de-risco-no-Brasil.pdf

Poletto, M., & Koller, S. H. (2008). Contextos ecológicos: Promotores de resiliência, fatores de risco e proteção. *Estudos de Psicologia, 25*(3), 405-416.

Portaria nº 100, de 14 de julho de 2020 (2020). Aprova as recomendações para o funcionamento da rede socioassistencial de Proteção Social Básica - PSB e de Proteção Social Especial - PSE de Média Complexidade do Sistema Único de Assistência Social - SUAS, de modo a assegurar a manutenção da oferta do atendimento à população nos diferentes cenários epidemiológicos da pandemia causada pelo novo Coronavírus - COVID-19. https://www.in.gov.br/en/web/dou/-/portaria-n-100-de-14-de-julho-de-2020-267031342

Portaria nº 2.436, de 21 de setembro de 2017 (2017). Aprova a Política Nacional de Atenção Básica, estabelecendo a revisão de diretrizes para a organização da Atenção Básica, no âmbito do Sistema Único de Saúde (SUS). https://bvsms.saude.gov.br/bvs/saudelegis/gm/2017/prt2436_22_09_2017.html

Portaria nº 336, de 19 de fevereiro de 2002 (2002). https://bvsms.saude.gov.br/bvs/saudelegis/gm/2002/prt0336_19_02_2002.html

Portaria nº 54, de 1º de abril de 2020. (2020). https://www.in.gov.br/en/web/dou/-/portaria-n-54-de-1-de-abril-de-2020-250849730

Resolução CFP nº 003/2000. (2000). Regulamenta o atendimento psicoterapêutico mediado por computador. http://www.crprs.org.br/upload/legislacao/legislacao40.pdf

Resolução CFP nº 011, de 11 de maio de 2018. (2018). Regulamenta a prestação de serviços psicológicos realizados por meios de tecnologias da informação e da comunicação e revoga a Resolução CFP N.º 11/2012.https://site.cfp.org.br/wp-content/uploads/2018/05/RESOLU%C3%87%C3%83O-N%C2%BA-11-DE-11-DE-MAIO-DE-2018.pdf

Resolução CFP nº 011/2012. (2012). Regulamenta os serviços psicológicos realizados por meios tecnológicos de comunicação a distância, o atendimento psicoterapêutico em caráter experimental e revoga a Resolução CFP N.º 12/2005. http://site.cfp.org.br/wp-content/uploads/2012/07/Resoluxo_CFP_nx_011-12.pdf

Resolução CFP nº 10/2000. (2000). Especifica e qualifica a Psicoterapia como prática do Psicólogo. https://site.cfp.org.br/wp-content/uploads/2000/12/resolucao2000_10.pdf

Santos, R. C., & Bosi, M. L. M. (2021). Saúde mental na atenção básica: Perspectivas de profissionais da Estratégia Saúde da Família no nordeste do Brasil. *Ciência & Saúde Coletiva, 26*(5), 1739-1748.

Schuster, R., Pokorny, R., Berger, T., Topooco, N., & Laireiter, A. (2018). The advantages and disadvantages of online and blended therapy: Survey study amongst licensed psychotherapists in Austria. *Journal of Medical Internet Research, 20*(12), e11007.

Scott, J. B., Prola, C. A., Siqueira, A. C., & Pereira, C. R. R. (2018). O conceito de vulnerabilidade social no âmbito da psicologia no Brasil: Uma revisão sistemática da literatura. *Psicologia em Revista, 24*(2), 600-615.

Siegmund, G., Janzen, M. R., Gomes, W. B., & Gauer, G. (2015). Aspectos éticos das intervenções psicológicas *on-line* no Brasil: Situação atual e desafios. *Psicologia em Estudo, 20*(3), 437-477.

Silva, S. A. (2020). *Pobreza e vulnerabilidade social no âmbito da pandemia de Covid-19*. https://diplomatique.org.br/pobreza-e-vulnerabilidade-social-no-ambito-da-pandemia-de-covid-19/

Souza, L. B., Panúncio-Pinto, M. P., & Fiorati, R. C. (2019). Crianças e adolescentes em vulnerabilidade social: Bem-estar, saúde mental e participação em educação. *Cadernos Brasileiros de Terapia Ocupacional, 27*(2), 251-269.

Tarzia, L., May, C., & Hegarty, K. (2016). Assessing the feasibility of a web-based domestic violence intervention using chronic disease frameworks: Reducing the burden of 'treatment' and promoting capacity for action in women abused by a partner. *BMC Women's Health, 16*(73), 1-9.

Tarzia, L., Murray, E., Humphreys, C., Glass, N., Taft, A., Valpied, J., & Hegarty, K. (2016). I-DECIDE: An online intervention drawing on the psychosocial readiness model for women experiencing domestic violence. *Women's Health Issues, 26*(2), 208-216.

Tarzia, L., Valpied, J., Koziol-McLain, J., Glass, N., & Hegarty, K. (2017). Methodological and ethical challenges in a web-based randomized controlled trial of a domestic violence intervention. *Journal of Medical Internet Research, 19*(3), e94.

Themis. (2021). *PLP 2.0*. http://themis.org.br/fazemos/plp-2-0/

Topooco, N., Riper, H., Araya, R., Berking, M., Brunn, M., Chevreul, K., ... Andersson, G. (2017). Attitudes towards digital treatment for depression: A European stakeholder survey. *Internet Interventions, 8*, 1-9.

Tribunal de Justiça do Estado do Rio Grande do Sul (TJRS). (2021). *Violência doméstica*: Grupos reflexivos de gênero terão formato *on-line*. https://www.tjrs.jus.br/novo/noticia/violencia-domestica-grupos-reflexivos-de-genero-terao-formato-on-line/

Yamamoto, O. H., & Oliveira, I. F. (2010). Psicologia social e psicologia: Uma trajetória de 25 anos. *Psicologia: Teoria e Pesquisa, 26*, 9-24.

Zamora, J. C., Curia, B. G., Dupont, M. F., Marques, S. S., Luft, C. Z., Arnoud, T., ... Habigzang, L. F. (2020). *Você não está sozinha! Enfrentando a violência contra mulher no isolamento pela covid-19*. https://coronavirus.rs.gov.br/upload/arquivos/202005/21112715-cartilhamulheres-v2-1905-roxo.pdf

13

Aplicação de técnicas experienciais na modalidade *on-line*

Aline Henriques Reis
Nazaré Almeida

As terapias cognitivo-comportamentais (TCCs) podem ser vistas atualmente como indo na direção de um movimento integrativo. Ao longo da história, a TCC buscou desenvolver protocolos específicos empiricamente validados para diversos transtornos e caminha para o desenvolvimento e aplicação de intervenções modulares de base transdiagnóstica (Friedberg et al., 2014; Hayes & Hoffmann, 2020). Nesse ensaio, destacam-se intervenções que trabalhem o aumento da tolerância à estimulação emocional e à afetividade negativa por meio da prevenção da evitação experiencial e emocional, buscando aceitar e vivenciar emoções intensas e desagradáveis (Leahy, 2021).

Uma gama crescente de abordagens psicoterapêuticas enfatiza a importância de emoções não processadas na explicação de problemas psicológicos. Essas abordagens sugerem diferentes intervenções destinadas a melhorar o processamento emocional, por meio da ativação das emoções no *setting* terapêutico (Stiegler, 2018). De acordo com Young et al. (2008), técnicas vivenciais expandem o processamento da informação, tornando-o mais efetivo devido à ativação emocional.

Pugh (2020) destaca a teoria dos subsistemas cognitivos em interação (TSCI) (proposta por Teasdale & Barnard, 1993) para compreender o alcance de técnicas vivenciais, especialmente com o uso da cadeira vazia. De acordo com o autor, a TSCI é um modelo multinível de processamento de informações que identifica dois níveis-chave de significado. O primeiro é um código proposicional que lida com significados específicos, verificáveis e correspondentes à linguagem, ou seja, uma compreensão racional. O segundo nível de significado se relaciona a um código implicacional relacionado a formas globais e holísticas de conhecimento. Os significados esquemáticos de ordem superior nesse nível não são mapeados prontamente na linguagem e geralmente são vivenciados como uma compreensão implícita do significado, chamada de *felt sense*, uma espécie de entendimento emocional. Esse nível de significado compartilha *links* diretos com a emoção e entradas multissensoriais, incluindo dados visuais, auditivos e cinestésicos.

De acordo com Gendlin (2006), *felt sense* é a sensação do corpo sobre uma situação, pessoa ou problema específico; tem componentes emocionais e factuais e não é possível descrevê-lo com palavras, uma vez que é composto pela síntese de diversos momentos e interações com o tema ou pessoa em questão. Ao ocorrer o *felt sense*, algo que existia apenas no plano corporal vem à percepção consciente e, assim, torna-se possível pensar em estratégias para manejar a situação.

Paivio e Greenberg (1995) avaliaram a eficácia de técnicas experienciais, mais especificamente diálogos com a técnica da cadeira vazia, comparando-as com uma condição placebo, ou seja, um grupo que discutia temas referentes a "assuntos inacabados". O estudo revelou que a terapia com técnicas experienciais, com ativação emocional mais intensa na sessão, promoveu ganhos mais significativos, quando comparada ao placebo, no que tange a angústia interpessoal, resolução de assuntos inacabados e percepção de si e dos outros em relacionamentos inacabados quatro meses e um ano após o término da terapia experiencial.

De acordo com Pugh (2020), as técnicas que utilizam a cadeira geralmente promovem níveis mais elevados de emoção, quando comparadas a apenas a discussão e o raciocínio. O uso da cadeira promove movimentação corporal, fornecendo, assim, um meio de acessar o código implicacional. O autor sugere que, para modificar o processamento emocional patológico, são necessárias duas condições: ativação emocional e apresentação de informações que desconfirmam o conhecimento preexistente, promovendo uma nova maneira de avaliar o passado. Nesse sentido, acredita-se que a exposição à estimulação emocional na sessão fornece uma experiência emocional corretiva, com subsequente habituação, gerando evidências contrárias à ideia de que as emoções são intoleráveis e, portanto, devem ser evitadas. Desse modo, a técnica da cadeira fornece uma maneira de eliciar, expressar e manejar emoções desagradáveis associadas a cognições carregadas afetivamente. Assim, caberia ao terapeuta eliciar um alto, porém tolerável, nível de afeto ao realizar o trabalho com a cadeira.

Em detrimento das evidências em favor do uso de técnicas experienciais citadas, especialmente nas abordagens de terceira onda, a pandemia de covid-19 gerou muitas dúvidas quanto à aplicabilidade de tais técnicas no *setting on-line*. Considerando o impacto diferencial de técnicas experienciais na prática clínica, o objetivo deste capítulo é apresentar possibilidades de aplicação de tais estratégias adaptando-as ao contexto *on-line*.

EVIDÊNCIAS DE APLICABILIDADE DE TÉCNICAS EXPERIENCIAIS NO CONTEXTO *ON-LINE*

As intervenções *on-line* em saúde são conhecidas como *e-Health* e referem-se a serviços ou informações em saúde oferecidos por meio da internet ou de tecnologias relacionadas (Bedendo et al., 2019). A *e-Health* tem sido amplamente utilizada por demonstrar eficácia para um grande número de problemas, como transtornos de ansiedade, obesidade, transtornos alimentares, dor crônica e problemas de fadiga (Andersson et al., 2017).

Apesar de oferecer diversos benefícios, como baixo custo, maior acessibilidade e diminuição do tempo com a ausência da necessidade de deslocamento, o trabalho realizado virtualmente também apresenta aspectos negativos. Um exemplo é a restrição da comunicação não verbal, presente no corpo do paciente e do terapeuta, bem como a dificuldade de trabalhos de movimentação dos corpos e das cadeiras, usadas principalmente em terapias que utilizam técnicas experienciais.

Visando a compreender os impactos da psicoterapia *on-line* com o uso de técnicas vivenciais, um estudo qualitativo investigou quais aspectos os pacientes consideraram úteis ou dificultadores na mudança de um grupo terapêutico na abordagem do psicodrama presencial para a modalidade *on-line*, devido à pandemia de covid-19. Os participantes revelaram se sentirem aceitos e pertencentes a um grupo. Quanto às técnicas de psicodrama, as sessões *on-line* mostraram a necessidade de adaptação – por exemplo, pedindo-se aos participantes que ligassem e desligassem a câmera ao longo da sessão para enfatizar as pessoas que faziam a dramatização. Algumas pessoas perceberam que as técnicas de psicodrama foram menos eficazes *on-line* do que nas sessões presenciais. Os autores supõem que essa diferença possa estar relacionada ao fato de os participantes já serem membros do grupo de psicodrama presencial, permitindo a comparação entre ambos os formatos e, em alguns casos, uma comparação desfavorável ao formato *on-line* com uma preferência substancial pelo psicodrama presencial. Outros participantes, por sua vez, indicaram que a intervenção *on-line* não produziu mudanças substanciais ou provocou apenas uma pequena melhoria. Nas entrevistas, o potencial da terapia de grupo *on-line* foi reconhecido e, principalmente, descrito como um recurso ao qual os participantes poderiam recorrer em emergências, em casos de doença ou problemas emocionais (Biancalani et al., 2021).

Com o objetivo de ampliar o atendimento a pessoas que fazem tratamentos para diversos tipos de câncer, Tsiouris et al. (2021) propuseram um programa de autoajuda psico-oncológica baseado na emoção, para a melhora dos sintomas de ansiedade e depressão, direcionado a pacientes adultos em tratamento ou pós-tratamento do câncer. No que tange a técnicas experienciais, o programa prevê exercícios de mentalização, reflexão sobre valores individuais, técnicas de *mindfulness* e estratégias para desenvolver a gratidão. A adesão dos participantes é avaliada com dados objetivos coletados por meio de um *software* e inclui frequência de *logins*, duração do tempo conectado e progresso total por módulo. Busca-se oferecer apoio a pacientes que se encontram no processo de transição do atendimento hospitalar para o ambulatorial. O estudo ainda está em andamento e buscará avaliar a adesão dos participantes e a eficácia percebida em relação ao programa delineado.

Em relação à terapia do esquema, que pressupõe intervenções experienciais, uma pesquisa avaliou quatro pacientes com idade entre 64 e 70 anos que participaram de um grupo *on-line* dessa abordagem na Holanda. O grupo foi adaptado ao formato *on-line* devido às medidas de distanciamento social decorrentes da pandemia de covid-19. Na avaliação dos terapeutas, as pessoas se adaptaram bem ao formato virtual, no entanto, sentiram falta dos intervalos, em que havia interação informal entre os participantes, na ausência dos terapeutas. Verificou-se que enviar a tarefa de casa no dia anterior à sessão permitiu conduzir a terapia com mais eficiência. Os terapeutas ponderaram que intervenções experienciais, como, por exemplo, imaginação guiada, foram bem-recebidas pelos participantes (van Dijk et al., 2020).

Outro estudo (Almeida et al., 2021), de terapia focada na compaixão (TFC), realizado na modalidade *on-line*, mostrou benefícios da intervenção de três semanas adaptada de um protocolo de 12 semanas da modalidade presencial. A pesquisa é um relato de experiência que teve como objetivo oferecer suporte à população na pandemia de covid-19 por meio de um programa chamado "LaPICC contra covid-19". Foram encontradas diferenças qualitativas e quantitativas significativas nas medidas de depressão, ansiedade, estresse e autocompaixão dos 106 participantes do programa *on-line*. O estudo concluiu que a autocompaixão pode contribuir para a saúde mental e o bem-estar psicológico, bem como para o enfrentamento de crises, e que a aplicação no formato *on-line* não foi um obstáculo à intervenção.

Na experiência das autoras do estudo, o uso de técnicas experienciais, como imagens mentais, cadeira vazia, exercícios de gratidão e *mindfulness*, usadas tanto no atendimento clínico individual *on-line* quanto em grupo, em supervisão para formação de terapeutas ou ainda em aulas virtuais síncronas, com a demonstração de técnicas experienciais para os participantes, apresentou a necessidade de poucas adaptações. Para a realização das sessões *on-line*, é utilizado o seguinte roteiro:

1. Pede-se ao paciente que encontre um local reservado, sem a presença de outras pessoas, de preferência um cômodo em que esteja só, com a porta fechada.
2. Solicita-se ao paciente que use fones de ouvido, evitando que a fala do terapeuta possa ser ouvida por outras pessoas presentes na casa, mesmo que em outro cômodo.
3. Na condução de técnicas de imagem mental, as autoras sugerem a aproximação/afastamento do corpo do terapeuta em relação à *webcam*, da mesma maneira que ocorreria no atendimento presencial.

4. Em técnicas de imagem mental, o volume da voz deve ser reduzido, e, para que o paciente o escute com maior clareza, o terapeuta deve aproximar o microfone da boca.
5. Quando a técnica de imagem mental é conduzida com apenas um indivíduo, na medida em que o terapeuta faz perguntas ou dá instruções, a pessoa responde, auxiliando o terapeuta no *timing* para a administração da técnica. Quando a técnica é aplicada em grupo, cabe ao terapeuta estimar o tempo de silêncio entre uma instrução e outra.
6. Quando for possível prever que em uma aula, supervisão ou atendimento será feito o uso de uma ou mais cadeiras, o terapeuta solicita com antecedência que sejam providenciadas. Caso a possibilidade de uso da técnica da cadeira surja na sessão, existem algumas formas de manejo: (a) a pessoa dispõe de outras cadeiras no momento ou pode providenciá-las rapidamente, então o terapeuta aguarda a disposição das cadeiras e conduz a técnica da mesma maneira que conduziria pessoalmente. Nesse caso, o paciente vai direcionando a *webcam* a cada cadeira usada, conforme a mudança de posição; (b) o paciente está em um quarto, na cama, e não dispõe de cadeira no local. Nesse caso, pode-se sugerir a mudança de posição, sentando-se em diferentes locais da cama; (c) o paciente dispõe apenas da cadeira na qual está sentado. Nesse caso, sugere-se que, ao trocar de papéis ou lados durante a encenação, ele fique de pé e volte a se sentar, mudando ligeiramente a cadeira de posição, sendo essa alteração acompanhada pela *webcam*.

TÉCNICAS DE IMAGEM MENTAL

Várias psicoterapias têm utilizado imagens, reconhecendo-as como mais poderosas para criar determinados estados mentais quando comparadas ao trabalho verbal apenas (Gilbert, 2009; Hall et al., 2006). No entanto, o uso de imagens precisa ser contextualizado na estrutura geral da proposta psicoterapêutica, porque as técnicas de imagem mental podem ser empregadas com uma diversidade de queixas e orientadas a diferentes objetivos. No contexto da psicoterapia comportamental, Caballo e Buela-Casal (1996) citam, por exemplo, as imagens mentais de enfrentamento, em que o paciente se visualiza em uma situação difícil, que teme enfrentar, e obtém êxito na imagem, e imagens com vistas a obter relaxamento, incluindo elementos que promovam tranquilidade e bem-estar.

No escopo das TCCs, Falcone (2004) sugere a condução de imagens até o fim, para situações nas quais o paciente evita pensar sobre um evento passado ou futuro gerador de ansiedade. Dessa forma, ao chegar a um desfecho e sobrepor a evitação, o indivíduo teria a ansiedade diminuída. Ainda nessa abordagem, Clark e Beck (2012) discorrem sobre a exposição à preocupação, isto é, uma técnica de exposição na imaginação direcionada ao tratamento do transtorno de ansiedade generalizada. Para condução da técnica, primeiro o paciente faz uma descrição completa do pior resultado imaginado. Em sequência, o terapeuta conduz à formação de imagens mentais quanto ao pior resultado, que o paciente imagina com o máximo de detalhe e realismo possível. O desfecho da técnica propõe a elaboração de uma resposta hipotética frente ao pior resultado, avaliando com o paciente o quanto o pior cenário parece perturbador quando visto à luz de um plano potencial de enfrentamento.

Gilbert (2020) demonstra preocupação quando os terapeutas "usam um pouco de imagens" e concluem que elas não funcionam muito bem. Ele propõe o fenômeno "medo da compaixão", que se refere a um bloqueio geralmente inicial dos pacientes às imagens de conteúdo gentil, pois elas ativarão o sistema de apego, que, por sua vez, ativa memórias remotas que podem ter sido de hostilidade, ativando, por sua vez, defesas aprendidas, o que pode fazer o paciente evitar, fugir ou lutar contra as imagens ou abordagem de gentileza em geral. Na TFC, dá-se importância a ajudá-los a entender o poder das imagens, usando exemplos simples – por exemplo, desenhando um cérebro e pedindo que o paciente suponha que está com muita fome e vê uma refeição apetitosa. O terapeuta ajuda o paciente a refletir sobre o que acontece com o seu corpo (p. ex., salivação e movimentos no estômago) por meio da estimulação de uma área do cérebro. Então, pede que ele suponha que está com fome, mas dessa vez não há nenhuma comida na sua frente, e pede que ele imagine uma refeição apetitosa. O terapeuta o ajuda a notar que, mesmo sem a visão da comida, a imagem ativou o seu corpo, estimulando os sistemas fisiológicos da mesma maneira que anteriormente. Para os pacientes, isso pode ser uma boa reflexão e motivação para criar imagens que produzam estados mentais e corporais desejados. Vale lembrar que às vezes o paciente pode estar tão agitado e ansioso que o uso de imagens pode ser angustiante, e uma atividade física pode ser mais recomendada nesse caso.

Na perspectiva da terapia do esquema, Arntz (2011) discute a técnica de reelaboração de imagens para intervenção em pacientes com transtorno de personalidade, partindo do pressuposto de que memórias de experiências da infância estão subjacentes a esses transtornos e que o papel do terapeuta é ajudar o paciente a reprocessá-las. Conforme o autor, diversos aspectos desse reprocessamento são importantes, conforme discutido a seguir (Arntz, 2011):

1. **Reatribuição**: a criança atribui um significado ao evento que lhe ocorre, em geral considerando questões relacionadas a si, como, por exemplo, não ser amada ou ser inútil. Ao reviver, por imagem mental, a situação, o paciente consegue compreender que questões relacionadas aos cuidadores e não a si mesmo estavam na base dos acontecimentos, ressignificando as memórias da infância.
2. **Processamento emocional**: em geral, pacientes com transtornos de personalidade apresentam estratégias disfuncionais de regulação emocional, decorrentes da maneira como os cuidadores lidaram com as emoções deles.

Quando na terapia é ativada a memória de uma situação emocionalmente aflitiva da infância do paciente e o terapeuta pede para entrar na cena, destacando para o cuidador, na imagem mental, a necessidade emocional não atendida da criança e, em seguida, validando essa necessidade com a criança na cena, provê a ativação de emoções agradáveis associadas a afiliação e cuidado, ampliando o repertório emocional do paciente. Esse processo muda as visões básicas dos pacientes sobre as emoções (como sendo ameaçadoras, inúteis, ruins, levando à solidão, etc.), sobre si mesmos e sobre outras pessoas (para que desenvolvam relacionamentos mais saudáveis no presente). Também os ensina a lidar com as emoções, para que suas capacidades de regulação emocional melhorem.

3. **Sensação de ser cuidado, mesmo que de forma imaginária**: em alguns casos, o cuidado que o terapeuta destina ao paciente na cena da infância é a primeira situação na qual ele se sentiu olhado e acalentado por alguém.
4. **Mudança do significado por meio da ativação do canal emocional**: quando a terapia ocorre apenas por meio do diálogo, as áreas cerebrais ativadas no adulto, no momento da sessão, são diferentes das áreas ativadas no momento da codificação da memória na infância; assim, quando o terapeuta recorre ao trabalho com imagens mentais e evoca as emoções subjacentes, promove uma transformação do significado atribuído, usando um canal semelhante ao do passado.
5. **Transformar a regra em exceção**: a maneira como o paciente compreendeu o funcionamento do mundo e das relações quando era criança gerou uma generalização. No processo psicoterapêutico que envolve técnicas experienciais, compreende-se que aquele era o funcionamento daquela família, naquele momento, não correspondendo à totalidade dos relacionamentos.

A criação de imagens pode ser muito útil para o treino da compaixão. Exercícios e imagens focados na compaixão estimulam sistemas cerebrais específicos, especialmente o sistema de calma e conexão, ativando neuro-hormônios, como oxitocina e endorfinas, e amenizando a atividade na amígdala no processamento de ameaças (Longe et al., 2010; Rockliff et al., 2008). São várias as práticas que usam formas específicas de criação de imagens (Gibert, 2019; Kirby, 2019), como apresentaremos a seguir.

Lugar seguro

Em geral, um dos primeiros exercícios ao introduzir o uso de imagens é o do lugar seguro, isto é, a criação da imagem de um local no qual o paciente possa se sentir seguro, confortável e calmo. Para isso, ele é convidado a adotar uma posição confortável, sentado ou deitado, e a respirar calmamente. Sugere-se um pouco de ludicidade para ser mais leve para as pessoas que experimentam atividades tão diferentes em culturas racionais como a ocidental. O paciente é lembrado que a mente tende a divagar e que ele pode se distrair com facilidade. Além disso, ele é lembrado de que as imagens produzidas não precisam ser nítidas; o que importa é que, ao treiná--las, ele estará ativando certas regiões do cérebro que produzirão estados mentais e corporais de bem-estar. Também é importante explicar ao paciente que ele pode ter a expectativa de obter esses estados durante o exercício, mas se ele estiver muito deprimido, ansioso ou estressado, isso pode não ocorrer. Mesmo que as imagens não sejam nítidas ou que ele não tenha se sentido bem, é o ato de tentar que importa, pois estará ativando o cérebro e a nitidez das imagens e os estados desejados podem surgir mais tarde. Essas instruções são comuns a todas as práticas de imagem.

Orientações: "Neste exercício, vamos tentar criar a imagem de um lugar em nossa mente que possa promover uma sensação de segurança e tranquilidade. Quando tiver escolhido seu lugar seguro, deixe seu corpo relaxar e faça uma expressão facial amigável, permitindo um sorriso tranquilo de prazer por estar nele. O lugar pode ser externo (p. ex., um parque, uma praia ou uma floresta) ou interno (p. ex., uma casa aconchegante), real ou imaginário". O terapeuta faz uma pausa. A seguir, pede para o paciente manter os olhos fechados e dizer que lugar ele escolheu. Se ele optou por um lugar interno, por exemplo, a casa de um avô em sua infância, as orientações corresponderão a um ambiente interno. Se ele optou por um ambiente externo, como um parque, o terapeuta sugere, por exemplo: "Imagine agora todas as cores e a iluminação do parque... o sol brilhando e seus raios atravessando suavemente o espaço entre as folhas das árvores... todas as cores das folhas e flores... os pássaros voando alegres de galho em galho e o vento movendo as folhas das árvores que dançam suavemente de acordo com o acariciar do vento... Agora, imagine uma brisa agradável tocando suavemente em seu rosto... sinta todos os cheiros presentes no ar... o perfume das flores e o amadeirado das árvores e talvez de terra molhada... Agora, imagine todos os sons que podem estar no seu lugar seguro... o canto alegre e sincronizado dos pássaros, o farfalhar das folhas tocadas pelo vento... e se no seu parque há um lago, quem sabe você pode ouvir o som de galhos ou o leve e sutil movimento da água nas bordas do lago... Se você está sentado, deitado ou andando na grama, sinta o acariciar do confortável tapete natural que acolhe seu corpo e seus pés...".

Depois da etapa da exploração das sensações no lugar seguro, o terapeuta inicia a etapa de sensação de pertencimento, sugerindo: "Agora convido você a imaginar algo que pode lhe parecer estranho inicialmente, mas o importante é tentar. Imagine que todo o seu lugar seguro lhe dá boas-vindas. Então, imagine que as nuvens e as árvores sorriem para você... elas estão felizes por você estar ali... você sente que esse é o seu lugar, criado por você e para você". Depois da etapa da sensação de pertencimento, o terapeuta estimula a sensação de exploração e liberdade: "Agora, imagine que no seu lugar seguro você pode fazer o que quiser. Se quiser mergulhar, dançar, correr, ou mesmo voar, você pode. Não importa se é realista ou não, a sensação de liberdade de exploração é muito importante para o cérebro e a mente... Fique por um tempo permitindo essa sensação de liberdade...". O terapeuta finaliza convidando o paciente a manter seu lugar seguro em sua mente para voltar a ele sempre que precisar se acalmar.

Cor compassiva

Uma prática que pode ser realizada com pacientes que preferem práticas corporais, como a de respiração calmante, é a cor compassiva.

Orientações: "Neste exercício, convido você a imaginar uma cor, luz, névoa ou energia que banha todo o seu corpo com compaixão. Primeiro, encontre seu ritmo de respiração calmante e, quando estiver pronto, imagine uma cor, luz, névoa ou energia que você associe à compaixão ou que transmita uma sensação de acolhimento e gentileza. Imagine-a nos tons da sua preferência... Não há certo ou errado...". (Pausa.) "Essa cor, luz, névoa ou energia tem uma função calmante... Por onde ela passa, acalma e pacifica... Ela se condensa acima da sua cabeça e vai passando lentamente por cada parte do seu corpo..." (Pausa.) "Agora, imagine que essa cor, luz, névoa ou energia também tem a capacidade de curar... então, por onde ela passa, ela vai acalmando, mas também vai curando... Ela pode parar em alguns lugares do seu corpo e ficar um pouco mais ali..." (Pausa.) "Agora, deixe que todo o seu corpo e mente sejam envolvidos por essa cor, luz, névoa ou energia e descanse nela... Deixe que seu corpo e mente sejam essa cor, luz, névoa ou energia se você quiser..." O terapeuta finaliza e sugere que o paciente use esse exercício sempre que ele quiser, se tiver funcionado para acalmá-lo.

Outro compassivo ideal

A criação da imagem de um outro compassivo ideal pode ser mais difícil que de um lugar seguro, especialmente se o paciente não teve figuras de apoio na infância em momentos importantes de sua vida. Isso significa que ele não experimentou verdadeiramente a compaixão. Já o lugar seguro pode ser mais simples, porque ele pode ter inúmeros locais nos quais já se sentiu minimamente bem. Alguns pacientes, por sua vez, podem ter tido experiências traumáticas com suas casas – por exemplo, crianças que não foram bem-vindas para os cuidadores porque eram indesejadas pelos padrastos ou madrastas, mas tiveram um bom avô ou avó. Nesse caso, pode ser mais fácil imaginar um outro compassivo do que um lugar seguro. De qualquer maneira, deve-se explicar aos pacientes que o importante é o treino, e, com o tempo, essas práticas vão ficando mais fáceis.

Orientações: "Eu convido você a adotar uma posição confortável, sentado ou deitado, e a encontrar um ritmo de respiração calmante... Neste exercício, você vai imaginar a figura de um outro compassivo ideal... Ele pode ser uma pessoa real ou imaginária... pode ser uma pessoa que você conhece ou não...". (Pausa.) "Considere as características que essa pessoa precisa ter para ser alguém compassivo para você... Ideal não significa que precisa ser perfeita, mas ter as qualidades ideais para você, as qualidades de que você precisa nesse momento..." (Pausa.) "Comece imaginando a aparência desse outro... Imagine se ele é homem ou mulher... se ele é mais velho, mais novo ou tem a mesma idade que você... se ele é mais alto ou mais baixo que você... como ele se veste... como é a sua aparência em geral..." (Pausa.) "Imagine seu tom de voz, a textura e o volume de sua voz... Imagine como ele fala com você..." (Pausa.) "Imagine agora as qualidades especiais para você presentes na imagem do seu outro compassivo ideal... Algumas pessoas gostariam que ele tivesse passado pelas mesmas situações difíceis na vida e as superado. Por exemplo, que ele tivesse tido depressão e melhorado, que ele tivesse tido problemas financeiros e os superado... Por isso, ele tem a sabedoria de ter tido experiências semelhantes e pode compreender perfeitamente como a pessoa se sente e pode melhorar..." (Pausa.) "Imagine então as qualidades dele... talvez paciência, bom humor, organização, sagacidade, persistência, ou qualquer outra qualidade que você gostaria que ele tivesse..." (Pausa.) "Agora, imagine que ele tem as qualidades da compaixão... imagine que ele tem sabedoria... que ele tem maturidade e compreensão da natureza das coisas e das dificuldades da vida... ele considera que todos nós temos um cérebro complicado e nossas experiências iniciais de vida nos moldam na versão que somos hoje... ele sabe que por isso temos uma mente que às vezes é caótica e cheia de pensamentos e sentimentos conflitantes... ele sabe também, por causa de tudo isso, que todas as pessoas neste mundo estão lutando, tentando ser felizes e evitar sofrimento... dessa forma, sua sabedoria vem da compreensão de tudo isso..." (Pausa.) "Seu outro compassivo ideal também tem a força e a coragem... Ele transmite confiança e autoridade... e isso tudo banhado em uma atmosfera de muito acolhimento, gentileza e não julgamento... Ele apoia você e está ao seu lado incondicionalmente..."

O terapeuta lembra o paciente de que o outro compassivo incentiva o seu comportamento autocompassivo, o que não se trata de fazer coisas boas por si, como passear ou tomar um bom banho, mas fazer o que precisa ser feito para florescer, que pode ser enfrentar situações complexas e difíceis. O terapeuta finaliza sugerindo que o paciente pode acessar a imagem do seu outro compassivo ideal em qualquer situação, especialmente aquelas de dificuldade.

Imagem do eu compassivo

Aumentando o grau de complexidade para os pacientes, o próximo exercício é o da imagem do eu compassivo. Ele pode ser mais difícil para as pessoas que são duramente críticas consigo, pois normalmente estas se desconectam de si mesmas para não se encontrarem com um eu que não julgam bom. Devido a essa dificuldade, pode ser útil encenar o eu compassivo. O terapeuta pode lembrar o paciente do exercício com o outro compassivo ideal e imaginar que ele vai encenar em casa, na rua ou no trabalho, atuando no papel do eu compassivo que tem as qualidades ideais. O clínico pode ajudar essa imaginação lembrando o paciente de como um ator se prepara para desempenhar um papel: ele estuda a personalidade do personagem, suas preferências, seus trejeitos, seu estilo de se vestir e comportar, seu tom de voz e suas tendências em geral. Ele ensaia, e então atua. O paciente pode se colocar no lugar do ator que vai atuar no papel do eu compassivo. Ele estuda como seria ser esse eu compassivo, considerando suas qualidades específicas, mas também as qualidades principais da compaixão, a sabedoria, a força, a gentileza e o não julgamento. Então, ele ensaia e atua em algum ambiente seguro para si, que pode ser em casa, na rua ou no trabalho. Depois de algum tempo, ele pode deixar de atuar e apenas ativar o eu compassivo que já tem desenvolvido em si.

Uma variação dessa prática se chama "você no melhor de si". Nessa prática, o paciente dedica um momento a se lembrar de uma situação na qual considere que foi compassivo, calmo, sábio e quis ajudar. O terapeuta sugere que ele pense em seu eu compassivo como "você no melhor de si", imagine a sensação de uma voz interna calma e compassiva, e faça uma expressão facial amigável.

TÉCNICAS COM A CADEIRA VAZIA

A cadeira vazia é utilizada por uma série de abordagens psicoterápicas. A técnica consiste em sentar-se em uma cadeira e imaginar que em uma cadeira vazia, geralmente colocada à frente, está uma pessoa significativa (Caballo & Buela-Casal, 1996). Essa técnica pode ser utilizada para o diálogo com pessoas importantes na vida do paciente, inclusive que já morreram, para expressar alguma dor ou sofrimento, emoções, pensamentos, e para dar voz a diferentes partes ou eus. As cadeiras podem ser utilizadas para o diálogo entre o eu raivoso, o eu ansioso, o eu triste e o eu compassivo. Também pode ser utilizada para o diálogo entre o eu crítico, o eu criticado e o eu compassivo. Vale lembrar que na TFC todos esses diálogos terminam com a ativação do eu compassivo, oferecendo sua sabedoria, força, gentileza e não julgamento.

Na TCC, a técnica da cadeira vazia tem o objetivo de ajudar os pacientes a se tornarem mais equilibrados em seus pensamentos, refletirem e conversarem com o eu raivoso ou crítico, alternando entre as cadeiras. Na TFC, o objetivo é o desenvolvimento do eu compassivo e o cultivo da motivação de tentar ajudar o eu raivoso, ansioso ou autocrítico, ao construir sentimentos de tolerância e percepção dos pontos fortes de cada parte do eu (Gilbert, 2020).

Kellogg (2015) destaca alguns cuidados necessários no emprego da técnica:

1. Quando o exercício envolve partes diferentes do *self*, é preciso manter as vozes claras.
2. É necessário que cada parte do *self* seja representada em cadeiras diferentes, ou ao menos em locais diferentes da cama ou colocando a cadeira em posições diferentes.
3. Caso o terapeuta perceba que, ao assumir um papel, existe a intrusão de uma outra parte, pode-se indicar a mudança para a cadeira que representa aquela parte. No caso da terapia *on-line*, se não houver outra cadeira disponível, o terapeuta pontua a mudança e pede que o paciente retorne à cadeira original ou retome a fala do papel/lado que está sendo trabalhado no momento.
4. Ao representar cada parte, o paciente deve incorporar o papel e falar em primeira pessoa.

Cadeira compassiva (Gilbert, 2020; Kirby, 2018)

Orientações: "Nós temos um exercício que utiliza cadeiras diferentes para as diferentes partes do eu que temos estudado. Você gostaria de realizar esse exercício para trabalhar essa situação que você traz?". Se o paciente concordar, o terapeuta pede que ele providencie duas cadeiras e as posicione uma de frente para a outra e em ângulo visível para o terapeuta. "Sente-se em uma das cadeiras e lembre-se com detalhes da situação... Lembre-se do que aconteceu e do que poderia ter acontecido... Lembre-se das críticas... Agora, deixe que o eu crítico expresse o que ele quiser... Quando você considerar que ele está ativo, diga o que ele pensa..."

Em geral, os pacientes muito autocríticos dizem coisas duras da perspectiva do eu crítico, com xingamentos e desvalorizações. O terapeuta escuta e não reforça nem julga o eu crítico. "Veja se você pode visualizar o eu crítico na sua frente... Com o que ou com quem ele se parece? Veja se você pode também dizer o que você faria, na perspectiva do eu crítico, se não houvesse consequências... Veja agora se você se lembra de alguma situação do passado, da infância até o início da vida adulta, quando o eu crítico começou a atuar, qual é sua origem..."

O terapeuta continua: "Agora se levante e faça alguns movimentos, ande um pouco para desativar o eu crítico e então se sente na outra cadeira e nós vamos ouvir o eu criticado. Veja se você pode se conectar com essa parte de você que sempre ouviu as duras críticas do eu crítico... Veja se você pode sentir no corpo onde estão mais evidentes as emoções do eu criticado e então, quando você considerar que ele está ativo, diga o que ele pensa... Com o que ou com quem ele se parece? Veja se você pode também dizer o que você, na perspectiva do eu criticado, faria se não houvesse consequências... veja agora se você se lembra de algum evento do passado, da infância até o início da vida adulta, quando o eu criticado começou a atuar, qual é sua origem..."

O terapeuta continua: "Agora se levante e faça alguns movimentos, ande um pouco para desativar o eu criticado e então se sente na outra cadeira e nós vamos ouvir o eu compassivo. Estabeleça um ritmo de respiração calmante, sentindo seu corpo desacelerar e então se concentre em tornar 'você em seu melhor'... Pode ajudar se você se lembrar de um momento em que se sentiu mais calmo, sábio e gentil... Imagine todas as qualidades de que você necessita em si mesmo... Lembre-se de acrescentar as qualidades principais da compaixão e visualize-se enquanto está sentado nessa cadeira tendo todas elas: calma, gentileza, sabedoria, autoridade e força... Conforme você desacelera em sua respiração calmante, sinta-se se tornando o eu compassivo...".

Então, o terapeuta convida o paciente a expressar a sua perspectiva da situação, sugerindo: "Pela perspectiva do eu compassivo, o que ele pensa da situação? Como você o sente em seu corpo? O que ele sugere que você faça?". Em geral os pacientes demonstram a sabedoria intuitiva que já têm. O terapeuta continua: "Veja se você pode olhar para o eu crítico agora e dizer que você sabe que por trás dos sentimentos de rejeição que ele expressa, há um medo, mágoa ou até uma boa intenção, mas, na forma como ele vem fazendo essas críticas, você quer que ele pare". Esse é normalmente um momento impactante para o paciente. O terapeuta continua: "Ainda da perspectiva do eu compassivo, envolva o eu criticado no calor da compaixão e diga a ele que você sabe de toda a dor e sofrimento pelas duras críticas que ele vem sofrendo... Convide-o a descansar um pouco nesse calor... Abrace-o, envolvendo-o na compaixão... Veja se você pode abraçar também o eu criticado e permanecer por alguns instantes ainda nesse ato de compaixão e integração de todas as partes".

O terapeuta estimula o paciente a perceber que as partes, na verdade, são todas partes do seu eu, e por isso faz sentido reintegrá-las da desconexão que elas estavam. O eu compassivo não tenta "eliminar" as outras partes do eu; ele as considera como "vozes" importantes e trabalha compassivamente com elas. Com o tempo, os pacientes começam a conseguir aceitar melhor suas emoções desagradáveis e lembrar a si mesmos de sua voz compassiva. O terapeuta sugere que o paciente faça esse exercício informalmente sempre que perceber a autocrítica ativa.

Além das técnicas experienciais direcionadas à autocompaixão, diferentes temáticas podem ser trabalhadas por meio de estratégias que pressupõem ativação emocional. Considerando-se a quantidade significativa de mortes no Brasil decorrentes da pandemia de covid-19, muitas demandas de manejo do luto surgiram como queixas em psicoterapia. Dessa forma, algumas técnicas experienciais para o manejo do luto empregadas pelas autoras no contexto *on-line* serão descritas a seguir.

TÉCNICAS EXPERIENCIAIS PARA O MANEJO DO LUTO

Revet et al. (2020) destacam que nem sempre o processo de luto é vivenciado de maneira saudável e revelam termos na língua inglesa que se referem a diferentes momentos do luto: *bereavement*, que se refere à perda de alguém amado; *grief*, que abrange respostas cognitivas, afetivas e comportamentais à perda; *mourning*, o processo de adaptação à perda, sendo considerado um processo dinâmico fortemente influenciado por normas socioculturais; e *complicated grief*, o luto complicado, que traz dificuldades de aceitação da morte e prejuízos na condução da vida na ausência da pessoa que morreu.

A 5ª edição do *Manual diagnóstico e estatístico de transtornos mentais* (American Psychiatric Association [APA], 2014) traz elementos para diferenciar um quadro depressivo de um processo normal de luto. Por exemplo, no luto, o sofrimento vem em ondas, intercaladas por lembranças positivas da pessoa falecida. Caso exista a vontade de morrer, esta decorre do desejo de se unir à pessoa que morreu. No caso de um episódio depressivo que se sobrepõe ao processo de luto, o sofrimento é mais constante; ideação suicida pode surgir e a pessoa apresenta maior dificuldade de retomar a vida. Dessa maneira, na sequência, serão propostas técnicas experienciais que podem ser usadas tanto presencialmente como na modalidade *on-line* síncrona para o manejo do luto.

Carta para uma pessoa falecida

A escrita de uma carta auxilia na organização das ideias, na construção de uma narrativa, que, por sua vez, propicia a compreensão de elementos antes ignorados. As pessoas dão sentido à vida por meio de histórias, que se configuram como uma sequência de eventos, ligados por um tema, ocorrendo ao longo do tempo e de acordo com tramas particulares. Uma história surge à medida que certos eventos são privilegiados e selecionados em detrimento de outros eventos que se tornam negligenciados e "sem história" (AnjaBjorøy & Nylund, 2016). Ao escrever, é importante que a pessoa reflita sobre os pensamentos, as imagens, as lembranças mais dolorosas e as emoções mais intensas que emergiram durante a tarefa (Leahy, 2019).

A estrutura da carta direcionada ao trabalho com o luto abrange a expressão da perplexidade diante da perda repentina (se for o caso) e a lembrança de momentos agradáveis e alegres com a pessoa que se foi. Deve-se destacar o significado e a importância desses momentos. Em seguida, falar sobre a falta que essa pessoa tem feito e situações nas quais a ausência dessa pessoa tem causado tristeza, saudade e dificuldades, bem como expressar a raiva pela morte, a tristeza pela ausência, o medo de seguir sem ela. Também podem ser incluídas brigas, mágoas, ressentimentos que não foram esclarecidos em vida. Finalmente, o último trecho envolve a despedida, manifestando-se o quanto amava essa pessoa, de que maneira pretende-se manter vivas suas memórias para si e para a família e o que gostaria de ter dito se tivesse tido a oportunidade. O objetivo da carta é vivenciar a gama de emoções associadas à perda, bem como organizar os assuntos referentes à vida compartilhada antes da partida e àquilo que restou após a morte. Dessa maneira, a carta prepara o paciente para as demais técnicas experienciais que serão conduzidas posteriormente.

Imagem mental para manejo do luto

Orientações: "Feche seus olhos. Sente-se confortavelmente na cadeira. Traga a imagem de um lugar calmo, tranquilo, em que você se sinta acolhido. Que lugar é esse? Descreva esse lugar para mim. É dia ou noite? O local é aberto ou fechado? Tem algum som? Se sim, quais? Você percebe algum cheiro? Se sim, de quê? Você consegue se imaginar nesse lugar? Onde você está? Agora, gostaria que você imaginasse que (nome da pessoa que faleceu) está nesse lugar. Onde essa pessoa está? Você pode descrevê-la para mim? Como está sua expressão facial? Como ela está vestida? Você pode se imaginar aproximando-se dela? Você gostaria de perguntar-lhe alguma coisa? Talvez, onde ela está... como é o lugar onde ela está... E o que você gostaria de dizer? É possível que você não tenha tido tempo de se despedir... Talvez tenha ficado alguma mágoa, ressentimento ou culpa... Que emoções você gostaria de expressar? Diga para ela... O que ela responde? Como você se sente a respeito disso? Há algo mais que você gostaria de dizer? Diga a ela... Tem algo que você gostaria de dizer na intimidade de vocês? Pode dizer mentalmente, algo que ficará entre você e essa pessoa...

É chegada a hora de se despedir. Talvez você queira dar um abraço... um beijo... talvez você queira dizer uma última coisa antes de deixá-la partir. Agora imagine que gradativamente ela se afasta. Você permanece olhando para ela indo embora. Como você se sente ao vê-la ir? Ela já não está no seu campo de visão. Como está o seu corpo? Que emoções você percebe? Volte lentamente sua atenção ao momento presente, ao ritmo de sua respiração. Quando estiver pronto, pode abrir os olhos".

Técnica da cadeira vazia para despedida de alguém que se foi (Kellogg, 2015)

Orientações: São colocadas duas cadeiras, uma de frente para a outra. O paciente senta-se em uma delas e segue os passos:

1. O paciente imagina a pessoa que se foi sentada na cadeira vazia oposta e a descreve (roupas, expressões facial e corporal).
2. O paciente fala sobre como foi perder essa pessoa, como tem se sentido desde então, de que maneira a vida mudou após a perda, que dificuldades tem enfrentado. Caso tenha alguma pergunta ou pedido (seja um pedido de

perdão, a expressão de alguma mágoa ou arrependimento), expressa isso verbalmente.
3. Em seguida, o paciente se senta na outra cadeira e verbaliza o que a pessoa que morreu responderia ao que foi dito. O terapeuta questiona: "Tem algo que você gostaria que (o paciente) soubesse? Tem algo mais que você gostaria de dizer?".
4. O paciente volta para a primeira cadeira e relata como foi ouvir o que a pessoa que se foi disse. O terapeuta pede que ele se despeça: o que gostaria que a pessoa que se foi soubesse? Há algo mais que gostaria de dizer? O quê?

Ao final, voltando para as poltronas de terapia, se discute como foi o exercício. É interessante aplicar as três técnicas na sequência, isto é, primeiro se fala da perda, da dor, de arrependimentos, de emoções decorrentes da perda e em relação à pessoa que morreu. Como tarefa de casa, o terapeuta solicita a escrita da carta. Na sessão, o paciente lê a carta e então o terapeuta aplica a técnica da imagem mental. Na outra sessão, conduz a técnica da cadeira vazia. Por fim, o terapeuta pergunta ao paciente sobre uma maneira de homenagear a pessoa que se foi e como expressar essa homenagem. Pode ser limpar a lápide de sua sepultura e colocar flores, organizar uma missa/culto, fazer um mural de fotos, organizar uma apresentação/filme com fotos e vídeos marcantes e apresentar para a família.

Filmes também podem ser usados para demonstrar diferentes reações ao luto, normalizando a resposta do paciente, bem como para ativar as emoções associadas à perda, de maneira que técnicas experienciais sejam mais bem aproveitadas. Pode ser usado, por exemplo, o filme *Abominável* (Culton, 2019), em que uma menina perde o pai e tem um violino que era dele. Na capa do violino ela guarda cartões postais dos lugares onde o pai gostaria de tê-la levado. Ela tem uma relação distante com a mãe e a avó, bem como dificuldade de ficar em casa, aparentemente como uma maneira de não lidar com a dor da ausência, mas também porque deseja trabalhar e juntar dinheiro para viajar pelos lugares escolhidos pelo pai. Ao descobrir um Yeti no telhado de casa, ela parte com ele e dois amigos para levá-lo para o Monte Everest, local onde ele diz morar e, no caminho, eles passam pelos locais desejados pelo pai. No retorno, ela consegue se reaproximar da mãe e da avó.

Outros filmes que representam a temática do luto e da expressão emocional diante da perda são *Operação Big Hero* (Hall & Williams, 2014), *Meu primeiro amor* (Zieff, 1992), *O rei leão* (Favreau, 2019) e *Viva, a vida é uma festa* (Molina & Unkrich, 2018). Este último aborda a cultura mexicana, que celebra o Dia dos Mortos. É interessante discutir com a criança ou mesmo com o adulto sobre o mural de fotos de todas as gerações da família e as histórias de cada um que vão sendo transmitidas ao longo de gerações. O filme traz a reflexão de que uma alma desaparece quando ninguém mais na terra se lembra daquela pessoa e mostra como podemos preservar a memória daqueles que se foram.

CONSIDERAÇÕES FINAIS

As técnicas vivenciais, como imagens mentais, cadeira vazia, exercícios de gratidão e *mindfulness*, podem ser aplicadas em uma extensa variedade de psicoterapias. Contudo, antes da pandemia de covid-19, seu uso era quase restrito a ambientes presenciais de psicoterapia ou atividades de formação de psicoterapeutas. Todas as técnicas aqui descritas foram aplicadas em atendimentos, cursos ou supervisões para aplicação nos pacientes, no formato *on-line* síncrono, mostrando que, com pequenos ajustes, é possível fazer uso de técnicas experienciais nessa modalidade terapêutica.

REFERÊNCIAS

Almeida, N. O., Rebessi, I. P., Szupszynski, K. P. D. R., & Neufeld, C. B. (2021). Uma intervenção de Terapia Focada na Compaixão em Grupos *On-line* no contexto da pandemia por COVID-19. *Psico*, 52(3), 1-12.

Andersson, G., Carlbring, P., & Hadjistavropoulos, H. D. (2017). Internet-based cognitive behavior therapy. In S. G. Hofmann, & G. J. G. Asmundson (Eds.), *The science of cognitive behavioral therapy* (pp. 531-549). Elsevier Academic.

AnjaBjorøy, S. M., & Nylund, D. (2016). The practice of therapeutic letter writing in narrative therapy. In: C. Feltham, T. Hanley, & L. A. Winter (Eds.),. *The SAGE handbook of counselling and psychotherapy*. Sage.

Arntz, A. (2011). Imagery rescripting for personality disorders. *Cognitive and Behavioral Practice*, 18(4), 466-481.

American Psychiatric Association (APA). (2014). *Manual diagnóstico e estatístico dos transtornos mentais: DSM-5* (5. ed.). Artmed.

Bedendo, A., Ferri, C. P., de Souza, A., Andrade, A., & Noto, A. R. (2019). Pragmatic randomized controlled trial of a web-based intervention for alcohol use among Brazilian college students: Motivation as a moderating effect. *Drug and Alcohol Dependence*, 199, 92-100.

Biancalani, G., Franco, C., Guglielmin, M. S., Moretto, L., Orkibi, H., Keisari, S., & Testoni, I. (2021). Tele-psychodrama therapy during the COVID-19 pandemic: Participants' experiences. *The Arts in Psychotherapy*, 75, 101836.

Caballo, V. E., & Buela-Casal, G. (1996). Técnicas diversas em terapia comportamental. In V. E. Caballo (Org.), *Manual de técnicas de terapia e modificação de comportamento*. Santos.

Clark, D. A., & Beck, A. T. (2012). *Terapia cognitiva para os transtornos de ansiedade: Tratamentos que funcionam: Guia do Terapeuta*. Artmed.

Culton, J. (Diretor). (2019). *Abominável* [Filme]. Universal Pictures.

Falcone, E. M. O. (2004). Imaginação dirigida. In: C. N. Abreu, & H. J. Guilhardi (Orgs.), *Terapia comportamental e cognitivo-comportamental: Práticas clínicas*. São Paulo: Roca.

Favreau, J. (Diretor). (2019). *O Rei Leão* [Filme]. Disney.

Friedberg, R. D., Hoyman, L. C., Behar, S., Tabbarah, S., Pacholec, N. M., Keller, M., & Thordarson, M. A. (2014). We've come a long way, baby! Evolution and revolution in CBT with youth. *Journal of Rational-Emotive & Cognitive-Behavior Therapy*, 32(1), 4-14.

Gendlin, E. T. (2006). *Focalização: Uma via de acesso à sabedoria corporal*. Gaia.

Gilbert, P. (2009). Evolved minds and compassion-focused imagery in depression. In L. Stopa (Org.), *Imagery and the threatened self: Perspectives on mental imagery and the self in cognitive therapy* (pp. 206-231). Routledge.

Gilbert, P. (2020). *Terapia Focada na Compaixão*. Hogrefe.

Hall, D., & Williams, C. (Diretores). (2014). *Operação Big Hero* [Filme]. Walt Disney.

Hall, E., Hall, C., Stradling, P., & Young, D. (2006). *Guided imagery: Creative interventions in counselling and psychotherapy*. Sage.

Hayes, S. C., & Hoffmann, S. G. (2020). *Terapia Cognitivo-Comportamental baseada em processos: Ciência e competências clínicas*. Artmed.

Kellogg, S. (2015). *Transformational chairwork: Using psychotherapeutic dialogues in clinical practice*. Rowan and Littlefield.

Kirby, J., Petrochhi, N., & Gilbert, P. R. (2018). *Programa de 12 semanas de Terapia Focada na Compaixão*. Não publicado.

Leahy, R. L. (2019). *Técnicas de terapia cognitiva: Manual do terapeuta* Artmed.

Leahy, R. L. (2021). *Não acredite em tudo que você sente: Identifique seus esquemas emocionais e liberte-se da ansiedade e da depressão*. Artmed.

Longe, O., Maratos, F. A., Gilbert, P., Evans, G., Volker, F., Rockliff, H., & Rippon, G. (2010). Having a word with yourself: Neural correlates of self-criticism and self-reassurance. *Neurolnzage, 49*(2), 1849-1856.

Molina, A., & Unkrich, L. (Diretores). (2018). *Viva, a vida é uma festa* [Filme]. Disney.

Paivio, S. C., & Greenberg, L. S. (1995). Resolving "unfinished business": Efficacy of experiential therapy using empty-chair dialogue. *Journal of Consulting and Clinical Psychology, 63*(3), 419-425.

Pugh, M. (2020). *Cognitive Behavioural Chairwork (CBT Distinctive Features)*. Routledge Taylor and Francis.

Revet, A., Bui, E., Benvegnu, G., Suc, A., Mesquida, L., & Raynaud, J. P. (2020). Bereavement and reactions of grief among children and adolescents: Present data and perspectives. *Encephale, 46*(5), 356-363.

Rockliff, H., Gilbert, P., McEwan, K., Lightman, S., & Glover, D. (2008). A pilot exploration of heart rate variability and salivary cortisol responses to compassion-focused imagery. *Journal of Clinical Neuropsychiatry, 5*(3), 132-139.

Stiegler, J. R. (2018). *Processing emotions in emotion focused therapy. Exploring the impact of the two-chair dialogue intervention* [Doctoral thesis]. University of Bergen.

Tsiouris, A., Mayer, A., Nölke, C., Ruckes, C., Labitzke, N., Wiltink, J., ... & Zwerenz, R. (2021). An emotion-based *on-line* intervention for reducing anxiety and depression in cancer patients: Study protocol for a randomized controlled trial. *Internet Interventions, 25*, 100410.

Teasdale, D., & Barnard, P. J. (1993). *Affect, cognition and change*. Lawrence Erlbaum.

van Dijk, S. D. M., Bouman, R., Folmer, E. H., den Held, R. C., Warringa, J. E., Marijnissen, R. M., & Voshaar, R. C. O. (2020). (Vi)-rushed Into *On-line* Group Schema Therapy Based Day-Treatment for Older Adults by the COVID-19 Outbreak in the Netherlands. *The American Journal of Geriatric Psychiatry, 28*(9), 983-988.

Young, J. E., Klosko, J. S., & Weishaar, M. E. (2008). *Terapia do esquema: Guia de técnicas cognitivo-comportamentais inovadoras*. Artmed.

Zieff, H. (Diretor). (1992). *Meu primeiro amor* [Filme]. Imagine Entertainment

14
Intervenções baseadas em tecnologia para a redução do suicídio e de autolesões

Chelsey Wilks
Khrystyna Stetsiv

Ideação suicida, tentativas de suicídio e comportamentos autolesivos sem intenção suicida (ASIS) são problemas graves e generalizados. Globalmente, 700 mil pessoas morrem por suicídio a cada ano (World Health Organization [WHO], 2021), com jovens e indivíduos de países de baixa e média rendas, principalmente, apresentando altas taxas de ideação, planos e tentativas suicidas (Uddin et al., 2019). A ASIS é considerada fenomenologicamente diferente do suicídio (Muehlenkamp & Kerr, 2010), no entanto, é um forte indicador de tentativas de suicídio (Hamza et al., 2012), sobretudo entre as gerações mais jovens (Grandclerc et al., 2016).

Há várias intervenções para indivíduos que se envolvem nesses comportamentos com risco à vida. Por exemplo, a terapia comportamental dialética (DBT; Linehan, 1993) é uma intervenção comportamental abrangente, que integra estratégias baseadas em aceitação e mudança e tem como alvo o comportamento disfuncional e de risco à vida (Linehan & Wilks, 2015). Existem intervenções breves para o suicídio, como a Avaliação e Gestão Colaborativa do Suicídio (CAMS) (Jobes & Drozd, 2004) e a terapia cognitivo-comportamental breve (TCCB) (Bryan & Rudd, 2018). São comuns a todas as intervenções destinadas a tratar comportamentos com risco à vida:

e. a focalização direta do comportamento;
f. a avaliação frequente e a gestão de risco apropriada;
g. as intervenções ativas destinadas a mitigar variáveis de controle do suicídio.

As intervenções para o suicídio também tendem a proporcionar maior apoio ao paciente (p. ex., por meio do acompanhamento telefônico entre sessões ou do acesso simplificado a serviços de emergência), bem como ao terapeuta (p. ex., maior apoio e supervisão aos clínicos).

Embora as intervenções orientadas para o suicídio sejam bem estabelecidas e eficazes, a sua oferta é superada pela demanda de serviços. A DBT, por exemplo, é uma intervenção complexa e pode ser demasiadamente intensiva ou não prática para todos os indivíduos que procuram tratamento (Comtois, 2002; Comtois & Linehan, 2006). Além de intervenções mais breves poderem ser insuficientes para pacientes com diagnóstico de múltiplos transtornos ou com disfunção comportamental complexa (Kessler et al., 2020), como a DBT, podem não estar disponíveis para todos que necessitam tratamento. Além disso, entre os terapeutas, há um temor geral de tratar indivíduos suicidas (Almaliah-Rauscher et al. 2020; Levi-Belz et al., 2020), o que resulta em menos opções para clientes que apresentam comportamentos suicidas e autolesivos (Linehan, 1997; Ward-Ciesielski & Linehan, 2014). Indivíduos que apresentam disfunção comportamental complexa (p. ex., suicídio, autolesão) são, muitas vezes, excluídos de ensaios clínicos randomizados (ECRs) de outros transtornos comportamentais (Ward-Ciesielski & Linehan 2014; Wilks et al., 2016), o que leva a uma falta de informações disseminada sobre como administrar suicídio e transtornos concomitantes. A falta de motivação por parte dos terapeutas, bem como a falta de protocolos amplamente disseminados para gerenciar suicídio concomitante a outros problemas psicológicos, com frequência resulta em longas listas de espera para tratamentos especificamente comprovados para pessoas que exibem comportamentos com risco à vida.

Além de haver uma falta aparentemente insuperável de oferta de tratamentos focados em suicídio e autolesão, o acesso a eles pelos indivíduos com risco de suicídio e outros comportamentos autodestrutivos pode ser improvável, mesmo se estiverem disponíveis. Por um lado, pessoas que tentam o suicídio têm renda mais baixa do que as que não tentam (Kim et al., 2016), o que significa uma barreira potencial para o tratamento. Por outro lado, os jovens suicidas e os que se autolesionam relatam que não precisam de tratamento (Czyz et al., 2013). Evitar ou negar que precisa de ajuda é uma característica distintiva entre indivíduos com pensamento suicida. Especificamente, negação da ajuda no comportamento suicida é um fenômeno no qual indivíduos suicidas negam e/ou evitam o tratamento (Deane et al., 2001; Wilson et al., 2005). Em conjunto, existem barreiras logísticas e atitudinais excepcionalmente complexas para pessoas que se envolvem em comportamentos com risco à vida.

Uma das soluções para reduzir as barreiras ao tratamento em geral foi o advento de intervenções baseadas em tecnologia (TDIs), as quais podem ser acessadas por meio de um dispositivo habilitado para acesso à internet e de uma conexão à internet. Os indivíduos podem utilizá-las no conforto de sua própria casa em momentos convenientes. Essas modalidades de tratamento podem assumir várias formas, como intervenções baseadas na *web* ou informatizadas, que são projetadas para serem acessadas em um computador, intervenções baseadas em celulares (p. ex., *mHealth*), que podem incluir aplicativos móveis, ou intervenções baseadas em mensagens de texto, ou até mesmo intervenções baseadas em relógios inteligentes (*smartwatches*), que podem provocar mudanças de comportamento por meio de *feedback* tátil ou lembretes. As TDIs podem ser mediadas pela tecnologia (p. ex., teleterapia), pelo terapeuta (p. ex., terapia computadorizada guiada) ou sem o apoio do terapeuta (p. ex., terapia computadorizada não guiada, *websites*). Além de essas intervenções poderem ser aplicadas de forma viável a um formato baseado em tecnologia, as TDIs podem ser ideais particularmente para pacientes suicidas e complexos. Como mencionado, indivíduos com risco de suicídio tendem a relatar níveis mais baixos de intenções de busca de ajuda do que indivíduos não suicidas (Deane et al., 2001). No entanto, quando tiveram a possibilidade de usar o tratamento *on-line* ou baseado em tecnologia, os indivíduos suicidas relataram maior probabilidade de usar esses serviços (Wilks, Coyle et al., 2018). Além disso, os aspectos do baixo custo e da acessibilidade associados às TDIs fazem delas uma solução particularmente útil entre os indivíduos de baixa renda ou que vivem em áreas rurais.

A intervenção mais comum que tem sido traduzida para um meio computacional é a terapia cognitivo-comportamental (TCC), pois se adapta bem à informatização, em função de ser altamente estruturada e protocolizada. Infelizmente, quase todos os ECRs da TCC computadorizada excluíram indivíduos com risco de suicídio (Wilks et al., 2016). A crença entre os desenvolvedores de tratamentos com TDIs foi que essas intervenções são insuficientes para gerenciar a complexidade clínica inerente aos pessoas com risco de suicídio ou de autolesão (veja Mishara & Weisstub, 2007). Vale destacar que existem várias preocupações e considerações ao se tratar pessoas com risco de suicídio e/ou que se envolvem em ASIS utilizando um meio digital: avaliação do risco de suicídio; gestão de crises; tratamento do suicídio e de ASIS diretamente; e aliança terapêutica com pacientes suicidas. A seguir, serão descritas as complicações e as potenciais vantagens de se adaptar esses componentes a um formato computadorizado.

AVALIAÇÃO DO RISCO DE SUICÍDIO

Avaliar o nível de risco de suicídio de um indivíduo no formato digital pode revelar respostas mais precisas relacionadas com suicídio e autolesão. Claassen e Larkin (2005) estudaram a implementação de uma ferramenta de triagem computadorizada para avaliar o risco de suicídio em unidades de terapia intensiva (UTIs) nos hospitais. Eles encontraram taxas alarmantes de ideação suicida ativa em sua amostra e propuseram que os indivíduos podem ser mais propensos a divulgar pensamentos e planos suicidas para um computador do que para uma pessoa. Outro estudo revelou que as ameaças de suicídio foram mais frequentes entre os indivíduos de um grupo de suporte *on-line* do que entre os usuários de linha direta. De acordo com os autores, isso se deve possivelmente ao fato de os usuários preferirem compartilhar sentimentos com um grupo de indivíduos *on-line*, impedindo uma resposta imediata

(Gilat & Shahar, 2007). Relacionada a uma avaliação válida, uma versão eletrônica da Escala de Avaliação do Risco de Suicídio de Columbia (eC-SSRS) (Posner et al., 2008) foi projetada e desenvolvida para ser uma entrevista clínica totalmente estruturada para aplicação por computador usando tecnologia de resposta de voz interativa. Essa ferramenta de avaliação teve alta validade preditiva do comportamento suicida futuro (Greist et al., 2014; Mundt et al., 2013), bem como mostrou ser um método viável para avaliar o risco de suicídio. Por meio da tecnologia computacional, testes administrados via *web* e adaptativos, com árvores de decisão programadas, podem aumentar ou mesmo suplantar a avaliação presencial (Delgado-Gomez et al., 2016). Em conjunto, a avaliação dos comportamentos e da ideação suicida por meio da tecnologia pode suscitar um endosso mais frequente à suicidalidade e pode ser conduzida com ferramentas confiáveis e válidas.

GESTÃO DE CRISES

Muitas terapias presenciais incluem protocolos ou procedimentos auxiliares quando confrontadas com crises suicidas. Eles podem envolver comunicação direta com o terapeuta ou delegação a recursos de emergência ou linhas diretas de prevenção de suicídio. Nessa linha, parte da apreensão de tratar indivíduos suicidas usando um formato digital é a crença de que apenas profissionais face a face devem estar envolvidos em situações de crise. Alguns têm postulado que uma pessoa poderá não estar disponível por *e-mail* durante crises agudas, tornando, assim, uma resposta a uma emergência imediata ineficaz, se não impossível (Murphy & Mitchell, 1998). Taylor e Luce (2003) reconheceram que as TDIs são vulneráveis à recepção de relatórios de crise, dado o relativo anonimato do formato computadorizado. Suas sugestões são duas: desenvolver declarações para informar claramente os pacientes de que um formato computadorizado não deve ser usado para emergências psiquiátricas e/ou identificar procedimentos auxiliares para reduzir e gerenciar potenciais crises. Fenichel et al. (2002) concluíram que não existem provas que sugiram que as TDIs não possam ser conduzidas com indivíduos atualmente em crise, uma vez que não é mais difícil localizar um cliente por meio de um computador do que utilizar um serviço telefônico de emergência (Rochlen et al., 2004). De maneira similar, as TDIs têm a capacidade de envolver um nível considerável de apoio terapêutico presencial. A Telehealth, psicoterapia ao vivo fornecida por meio de um dispositivo digital, é uma modalidade de tratamento que pode ser implementada, embora com alto grau de envolvimento humano. Além disso, uma confirmação do risco de suicídio pode levar o usuário a entrar imediatamente em contato com uma linha direta de prevenção de suicídio ou a buscar atendimento presencial. Da mesma forma, esses endossos podem envolver os clínicos para contatar o respondente para uma resposta de crise mais profunda.

ALVO DIRETO DO COMPORTAMENTO SUICIDA

Um aspecto crucial da intervenção com foco em suicídio é o tratamento do comportamento subjacente – em outras palavras, a mudança das variáveis controladoras que estão provocando impulsos para morrer e/ou se autolesionar. Em um nível teórico, intervenções focadas em suicídio não são diferentes das intervenções projetadas para depressão, ansiedade e outros transtornos associados à desregulação emocional. A TCCB é uma versão da TCC focada em suicídio, enquanto a DBT, em seu núcleo, é uma intervenção comportamental. Assim, qualquer intervenção baseada em evidências capaz de aumentar o prazer/alegria e diminuir o sofrimento provavelmente tem a capacidade de reduzir o pensamento suicida. Esse fenômeno tem sido observado em outras intervenções baseadas na *web*, as quais incluíram em seus ensaios indivíduos que assumiram a ideação para si e para um profissional e que revelaram uma diminuição nos suicídios (Devenish et al., 2016). No entanto, as intervenções focadas no suicídio diferem das intervenções para depressão ou ansiedade, na medida em que o suicídio é alvo direto, o que explica por que esses tratamentos são mais eficazes na redução do comportamento suicida do que os não suicidas (Torok et al., 2020).

ALIANÇA TERAPÊUTICA

Uma crítica generalizada às TDIs é o pressuposto de que não podem produzir qualquer aliança terapêutica semelhante à da terapia presencial, e que, nesse contexto *on-line*, ocorre um aumento do risco quando já há um risco elevado de suicídio. Tratamentos que enfatizam o desenvolvimento de uma forte aliança terapêutica, a exploração do afeto e o atendimento à reparação de rupturas na aliança parecem exercer poderosa influência sobre o grau de esperança para o futuro do cliente e a redução do risco de suicídio (Bateman & Fonagy, 2008; Clarkin et al., 2007; Doering et al., 2010; Linehan et al., 2006). O exame da aliança terapêutica em formato digital para clientes suicidas é uma importante área de pesquisa. No entanto, em outros tratamentos, não há diferença na aliança entre terapia presencial e TDI (Pihlaja et al., 2018). Peck (2010) afirma que os computadores têm a capacidade de ser empáticos, afirmadores, engajadores, colaborativos e oportunos, ou seja, todos os ingredientes ativos de uma forte relação terapêutica. As TDIs podem atenuar quaisquer rupturas na aliança pelo simples fato de que podem adotar respostas rápidas e frequentes à tarefa de casa, o que é imediatamente gratificante (Murdoch & Connor-Greene, 2000). Em um estudo examinando a aliança terapêutica ao utilizar mensagens de texto ou *e-mail*, Reynolds et al. (2013) relataram que as interações *on-line* com o terapeuta são igualmente fortes ou mais fortes do que na terapia presencial, possivelmente devido a um "efeito calmante *on-line*", que torna a relação terapêutica mais confortável e menos ameaçadora. No entanto, eles também relataram aumento no estresse por parte dos terapeutas quando lidam com clientes mais graves.

As intervenções psicológicas especificamente desenvolvidas para indivíduos com risco de suicídio incluem numerosas adaptações que são cruciais para gerir o risco inerente e a complexidade clínica que existe entre essa população. No entanto, dadas as barreiras únicas para esses indivíduos, bem como o potencial para a implementação generalizada, vale a pena o esforço e o risco de adaptar as TDIs para serem aplicáveis aos indivíduos com risco de suicídio e comportamento autolesivo.

A EFICÁCIA DAS TDIs PARA A IDEAÇÃO SUICIDA, AS TENTATIVAS DE SUICÍDIO E A AUTOLESÃO NÃO SUICIDA

Embora a maioria das TDIs tenha sido desenvolvida e avaliada em populações de pacientes de baixo risco e com um transtorno apenas (p. ex., Treanor et al., 2021), houve um aumento relativamente grande no número de TDIs para indivíduos complexos e de alto risco. Uma série de revisões sistemáticas e metanálises foram publicadas explorando a pesquisa crescente de TDIs para pensamentos e comportamentos suicidas, incluindo ASIS. Em geral, as intervenções variam por dose, modalidade, quadro teórico e população. Essas revisões são resumidas a seguir, com um enfoque específico na eficácia e na qualidade e viabilidade da pesquisa.

Para ideação e comportamento suicidas, a maioria das pesquisas publicadas tem ocorrido nos últimos cinco anos, e muitos estudos delineados nessas revisões são preliminares. Büscher et al. (2020) realizaram uma metanálise de seis ECRs de intervenções baseadas na *web* com um resultado *a priori* de suicídio (de Hetrick et al., 2017; Hill & Pettit, 2019; Meine et al., 2019; Van Spijker et al., 2015, 2018; Wilks, Lungu et al., 2018). Em média, os seis estudos revelaram um efeito pequeno a médio, combinado à redução da ideação suicida no final do tratamento. Desses estudos, apenas dois avaliaram tentativas de suicídio (de Meine et al., 2019; Van Spijker et al., 2015), mas nenhum observou diferenças significativas entre as condições. Os autores também observaram que os seis estudos foram comportamentais (cinco baseados em TCC e um em DBT), e três deles avaliaram a mesma intervenção (de Meine et al., 2019; Van Spijker et al., 2015, 2018). Quatro estudos foram não guiados. Especificamente, os participantes engajaram-se na intervenção na ausência de um terapeuta facilitador, destacando o potencial para o fornecimento de tais intervenções em escala (Hill & Pettit, 2019; De Jaegere et al., 2019; Van Spijker et al., 2015, 2018).

A fim de examinar se as TDIs específicas para o suicídio são mais eficazes na redução do suicídio do que as TDIs centradas na depressão, Torok et al. (2020) identificaram 16 estudos de intervenções baseadas na internet que avaliaram o suicídio como resultado. Os autores descobriram que as TDIs direcionadas diretamente ao suicídio tiveram efeitos maiores do que as TDIs direcionadas à depressão, o que enfatiza que intervenções focadas no suicídio podem ser necessárias para indivíduos suicidas.

Witt et al. (2017) revisaram 14 estudos de pesquisa avaliando a eficácia de uma variedade de intervenções digitais para suicídio e autolesão, as quais variaram em termos de modalidade (ou seja, *website*, aplicativo móvel) e de concepção de investigação (ECRs e ensaios abertos). Os autores descobriram que as intervenções avaliadas tenderam a mostrar reduções nas avaliações pré e pós-intervenção da ideação suicida, mas os estudos revistos eram demasiado heterogêneos para realizar análises a fim de determinar o seu efeito combinado. Além disso, os autores observaram que os estudos incluídos na revisão eram preliminares e de natureza piloto, impedindo a sua capacidade de reivindicar eficácia.

Com relação à ASIS, Arshad et al. (2020) identificaram quatro estudos (ensaios abertos: Bjureberg et al., 2018; Franklin et al., 2016; Hooley et al., 2018; Rizvi et al., 2016) que avaliaram aplicativos de telefonia móvel, serviços baseados em mensagens de texto e intervenções baseadas em *websites*. Os quatro estudos mostraram um efeito favorável do tempo sobre a ASIS, enquanto apenas um ECR (Franklin et al., 2016) mostrou diferenças nessa condição. No entanto, os efeitos de intervenção não foram mantidos nas avaliações em longo prazo. Com base nessa revisão, Cliffe et al. (2021) realizaram uma revisão sistemática das TDIs para *smartphones* (*mHealth*) especificamente focada na ASIS. Eles identificaram 36 artigos publicados, a maioria dos quais nos últimos seis anos, variados na modalidade e de natureza piloto. Mais de 70% dos trabalhos dessa revisão relataram um efeito positivo da intervenção, e a maioria dos trabalhos relatou que os participantes se beneficiaram da intervenção.

Tanto para o suicídio como para a ASIS, a maior parte da investigação é de viabilidade e/ou piloto. Como resultado, os tamanhos das amostras para muitos dos estudos tendem a ser pequenos e estritamente definidos. No entanto, parece haver a promessa de que essas intervenções sejam viáveis, e muitas parecem eficazes na redução da ideação suicida, enquanto pesquisas menos rigorosas de TDIs têm sido feitas com ASIS ou comportamentos suicidas (ou seja, tentativas). De maneira relacionada, a maioria dos estudos avaliou a ideação suicida como um resultado, em vez de tentativas de suicídio ou utilização de serviços de crise (Büscher et al., 2020). Isso se deve provavelmente ao fato de que a realização de um estudo *on-line* sobre tentativas de suicídio pode exigir um tamanho de amostra muito grande, devido à baixa taxa-base do resultado (Centers for Disease Control and Prevention [CDC], 2021) e ao pequeno tamanho do efeito da intervenção (Büscher et al., 2020).

COMPONENTES COMUNS DE TDIs PARA POPULAÇÕES SUICIDAS E AUTOLESIVAS

As TDIs focadas na redução do comportamento autolesivo ou suicida tendem a aumentar as intervenções com características melhoradas e a produzir mais supervisão para gerir o potencial de indivíduos que podem necessitar de um nível mais elevado de cuidados clínicos. As adaptações nos estudos clínicos são descritas com os exemplos a seguir.

Avaliação do risco de suicídio e gestão de crises

Em quase todas as pesquisas publicadas avaliando suicídio e ASIS, a principal adaptação é que os pesquisadores avaliam os participantes quanto a suicídio em intervalos frequentes. Dado o advento de ferramentas de avaliação digital (p. ex., Qualtrics.com) que podem sinalizar e imediatamente enviar *e-mails* a indivíduos, dependendo de como alguém responde, essas ferramentas permitem que pesquisadores e provedores respondam de forma ágil em tempo real, embora a maioria dos protocolos tenha relatado que um membro da equipe responderia dentro de 24 horas (p. ex., Wilks, Lungu et al., 2018). Em uma das intervenções digitais mais replicadas para suicídio, Living with Deadly Thoughts (vivendo com pensamentos de morte; de Meine et al., 2019; Van Spijker et al., 2015, 2018), pesquisadores puderam gerenciar e responder a aumentos no risco de suicídio em uma intervenção digital não guiada. Todos os participantes foram levados a responder a uma avaliação do suicídio duas vezes por semana. Aqueles que excederam um nível de risco predeterminado foram contatados pela equipe do estudo, tendo sido efetuada uma avaliação do risco de suicídio por telefone. Wilks, Lungu et al. (2018) produziram um protocolo semelhante, mas incluíram um *e-mail* como "contato acolhedor" se os indivíduos não respondessem a *e-mails* ou telefonemas. Conforme a pesquisa de Motto e Bostrom (2001), o contato gentilmente incentivou os participantes a entrar em contato com a equipe do estudo, bem como com os serviços de emergência, se necessário. Em um estudo sobre TDIs realizado pela internet com jovens em idade escolar (Hetrick et al., 2017), os facilitadores clínicos foram responsáveis pela marcação de consultas, pela gestão da internet e por outras questões logísticas. Isso permitiu a eles responderem a crises psicológicas relacionadas se elas surgissem.

Focalizando diretamente o comportamento autolesivo

Dado que a focalização e a gestão direta do suicídio produzem efeitos mais fortes do que as intervenções que visam a sintomas subjacentes (p. ex., depressão) (Torok et al., 2020), é ideal que as TDIs incluam novas adaptações de intervenções específicas de suicídio. Hill e Pettit (2019) desenvolveram uma intervenção baseada na *web* para adolescentes destinada a reduzir a sobrecarga percebida por meio de atividades interativas, a fim de identificar fontes de sobrecarga e modificar seus ambientes. A sobrecarga percebida é considerada uma variável controladora para a presença de pensamentos suicidas (Chu et al., 2017). Tanto em Hetrick et al. (2018) quanto em Wilks et al. (2017), as intervenções baseadas na internet incluíram componentes de regulação das emoções e de tolerância à angústia, especificamente relacionados a impulsos e emoções para o comportamento autodestrutivo. Em Living with Deadly Thoughts (de Meine et al., 2019; Van Spijker et al., 2015, 2018), os módulos foram todos focados em pensamentos e comportamentos suicidas. Em especial, o componente de reestruturação cognitiva da intervenção conduz os participantes a identificar falhas nos pensamentos suicidas.

Acesso a serviços de emergência

Taylor e Luce (2003) sugeriram que as TDIs que incluem indivíduos suicidas e autolesivos integrem acesso prontamente disponível a serviços de crise. Pessoas suicidas podem flutuar de momento a momento no seu nível de ideação suicida (p. ex., Kleiman et al., 2017), por isso é importante proporcionar um acesso consistente a serviços de emergência ou a uma equipe que possa ajudar. Em geral, todas as intervenções incluíram acesso rápido a serviços de emergência, como "botões de emergência" localizados em *websites* (Hetrick et al., 2018) ou números de telefone de centros de aconselhamento de emergência ou da equipe da pesquisa em toda a correspondência por *e-mail* (p. ex., Wilks, Lungu et al., 2018). Em aplicativos móveis comerciais que se concentram na prevenção do suicídio, a inclusão de acesso rápido a linhas diretas contra o suicídio é uma característica comum (Wilks et al., no prelo).

DIRECIONAMENTOS FUTUROS

A natureza rápida e adaptativa das tecnologias potencializa o surgimento de novas soluções para prevenir e tratar comportamentos suicidas e autolesões sem intenção suicida. Em geral, as intervenções projetadas, desenvolvidas e avaliadas são adaptações de psicoterapia presencial, em vez de versões que exploram todo o potencial de dispositivos digitais. Com efeito, para muitos de nós, os dispositivos com acesso à internet estão sempre no bolso, na bolsa ou na mochila, permitindo o monitoramento e a realização de intervenções quase constantes e em tempo real. São necessários mais esforços para explorar investigações no campo da ciência da computação, no qual os pesquisadores estão fazendo grandes avanços no monitoramento passivo do sofrimento e de sintomas psicológicos (Jacobson et al., 2019), bem como desenvolvendo ferramentas para combinar os indivíduos a intervenções personalizadas (Paredes et al., 2014). Esses tipos de métodos podem ser integrados a modalidades de autorrelato para capturar variações contextuais em impulsos e comportamentos suicidas e autolesivos, a fim de proporcionar intervenções mais eficientes e potentes (ou seja, intervenção adaptativa *just in time*) (JITAI; Nahum-Shani et al., 2018). Da mesma forma, são necessárias investigações para explorar diferentes plataformas e modalidades para tratar indivíduos em risco de suicídio e autolesão. Por exemplo, as mídias sociais são um recurso relativamente inexplorado para identificar indivíduos com risco de suicídio (Coppersmith et al., 2018) e potencialmente ligar usuários com necessidade de serviços de apoio (Robinson et al., 2017). Por fim, como suicídio e autolesão são comportamentos capazes de ser tratados com o uso de TDIs, e como a tecnologia está se tornando onipresente, são necessárias diretrizes éticas para moldar como essas intervenções são projetadas e ofertadas.

REFERÊNCIAS

Almaliah-Rauscher, S., Ettinger, N., Levi-Belz, Y., & Gvion, Y. (2020). "Will you treat me? I'm suicidal!" The effect of patient gender, suicidal severity, and therapist characteristics on the therapist's likelihood to treat a hypothetical suicidal patient. *Clinical Psychology & Psychotherapy, 27*(3), 278-287.

Arshad, U., Gauntlett, J., Husain, N., Chaudhry, N., & Taylor, P. J. (2020). A systematic review of the evidence supporting mobile-and Internet-Based Psychological Interventions For Self-Harm. *Suicide Life Threatening Behavior, 50*(1), 151-179.

Bateman, A., & Fonagy, P. (2008). 8-Year follow-up of patients treated for borderline personality disorder: Mentalization-based treatment versus treatment as usual. *American Journal of Psychiatry, 165*(5), 631-638.

Bjureberg, J., Sahlin, H., Hedman-Lagerlöf, E., Gratz, K. L., Tull, M. T., Jokinen, J., ... Ljótsson, B. (2018). Extending research on Emotion Regulation Individual Therapy for Adolescents (ERITA) with nonsuicidal self-injury disorder: Open pilot trial and mediation analysis of a novel online version. *BMC Psychiatry, 18*(1), 1-13.

Bryan, C. J., & Rudd, M. D. (2018). *Brief cognitive-behavioral therapy for suicide prevention.* Guilford.

Büscher, R., Torok, M., Terhorst, Y., & Sander, L. (2020). Internet-based cognitive behavioral therapy to reduce suicidal ideation: A systematic review and meta-analysis. *JAMA Network Open, 3*(4), e203933.

Centers for Disease Control and Prevention (CDC). (2021). *WISQARS - Web-based Injury Statistics Query and Reporting System.* www.cdc.gov/injury/wisqars/index.html

Chu, C., Buchman-Schmitt, J. M., Stanley, I. H., Hom, M. A., Tucker, R. P., Hagan, C. R., ... Joiner, T. E., Jr. (2017). The interpersonal theory of suicide: A systematic review and meta-analysis of a decade of cross-national research. *Psychological Bulletin, 143*(12), 1313-1345.

Claassen, C. A., & Larkin, G. L. (2005). Occult suicidality in an emergency department population. *The British Journal of Psychiatry, 186*(4), 352-353.

Clarkin, J. F., Levy, K. N., Lenzenweger, M. F., & Kernberg, O. F. (2007). Evaluating three treatments for borderline personality disorder: A multiwave study. *American Journal of Psychiatry, 164*(6), 922-928.

Cliffe, B., Tingley, J., Greenhalgh, I., & Stallard, P. (2021). mHealth interventions for self-harm: Scoping review. *Journal of Medical Internet Research, 23*(4), e25140.

Comtois, K. A. (2002). A review of interventions to reduce the prevalence of parasuicide. *Psychiatric Services, 53*(9), 1138-1144.

Comtois, K. A., & Linehan, M. M. (2006). Psychosocial treatments of suicidal behaviors: A practice-friendly review. *Journal of Clinical Psychology, 62*(2), 161-170.

Coppersmith, G., Leary, R., Crutchley, P., & Fine, A. (2018). Natural language processing of social media as screening for suicide risk. *Biomedical Informatics Insights, 10*, 1178222618792860.

Czyz, E. K., Horwitz, A. G., Eisenberg, D., Kramer, A., & King, C. A. (2013). Self-reported barriers to professional help seeking among college students at elevated risk for suicide. *Journal of American College Health, 61*(7), 398-406.

De Jaegere, E., van Landschoot, R., Van Heeringen, K., van Spijker, B. A., Kerkhof, A. J., Mokkenstorm, J. K., & Portzky, G. (2019). The online treatment of suicidal ideation: A randomised controlled trial of an unguided web-based intervention. *Behaviour Research and Therapy, 119*, 103406.

Deane, F. P., Wilson, C. J., & Ciarrochi, J. (2001). Suicidal ideation and help-negation: Not just hopelessness or prior help. *Journal of Clinical Psychology, 57*(7), 901-914.

Delgado-Gomez, D., Baca-Garcia, E., Aguado, D., Courtet, P., & Lopez-Castroman, J. (2016). Computerized adaptive test vs. decision trees: Development of a support decision system to identify suicidal behavior. *Journal of Affective Disorders, 206*, 204-209.

Devenish, B., Berk, L., & Lewis, A. J. (2016). The treatment of suicidality in adolescents by psychosocial interventions for depression: A systematic literature review. *Australian & New Zealand Journal of Psychiatry, 50*(8), 726-740.

Doering, S., Hörz, S., Rentrop, M., Fischer-Kern, M., Schuster, P., Benecke, C., ... Buchheim, P. (2010). Transference-focused psychotherapy v. treatment by community psychotherapists for borderline personality disorder: Randomised controlled trial. *The British Journal of Psychiatry, 196*(5), 389-395.

Fenichel, M., Suler, J., Barak, A., Zelvin, E., Jones, G., Munro, K., ... Walker-Schmucker, W. (2002). Myths and realities of online clinical work. *Cyberpsychology & Behavior, 5*(5), 481-497.

Franklin, J. C., Fox, K. R., Franklin, C. R., Kleiman, E. M., Ribeiro, J. D., Jaroszewski, A. C., ... Nock, M. K. (2016). A brief mobile app reduces nonsuicidal and suicidal self-injury: Evidence from three randomized controlled trials. *Journal of Consulting and Clinical Psychology, 84*(6), 544-557.

Gilat, I., & Shahar, G. (2007). Emotional first aid for a suicide crisis: Comparison between Telephonic hotline and internet. *Psychiatry: Interpersonal and Biological Processes, 70*(1), 12-18.

Grandclerc, S., De Labrouhe, D., Spodenkiewicz, M., Lachal, J., & Moro, M. R. (2016). Relations between nonsuicidal self-injury and suicidal behavior in adolescence: A systematic review. *PloS One, 11*(4), e0153760.

Greist, J. H., Mundt, J. C., Gwaltney, C. J., Jefferson, J. W., & Posner, K. (2014). Predictive value of baseline electronic Columbia–Suicide severity rating scale (eC–SSRS) assessments for identifying risk of prospective reports of suicidal behavior during research participation. *Innovations in Clinical Neuroscience, 11*(9-10), 23-31.

Hamza, C. A., Stewart, S. L., & Willoughby, T. (2012). Examining the link between nonsuicidal self-injury and suicidal behavior: A review of the literature and an integrated model. *Clinical Psychology Review, 32*(6), 482-495.

Hetrick, S. E., Yuen, H. P., Bailey, E., Cox, G. R., Templer, K., Rice, S. M., ... Robinson, J. (2017). Internet-based cognitive behavioural therapy for young people with suicide-related behaviour (Reframe-IT): A randomised controlled trial. *Evidence-Based Mental Health, 20*(3), 76-82.

Hill, R. M., & Pettit, J. W. (2019). Pilot randomized controlled trial of LEAP: A selective preventive intervention to reduce adolescents' perceived burdensomeness. *Journal of Clinical Child & Adolescent Psychology, 48*(Suppl. 1), S45-S56.

Hooley, J. M., Fox, K. R., Wang, S. B., & Kwashie, A. N. (2018). Novel online daily diary interventions for nonsuicidal self-injury: A randomized controlled trial. *BMC Psychiatry, 18*(1), 1-11.

Jacobson, N. C., Weingarden, H., & Wilhelm, S. (2019). Using digital phenotyping to accurately detect depression severity. *The Journal of Nervous and Mental Disease, 207*(10), 893-896.

Jobes, D. A., & Drozd, J. F. (2004). The CAMS approach to working with suicidal patients. *Journal of Contemporary Psychotherapy, 34*(1), 73-85.

Kessler, R. C., Chalker, S. A., Luedtke, A. R., Sadikova, E., & Jobes, D. A. (2020). A preliminary precision treatment rule for remission of suicide ideation. *Suicide Life Threatening Behavior, 50*(2), 558-572.

Kim, J. L., Kim, J. M., Choi, Y., Lee, T. H., & Park, E. C. (2016). Effect of socioeconomic status on the linkage between suicidal ideation and suicide attempts. *Suicide Life Threatening Behavior, 46*(5), 588-597.

Kleiman, E. M., Turner, B. J., Fedor, S., Beale, E. E., Huffman, J. C., & Nock, M. K. (2017). Examination of real-time fluctuations in suicidal ideation and its risk factors: Results from two ecological momentary assessment studies. *Journal of Abnormal Psychology, 126*(6), 726-738.

Levi-Belz, Y., Barzilay, S., Levy, D., & David, O. (2020). To treat or not to treat: The effect of hypothetical patients' suicidal severity on therapists' willingness to treat. *Archives of Suicide Research, 24*(3), 355-366.

Linehan, M. M. (1993). *Cognitive-behavioral treatment of borderline personality disorder*. Guilford.

Linehan, M. M. (1997). Behavioral treatments of suicidal behaviors. Definitional obfuscation and treatment outcomes. *Annals of the New York Academy of Sciences, 836*(1), 302-328.

Linehan, M. M., & Wilks, C. R. (2015). The course and evolution of dialectical behavior therapy. *American Journal of Psychotherapy, 69*(2), 97-110.

Linehan, M. M., Comtois, K. A., Murray, A. M., Brown, M. Z., Gallop, R. J., Heard, H. L., ... & Lindenboim, N. (2006). Two-year randomized controlled trial and follow-up of dialectical behavior therapy vs therapy by experts for suicidal behaviors and borderline personality disorder. *Archives of General Psychiatry, 63*(7), 757-766.

Meine, I. R., Cheiram, M. C., & Jaeger, F. P. (2019). Depression and suicide: the adolescent facing sociocultural risk factors. *Research, Society and Development, 8*(12), e448121882.

Mishara, B. L., & Weisstub, D. N. (2007). Ethical, legal, and practical issues in the control and regulation of suicide promotion and assistance over the Internet. *Suicide Life Threatening Behavior, 37*(1), 58-65.

Motto, J. A., & Bostrom, A. G. (2001). A randomized controlled trial of postcrisis suicide prevention. *Psychiatric Services, 52*(6), 828-833.

Muehlenkamp, J. J., & Kerr, P. L. (2010). Untangling a complex web: How non-suicidal self-injury and suicide attempts differ. *The Prevention Researcher, 17*(1), 8-11.

Mundt, J. C., Greist, F. H., James, W. J., Michael, F. J., Mann, J., & Posner, K. (2013). Prediction of suicidal behavior in clinical research by lifetime suicidal ideation and behavior ascertained by the electronic Columbia-Suicide Severity Rating Scale. *The Journal of Clinical Psychiatry, 74*(9), 887-893.

Murdoch, J. W., & Connor-Greene, P. A. (2000). Enhancing therapeutic impact and therapeutic alliance through electronic mail homework assignments. *The Journal of Psychotherapy Practice And Research, 9*(4), 232-237.

Murphy, L. J., & Mitchell, D. L. (1998). When writing helps to heal: E-mail as therapy. *British Journal of Guidance and Counselling, 26*(1), 21-32.

Nahum-Shani, I., Smith, S. N., Spring, B. J., Collins, L. M., Witkiewitz, K., Tewari, A., & Murphy, S. A. (2018). Just-in-time adaptive interventions (JITAIs) in mobile health: Key components and design principles for ongoing health behavior support. *Annals of Behavioral Medicine, 52*(6), 446-462.

Paredes, P., Gilad-Bachrach, R., Czerwinski, M., Roseway, A., Rowan, K., & Hernandez, J. (2014). *PopTherapy: Coping with stress through pop-culture*. VIII International Conference on Pervasive Computing Technologies for Healthcare, Oldenburg, Germany. https://dl.acm.org/action/showFmPdf?doi=10.5555%2F2686893

Peck, D. F. (2010). The therapist–client relationship, computerized self-help and active therapy ingredients. *Clinical Psychology & Psychotherapy: An International Journal of Theory & Practice, 17*(2), 147-153.

Pihlaja, S., Stenberg, J. H., Joutsenniemi, K., Mehik, H., Ritola, V., & Joffe, G. (2018). Therapeutic alliance in guided internet therapy programs for depression and anxiety disorders–a systematic review. *Internet Interventions, 11*, 1-10.

Posner, K., Brent, D., Lucas, C., Gould, M., Stanley, B., Brown, G., ... Mann, J. (2008). Columbia-suicide severity rating scale (C-SSRS). https://cssrs.columbia.edu/wp-content/uploads/C-SSRS_Pediatric-SLC_11.14.16.pdf

Reynolds, D. A. J., Jr., Stiles, W. B., Bailer, A. J., & Hughes, M. R. (2013). Impact of exchanges and client–therapist alliance in online-text psychotherapy. *Cyberpsychology, Behavior, and Social Networking, 16*(5), 370-377.

Rizvi, S. L., Hughes, C. D., & Thomas, M. C. (2016). The DBT Coach mobile application as an adjunct to treatment for suicidal and self-injuring individuals with borderline personality disorder: A preliminary evaluation and challenges to client utilization. *Psychological Services, 13*(4), 380-388.

Robinson, J., Bailey, E., Hetrick, S., Paix, S., O'Donnell, M., Cox, G., ... Skehan, J. (2017). Developing social media-based suicide prevention messages in partnership with young people: Exploratory study. *JMIR Mental Health, 4*(4), e40.

Rochlen, A. B., Zack, J. S., & Speyer, C. (2004). Online counseling: Review of relevant definitions, debates, and current empirical support. *Journal of Clinical Psychology, 60*(3), 269-283.

Taylor, C. B., & Luce, K. H. (2003). Computer-and internet-based psychotherapy interventions. *Current Directions in Psychological Science, 12*(1), 18-22.

Torok, M., Han, J., Baker, S., Werner-Seidler, A., Wong, I., Larsen, M. E., & Christensen, H. (2020). Suicide prevention using self-guided digital interventions: A systematic review and meta-analysis of randomised controlled trials. *The Lancet Digital Health, 2*(1), e25-e36.

Treanor, C. J., Kouvonen, A., Lallukka, T., & Donnelly, M. (2021). Acceptability of computerized cognitive behavioral therapy for adults: Umbrella Review. *JMIR Mental Health, 8*(7), e23091.

Uddin, R., Burton, N. W., Maple, M., Khan, S. R., & Khan, A. (2019). Suicidal ideation, suicide planning, and suicide attempts among adolescents in 59 low-income and middle-income countries: A population-based study. *The Lancet Child & Adolescent Health, 3*(4), 223-233.

Van Spijker, B. A., van Straten, A., & Kerkhof, A. J. (2015). Online self-help for suicidal thoughts: 3-month follow-up results and participant evaluation. *Internet Interventions, 2*(3), 283-288.

Van Spijker, B. A., Werner-Seidler, A., Batterham, P. J., Mackinnon, A., Calear, A. L., Gosling, J. A., ... Christensen, H. (2018). Effectiveness of a web-based self-help program for suicidal thinking in an Australian community sample: Randomized controlled trial. *Journal of Medical Internet Research, 20*(2), e15.

Ward-Ciesielski, E. F., & Linehan, M. M. (2014). Psychological treatment of suicidal. In M. K. Nock (Ed.), *The Oxford handbook of suicide and self-injury* (pp. 367-384). Oxford.

Wilks, C. R., Chu, C., Sim, D., Lovell, J., Guiterrez, P., R., Joiner, T., ... Nock, M. N. (In press). A systematic review of suicide prevention apps for user engagement and usability. *JMIR Formative Research*.

Wilks, C. R., Coyle, T. N., Krek, M., Lungu, A., & Andriani, K. (2018). Suicide ideation and acceptability toward online help-seeking. *Suicide Life Threatening Behavior, 48*(4), 379-385.

Wilks, C. R., Lungu, A., Ang, S. Y., Matsumiya, B., Yin, Q., & Linehan, M. M. (2018). A randomized controlled trial of an Internet delivered dialectical behavior therapy skills training for suicidal and heavy episodic drinkers. *Journal of Affective Disorders, 232*, 219-228.

Wilks, C. R., Zieve, G. G., & Lessing, H. K. (2016). Are trials of computerized therapy generalizable? A multidimensional meta-analysis. *Telemedicine and e-Health, 22*(5), 450-457.

Wilson, C. J., Deane, F. P., & Ciarrochi, J. (2005). Can hopelessness and adolescents' beliefs and attitudes about seeking help account for help negation? *Journal of Clinical Psychology, 61*(12), 1525-1539.

Witt, K., Spittal, M. J., Carter, G., Pirkis, J., Hetrick, S., Currier, D., ... & Milner, A. (2017). Effectiveness of online and mobile telephone applications ('apps') for the self-management of suicidal ideation and self-harm: A systematic review and meta-analysis. *BMC Psychiatry, 17*(1), 1-18.

World Health Organization (WHO). (2021). *Suicide Prevention (SUPRE)*. https://www.who.int/health-topics/suicide#tab=tab_1

Leitura recomendada

Van Spijker, B. A., Majo, M. C., Smit, F., van Straten, A., & Kerkhof, A. J. (2012). Reducing suicidal ideation: Cost-effectiveness analysis of a randomized controlled trial of unguided web-based self-help. *Journal of Medical Internet Research, 14*(5), e141.

15

Intervenções assíncronas

Karen P. Del Rio Szupszynski
Gabriela Markus Chaves

O uso crescente da internet e dos meios de comunicação modernos tem permeado o cotidiano e causado grande impacto na vida das pessoas, seja nas suas relações sociais, no trabalho ou no lazer. Desde a popularização da internet na década de 1990, essa estratégia é utilizada para disseminar informações entre a população, aprimorar serviços e investigações científicas, e, também, para levar até as pessoas tratamentos de saúde eficazes e acessíveis.

Uma das primeiras tentativas de atendimento psicológico *on-line* foi realizada em 1972. Pesquisadores da Stanford University e da University of California replicaram uma sessão de psicoterapia por computador, dando início a uma história de tentativas de associar a tecnologia aos cuidados em saúde mental. A partir desse acontecimento, muitos estudos iniciaram-se, avaliando como usar de forma adequada a evolução tecnológica para ampliação do bem-estar das pessoas (Almondes & Teodoro, 2021). Em alguns países da Europa e nos Estados Unidos, os primeiros estudos sobre o atendimento psicológico *on-line* datam da década de 1990. No Brasil, trata-se de um formato que vem crescendo, principalmente após o início da pandemia de covid-19, que trouxe a necessidade de novas formas de trabalho e atenção à saúde (Andersson & Hedman, 2013; Vignola & Tucci, 2014).

Além disso, foi constatado que um número muito pequeno de pessoas com problemas psicológicos graves (como depressão, transtorno de pânico, transtorno de estresse pós-traumático [TEPT], transtorno obsessivo-compulsivo [TOC], entre outros) tem acesso a tratamentos de saúde. Embora existam tratamentos efetivos, devido a alto custo, longas listas de espera e falta de profissionais na rede pública de saúde, poucas são as pessoas que podem fazê-los. Nesse cenário, as intervenções *on-line* apresentam-se como uma modalidade de atendimento que facilita o acesso a tratamentos de saúde mental, principalmente em países em desenvolvimento, como é o caso do Brasil (Bastos, 2018; Zwielewski et al., 2020).

A literatura emprega uma variedade de termos para referenciar intervenções psicológicas *on-line*, sendo exemplos os termos em português: psicoterapia *on-line*, intervenções baseadas na internet, terapia cognitivo-comportamental baseada na internet (iTCC), telessaúde e teleatendimento. Também é frequente o uso dos termos em inglês: *e-mental health, online interventions, online therapy, internet-interventions, internet-based cognitive-behavioral therapy* (iCBT), *telehealth, web-based interventions* (Bielinski & Berger, 2020). Isso demonstra a variedade de palavras que podem designar as intervenções *on-line*, bem como a diversidade de estudos sobre o tema.

Apesar de inicialmente sempre haver uma tendência em associar intervenções *on-line* à psicoterapia, outros formatos de intervenções foram sendo testados ao longo do tempo. Assim, as intervenções assíncronas foram sendo utilizadas como meio de proporcionar bem-estar e disseminar informações sobre saúde mental. O atendimento síncrono ocorre quando o terapeuta e o paciente se comunicam ao mesmo tempo, seja presencialmente ou *on-line*, por meio de chamadas de vídeo, ligações telefônicas ou utilizando outras plataformas de comunicação. Falar sobre uma proposta assíncrona significa dizer que a comunicação entre o paciente e o profissional da saúde não se dá de forma imediata, sendo que, em alguns formatos, não há nenhuma comunicação com outra pessoa, como no caso de intervenção autoguiada, intervenções via aplicativo ou *site*, em que as respostas aos pacientes são decorrentes de programação/algoritmos (Lopes & Berger, 2016).

Bielinski e Berger (2020) destacam quatro possíveis formatos de intervenções *on-line*:

- **Intervenções totalmente autoguiadas** – são intervenções *on-line* mediadas por *softwares* ou *sites* e que não envolvem contato humano com nenhum profissional. Nessa modalidade, o usuário recebe módulos (em geral semanais), com conteúdos que podem incluir textos, áudios, vídeos, entre outros. O objetivo costuma ser relacionado a promoção e prevenção em saúde, e materiais vinculados à psicoeducação são muito comuns.
- **Intervenções autoguiadas** – essa modalidade é muito similar à anteriormente descrita, porém é oferecido um suporte com contato humano. Esse contato pode ser síncrono ou assíncrono, e terá o objetivo de dirimir possíveis dúvidas sobre a intervenção e realizar intervenções mais breves e sem o intuito de um aprofundamento sobre qualquer tema.
- **Intervenções combinadas** – geralmente associam modalidades assíncronas com psicoterapia presencial ou *on-line*. Essa combinação pode ocorrer de forma concomitante ou a intervenção assíncrona pode ser oferecida antes ou depois do processo de psicoterapia.
- **Psicoterapia na modalidade *on-line*** – processo psicoterápico que ocorre por meio de uma plataforma de comunicação, como o Zoom ou o Google Meet, e envolve o recurso da videoconferência. Em alguns países essa modalidade pode ser oferecida via *chat* ou até *e-mail*, mas não são formatos comumente vistos ou testados no Brasil.

Intervenções assíncronas são aquelas mediadas por *softwares* ou aplicativos nas quais a comunicação não ocorre em tempo real. Existem intervenções assíncronas totalmente automatizadas, nas quais não é oferecido suporte humano (autoguiadas ou não guiadas), e intervenções nas quais é oferecido algum tipo de suporte humano (guiadas). Algumas pesquisas da área demonstram que os usuários de intervenções assíncronas apresentam maiores benefícios quando algum suporte é fornecido (Andersson & Titov, 2014; Baumeister et al., 2014). Esse tipo de intervenção traz as mesmas informações e ensina as mesmas habilidades que encontros síncronos de psicoterapia, porém com um foco terapêutico diferenciado.

Geralmente, conforme é possível identificar em inúmeros estudos publicados, as informações das intervenções assíncronas são organizadas em "módulos", que correspondem às sessões presenciais ou *on-line* de uma psicoterapia (Andersson et al., 2014). Em termos de conteúdo, os módulos variam bastante, mas tendem a ser focados em protocolos e técnicas comprovadas e utilizadas para a psicoterapia presencial, a depender do problema psicológico, da população em questão e das evidências de tratamento na área. O material em geral é organizado por temáticas, fornecendo informações e exemplos práticos a fim de auxiliar o participante do programa a compreender o objetivo terapêutico de cada módulo (Assunção & Silva, 2019; Dear et al., 2019). Quanto ao número de módulos oferecidos aos usuários de um programa, uma metanálise de pesquisas sobre intervenções *on-line* assíncronas para estudantes universitários concluiu que uma média de 4 a 8 módulos tem apresentado melhores resultados em comparação a procedimentos mais curtos ou mais longos (Harrer et al., 2019).

Além da compreensão dos diferentes formatos de intervenções *on-line*, especialmente as assíncronas, é importante evidenciarmos aqui alguns aspectos essenciais para sua construção e planejamento. Langarizadeh et al. (2017) destacam alguns pontos que merecem atenção dos profissionais da saúde ao elaborar uma intervenção assíncrona:

- É necessário prestar atenção ao engajamento do cliente à intervenção proposta. Ficar atento para quem o programa assíncrono é direcionado e se os participantes interagem conforme esperado. Essa interação é importante para mensurar o quanto os conteúdos "fazem sentido" para os participantes.
- Aspectos sociais e de história de vida precisam ser valorizados. Deve-se avaliar e identificar informações relevantes da história pregressa para que o programa possa se adequar à demanda do participante e alcançar os objetivos estabelecidos.
- Caso haja contato humano, o terapeuta tem de desenvolver habilidades específicas para os atendimentos *on-line*, sejam eles via psicoterapia *on-line* ou em intervenções com contatos assíncronos.

- Adequar os objetivos desejados pelo profissional ao formato de intervenção proposto, levando em consideração que intervenções via aplicativos e *sites* têm geralmente um caráter mais preventivo e a psicoterapia na modalidade *on-line* abrange aspectos de um tratamento propriamente dito.

A discussão sobre intervenções assíncronas na área da saúde mental traz à tona a necessidade de compreensão de conceitos ainda pouco discutidos entre os psicólogos, como *machine learning*, inteligência artificial, realidade virtual e *big data*. A chamada "transformação digital" tem provocado importantes alterações em várias áreas científicas, não sendo diferente na psicologia. Transformação digital é uma mudança de mentalidade (*mindset*) com o objetivo de tornar os processos mais modernos e de acompanhar os avanços tecnológicos que não param de surgir. Pode-se conceituá-la como o surgimento de uma nova tecnologia, associada a uma oportunidade de melhoria, resultando em mudanças significativas para a sociedade. O uso dessas tecnologias precisa ser compreendido pelo psicólogo, mesmo que ele não se dedique ao estudo de tecnologias ou as utilize diretamente em sua prática clínica. Compreender esses conceitos pode não apenas aproximar o terapeuta da compreensão de mundo de novas gerações, mas ampliar suas possibilidades de atuação em sua prática clínica ou em qualquer contexto (Langarizadeh et al., 2017). A seguir, é feita uma breve descrição sobre algumas tecnologias que podem ser utilizadas em intervenções psicológicas.

POSSÍVEIS TECNOLOGIAS PARA USO EM INTERVENÇÕES PSICOLÓGICAS

Inteligência artificial

Tecnologia projetada para operar atividades que normalmente requerem inteligência humana – trata-se da possibilidade de uma máquina operar de forma similar ao funcionamento cognitivo humano. É uma área multidisciplinar da ciência que se preocupa com o desenvolvimento e o aprofundamento de uma tecnologia. A inteligência artificial (IA) teve sua gênese na década de 1940, e seu nome foi oficialmente dado pelo cientista John McCarth (que estudava e criava *laptops*) em 1956. A relação entre IA e saúde mental tem se expandido de forma significativa nas últimas décadas. A constante melhora do desempenho de *laptops/notebooks* e os avanços em diferentes áreas tecnológicas, como em realidade virtual, processamento de linguagem e robótica, permitiu o surgimento de recursos novos que eram apenas um sonho no passado (Tahan & Zygoulis, 2019). Hoje, um exemplo simples do uso de IA é o Google tradutor, que vem sendo aprimorado com os anos, melhorando cada vez mais sua fidedignidade em relação à tradução para diferentes idiomas.

Machine learning

Trata-se do processo de aprendizagem contínua realizado por máquinas. Seu objetivo é aprender com determinados dados e ser capaz de prever resultados quando novos dados forem apresentados ou apenas descobrir padrões ocultos em dados não rotulados. Um exemplo muito esclarecedor, citado por Damaceno e Vasconcelos (2018), é o *anti-spam* das plataformas de *e-mails*. Se, por exemplo, você classificar uma mensagem como *spam*, o *software anti-spam* da sua conta tentará identificar entre os próximos *e-mails* aqueles semelhantes ao classificado por você como indesejável, buscando "aprender" a separar esse tipo de *e-mail* dos demais. Atualmente, existe também a *deep learning*, um aprofundamento da tecnologia de *machine learning*, que habilita a máquina a realizar tarefas ainda mais complexas. A *deep learning* tem uma ampla gama de aplicações, como identificar objetos em imagens, reconhecer a fala, traduzir diferentes idiomas, compreender determinantes genéticos de doenças e predizer o estado de saúde por meio de registros eletrônicos (Mohr et al., 2017).

Big data

Inicialmente, é importante diferenciar os conceitos de "ciência de dados" e "*big data*". Saldanha, Barcellos e Pedroso (2021) afirmam que ciência de dados é uma área de estudo que tem por objetivo auxiliar na descoberta de informação relevante a partir de grandes e complexas bases de dados, além de colaborar para a tomada de decisão orientada por dados. Já o conceito de *big data* concentra-se na ideia de extração, transformação e carga dos dados ou de construção de algoritmos descritivos e preditivos, sendo relevante a complexidade dos dados. Um dos princípios do *big data* é que, quanto mais dados você tiver, maior facilidade terá para novas ideias. Os projetos de *big data* geralmente usam análises envolvendo inteligência artificial e *machine learning*. Ao ensinar os computadores a identificar o que esses grandes volumes de dados representam, eles podem aprender a identificar padrões de maneira muito mais rápida e confiável (Saldanha et al., 2021).

A utilização da tecnologia de *big data* na área da saúde, entre outros benefícios, pode envolver o trabalho com dados populacionais a fim de compreender fenômenos *a posteriori*, ou seja, depois de seu acontecimento, analisando associações e desfechos em saúde. Assim, a compreensão da importância dessa tecnologia em saúde mental é essencial para o entendimento de quadros clínicos ou padrões comportamentais em grande escala.

Realidade virtual

A realidade virtual (RV) pode ser descrita como um ambiente no qual é apresentada a uma pessoa uma representação tridimensional gerada por computador.

A partir dessa representação, ela pode mover-se nesse ambiente virtual, observá-lo de diferentes pontos de vista, interagir com ele e até modificá-lo. A RV tem sido usada, principalmente nas duas últimas décadas, em tratamentos para diferentes condições clínicas, como acidente vascular cerebral, transtorno do espectro autista e transtornos de ansiedade (Santos & Oliveira, 2018). É considerada uma estratégia terapêutica promissora, sobretudo como facilitadora da técnica de exposição. Um estudo de Perandré e Haydu (2018) avaliou a efetividade do uso de RV em um tratamento para pessoas com transtorno de ansiedade social (TAS), demonstrando melhoria dos pacientes no momento da reavaliação e no *follow-up*, realizado três meses depois. Isso demonstra o potencial terapêutico da RV e as possibilidades de inovação que essa ferramenta pode proporcionar em diferentes propostas de tratamento.

Esses recursos podem simplesmente transformar uma intervenção psicológica. O uso dessas ferramentas pode possibilitar a criação de aplicativos ou *softwares* que auxiliem as pessoas em grande escala, ampliando a oferta de intervenções com foco em promoção ou prevenção em saúde. Inúmeros pesquisadores discutem, ainda de forma controversa, as melhores opções para o uso de tais ferramentas, mas é indubitável que a transformação digital já interferiu no curso das possibilidades de tratamento em psicologia.

INTERVENÇÕES ASSÍNCRONAS E SAÚDE MENTAL

De acordo com a literatura, existem estudos sobre intervenções assíncronas para diferentes grupos populacionais ou quadros clínicos específicos, como condições somáticas (dor de cabeça, estresse, insônia, dor crônica, câncer, problemas cardíacos, perda auditiva) e problemas psicológicos (transtorno de pânico, TAS, depressão, fobia específica, bulimia nervosa, transtorno de ansiedade generalizada, TEPT, TOC, solidão). Diante da facilidade de acesso, do maior alcance populacional e do baixo custo, as intervenções *on-line* têm ganhado espaço no mundo todo. A terapia cognitivo-comportamental (TCC) tem sido amplamente utilizada nas intervenções assíncronas, mas existem estudos com intervenções realizadas com outras abordagens teóricas da psicologia, como, por exemplo, a psicoterapia psicodinâmica (Andersson et al., 2014).

Há inúmeras evidências da eficácia de intervenções baseadas na internet para diversas condições somáticas. Nagaraj e Prabhu (2019), por exemplo, fizeram uma revisão de ensaios clínicos que empregavam as intervenções para tratamento de *tinnitus*, uma condição somática caracterizada por zumbido em um ou ambos os ouvidos, que pode estar associada à perda auditiva. Já existem mais de 200 aplicativos disponíveis para tratamento de *tinnitus*, entretanto, muitos carecem de validação por meio de estudos científicos. A revisão citada incluiu cinco pesquisas que utilizaram diferentes métodos para o tratamento de *tinnitus* via aplicativo. Todas encontraram resultados positivos na redução do zumbido dos participantes, trazendo significativo impacto em suas vidas.

Além dessa condição somática, outras enfermidades apresentaram melhoras com intervenções assíncronas. Whittaker et al. (2016) relataram evidências benéficas de intervenções assíncronas para tabagismo. Du et al. (2017) observaram evidências moderadas de efetividade de intervenções *on-line* para dor crônica. Já Neher et al. (2019) conduziram uma revisão de estudos que apresentaram uma intervenção *on-line* para pessoas com doenças cardiovasculares, considerando que cerca de 20 a 40% dessa população apresenta sintomas de depressão e insônia, acarretando mais internações e menor qualidade de vida. Os autores encontraram evidências da efetividade das intervenções assíncronas para pacientes com problemas cardíacos, mas pontuam que são necessários mais estudos na área para esclarecer qual seria o protocolo mais adequado, baseado em evidências, para auxiliar no tratamento dessa população (Neher et al., 2019).

Aji et al. (2021) realizaram uma revisão sistemática sobre o uso de aplicativos para o tratamento de insônia e concluíram que, apesar de haver muitos disponíveis, menos de 1% tem qualquer estudo científico ou dados publicados. O objetivo da revisão desses autores foi fornecer uma estrutura para desenvolvedores de aplicativos e pesquisadores para tratamento de insônia com base nas melhores evidências disponíveis, trazendo informações sobre aceitabilidade e engajamento, implementação clínica do aplicativo, medidas para avaliar as evoluções do tratamento, maturidade do aplicativo e a importância de equipes multidisciplinares envolvidas nesse tipo de problema.

Em uma revisão sistemática, Andersson et al. (2014) relataram evidências moderadas a fortes da melhora de problemas de saúde mental e de condições somáticas por meio de intervenções *on-line*. Esses autores citaram estudos controlados que comparavam grupos de pessoas que foram submetidas à psicoterapia presencial com grupos de pessoas submetidas a intervenções *on-line*, sendo que os resultados foram equivalentes quanto a eficácia e remissão de sintomas, mesmo depois de três e seis meses.

Ante essas e tantas outras evidências da efetividade de intervenções assíncronas, o estudo desse tipo de modalidade direcionado à depressão merece destaque. Andersson et al. (2014), em uma revisão sistemática, evidenciam que os tratamentos assíncronos são tão eficazes quanto os presenciais para essa psicopatologia. Assim, o tratamento assíncrono para depressão geralmente contém módulos semanais, abordando temas como ativação comportamental, psicoeducação, reestruturação cognitiva, prevenção de recaídas e um plano de ação para ser realizado durante a semana. Johansson e Andersson (2012) realizaram uma revisão sistemática de 25 estudos randomizados sobre intervenções psicológicas *on-line* para depressão e encontraram evidências científicas de que o tratamento psicológico baseado na internet é tão eficaz quanto o presencial. Em uma revisão sistemática realizada por

Karyotaky et al. (2021), foi evidenciado que uma intervenção guiada via internet, ou seja, com apoio humano, apresentou benefícios mais substanciais para pessoas com sintomas depressivos (moderados a graves). Já a intervenção não guiada teve eficácia equiparada apenas para pacientes com sintomas leves. Ou seja, o suporte humano mostra-se relevante em uma intervenção assíncrona para pacientes com sintomatologia mais significativa. A constatação, via evidências científicas, de que o tratamento deve ser personalizado ao perfil do paciente (diferentes níveis de sintomas depressivos) pode ser útil para a alocação de recursos para tratamento de depressão e para que as intervenções alcancem os objetivos estabelecidos, evitando efeitos iatrogênicos.

Alguns autores compreendem que depressão, ansiedade e estresse são problemas de saúde mental comumente interligados. A relação entre os três fenômenos é estudada desde sua nomeação como transtornos, pois seriam considerados parte de um mesmo *continuum* relacionado ao afeto negativo e à subjetividade. Ademais, o estresse é citado na literatura como fator de risco para o desenvolvimento de transtornos ansiosos e depressivos e prejuízos no bem-estar mental (Vignola & Tucci, 2014). Diante disso, alguns pesquisadores têm tido êxito com intervenções assíncronas voltadas para depressão, ansiedade e estresse, com diminuição dos sintomas sendo apontada em instrumentos validados para a população brasileira.

Dear et al. (2019) relataram uma intervenção de cinco semanas com 1.326 estudantes universitários com sintomas de estresse, depressão e ansiedade. Com base na TCC, o programa recebeu o nome de "UniWellbeing Course", que, traduzido de forma literal para o português, seria "Curso de Bem-estar da Universidade". A intervenção foi realizada utilizando *slides* com conteúdo sobre psicoeducação e ensino de habilidades cognitivas e comportamentais para o manejo dos sintomas. Os resultados apontaram melhora dos sintomas de ansiedade e depressão leve, moderada e severa, mesmo três meses após o término da intervenção. Além disso, 75% dos estudantes disseram estar satisfeitos com o tratamento.

Titov et al. (2018) apresentaram resultados de intervenções realizadas em cinco clínicas de diferentes países (Austrália, Dinamarca, Suíça, Noruega e Canadá). As intervenções tiveram duração média de 9 a 12 semanas, sendo compostas por cerca de 10 módulos de textos de psicoeducação sobre cuidados rotineiros para sintomas de depressão e ansiedade, além de exercícios baseados na TCC para serem realizados durante a semana. Elas também ofereciam contatos síncronos, com psicólogos que realizavam contato semanal por meio de mensagens ou telefonemas. As cinco clínicas acompanharam a evolução dos pacientes via instrumentos validados e obtiveram como resultados uma melhora clinicamente significativa na maioria dos pacientes, a qual foi mantida em reavaliações (entre três e seis meses após a intervenção).

Além da utilidade das intervenções para depressão, ansiedade e estresse, outros problemas psicológicos têm sido alvo desses programas assíncronos, apresentando evidências de eficácia moderadas a fortes em ensaios clínicos randomizados (ECRs). Em uma revisão sistemática Cochrane sobre a eficácia das intervenções *on-line* para o TEPT, os autores concluíram que os estudos apontam vários benefícios das intervenções assíncronas. Entretanto, pontuam a necessidade de mais investigações sobre o tema, possivelmente promissoras, considerando que a TCC é um tratamento de primeira linha para esse diagnóstico, e o acesso a ele poderia ser facilitado por meio da internet (Simon et al., 2021).

Uma revisão sistemática e com metanálise, realizada com o intuito de investigar as evidências do tratamento via internet para transtorno de pânico com ou sem agorafobia, encontrou benefícios significativos da intervenção para os sintomas de pânico e sintomas graves de agorafobia. Os estudos que compararam grupos que participaram da intervenção *on-line* com grupos-controle (ou seja, em outros tratamentos, como a TCC presencial e o treino em relaxamento) não obtiveram diferenças significativas em seus resultados ao equiparar a psicoterapia presencial com intervenções baseadas na internet para o tratamento do transtorno. Os autores sugerem a necessidade de outras pesquisas para ampliar as evidências sobre a aplicação segura das intervenções (Domhardt et al., 2020).

Relação terapêutica em intervenções *on-line* assíncronas

Uma das principais dúvidas que as intervenções *on-line* suscitam é: "É possível construir uma boa relação terapêutica com os pacientes na modalidade *on-line*?". Esse tema tem despertado o interesse de inúmeros profissionais e pesquisadores, que, por meio de diferentes estudos, buscam compreender os aspectos fundamentais desse processo. De acordo com uma revisão narrativa de Berger (2016), foi possível constatar, sob a perspectiva do paciente, que a aliança terapêutica pode ser estabelecida em intervenções via internet, independentemente do formato ou do modo de comunicação. Da mesma forma, uma revisão sistemática realizada por Pilahja et al. (2017) concluiu que a aliança terapêutica era alta em intervenções *on-line* baseadas na TCC para transtornos de ansiedade e depressão.

Apesar de o atendimento *on-line* ser consolidado em diversos países, muitos terapeutas ainda questionam a efetividade da psicoterapia realizada nessa modalidade em relação às dificuldades em construir um forte relacionamento terapêutico. Desde o princípio dos estudos sobre intervenções *on-line*, já havia tentativas de compreender essa questão, concentrando as investigações no impacto das intervenções via computador. Desde os primeiros ensaios, os resultados apontavam que na psicoterapia *on-line* pode ser construída uma relação terapêutica semelhante à das terapias face a face. No Brasil, esse tema ainda é um aspecto pouco explorado, havendo um número reduzido de pesquisas a respeito (Faria, 2019; Lederman et al., 2020).

Berger (2016) diferencia a relação terapêutica que pode ser estabelecida na psicoterapia *on-line* da que pode ser construída em intervenções autoguiadas, via aplicativos, *sites* ou *softwares*. O autor reforça que inúmeras pesquisas apontam para a possibilidade efetiva de relação terapêutica nessa modalidade de psicoterapia e explica que, apesar de as intervenções autoguiadas proporcionarem menos oportunidades para essa construção, ainda assim a relação terapêutica é possível e essencial nessas intervenções. Formas de redigir frases, como sugerir atividades ou suscitar reflexões podem estar fundamentadas em conceitos importantes de aliança terapêutica e, assim, gerar nos usuários uma conexão maior com o conteúdo, bem como mais engajamento na intervenção.

Um estudo completamente inovador foi realizado por Goldberg et al. (2021). Os autores validaram uma escala de aliança terapêutica *on-line* em intervenções via aplicativos. A relação terapêutica foi avaliada por meio do Working Alliance Inventory (WAI) adaptado para intervenções digitais, tendo como objetivo medir o grau de confiança mútua entre o cliente e o terapeuta. Os resultados não apenas demonstraram dados de validade e fidedignidade da escala, como apontaram a existência de aliança terapêutica em intervenções via aplicativos.

Limitações das intervenções assíncronas

Apesar dos inúmeros benefícios apontados neste capítulo para o uso de intervenções assíncronas mediadas por aplicativos, *sites* ou *softwares*, é necessário discutir suas limitações. Uma das preocupações mais discutidas entre pesquisadores é a questão do sigilo e da privacidade dos dados inseridos em aplicativos ou *sites*. O olhar cuidadoso sobre a privacidade e a confidencialidade dos dados dos usuários está relacionado ao uso de plataformas/*sites* que não são seguros, não têm comunicação criptografada ou que podem ser facilmente *hackeados*. Um exemplo simples desse tipo de situação é a realização de atendimentos *on-line* em plataformas de comunicação com acesso gratuito, nas quais o terapeuta não é devidamente esclarecido sobre a forma de proteção das informações armazenadas (Stoll et al., 2020).

Outro aspecto de suma relevância diz respeito a quem são as pessoas que têm construído e disponibilizado aplicativos com intervenções psicológicas nas lojas virtuais. Qual é a formação desses profissionais? Quais teorias ou estudos serviram de embasamento científico para a construção do aplicativo? Como confiar nos benefícios prometidos pelas resenhas dos aplicativos? Esses e outros questionamentos têm sido ponto de discussão entre pesquisadores de intervenções *on-line* na área da saúde mental. Muñoz et al. (2018) tratam dessas e de outras preocupações sobre a fidedignidade das intervenções *on-line* na atualidade. E, diante disso, sugerem a criação dos chamados "Boticários Digitais". Mas o que seria isso?

No passado, boticários eram lugares onde se vendiam medicamentos, ervas, plantas medicinais e ingredientes químicos que poderiam beneficiar a saúde das pessoas. Significa "repositório ou armazém" e precedeu o que hoje chamamos de farmácias. Fundamentados nesse conceito, Muñoz et al. (2018) sugeriram que fossem criados "Boticários Digitais", ou seja, locais nos quais possam ser reunidos diferentes *sites* e aplicativos com evidências científicas de efetividade transparentes para que as pessoas em geral possam ter mais segurança na escolha de intervenções *on-line* que venham a ajudá-las em problemas psicológicos. Um exemplo muito claro dessa ideia ocorre no Reino Unido, onde a National Health Service (NHS) patrocina uma biblioteca de aplicativos digitais que atualmente divulga ferramentas digitais sobre câncer, doença pulmonar obstrutiva crônica, demência, saúde bucal, diabetes, vida saudável, dificuldades de aprendizagem, saúde mental e saúde da mulher/gestante e da criança. Além do Reino Unido, vários outros países praticam a mesma ação em saúde, reunindo em *sites* organizados por órgãos governamentais ferramentas comprovadamente efetivas para diferentes problemas de saúde geral e mental.

CONSIDERAÇÕES FINAIS

Diante do exposto neste capítulo, é notória a grande demanda e necessidade de tratamento para diferentes problemas psicológicos, bem como a expansão das intervenções psicológicas *on-line*, em especial as assíncronas. A literatura atual inclui um grande número de ensaios clínicos desenvolvidos para condições somáticas e psiquiátricas, sendo a maior parte deles utilizando a TCC como base teórica e técnica (Andersson et al., 2014). E pesquisas indicam que intervenções computadorizadas síncronas e assíncronas vêm apresentando resultados semelhantes quando comparadas a intervenções psicológicas presenciais (Jakobsen et al., 2016).

Rogers et al. (2017) apontam a existência de muitos estudos clínicos randomizados e revisões sistemáticas certificando a eficácia de intervenções assíncronas para diferentes tratamentos de saúde. Entretanto, a maioria dos programas que tiveram seu resultado certificado em ECRs não está disponível na internet para o público em geral. Fornecer mecanismos para hospedar intervenções comprovadamente eficazes e facilitar a localização e o acesso ao público é um caminho importante a ser tomado, especialmente diante das evidências crescentes de que as intervenções *on-line* se apresentam como tratamentos acessíveis e cientificamente validados.

Além disso, compreender as potencialidade e limitações das intervenções *on-line* assíncronas, a partir de estudos científicos, pode ampliar a disponibilidade dessas ferramentas para programas de promoção e prevenção em saúde, colaborando para maior qualidade de vida e bem-estar da população. Essa disseminação potencial de informações em saúde mental também poderia representar formas efetivas de democratizar o acesso à saúde e possibilitar que um maior número de pessoas cuide de sua saúde mental.

REFERÊNCIAS

Aji, M., Gordon, C., Stratton, E., Calvo, R. A., Bartlett, D., Grunstein, R., & Glozier, N. (2021). Framework for the Design Engineering and Clinical Implementation and Evaluation of mHealth Apps for Sleep Disturbance: Systematic review. *Journal of medical Internet Research, 23*(2), e24607.

Almondes, K. M, & Teodoro, M. L. M. (2021). *Terapia on-line*. Hogrefe.

Andersson, G., & Hedman, E. (2013). Effectiveness of guided internet-based cognitive behavior therapy in regular clinical settings. *Verhaltenstherapie, 23*, 140-148.

Andersson, G., & Titov, N. (2014). Advantages and limitations of Internet-based interventions for common mental disorders. *World Psychiatry, 13*(1), 4-11.

Andersson, G., Cuijpers, P., Carlbring, P., Riper, H., & Hedman, E. (2014). Guided internet-based vs. face-to-face cognitive behavior therapy for psychiatric and somatic disorders: A systematic review and meta-analysis. *World Psychiatry, 13*(3), 288-295.

Assunção, W. C., & Silva, J. B. F. (2019). Aplicabilidade das técnicas da terapia cognitivo-comportamental no tratamento de depressão e ansiedade. *Educação, Psicologia e Interfaces, 3*(1), 77-94.

Bastos, E. F. (2018). *Características associadas à sintomatologia de depressão em primeiranistas* [Dissertação de mestrado]. Universidade Estadual Paulista Julio de Mesquita Filho.

Baumeister, H., Reichler, L., Munzinger, M., & Lin, J. (2014). The impact of guidance on Internet-based mental health interventions — A systematic review. *Internet Interventions, 1*(4), 205-215.

Berger, T. (2016). The therapeutic alliance in internet interventions: A narrative review and suggestions for future research. *Psychotherapy Research: Journal of the Society for Psychotherapy Research, 27*(5), 1-14.

Bielinski, L., & Berger, T. (2020). Internet interventions for mental health: Current state of research, lessons learned and future directions. *Counseling Psychology and Psychotherapy, 28*(3), 65-83.

Damaceno, S. S., & Vasconcelos, R. O. (2018). Inteligência artificial: Uma breve abordagem sobre seu conceito real e o conhecimento popular. *Caderno de Graduação - Ciências Exatas e Tecnológicas, 5*(1), 11.

Dear, B. F., Johnson, B., Singh, A., Wilkes, B., Brkic, T., Gupta, R., ... Titov, N. (2019). Examining an internet-delivered intervention for anxiety and depression when delivered as a part of routine care for university students: A phase IV trial. *Journal of Affective Disorders, 256*(1), 567-577.

Domhardt, M., Letsch, J., Kybelka, J., Koenigbauer, J., Doebler, P., & Baumeister, H. (2020). Are Internet- and mobile-based interventions effective in adults with diagnosed panic disorder and/or agoraphobia? A systematic review and meta-analysis. *Journal of Affective Disorders, 276*, 169-182.

Du, S., Hu, L., Dong, J., Xu, G., Chen, X., Jin, S., ... Yin, H. (2017). Self-management program for chronic low back pain: A systematic review and meta-analysis. *Patient Education and Counseling, 100*(1), 37-49.

Faria, G. M. (2019). Constituição do vínculo terapêutico em psicoterapia online: Perspectivas gestálticas. *Revista do NUFEN, 11*(3), 66-92.

Goldberg, S. B., Baldwin, S. A., Riordan, K. M., Torous, J., Dahl, C. J., Davidson, R. J., & Hirshberg, M. J. (2021). Alliance with an unguided smartphone app: Validation of the digital working alliance inventory. *Assessment*.

Harrer, M., Adam, S. H., Baumeister, H., Cuijpers, P., Karyotaki, E., Auerbach, R. P., ... Ebert, D. D. (2019). Internet interventions for mental health in university students: A systematic review and meta-analysis. *International Journal of Methods in Psychiatric Research, 28*(2), e1759.

Jakobsen, H., Andersson, G., Havik, O. E., & Nordgreen, T. (2016). Guided internet-based cognitive behavioral therapy for mild and moderate depression: A benchmarking study. *Internet Interventions, 7*, 1-8.

Johansson, R., & Andersson, G. (2012). Internet-based psychological treatments for depression. *Expert Review of Neurotherapeutics, 12*(7), 861-869.

Karyotaki, E., Efthimiou, O., Miguel, C., Bermpohl, F., Furukawa, T. A., Cuijpers, P., ... Forsell, Y. (2021). Internet-based cognitive behavioral therapy for depression: A systematic review and individual patient data network meta-analysis. *JAMA Psychiatry, 78*(4), 361-371.

Langarizadeh, M., Tabatabaei, M. S., Tavakol, K., Naghipour, M., Rostami, A., & Moghbeli, F. (2017). Telemental health care, an effective alternative to conventional mental care: A systematic review. *Acta Informatica Medica, 25*(4), 240-246.

Lederman, R., D'Alfonso, S., Rice, S., Coghlan, S., Wadley, G., & Alvarez-Jimenez, M. (2020, June 15-17). *Ethical issues in online mental health interventions* [article]. 28th European Conference on Information Systems (ECIS). https://aisel.aisnet.org/ecis2020_rp/66

Lopes, R., & Berger, T. (2016). Intervenções auto-guiadas baseadas na internet: Uma entrevista com o Dr. Thomas Berger. *Revista Brasileira de Terapias Cognitivas, 12*(1), 57-61.

Mohr, D. C., Zhang, M., & Schueller, S. M. (2017). Personal sensing: Understanding mental health using ubiquitous sensors and machine learning. *Annual Review of Clinical Psychology, 13*(1), 23-47.

Muñoz, R. F., Chavira, D. A., Himle, J. A., Koerner, K., Muroff, J., Reynolds, J., ... Schueller, S. M. (2018). Digital apothecaries: A vision for making health care interventions accessible worldwide. *mHealth, 4*, 18.

Nagaraj, M. K., & Prabhu, P. (2020). Internet/smartphone-based applications for the treatment of tinnitus: a systematic review. *European Archives of Oto-rhino-laryngology: Official Journal of the European Federation of Oto-Rhino-Laryngological Societies (EUFOS), 277*(3), 649-657.

Neher, M., Nygårdh, A., Nilsen, P., Broström, A., & Johansson, P. (2019). Implementing internet-delivered cognitive behavioural therapy for patients with cardiovascular disease and psychological distress: A scoping review. *European Journal of Cardiovascular Nursing: Journal of the Working Group on Cardiovascular Nursing of the European Society of Cardiology, 18*(5), 346-357.

Perandré, Y. H. T., & Haydu, V. B. (2018). Um programa de intervenção para transtorno de ansiedade social com o uso da realidade virtual. *Trends in Psychology, 26*(2), 851-866.

Pihlaja, S., Stenberg, J. H., Kaisla, J. H., Heidi, M., Ville, R., & Grigori, J. (2017). Therapeutic alliance in guided internet therapy programs for depression and anxiety disorders – A systematic review. *Internet Interventions, 11*, 1-10.

Rogers, M. A. M., Lemmen, K., & Chopra, V. (2017). Internet-delivered health interventions that work: Systematic review of meta-analyses and evaluation of website availability. *Journal of Medical Internet Research, 19*(3), e90.

Saldanha, R. F., Barcellos, C., & Pedroso, M. M. (2021). Ciência de dados e big data: O que isso significa para estudos populacionais e da saúde?. *Cadernos Saúde Coletiva*, 1-8.

Santos, L. V., & Oliveira, J. G. (2018). Virtual reality with therapeutic purposes. *Journal of Child and Adolescent Psychology, 9*(1).

Simon, N., Robertson, L., Lewis, C., Roberts, N. P., Bethell, A., Dawson, S., & Bisson, J. I. (2021). Internetbased cognitive and behavioural therapies for post-traumatic stress disorder (PTSD) in adults. *Cochrane Database of Systematic Reviews 5*(5), CD011710.

Stoll, J., Müller, J. A., & Trachsel, M. (2020). Ethical issues in online psychotherapy: A narrative review. *Frontiers in Psychiatry, 10*, 993.

Tahan, M., & Zygoulis, F. (2019). Artificial intelligence and clinical psychology - current trends. *Journal of Clinical & Developmental Psychology, 2*(1), 31-48.

Titov, N., Dear, B., Nielssen, O., Staples, L., Hadjistavropoulos, H., Nugent, M., ... Kaldo, V. (2018). ICBT in routine care: A descriptive analysis of successful clinics in five countries. *Internet Interventions, 13*(10), 108-115.

Vignola, R. C., & Tucci, A. M. (2014). Adaptation and validation of the depression, anxiety and stress scale (DASS) to Brazilian Portuguese. *Journal of Affective Disorders, 155*, 104-109.

Whittaker, R., McRobbie, H., Bullen, C., Rodgers, A., & Gu, Y. (2016). Mobile phone-based interventions for smoking cessation. *Cochrane Database of Systematic Reviews, 4*(4), CD006611.

Zwielewski, G., Oltramari, G., Santos, A. R. S., Nicolazzi, E. M. S., Moura, J. A., Sant'ana, V. L. P., ... Cruz, R. M. (2020). Protocolos para atendimento psicológico em pandemias: As demandas em saúde mental produzidas pela COVID-19. *Debates em Psiquiatria, 10*(2), 30-37.

16

Aplicativos e recursos para intervenções *on-line*

Juliana Maltoni
Karen P. Del Rio Szupszynski
Carmem Beatriz Neufeld

> "Se aproveitarmos os desenvolvimentos recentes em tecnologia, poderemos ser capazes de mudar fundamentalmente os cuidados de saúde"
>
> (Wilhelm et al., 2020, p. 10)

REVOLUÇÃO DIGITAL (OU A ERA DOS *SMARTPHONES*)

Nos anos 1990, a internet passou a fazer parte do cotidiano, juntamente com os primeiros telefones celulares. Em menos de 30 anos, observamos uma transformação digital, potencializada na última década pelo surgimento e popularização dos *smartphones*. Muitas das atividades que desenvolvemos hoje dependem da tecnologia digital e da internet – o que se intensificou com a pandemia de covid-19. Assim, observamos a fusão da tecnologia com diversas atividades do cotidiano, com o uso de *smartphones* sendo quase onipresente. Cerca de 85% dos brasileiros possuem um aparelho celular – um aumento de 33% em comparação a 2008 – e 74% da população com 10 anos ou mais é usuária da internet, sendo o telefone celular o principal dispositivo para acesso, sobretudo entre classes mais vulneráveis economicamente (D e E). Em 2019, 57% dos usuários de celular fizeram *downloads* de aplicativos (Comitê Gestor da Internet no Brasil [CGI], 2020).

Nas últimas décadas, os aplicativos móveis tornaram-se itens indispensáveis do cotidiano. Também conhecidos pela abreviação *app* – eleita a palavra do ano em 2010 pela American Dialect Society (2011) –, eles fornecem uma ampla gama de ferramentas, sendo definidos como *softwares* desenvolvidos para serem usados por um dispositivo eletrônico móvel, como celular e *tablet*. Entre as funções dos aplicativos estão mostrar lembretes na tela do celular, permitir jogar e acessar redes sociais, possibilitar fazer compras, ter acesso a serviços bancários e informações meteorológicas e até mesmo realizar atividades na área da saúde. Muitas dessas atividades podem ser realizadas via *websites*, mas a preferência pelos aplicativos móveis vem aumentando. Sua maior procura ocorre provavelmente devido à *performance* apresentada, uma vez que funcionam instalados no dispositivo e são construídos para facilitar e melhorar a experiência do usuário, tornando-se mais convenientes e agradáveis.

Hoje é difícil imaginar como realizaríamos algumas de nossas tarefas cotidianas sem a facilidade proporcionada pelos aplicativos. De acordo com o Comitê Gestor da Internet no Brasil (CGI, 2020), as principais atividades realizadas por meio de aplicativos são: comunicação, uso de redes sociais, busca por produtos e serviços, busca por assuntos relacionados a saúde ou serviços de saúde. Considerando a presença atual do *smartphone* no cotidiano, esse tem sido indicado como um dos recursos mais promissores na área da saúde mental devido a seu potencial terapêutico e preventivo e às possibilidades de superação de barreiras físicas, geográficas e econômicas.

Neste capítulo, apresentaremos algumas definições recentes no campo da tecnologia e da saúde mental, o embasamento de intervenções autoguiadas para a saúde mental e algumas reflexões e recomendações importantes sobre o futuro da área. Ao final, também serão apresentados alguns programas autoguiados disponíveis e possibilidades complementares a intervenções psicoterápicas.

TAXONOMIA DAS INTERVENÇÕES DIGITAIS

A oferta de intervenções em saúde por meio de tecnologias da informação e comunicação (TICs), que incluem dispositivos, serviços e conhecimentos que reproduzem, processam e distribuem informações, e a viabilidade do uso de aplicativos de *smartphones* têm transformado a área da saúde. O termo *eHealth* (do inglês *electronic health* – saúde eletrônica) vem sendo empregado há mais de duas décadas para definir serviços e informações de saúde ofertados via TICs. O termo engloba atividades das áreas da saúde, tecnologia e comércio, sendo caracterizado também como uma prática comprometida com a melhora da saúde local, regional e global, cujo intuito é promover expansão, assistência e desenvolvimento das atividades humanas, sem procurar substituí-las, por meio do uso seguro do mundo digital e pautado na relação custo-benefício (Eysenbach, 2001; Oh et al., 2005; World Health Organization [WHO], 2021).

Para definir a intersecção entre o uso de dispositivos móveis e a *eHealth*, cunhou-se um termo específico: a *mHealth* (do inglês *mobile health* – saúde por meio do uso de dispositivos móveis). Por definição, *mHealth* envolve o uso de um dispositivo móvel para objetivos de saúde por meio de funções como mensagens curtas, sensores, internet móvel, tecnologia Bluetooth, entre outras (WHO, 2011). Também são encontrados na literatura os termos *digital health* (DH) (Aitken et al., 2017), para designar cuidados ofertados por meio de tecnologias na área da saúde como um todo, e *mHapps* (do inglês *mental health apps* – aplicativos de saúde mental), para designar aplicativos específicos para a área da saúde mental (Bakker et al., 2016). Utilizaremos neste capítulo os termos saúde digital (SD), saúde mental digital (SMD) e aplicativos de saúde mental (ASMs). A Figura 16.1 demonstra a pluralidade de ferramentas relacionadas à SD.

FIGURA 16.1 Ferramentas relacionadas à saúde digital (SD).
Fonte: Baseada em Aitken et al. (2017).

A psicoterapia também acompanhou esses avanços e aderiu às TICs, mas seu uso ainda é incipiente nesse campo no Brasil, apesar de haver inúmeras pesquisas internacionais a respeito (Hallberg et al., 2015). Uma das explicações é o fato de apenas em 2018 o Conselho Federal de Psicologia (CFP) (Resolução nº 11, de 11 de maio de 2018) ter regulamentado os serviços de psicoterapia prestados por meio de TICs, e apenas com as demandas da pandemia de covid-19 houve uma transformação rápida e drástica na forma de pensar e realizar psicoterapia, com evidências na flexibilização e consolidação dos serviços de saúde mental baseados em TICs.

As intervenções de saúde mental realizadas via TICs surgiram inicialmente pela necessidade da superação de barreiras físicas do atendimento presencial em casos específicos (como viagens e hospitalização do paciente), mas atualmente se estabelecem também devido a resultados promissores de pesquisas e pela possibilidade de diminuir a iniquidade do acesso a essas intervenções. Além da superação das barreiras físicas de acesso a tratamento, o uso das TICs na área da saúde também pode auxiliar na superação de barreiras financeiras e logísticas (Harvey & Gumport, 2015). No entanto, em modalidades síncronas de intervenção (com contato simultâneo entre paciente e terapeuta), mesmo que *on-line*, ainda há um obstáculo: o acesso a um terapeuta disponível.

Estima-se que não exista um número de profissionais suficiente para atender pacientes com transtornos mentais de forma adequada e que até 85,4% dos casos graves em países em desenvolvimento podem permanecer sem tratamento (Demyttenaere et al., 2004). Modelos tradicionais de psicoterapia não atendem de maneira satisfatória à demanda atual de cuidados em saúde mental, sendo necessário atualizar não somente os meios de oferta da intervenção (presencial ou *on-line*), mas também seu nível de intensidade e contato humano. Nesse sentido, Bower e Gilbody (2005) descrevem alternativas úteis de cuidados em saúde mental, com intervenções de baixa intensidade, realizadas por meio de terapias breves, grupos ou mesmo de maneira autoguiada, por meio de aplicativos e programas *on-line*.

A recente revolução das tecnologias digitais tem se mostrado promissora para melhorar a acessibilidade a intervenções pautadas na psicologia baseada em evidências (PBE), com potencial de ser difundida para o mundo todo. No entanto, apesar de a PBE estar crescendo globalmente, ainda não está ao alcance de muitos indivíduos, e, assim, observa-se a prevalência de diversas psicopatologias, especialmente em países vulneráveis socioeconomicamente (Muñoz et al., 2018). Intervenções de baixa intensidade assíncronas e/ou autoguiadas surgem, portanto, como mais uma possibilidade de ampliação de acesso à saúde mental.

Intervenções assíncronas e/ou autoguiadas dependem da disponibilidade de algum dispositivo digital conectado à internet, pois ocorrem via mensagens, vídeos gravados, aplicativos ou *sites*. Elas podem ser utilizadas de forma exclusiva ou como ferramenta complementar a um tratamento. Também não há obrigatoriedade da mediação de um profissional da área da saúde, no caso do fornecimento de informações ou de mensagens de encorajamento. Os ASMs fazem parte das intervenções autoguiadas, com pouco ou nenhum suporte, nas quais não existe um contrato terapêutico e o uso e aproveitamento da ferramenta dependem do usuário e das próprias características da intervenção (como algoritmos, por exemplo) que possam aumentar a adesão.

Muñoz et al. (2018) propõem uma taxonomia dos tipos de intervenções psicoterápicas (Quadro 16.1).

QUADRO 16.1 Taxonomia dos tipos de intervenções presenciais e on-line

Serviços de psicologia: contrato entre terapeuta e paciente		Intervenções on-line	
Tipo 1	Tipo 2	Tipo 3	Tipo 4
Psicoterapia presencial	Intervenção presencial associada a ferramenta digital	Intervenção assíncrona com participação de terapeutas via mensagens	Intervenção assíncrona autoguiada
Consumível	Consumível	Consumível	Não consumível

Fonte: Adaptado de Muñoz et al. (2018).

Os tipos 1 e 2 pressupõem a existência de um contrato com um profissional da saúde mental habilitado, que assume a responsabilidade por seu paciente. No tipo 1 temos as intervenções tradicionais, presenciais e síncronas, sem ferramentas digitais. No tipo 2 são descritas intervenções do tipo 1 somadas à tecnologia – uma espécie de intervenção mesclada, que ainda pressupõe o contato síncrono com um profissional. Nesse grupo encontram-se as sessões realizadas por meio de videochamadas, por exemplo, além do uso complementar de aplicativos e outras ferramentas digitais.

O tipo 3 refere-se a intervenções guiadas, com suporte humano focado em encorajamento, engajamento e explicações adicionais dos conteúdos disponibilizados em programas ou aplicativos *on-line*. O suporte pode ocorrer via mensagens, telefonemas, *e-mails* e até mesmo presencialmente, e pode ser oferecido por indivíduos que não sejam profissionais da área. Os contatos podem ser síncronos ou assíncronos.

O tipo 4 seria o mais distante da psicoterapia tradicional, referindo-se às intervenções totalmente autoguiadas, sem suporte humano, praticamente definidas por aplicativos e programas *on-line*. Os autores comparam essas intervenções com livros de autoajuda, ao apontar que ferramentas de autoajuda digitais também são eximidas da responsabilidade clínica em relação ao consumidor, uma vez que não se está entrando em uma relação terapêutica. No entanto, por se tratar de produtos digitais, ajustes e atualizações podem (e devem) ser feitos, o que demonstra umas das vantagens desse meio. Contudo, o número de ASMs é crescente e só vem aumentando nos últimos anos, tornando o envolvimento dos profissionais da saúde imprescindível, mas também muito mais difícil.

De acordo com um relatório realizado em 2017 (Aitken et al., 2017), mais de 318 mil aplicativos móveis com conteúdo relacionado à saúde estavam disponíveis para aquisição, correspondendo ao dobro do número disponível em 2015. A saúde mental aparece como o maior foco de aplicativos desenvolvidos para doenças específicas (28%), existindo para condições como depressão, ansiedade, transtorno de déficit de atenção/hiperatividade (TDAH) e transtorno do espectro autista (TEA). Nesse sentido, Muñoz et al. (2018) propõem a ideia de "boticários digitais", que seriam uma espécie de repositório de *apps* e *sites* com evidências científicas de seus conteúdos e serviriam para auxiliar clínicos no conhecimento e escolha de intervenções digitais disponíveis. Nesses "boticários" estariam reunidas intervenções dos tipos 2, 3 e 4. O campo das intervenções via ASMs marca uma nova era da psicologia e levanta reflexões importantes acerca do papel de psicólogos e demais profissionais da saúde.

Intervenções autoguiadas baseadas em evidências

Para além da necessidade de maior embasamento científico na área de ASMs, muitos ainda são os desafios para o estabelecimento de uma boa integração entre tecnologias móveis e saúde. Wilhelm et al. (2020) afirmam que, apesar das potencialidades dessa união, muitos questionamentos recaem sobre seu uso ético e seguro e sobre o desenvolvimento de produtos atrativos e com boa usabilidade, que consigam garantir o engajamento do usuário. Para os autores, um bom aplicativo se baseia em evidências científicas, segurança e engajamento. Uma questão muito importante diz respeito a como os aplicativos informam o usuário sobre quais informações são coletadas e como elas são armazenadas e utilizadas. Aplicativos coletam informações do usuário e podem transmiti-las, guardá-las e mesmo vendê-las para terceiros. Assim, a importância de claras políticas de privacidade e o armazenamento seguro deveriam ser prioridade de ASMs. No entanto, os criadores da maioria dos aplicativos atuais não se preocupam de maneira adequada com esses requisitos (Wilhelm et al., 2020).

Felizmente, alguns projetos vêm sendo desenvolvidos recentemente na tentativa de facilitar e melhorar a escolha de ASMs, como o One Mind PsyberGuide (https://onemindpsyberguide.org/), que apresenta e classifica os *apps* com uma nota baseada em três critérios: credibilidade, experiência do usuário e transparência. A credibilidade avalia a base científica, o processo de desenvolvimento e manutenção e o propósito e popularidade do aplicativo. A avaliação da experiência do usuário leva em conta a facilidade de uso e engajamento, e para verificar a qualidade do *app* pode ser utilizada a escala Mobile App Rating Scale (MARS) (Stoyanov et al., 2015). Por fim, a transparência refere-se a como o aplicativo armazena os dados e como são apresentadas para o usuário as informações sobre as políticas de segurança da informação, incluindo armazenamento, criptografia e exclusão.

Existe hoje a necessidade de uma real colaboração de terapeutas e profissionais da saúde com profissionais da indústria da tecnologia, para que a revolução em saúde mental siga caminhos frutíferos e éticos e seja voltada para os usuários. Nesse sentido, a combinação de profissionais de outras áreas, em especial de *design* e tecnologia, e avaliações de usuários podem melhorar a usabilidade e o potencial de engajamento de ASMs. Além disso, a pesquisa acerca das variáveis implicadas na eficácia de uma intervenção baseada em ASMs precisa ser ampliada (Wilhelm et al., 2020). Por exemplo, a gamificação dos aplicativos vem sendo descrita como uma característica importante no engajamento do usuário, mas apenas três estudos relataram o uso desse recurso de acordo com uma revisão de 2017 (Sardi et al., 2017).

Em um estudo randomizado sobre a influência de um ASM sobre o bem-estar, concluiu-se que os grupos-controle que receberam apenas psicoeducação obtiveram menos ganhos em relação ao grupo exposto à intervenção via aplicativo. Hipotetiza-se que plataformas responsivas e envolventes parecem ser, em geral, duas vezes mais poderosas do que a simples apresentação de conteúdos. O engajamento e melhores resultados na saúde mental dos participantes do estudo parecem ter sido influenciados pela características do *app*, como jogos, fóruns e responsividade da interface (Parks et al., 2018). A maneira como as intervenções são apresentadas nesse meio depende, portanto, da qualidade e da interface do produto, uma vez que os conteúdos não serão mediados por contato interpessoal. Do mesmo modo, a forma como essas intervenções podem combinar outras técnicas e funcionalidades – como contato breve com terapeutas, conselheiros, inteligência artificial ou mensagens automáticas – também pode potencializar seus efeitos e manter o indivíduo utilizando as plataformas (Wilhelm et al., 2020).

Em termos da abordagem teórica, sabe-se que a terapia cognitivo-comportamental (TCC) tem sua eficácia comprovada em relação a tratamentos individualizados baseados em evidências. A TCC oferecida via internet (TCCi) ou computadorizada (TCCc) também é considerada um meio eficiente de tratamento e prevenção, visto que já apresenta um número significativo de pesquisas relacionando-a com TICs (Hallberg et al., 2015). A TCCi ou TCCc autoguiada ou com intervenção de um terapeuta também tem ampliado suas evidências científicas, sendo considerada um método efetivo e seguro na diminuição das barreiras que impedem o acesso à saúde mental (Wilhelm et al., 2020).

Em uma metanálise com 64 estudos comparativos de intervenções para transtornos de ansiedade e depressão, a TCCc apresentou a capacidade de fornecer cuidados de saúde eficazes e práticos para indivíduos que poderiam, de outra maneira, ficar sem algum tipo de tratamento. Os resultados encontrados foram superiores aos grupos-controle, com resultados similares à TCC presencial e com benefícios de curto a longo prazo e efeitos de tamanho significativos (Andrews et al., 2018). A partir de um ensaio clínico randomizado (ECR), Spence et al. (2011) também demonstraram que a TCCi com mínimo suporte do terapeuta é tão eficaz quanto a TCC presencial para o tratamento de ansiedade em adolescentes.

A maioria dos ASMs disponíveis utiliza ferramentas e técnicas da TCC na proposta de intervenção, mas não são necessariamente definidos como aplicativos de TCC. Embora a maior parte das pesquisas sobre essa abordagem tenha como foco os resultados decorrentes da psicoterapia mediada por um profissional, seus princípios formam a base de muitas intervenções autoguiadas (Bakker et al., 2016). A partir de uma extensa revisão da literatura, os autores também fazem algumas recomendações baseadas em evidências para o desenvolvimento de ASMs. A primeira delas é a indicação da TCC como teoria de base, considerando a eficácia das intervenções. Em 2019, uma revisão identificou 68 aplicativos de TCC existentes entre 2014 e 2018, sendo essa considerada a abordagem predominante dos ASMs. O principal foco desses aplicativos era promover mudanças de comportamento e as principais técnicas utilizadas eram manejo de emoções, resolução de problemas, reestruturação cognitiva, ativação comportamental, programação de atividades, treino de assertividade e estratégias de enfrentamento (Hansen & Scheier, 2019).

Os ASMs podem abordar diferentes aspectos do tratamento, oferecendo uma gama de intervenções em diferentes níveis de cuidado (Wilhelm et al., 2020), como *mindfulness* e reestruturação cognitiva (Bostock et al., 2019; Mohr et al., 2017), intervenção e prevenção para depressão (Buntrock et al., 2016), tratamento para tabagismo (BinDhim et al., 2017), apoio a crianças e adolescentes com familiares com câncer (Mehdizadeh et al., 2019), e mesmo combinados com tratamentos presenciais (Ventura & Chung, 2019) ou com suporte de um terapeuta sob demanda do usuário (Dahlin et al., 2020).

O número de evidências para os ASMs disponíveis, ainda que muito baixo (Wilhelm et al., 2020), vem crescendo substancialmente, com achados robustos para depressão e ansiedade. De acordo com o relatório de Aitken et al. (2017), o uso de *apps* de SD direcionados para grupos específicos de pacientes (p. ex., diabetes, asma, reabilitação cardíaca e pulmonar) poderia "salvar o sistema de saúde público e privado do Reino Unido" devido à economia decorrente da redução do uso de cuidados intensivos. Desde 2007, 571 estudos de eficácia para SD foram publicados, com 234 ECRs e 20 estudos quantitativos de metanálise.

Revisões sistemáticas sugerem eficácia, efetividade e aceitação de intervenções via ASMs (Batra et al., 2017; Firth et al., 2017). Os ASMs demonstraram efetividade como intervenção e prevenção ou como ferramenta complementar à psicoterapia, demonstrando resultados superiores aos de grupos-controle, com potencial para serem usados no tratamento de doenças mentais graves (Batra et al., 2017). Os ECRs também demonstram a eficácia do uso de ASMs para redução de sintomas depressivos (Watts et al., 2013), de ansiedade social (Dagöö et al., 2014) e na melhora do bem-estar e do humor (Bostock et al., 2019).

O estudo de Bostock et al. (2019) é um exemplo de como intervenções pontuais baseadas em evidências e realizadas via ASMs podem melhorar a saúde mental com efeitos potencialmente duradouros. A partir de um ECR com 238 profissionais da área da saúde, foi proposta uma intervenção de oito semanas com um aplicativo para meditação/*mindfulness*, com comparação posterior com grupo-controle em lista de espera. Os participantes do grupo experimental realizaram uma meditação por dia durante a intervenção e completaram, em média, 17 sessões de meditação. Os resultados indicaram uma melhora significativa em termos de bem-estar, sintomas de ansiedade e depressão, tensão e percepções de apoio social no local de trabalho em comparação com o grupo-controle. Além disso, o grupo de intervenção teve um resultado significativo na diminuição da pressão arterial.

Apesar do surgimento de resultados promissores, Weisel et al. (2019) sugerem, a partir de uma metanálise, que ainda existem parcas evidências para a recomendação de aplicativos utilizados de maneira autoguiada como substitutos de tratamentos convencionais. Os autores encontraram 19 estudos elegíveis que avaliavam a eficácia de ASMs e que haviam sido desenvolvidos para tratar sintomas psicológicos em ECRs. Os resultados mostraram que apenas os efeitos no tratamento da depressão e do tabagismo foram significativos. No entanto, não parece haver uma tendência de substituição por ASMs de intervenções psicoterápicas de maior intensidade e com contrato terapêutico com um profissional. Parece haver um entendimento de que intervenções de baixa intensidade com ASMs podem assegurar algum nível de cuidado para indivíduos que encontram barreiras no acesso a tratamento, além de psicoeducação, motivação para procurar ajuda mais especializada e facilitação e engajamento em tratamentos já realizados.

Exemplos de aplicação

Como mencionado, são muitos os aplicativos disponíveis atualmente na área da saúde como um todo. O objetivo desta seção é apresentar alguns ASMs, a maioria com avaliação pelo *site* One Mind PsyberGuide (https://onemindpsyberguide.org/apps/). Entre os indicados no *site*, selecionamos aqueles que apresentavam notas elevadas e transparência aceitável. Os *apps* aqui descritos podem ser utilizados de maneira autoguiada ou como ferramenta complementar a um tratamento que já venha sendo realizado. Sugere-se que o terapeuta faça o *download* dos *apps* e os teste antes de sugeri-los aos pacientes.

Headspace (www.headspace.com/pt)

É considerado um dos aplicativos com mais *downloads* no mundo. É baseado em técnicas de *mindfulness* e meditação, com sessões guiadas por áudios e vídeos gravados, cujo objetivo é auxiliar em práticas meditativas, sono, atividades físicas e foco. O aplicativo foi desenvolvido para ser utilizado de maneira autoguiada por iniciantes, inclusive crianças. O objetivo é praticar ao menos 10 minutos por dia no início, com gradual aumento das sessões conforme o usuário avança no programa. O *app* oferece uma interface bastante atrativa e de fácil usabilidade, possuindo uma das melhores notas entre os ASMs para *mindfulness*.

Existem diversos artigos publicados avaliando sua eficácia, demonstrando benefícios em diversos aspectos do bem-estar psicológico (Economides et al., 2018), com estudos controlados randomizados indicando redução de sintomas depressivos (Howells et al., 2016) e aumento do bem-estar (Bostock et al., 2019). Em 2018, obteve a impressionante marca de 20 milhões de *downloads* e foi avaliado em 2015 como o aplicativo com melhor qualidade de acordo com os critérios da escala MARS (Mani et al., 2015).

Calm (www.calm.com/pt)

Eleito um dos melhores aplicativos de 2016 pelo *site* Healthline e pelo jornal The Guardian e destacado como escolha do editor pelo Google em 2018, o aplicativo tem como objetivo oferecer uma introdução à meditação, com um curso de sete sessões de 10 minutos cada uma. A versão completa do *app* conta com diversos programas, com foco em manejo de estresse, ansiedade, melhora do sono, foco, autoestima e gratidão. Possui também funcionalidades como músicas e imagens relaxantes, além de vídeos, histórias e áudios gravados com estratégias baseadas em *mindfulness*. Sua interface tem estética convidativa e boa usabilidade.

Foi o aplicativo de meditação com maior número de *downloads* entre 2018 e 2019. Entre mais de 12 mil usuários, 84% relataram melhoras na saúde mental global, 81%, redução no estresse observado, e 73% indicaram melhora no sono (Huberty et al., 2019).

CogniFit (https://www.cognifit.com/br)

Com foco no embasamento científico, o CogniFit tem uma metodologia neurocientífica com diferentes programas baseados em jogos para estimulação de tarefas cognitivas, como memória, atenção, percepção, raciocínio e coordenação. Diversas informações são disponibilizadas ao usuário acerca da metodologia utilizada e de maneira psicoeducativa sobre os conteúdos. Os objetivos também podem ser personalizados, e o usuário pode acompanhar sua evolução no programa e comparar seu progresso com pares. Existem diversas publicações avaliando a eficácia do *app* na função cognitiva e em outros domínios psicológicos (https://www.cognifit.com/br/neurociencia), com estudos randomizados publicados atestando sua eficácia sobre a melhora de funções executivas em idosos (Peretz et al., 2011; Shatil, 2013). O aplicativo está disponível em português.

Happify (https://www.happify.com/)

O objetivo do Happify é o desenvolvimento de estratégias de manejo emocional, focando em tristeza, ansiedade e estresse, com técnicas e programas da PBE (psicologia positiva, *mindfulness* e TCC). Por meio de atividades e jogos, se propõe a engajar o usuário no caminho para o aumento do bem-estar emocional. O aplicativo utiliza um questionário inicial para melhor adaptação de programas e sugestões. Há também um treinador de inteligência artificial (IA) presente para ajudar a orientar os usuários. A interface é bastante amigável e agradável, condizente com o foco da empresa em relação à facilidade.

O *app* também conta com uma comunidade para que os usuários possam se comunicar e compartilhar sua experiência. Além de oferecer diversas informações e exercícios, também inclui técnicas de entrevista motivacional, o que pode contribuir para o engajamento do usuário. Em um ECR com quatro grupos – dois de usuários do *app* em menor e maior grau, e dois de psicoeducação em maior e menor grau –, concluiu-se que o *app* aumenta o bem-estar ao reduzir depressão e ansiedade e aumentar a resiliência (Parks et al., 2018).

SuperBetter (https://www.superbetter.com/)

O aplicativo utiliza a gamificação como estratégia de engajamento em mudanças de comportamento, com o objetivo de ajudar as pessoas a aumentar sua resiliência física, mental, emocional e social. Os usuários marcam pontos conforme vão avançando em tarefas e convidando outros usuários, uma vez que o aplicativo funciona também como uma plataforma de interação social. Um objetivo pode ser traçado no início, para atingir a "vitória épica" que se deseja alcançar ao se completar a meta estabelecida. São disponibilizadas informações acerca do embasamento científico das áreas de atenção do *app*, mas o foco é na experiência do jogo sobre a motivação do usuário.

Até o momento, o *app* conta apenas com versão na língua inglesa. Em 2015, foi realizado um ECR avaliando a eficácia de uma versão focada em sintomas depressivos, a partir de princípios da TCC e da psicologia positiva. Comparou-se um grupo em lista de espera, um grupo de usuários do aplicativo adaptado para depressão e outro que utilizou o aplicativo na versão original. Observou-se a diminuição de sintomas depressivos em pacientes que utilizaram o aplicativo em qualquer forma, sem diferença entre a versão adaptada e a versão original (Roepke et al., 2015).

MoodMission (https://moodmission.com/)

O MoodMission foi projetado para capacitação de indivíduos no manejo de sintomas de depressão, ansiedade e estresse, e prevenção de transtornos relacionados. A partir das respostas em relação ao humor do usuário, são sugeridas cinco "missões" rápidas e baseadas em princípios da TCC. A interface do *app* é bastante agradável, e diversas informações são apresentadas ao longo do uso. Possui *links* de apoio para serviços de saúde, mas até o momento não se encontra traduzido ou adaptado para o contexto brasileiro. Um ECR indicou melhoras nos sintomas depressivos dos usuários investigados (Bakker et al., 2018).

Os aplicativos a seguir não constam no guia do One Mind PsyberGuide.

Cogni App (www.cogniapp.com)

Este aplicativo brasileiro foi desenvolvido de acordo com a terapia cognitiva e serve como registro de pensamentos disfuncionais para o paciente. Sua principal função é a produção de um diário de pensamentos disfuncionais, que pode ser compartilhado com o terapeuta. Sua interface é bastante simples e de fácil usabilidade, possuindo uma gama de emoções a serem selecionadas no momento do registro, o que também auxilia na psicoeducação de emoções dos pacientes.

Tools4Life (www.tools4life.com.br)

Este aplicativo, também brasileiro, é destinado para terapeutas e pacientes e tem diversas funcionalidades. Nele é possível monitorar os registros dos pacientes, mas também das próprias competências terapêuticas, além de um espaço para registro da conceitualização de casos. O paciente pode registrar pensamentos, utilizar técnicas para evitar procrastinação, realizar tomada de decisão e experimentos comportamentais, além de registrar o plano de ação da terapia. Lembretes e dicas também são gerados e existe um espaço para registros da terapia, entre outras funções.

Saúde mental na era das redes sociais

Passamos tempo considerável de nosso dia utilizando telefones celulares. Na última década, nos deparamos com uma mudança drástica em nosso comportamento individual e em situações sociais de lazer e trabalho por conta das novas possibilidades que os dispositivos móveis trouxeram. O uso dos *smartphones* ocupa, por vezes, mais tempo que o planejado, podendo inclusive gerar conflitos em relacionamentos pelo uso exagerado. No entanto, o que contribui para o uso excessivo são as funcionalidades disponíveis. Um dos principais usos de *smartphones* é o acesso a aplicativos de redes sociais. As mídias sociais englobam plataformas que promovem a interação *on-line*. Além das mais conhecidas, como Facebook, YouTube, WhatsApp, Instagram, Twitter e TikTok, existem também os blogs, *sites* específicos, fóruns de discussão, como o Reddit, e jogos.

Até meados de 2021, estima-se que 57% da população mundial era usuária de alguma rede social, com uma média diária de uso de 2h30. Isso corresponde a aproximadamente 15% das horas em que estamos despertos em nossa vida. O Brasil ocupa a terceira posição no *ranking* de populações que mais passam tempo nesse tipo de aplicativo ou *site*, com 70,3% de usuários e uma média diária de 3h42 (DataReportal, 2021).

As repercussões dessas mudanças em nosso comportamento e cotidiano sobre a saúde mental ainda estão sendo avaliadas, mas uma variedade de estudos longitudinais, transversais e empíricos apontam uma relação entre o uso elevado de *smartphones* e mídias sociais e o sofrimento psicológico, com maior engajamento em comportamentos autolesivos, suicídio, privação de sono, diminuição do controle cognitivo, *performance* acadêmica e funcionamento socioemocional entre jovens, por exemplo (Abi-Jaoude et al., 2020; Billieux, 2012).

É de conhecimento público que plataformas de mídias sociais têm sido desenhadas com o propósito de promover o reforçamento de comportamentos aditivos, utilizando-se as neurociências, ciências do comportamento e de inteligência artificial para atingir esse fim (Basen, 2018; Wilhelm et al., 2020). O desenvolvimento de um *design* sofisticado permitiu a exploração de funcionalidades que influenciam o sistema de recompensas cerebral, como, por exemplo, os botões de *likes* ou curtidas, que proporcionam *feedback* para o conteúdo publicado por um usuário. Receber ou dar *likes* é, portanto, muito reforçador, e aumenta consideravelmente o uso das mídias sociais e, por consequência, o uso dos dispositivos móveis (Sherman et al., 2018). O uso das redes sociais também é intensificado pelas notificações recebidas sobre mensagens e novas publicações e pelo uso do "*scroll* infinito", que é o carregamento automático das publicações e conteúdos de uma página. Todas essas "facilidades" contribuem para um engajamento de sucesso nas redes.

No entanto, se os efeitos adversos do uso excessivo das redes têm sido amplamente discutidos, muito tem sido falado sobre seu uso para promoção de conteúdos de saúde. Diversos perfis e *sites*, programas e aplicativos da área da saúde mental têm sido desenvolvidos, contribuindo para a conscientização sobre temas da área, adesão a intervenções e mesmo ampliação de ferramentas terapêuticas, e podem levar ao aumento do engajamento do indivíduo a partir da exploração das funcionalidades citadas.

Em uma rápida busca em plataformas como Instagram, Facebook e TikTok, foram encontrados diversos perfis, profissionais ou não, que divulgam amplamente temas e informações sobre saúde mental. Duas questões importantes são levantadas a partir desse cenário: qual é o papel das redes sociais na saúde mental? E qual é o papel de profissionais da saúde dentro e fora das redes? É explícita a possibilidade de psicoeducação e ampliação do conhecimento da população sobre tópicos fundamentais no cuidado da saúde mental, mas tem-se percebido uma dificuldade no gerenciamento da qualidade dos conteúdos, devido à rapidez com que informações erradas e danosas podem se espalhar.

A depender da visibilidade do usuário que faz a divulgação, milhões de pessoas podem estar consumindo determinado conteúdo. Assim, estamos diante de um desafio, talvez insuperável: o controle sobre esses conteúdos, especialmente quando não são propagados por profissionais. No caso de profissionais da saúde, também se faz necessário pensar sobre questões éticas relacionadas ao uso de redes sociais: quais são os limites profissionais da exposição *on-line* e quando a autopromoção do trabalho acontece de maneira antiética? Nesse sentido, é necessário ampliar as recomendações éticas e a fiscalização dos conselhos das classes de saúde mental, mas também repensar qual é o papel que os próprios profissionais irão desempenhar nesse espaço. Apesar da necessidade de ajustes, é possível concluir que estar fora do espaço digital, como profissional da saúde, não é mais uma escolha.

As redes sociais também estão emergindo como um recurso para a discussão de transtornos do humor, proporcionando informação e apoio social e contribuindo para a redução de estigmas (Parikh & Huniewicz, 2015). Muitas iniciativas já existem e têm se desenvolvido para a ampliação do conhecimento sobre saúde mental. Citamos aqui o exemplo do projeto "TCC para a Comunidade" (https://www.instagram.com/tccparaacomunidade), que tem como objetivo democratizar o acesso a conteúdos da TCC. O projeto oferece sugestões de livros, vídeos, *podcasts* e *posts* informativos, contando também com a inclusão de alunos de graduação de psicologia, além de docentes, pesquisadores e pós-graduandos. Por estar baseado na rede social Instagram, o projeto também pode servir como um espaço de conversa e discussão com os profissionais responsáveis e entre pessoas que têm interesses em comum.

Assim, embora exista o impacto humanístico positivo das redes sociais na crise global de saúde mental, recomendações e considerações deste espaço para pacientes devem ser feitas com cautela. A internet tem o poder de fornecer recursos disponíveis 24/7 e permite superar barreiras no acesso a informação e intervenções, mas cabe ao profissional selecionar essas informações da melhor maneira possível para seus pacientes e para a comunidade (Parikh & Huniewicz, 2015).

CONSIDERAÇÕES FINAIS

Com a popularização da internet e dos dispositivos móveis nas últimas décadas, nos deparamos com transformações profundas e globais no modo como nos organizamos como sociedade e no modo como promovemos saúde. Como apresentado, essa revolução tem se mostrado promissora para melhorar a acessibilidade em intervenções baseadas em evidências, e o desenvolvimento de ASMs eficazes e seguros vem crescendo. Intervenções *on-line* assíncronas e de baixa intensidade não parecem ter o intuito de substituir o contato profissional síncrono, mas parecem ser uma possibilidade para a garantia de algum nível de cuidado para indivíduos que encontram barreiras de acesso a tratamento, além de promover o aumento do engajamento e a ampliação de ferramentas terapêuticas para intervenções tradicionais.

Vivemos uma nova era da psicologia, e o campo das intervenções de SD e via ASMs marca este momento. Compreende-se que é essencial ampliar discussões e conhecimento sobre o ambiente *on-line* e assegurar o desenvolvimento de um espaço ético e baseado em evidências. Além disso, é inevitável compreender que novos conhecimentos serão incorporados aos da psicologia e da psiquiatria, principalmente por profissionais da área tecnológica. As informações sobre saúde mental também começam a ser produzidas e difundidas por novos espaços digitais, especialmente nas redes sociais.

Concluímos que esse também será um novo espaço a ser incorporado ao campo da saúde mental. Cabe a nós, como profissionais, garantir a ética e a segurança das informações expostas e buscar na internet a capacidade de superar barreiras no acesso a essas informações e intervenções. Não há como retornar a um mundo sem dispositivos digitais ou redes sociais. Essa reflexão, no entanto, não é pessimista. Acredita-se que, neste momento, uma nova era se inicia, e muitos ajustes e transformações ainda serão feitos. Considera-se que a tecnologia é uma aliada indispensável na diminuição da desigualdade de acesso a intervenções psicoterápicas de qualidade, mas cabe a nós, profissionais da área, ocuparmos de forma adequada o espaço digital da saúde mental. Como pesquisadores, devemos entender que a forma de trabalhar com ASMs é multidisciplinar, e nosso papel é diminuir preconceitos da área a partir da PBE e explorar todos os recursos incríveis que estão surgindo com a transformação digital.

REFERÊNCIAS

Abi-Jaoude, E., Naylor, K. T., & Pignatiello, A. (2020). Smartphones, social media use and youth mental health. *Canadian Medical Association Journal, 192*(6), e136-e141.

Aitken, M., Clancy, B., & Nass, D. (2017). *The growing value of digital health in the United Kingdom: Evidence and impact on human health and the healthcare system*. IQVIA. https://www.iqvia.com/insights/the-iqvia-institute/reports/the-growing-value-of-digital-health-in-the-united-kingdom

American Dialect Society News. (2011). "App" voted 2010 word of the year by the American Dialect Society (UPDATED). https://www.americandialect.org/app-voted-2010-word-of-the-year-by-the-american-dialect-society-updated

Andrews, G., Basu, A., Cuijpers, P., Craske, M. G., McEvoy, P., English, C. L., & Newby, J. M. (2018). Computer therapy for the anxiety and depression disorders is effective, acceptable and practical health care: an updated metaanalysis. *Journal of Anxiety Disorders, 55*, 70-78.

Bakker, D., Kazantzis, N., Rickwood, D., & Rickard, N. (2016). Mental health smartphone apps: Review and evidence-based recommendations for future developments. *JMIR Mental Health, 3*(1), e7.

Bakker, D., Kazantzis, N., Rickwood, D., & Rickard, N. (2018). A randomized controlled trial of three smartphone apps for enhancing public mental health. *Behaviour Research and Therapy, 109*, 75-83.

Basen, I. (2018). You can't stop checking your phone because Silicon Valley designed it that way. CBC Radio. www.cbc.ca/radio/thesundayedition /the-sunday-edition-september-16-2018-1.4822353/you-can-t-stop-checking-your -phone-because-silicon-valley-designed-it-that-way-1.4822360

Batra, S., Baker, R. A., Wang, T., Forma, F., DiBiasi, F., & Peters-Strickland, T. (2017). Digital health technology for use in patients with serious mental illness: A systematic review of the literature. *Medical Devices (Auckland, N. Z.), 10*, 237-251.

Billieux, J. (2012). Problematic use of the mobile phone: A literature review and a pathways model. *Current Psychiatry Reviews, 8*, 299-307.

BinDhim, N. F., McGeechan, K., & Trevena, L. (2018). Smartphone Smoking Cessation Application (SSC App) trial: A multicountry double-blind automated randomised controlled trial of a smoking cessation decision-aid 'app'. *BMJ Open, 8*(1), e017105.

Bostock, S., Crosswell, A. D., Prather, A. A., & Steptoe, A. (2019). Mindfulness on-the-go: Effects of a mindfulness meditation app on work stress and well-being. *Journal of Occupational Health Psychology, 24*(1), 127-138.

Bower, P., & Gilbody, S. M. (2005). Getting the biggest bang for your (limited) buck: Issues in the implementation and evaluation of stepped care in psychological therapies in the NHS. *British Journal of Psychiatry, 186*, 11-18.

Buntrock, C., Ebert, D. D., Lehr, D., Smit, F., Riper, H., Berking, M., & Cuijpers, P. (2016). Effect of a web-based guided self-help intervention for prevention of major depression in adults with subthreshold depression: A randomized clinical trial. *Journal of the American Medical Association, 315*(17), 1854-1863.

Comitê Gestor da Internet no Brasil (CGI). (2020). *TIC Kids On-line Brasil 2019: Pesquisa sobre o uso da Internet por crianças e adolescentes no Brasil*. CGI. https://www.cetic.br/media/docs/publicacoes/2/20201123093344/tic_kids_online_2019_livro_eletronico.pdf

Dagöö, J., Asplund, R. P., Bsenko, H. A., Hjerling, S., Holmberg, A., Westh, S., ... Andersson, G. (2014). Cognitive behavior therapy versus interpersonal psychotherapy for social anxiety disorder delivered via smartphone and computer: A randomized controlled trial. *Journal of Anxiety Disorders, 28*(4), 410-417.

Dahlin, M., Carlbring, P., Håkansson, A., & Andersson, G. (2020). Internet-based self-help using automatic messages and support on demand for generalized anxiety disorder: An open pilot study, *Digital Psychiatry, 3*(1), 12-19.

DataReportal. (2021). *Digital 2021: Global overview report*. https://datareportal.com/reports/digital-2021-global-overview-report

Demyttenaere, K., Bruffaerts, R., Posada-Villa, J., Gasquet, I., Kovess, V., Lepine, J. P., & Kikkawa, T. (2004). Prevalence, severity, and unmet need for treatment of mental disorders in the World Health Organization World Mental Health Surveys. *Journal of the American Medical Association, 291*(21), 2581-2590.

Economides, M., Martman, J., Bell, M. J., & Sanderson, B. (2018). Improvements in stress, affect, and irritability following brief use of a mindfulness-based smartphone App: A randomized controlled trial. *Mindfulness (N Y), 9*(5), 1584-1593.

Eysenbach, G. (2001). What is e-health? *Journal of Medical Internet Research, 3*(2), e20.

Firth, J., Torous, J., Nicholas, J., Carney, R., Rosenbaum, S., & Sarris, J. (2017). Can smartphone mental health interventions reduce symptoms of anxiety? A meta-analysis of randomized controlled trials. *Journal of Affective Disorders, 218*, 15-22.

Hallberg, S. C. M., Lisboa, C. S. M., Souza, D. B., Mester, A. B., Zambon, A., Strey, A. M., & Silva, C. S. (2015). Systematic review of research investigating psychotherapy and information and communication technologies. *Trends in Psychiatry and Psychotherapy, 37*(3), 118-125.

Hansen, W. B., & Scheifer, L. M. (2019). Specialized smartphone intervention apps: Review of 2014 to 2018 NIH Funded Grants. *Journal of Medical Internet Research mHealth and uHealth, 7*(7), e14655.

Harvey, A. G., & Gumport, N. B. (2015). Evidence-based psychological treatments for mental disorders: Modifiable barriers to access and possible solutions. *Behaviour Research and Therapy, 68*, 1-12.

Howells, A., Ivtzan, I., & Eiroa-Orosa, F. J. (2016). Putting the "app" in Happiness: A randomised controlled trial of a smartphone-based mindfulness intervention to enhance wellbeing. *Journal of Happiness Studies, 17*(1), 163-185.

Huberty, J., Vranceanu, A. M., Carney, C., Breus, M., Gordon, M., & Puzia, M. E. (2019). Characteristics and usage patterns among 12,151 paid subscribers of the calm meditation app: Cross-sectional survey. *JMIR mHealth and uHealth, 7*(11), e15648.

Mani, M., Kavanagh, D. J., Hides, L., & Stoyanov, S. R. (2015). Review and evaluation of mindfulness-based iphone apps. *JMIR Mhealth and Uhealth, 3*(3), e82.

Mehdizadeh, H., Asadi, F., Mehrvar, A., Nazemi, E., & Emami, H. (2019). Smartphone apps to help children and adolescents with cancer and their families: A scoping review. *Acta Oncologica, 58*(7), 1003-1014.

Mohr, D. C., Tomasino, K. N., Lattie, E. G., Palac, H. L., Kwasny, M. J., Weingardt, K., & Schueller, S. M. (2017). IntelliCare: An eclectic, skills-based app suite for the treatment of depression and anxiety. *Journal of Medical Internet Research, 19*(1), e10.

Muñoz, R. F., Chavira, D. A., Himle, J. A., Koerner, K., Muroff, J., Reynolds, J., ... Schueller, S. M. (2018). Digital apothecaries: A vision for making health care interventions accessible worldwide. *mHealth, 4*(18), 1-13.

Oh, H., Rizo, C., Enkin, M., & Jadad, A. (2005). What is eHealth: A systematic review of published definitions. *Journal of Medical Internet Research, 7*(1), e1.

Parikh, S. V., & Huniewicz, P. (2015). E-health: An overview of the uses of the Internet, social media, apps, and websites for mood disorders. *Current Opinion in Psychiatry, 28*(1), 13-17.

Parks, A. C., Williams, A. L., Tugade, M. M., Hokes, K. E., Honomichl, R. D., & Zilca, R. D. (2018). Testing a scalable web and smartphone based intervention to improve depression, anxiety, and resilience: A randomized controlled trial. *International Journal of Wellbeing, 8*(2), 22-67.

Peretz, C., Korczyn, A., Shatil, E., Aharonson, V., Birnboim, & Giladi, N. (2011). Computer-based, personalized cognitive training versus classical computer games: A randomized double-blind prospective trial of cognitive stimulation. *Neuroepidemiology, 36*(2), 91-99.

Resolução nº 11, de 11 de maio de 2018. (2018). Regulamenta a prestação de serviços psicológicos realizados por meios de tecnologias da informação e da comunicação e revoga a Resolução CFP N.º 11/2012. https://site.cfp.org.br/wp-content/uploads/2018/05/RESOLU%C3%87%C3%83O-N%C2%BA-11-DE-11-DE-MAIO-DE-2018.pdf

Roepke, A. M., Jaffee, S. R., Riffle, O. M., McGonigal, J., Broome, R., & Maxwell B. (2015). Randomized controlled trial of SuperBetter, a smartphone-based/internet-based self-help tool to reduce depressive symptoms. *Games for Health Journal, 4*(3), 235-246.

Sardi, L., Idri, A., & Fernandez-Aleman, J. L. (2017). A systematic review of gamification in e-Health. *Journal of Biomedical Informatics, 71*, 31-48.

Shatil, E. (2013). Does combined cognitive training and physical activity training enhance cognitive abilities more than either alone? A four-condition randomized controlled trial among healthy older adults. *Frontiers in Aging Neurosciences, 5*(8).

Sherman, L. E., Hernandez, L. M., Greenfield, P. M., & Dapretto, M. (2018). What the brain 'Likes': Neural correlates of providing feedback on social media. *Social Cognitive and Affective Neuroscience, 13*(7), 699-707.

Spence, S. H., Donovan, C. L., March, S., Gamble, A., Anderson, R. E., Prosser, S., & Kenardy, J. (2011). A randomized controlled trial of *on-line* versus clinic-based CBT for adolescent anxiety. *Journal of Consulting and Clinical Psychology, 79*(5), 629-642.

Stoyanov, S. R., Hides, L., Kavanagh, D. J., Zelenko, O., Tjondronegoro, D., & Mani, M. (2015). Mobile App Rating Scale: A new tool for assessing the quality of health mobile apps. *JMIR mHealth and uHealth, 3*(1), e27.

Ventura, J., & Chung, J. (2019). The Lighten Your Life Program: An educational support group intervention that cbt in the digital age 13 used a mobile app for managing depressive symptoms and chronic pain. *Journal of Psychosocial Nursing and Mental Health Services, 57*(7), 39-47.

Watts, S., Mackenzie, A., Thomas, C., Griskaitis, A., Mewton, L., Williams, A., & Andrews, G. (2013). CBT for depression: A pilot RCT comparing mobile phone vs. computer. *BMC Psychiatry, 13,* 49.

Weisel, K. K., Fuhrmann, L. M., Berking, M., Baumeister, H., Cuijpers, P., & Ebert, D. D. (2019). Standalone smartphone apps for mental health - a systematic review and meta-analysis. *NPJ Digital Medicine, 2,* 118.

Wilhelm, S., Weingarden, H., Ladis, I., Braddick, V., Shin, J., & Jacobson, N. C. (2020). Cognitive-behavioral therapy in the digital age: Presidential address. *Behavior Therapy, 51*(1), 1-14.

World Health Organization (WHO). (2011). *mHealth: New horizons for health through mobile technologies.* https://apps.who.int/iris/bitstream/handle/10665/44607/9789241564250_eng.pdf?sequence=1&isAllowed=y

World Health Organization (WHO). (2021). *Global strategy on digital health 2020-2025.* https://www.who.int/docs/default-source/documents/gs4dhdaa2a9f352b0445bafbc79ca799dce4d.pdf

Leitura recomendada

Wilhelm, S., Weingarden, H., Greenberg, J., McCoy, T. H., Ladis, I., Summers, B. J., & Harrison, O. (2019). Development and pilot testing of a cognitive behavioral therapy digital service for body dysmorphic disorder. *Behavior Therapy, 51*(1), 1-12.

17

Intervenções *on-line*:
desafios e oportunidades rumo ao compromisso social da psicologia

Karen P. Del Rio Szupszynski
Priscila Cristina Barbosa Fidelis
Gabriel Melani Neves Costa
Carmem Beatriz Neufeld

As intervenções *on-line* têm tido sua eficácia demonstrada em diferentes contextos e para diferentes populações, conforme dados das literaturas nacional e internacional. Essa modalidade traz como grande diferencial a possibilidade de oferecer programas de prevenção e tratamento para um número maior de pessoas, em situações em que o acesso a serviços de saúde mental talvez seria de grande dificuldade (Andersson & Titov, 2014; Baumeister et al., 2014).

Muñoz et al. (2018) destacam o fato de que, por muitos anos, a psicologia desenvolveu-se e mostrou-se efetiva para os tratamentos de diferentes problemas psicológicos. No entanto, os autores refletem sobre o grande número de pessoas que passa por importante sofrimento psicológico e não tem acesso a acompanhamentos adequados e com validade científica confirmada. Esse questionamento deve tornar-se ainda mais relevante em países em desenvolvimento, nos quais um percentual significativo da população carece de atenção básica à saúde/saúde mental. Pensando nessas condições, é importante nos questionarmos: "Quem tem acesso à saúde em países como o Brasil e outros países latino-americanos?".

Conforme visto em diferentes capítulos deste livro, as intervenções *on-line* iniciaram seu desenvolvimento na década de 1990, momento que a internet começou a popularizar-se em alguns países e inúmeros pesquisadores e profissionais passaram a ter acesso a essa nova ferramenta. Diferentes formatos começaram a ser pensados e testados, como as intervenções por *e-mail*, *sites* e a própria psicoterapia na modalidade *on-line*. Esse "novo horizonte" avistado pelos pesquisadores desenhava-se como uma oportunidade de ampliar o alcance da psicologia na vida das pessoas e, assim, promover mais qualidade de vida e bem-estar para um número maior de indivíduos.

Em uma publicação sobre "Boticários Digitais", Muñoz et al. (2018) reforçam a ideia de que é necessário que informações em saúde mental cheguem até as pessoas com menos condições socioeconômicas. Eles sugerem e defendem esses "Boticários Digitais" como uma forma de concentrar em uma página *web* diferentes intervenções que tenham efetividade e que a população geral possa acessar de forma gratuita e segura. Todas as intervenções disponíveis deveriam ter estudos de evidências, proporcionando um serviço de qualidade e fácil acesso. Além disso, os autores trazem a ideia de intervenções consumíveis e não consumíveis. As intervenções consumíveis seriam aquelas que podem ser "usadas apenas uma vez", como uma sessão tradicional de psicoterapia ou mesmo um medicamento. Já as intervenções não consumíveis seriam aquelas que podem ser amplamente reutilizadas e úteis para um grande número de pessoas. Os autores caracterizam a psicoterapia presencial, a psicoterapia na modalidade *on-line* e as intervenções guiadas (com contato humano de um profissional geralmente via *chat*) como consumíveis. E, para eles, apenas as intervenções 100% autoguiadas seriam não consumíveis, pois, mesmo com um custo para sua criação e execução, não gerariam custos posteriores, principalmente para os usuários. Para Muñoz et al. (2018), essa forma de avaliar as intervenções é necessária e importante para que novos formatos possam ser pensados, especialmente para populações mais carentes, mas com algum nível de conectividade.

Essa perspectiva de ampliação de oferta de intervenções psicológicas tem perpassado a ideia de compromisso social e de disponibilidade ainda maior em situações que necessitem mobilizar mais a comunidade de profissionais da saúde mental. Um exemplo muito claro dessa necessidade foi exposto com a pandemia de covid-19, que impactou o mundo e impulsionou novos formatos de oferta de serviços relacionados à saúde em geral e à própria saúde mental.

Em março de 2020, a Organização Mundial da Saúde (OMS) declarou que o mundo enfrentava uma pandemia por covid-19. Durante esse período, foi observado, em um estudo com mais de 45 mil brasileiros, que quase metade das pessoas apresentava alteração do sono, tristeza e nervosismo frequentes. Outro estudo investigou a prevalência de sintomas psiquiátricos na população brasileira durante a pandemia e também identificou um aumento significativo nas alterações de sono, além de sintomas de ansiedade, depressão e estresse. Em ambos os estudos, mulheres, jovens, com renda e escolaridade baixas e histórico prévio de transtorno psiquiátrico compuseram o grupo mais vulnerável aos impactos da pandemia (Barros et al., 2020; Goularte et al., 2021).

Outro estudo, cujo objetivo foi quantificar o impacto da pandemia de covid-19 sobre a prevalência de transtornos de ansiedade e depressivo, indicou que a taxa de infecção diária por covid-19 e as medidas de distanciamento social foram associadas ao aumento da prevalência de transtorno depressivo maior e transtorno de ansiedade. As mulheres e os mais jovens foram os mais afetados. Estima-se que os locais com maior número de casos de covid-19 tiveram os maiores aumentos na prevalência de transtornos mentais, sendo estimados, no mundo todo, 53,2 milhões de casos de transtorno depressivo maior, um aumento de 27,6%, e 76,2 milhões de casos novos de transtornos de ansiedade, o que representa um aumento de 25,6% (Santomauro et al., 2021).

Uma pesquisa realizada no Brasil avaliou o impacto no acesso aos serviços de saúde mental durante a pandemia de covid-19. Entre março e agosto de 2020, foram 28% menos consultas ambulatoriais de saúde mental, totalizando 471.448 pessoas com atendimento suspenso. As intervenções em grupo e as hospitalizações foram reduzidas em 68 e 33%, respectivamente. Já as consultas de emergência em saúde mental e o atendimento domiciliar aumentaram 36 e 52%, respectivamente (Ornell et al., 2021).

Diante de situações sem precedentes como essa, é fundamental o desenvolvimento de estratégias para mitigar os efeitos da pandemia na saúde mental e para promover bem-estar. Nesse sentido, o Conselho Federal de Psicologia (CFP), em um comunicado à categoria, ressaltou que a atuação do psicólogo pode contribuir para orientar a população sobre as medidas de prevenção à covid-19 recomendadas pela OMS e esclarecer sobre mudanças de hábitos e emoções comuns no contexto atual (CFP, 2020). O código de ética profissional do psicólogo também prevê o chamamento para responsabilidade social da categoria em situações de calamidade pública ou emergência, ao estabelecer como dever do psicólogo prestar serviço nessas situações sem visar benefício pessoal (CFP, 2005).

A psicologia compreende que as condições de vida interferem no desenvolvimento, na saúde e no bem-estar dos indivíduos e que estes são capazes de intervir e transformar sua realidade ao ampliar seus conhecimentos sobre ela e compreendê-la. Os profissionais da psicologia, portanto, dispõem de conhecimento e práticas baseadas em evidências que auxiliam as pessoas a compreender e intervir na realidade conforme suas necessidades (Bock, 1999).

Cabe ressaltar, ainda, que a ciência e os campos profissionais constroem seus conhecimentos e suas ferramentas a partir das demandas sociais e, em contrapartida, ajudam a moldá-las (Bastos et al., 2013). Assim, os psicólogos têm o compromisso social de realizar intervenções para promover saúde na comunidade e contribuir para transformar as condições de vida a partir da perspectiva da ciência (Bock, 1999).

PSICOLOGIA DAS EMERGÊNCIAS E DESASTRES

Desastres naturais ou provocados pela ação humana (como terremotos, epidemias, pandemias, acidentes, ataques terroristas e guerras) são eventos que interrompem bruscamente o funcionamento cotidiano e podem ocasionar perdas humanas, materiais, econômicas e ambientais. Tais eventos podem ser diferentes em relação a duração, previsibilidade, intensidade e magnitude. Um incêndio, por exemplo, pode ser considerado uma emergência por representar um risco imediato à vida, enquanto desastres de maior magnitude podem ser considerados uma catástrofe (Noal et al., 2013). De acordo com a literatura, os mais diversos tipos de desastre têm um ponto em comum: o impacto na saúde mental das pessoas atingidas, em níveis variados de intensidade e gravidade (Inter-Agency Standing Committee [IASC], 2007; Organização Mundial da Saúde [OMS], 2006).

O desastre é um evento repentino, ameaçador e incontrolável que pode desencadear uma crise, ou seja, reações físicas, cognitivas, comportamentais e emocionais imediatas e intensas, e levar a um estado temporário de desequilíbrio e desorganização, relacionado com a falta de recursos pessoais e sociais para enfrentar a situação (Carvalho & Matos, 2016; Jacobs et al., 2016). Procuramos fazer uma breve distinção entre os termos "desastre", "emergência", "catástrofe" e "crise" porque encontramos sobreposições entre eles na literatura, o que representa um desafio para a produção de conhecimento na área (Noal et al., 2013).

Além do impacto psicológico imediato, a incidência de transtornos mentais tende a aumentar em médio e longo prazos, sendo os principais fatores de risco: a magnitude do desastre, o grau de vulnerabilidade psicossocial e a qualidade das ações psicossociais ofertadas (Noal et al., 2020). Portanto, intervenções psicossociais de qualidade durante e após situações de desastre são consideradas prioridade (IASC, 2007). Muitas intervenções são relatadas pela literatura, como, por exemplo, o Modelo de Intervenção em Crise, a Gestão do Estresse em Incidentes Críticos (CISM), o Modelo SAFER-R, Os Primeiros Cuidados Psicológicos (PCPs) e o modelo ACT (Brymer et al., 2006; Everly, 1996; Everly & Mitchell, 1997; Roberts, 2006; Roberts & Ottens, 2005).

As intervenções mencionadas seguem recomendações comuns: avaliar as condições de segurança; fornecer informações confiáveis; atender as necessidades básicas e de segurança, como alimentação, água, roupas e abrigo; explicar e normalizar as reações psicológicas; identificar e mobilizar os recursos pessoais prévios para lidar com situações de crise e proteger a saúde mental; conectar pessoas com sistemas de apoio e encaminhar casos graves para serviço especializado de saúde mental (Carvalho & Matos, 2016). E apresentam características comuns: intervenções imediatas e breves; com abordagem ativa e diretiva; com comunicação respeitosa, escuta ativa, empatia, clareza, franqueza e cordialidade; com ênfase no significado do desastre para as pessoas e na reação ao evento (Carvalho & Matos, 2016).

Por exemplo, os PCPs, também nomeados Primeiros Socorros Psicológicos, são recomendados pelo IASC (2007), comitê coordenado pela Organização das Nações Unidas (ONU) com o objetivo de definir prioridades estratégicas e mobilizar recursos em resposta a crises humanitárias. Os PCPs podem ser ofertados imediatamente, no primeiro contato com as pessoas atingidas por um desastre, ou após dias ou semanas, dependendo da duração e da gravidade da situação. As recomendações gerais são: oferecer apoio e cuidado práticos não invasivos; avaliar necessidades e preocupações; ajudar as pessoas a suprir suas necessidades básicas; escutá-las, sem pressioná-las a falar; confortá-las e ajudá-las a se sentirem calmas; auxiliá-las na busca de informações, serviços e suportes sociais; e protegê-las de danos adicionais. Para tanto, os três princípios básicos de ação dos PCPs são: observar, para enxergar e entrar em uma situação de crise com segurança; aproximar-se das pessoas afetadas; e escutar, para entender as necessidades dessas pessoas, bem como encaminhá-las para obter ajuda prática e informações disponíveis (IASC, 2007; OMS, 2015).

O IASC (2007) recomenda, ainda, a elaboração de um plano de cuidado amplo, com ações e níveis de apoio complementares, como: estratégias de intervenção psicossocial para a população em geral a fim de explicar e normalizar as reações psicológicas das pessoas ao evento e garantir as necessidades básicas e de segurança, como alimentação, roupas e abrigo; ações que aproximem as pessoas atingidas de redes de apoio comunitárias e familiares; serviços de suporte não especializado para atender uma parcela menor dos indivíduos que apresentam dificuldade para lidar com a situação de crise; e serviços especializados para atender as pessoas em condições graves, como intervenção psicológica e acompanhamento psiquiátrico. Portanto, os PCPs são parte de uma resposta mais ampla para crises humanitárias de grandes proporções.

Como vimos, a literatura relata diferentes modelos de intervenção psicológica em situações de desastre e crise, mas não há um consenso baseado em evidências. Um dos motivos é o desafio em conduzir estudos controlados em situações de desastre para avaliar a eficácia das intervenções (Carvalho & Matos, 2016). No entanto, há evidências de que as intervenções psicológicas impactam positivamente na forma como as pessoas lidam imediatamente com o desastre e previnem transtornos mentais em médio e longo prazos (Carvalho, 2011; DeAngelis, 2014).

PSICOLOGIA E COMPROMISSO SOCIAL

Diante da existência de protocolos internacionais para a atenção psicológica em situações de crise e da indicação do CFP para a participação dos psicólogos brasileiros em eventos de impacto social relevante, é essencial realizarmos uma reflexão sobre o papel e o compromisso social da psicologia com a população geral.

Desde a década de 1960, psicólogos brasileiros questionavam o alcance que a psicologia tinha no País. Yamamoto (2012) relembra que importantes publicações das décadas de 1960 e 1970 afirmavam que a psicologia era uma ciência autêntica e que necessitava ser oferecida a um número cada vez maior de pessoas, pois direcioná-la para apenas uma parcela da população seria "desvirtuar um instrumento de modificação social". O autor ainda destaca a importância da reflexão sobre compromisso social e prática psicológica, relação que impacta diretamente a transformação social e que reforça que todas as profissões interferem em um processo de transformação estrutural da sociedade. Em um exemplo mais minimalista, seria possível pensar que a ajuda fornecida a um paciente em uma intervenção psicológica (baseada em evidências) pode não apenas impactar a sua vida como a de todos que o rodeiam e o contexto no qual está inserido.

Bock et al. (2007) destacam a importância dos paradigmas sobre psicologia trazidos por Silvia Lane. Os autores enfatizam que Lane propunha que o conhecimento produzido na área deveria estar disponível e funcionar como um agente de mudança para a vida de todos, respeitando o potencial de transformação das ferramentas psicológicas. Essas reflexões impactaram profundamente a direção dos estudos e a prática em psicologia no Brasil, dando lugar a novas possibilidades de atuação, direcionada a uma faixa da população antes carente desse tipo de atenção.

Ao refletir sobre esses importantes conceitos, a literatura nacional (e internacional) aponta que a prática do psicólogo necessita ainda de ampliação em seu direcionamento. Desde a regulamentação da psicologia no Brasil, há o questionamento sobre seu papel social e sua capacidade de alcance. Ao pensar nas possibilidades que as intervenções *on-line* podem gerar e em sua base de efetividade comprovada por meio de estudos científicos, é fundamental uma discussão sobre o uso dessa modalidade como ferramenta de transformação social. Há bastante tempo é consenso que a "psicologia não cabe mais apenas no consultório", logo, cada profissional teria a missão de pensar no seu papel nesse grande, e já antigo, processo de transformação. Associar a potencialidade das intervenções *on-line* com a discussão sobre o compromisso social da psicologia poderia gerar ainda mais transformações em um âmbito macrossocial.

INTERVENÇÕES PSICOLÓGICAS *ON-LINE* DURANTE A PANDEMIA DE COVID-19

O impacto social da pandemia de covid-19 exigiu que os profissionais respondessem com ações que pudessem auxiliar nesse momento desafiador. Assim, diversos projetos foram criados a fim de oferecer apoio psicológico para a população durante esse período. Apresentamos aqui, a título de exemplo, três projetos realizados no Brasil, um com intervenções em grupo e dois com intervenções individuais, sendo todas as intervenções realizadas na modalidade *on-line*.

Cabe ressaltar que todos os serviços prestados, voluntários ou não, devem ser de qualidade, baseados em evidências científicas, respeitando os princípios éticos e os requisitos formais e legais do exercício profissional. Além disso, cada situação de crise é única e apresenta especificidades que variam em função do tipo de desastre. Portanto, as intervenções precisam ser adaptadas ao contexto, às normas sociais e à cultura local. Intervenções *on-line*, por exemplo, não eram recomendadas em situações de desastre, mas, durante a pandemia de covid-19, foi necessário adaptar as intervenções às medidas de distanciamento social impostas, e o CFP permitiu temporariamente a sua realização em situações de emergência e desastre (Resolução nº 4, 2020).

LaPICC contra covid-19

Os membros do Laboratório de Pesquisa e Intervenção Cognitivo-comportamental (LaPICC-USP), do Departamento de Psicologia da Faculdade de Filosofia, Ciências e Letras de Ribeirão Preto, da Universidade de São Paulo, estruturaram o projeto voluntário "LaPICC contra covid-19". O programa ofertou duas modalidades de atendimento *on-line*: intervenções psicoeducativas em terapia cognitivo-comportamental em grupo (TCCG) e em terapia focada na compaixão em grupo (TFCG). O projeto foi divulgado nas redes sociais do LaPICC e por aplicativos de mensagens. Mais de 200 pessoas se inscreveram para participar. Dados mais detalhados dessa ação de responsabilidade social do LaPICC são apresentados na íntegra em Neufeld et al. (2021) e Almeida et al. (2021).

As intervenções psicoeducativas em TCCG tinham como objetivo oportunizar a aprendizagem de estratégias de manejo de ansiedade e estresse para profissionais da saúde, pais, professores e população em geral. Ocorreram por videoconferência, em duas sessões de até 1h30 em uma mesma semana. Foram organizados sete grupos, compostos por quatro pessoas, em média, e conduzidos por uma única terapeuta.

As avaliações realizadas antes, durante e após a intervenção indicaram que os participantes obtiveram redução de sintomatologia de ansiedade e estresse, adquiriram habilidades de manejo de emoções desagradáveis de sentir e aumentaram comportamentos de autocuidado (Neufeld et al., 2021). Tais resultados contribuem com a avaliação do serviço prestado e oferecem ideias que poderiam ser implementadas em outros serviços de saúde no país.

A intervenção em TFCG visava desenvolver a capacidade de calma e de afiliação como maneira de regular o sistema de ameaças durante o enfrentamento da pandemia. O programa consistiu em uma adaptação do protocolo desenvolvido por Kirby et al. (2018). Foram organizados 12 grupos, com média de nove participantes em cada um, conduzidos por uma única terapeuta. As sessões, com duração de até 2h, ocorreram por videoconferência, três vezes na semana. Ao todo, o programa foi composto por nove sessões (Almeida et al., 2021).

Foram avaliados índices de depressão, ansiedade, estresse e autocompaixão antes, durante e após a intervenção, e os resultados mostraram mudanças em todos eles, indicando que a TFCG *on-line* pode contribuir positivamente em pandemias (Almeida et al., 2021). Esses resultados satisfatórios demonstram não apenas a efetividade de uma intervenção breve *on-line*, mas evidenciam o caráter de transformação social que essa modalidade pode gerar direta e indiretamente para seus participantes e o contexto no qual estão inseridos.

TelePSI

O TelePSI é um projeto do Hospital de Clínicas de Porto Alegre em parceria com o Ministério da Saúde que ofertou atendimentos psicológico e psiquiátrico *on-line* para profissionais da saúde de todo o País durante a pandemia. Foram oferecidas três modalidades de atendimento psicológico: psicoeducação, terapia cognitivo-comportamental (TCC) e terapia interpessoal breve, todas com foco no manejo de estresse, ansiedade, depressão e irritabilidade (TelePSI, 2020).

O projeto foi divulgado em redes sociais e os interessados em participar entraram em contato por telefone. No primeiro contato, foi feita uma avaliação do estado de saúde mental e dada uma breve explicação sobre como o projeto funcionaria. De acordo com a gravidade dos sintomas, o interessado era encaminhado para consulta psiquiátrica e/ou atendimento psicológico. Os atendimentos eram realizados por videochamada e utilizavam estratégias de intervenção em situação de crise e materiais psicoeducativos elaborados por uma equipe de especialistas (Ministério da Saúde, 2020a).

Foram produzidos 28 vídeos de psicoeducação e manuais com o modelo de atendimento terapêutico do projeto a fim de capacitar profissionais interessados em replicar o programa em outras iniciativas. Além dos manuais, o projeto disponibilizou videoaulas sobre como aplicar os manuais na prática e exemplos de sessões simuladas, com a intenção de disseminar as técnicas utilizadas (Ministério da Saúde, 2020a).

Em julho de 2020, o Ministério da Saúde (2020b) apresentou os seguintes dados do projeto: 12% dos inscritos apresentaram sintomas depressivos graves; 20%, sintomas de irritabilidade grave; e 58%, sintomas de ansiedade grave. Entre os profissionais atendidos, a maioria era da área de enfermagem, 38,2% trabalham na atenção primária à saúde e 25,3% em hospitais com área dedicada à covid-19, sendo a maioria de São Paulo (17,9%), Minas Gerais (16,8%) e Bahia (8,3%). Até março de 2021, haviam sido realizados 3.051 atendimentos (Setor Saúde, 2021).

Rede AcessoPsi

O Rede AcessoPsi foi formado por uma rede voluntária de profissionais e ofertou atendimento psicológico *on-line* e individual com o objetivo de mitigar os impactos da pandemia na saúde mental da população em geral. O projeto foi criado em abril de 2020, e o primeiro desafio foi organizar uma rede de profissionais interessados em colaborar voluntariamente. Assim, foram elaborados materiais de divulgação que descreviam o serviço e um formulário eletrônico para cadastro dos profissionais. Tais materiais foram amplamente divulgados em redes sociais e para grupos de profissionais por aplicativos de mensagem. Após os cadastros realizados, verificou-se junto ao CFP a regularização do registro profissional e a aprovação do cadastro no sistema e-Psi, pré-requisito para a prestação de serviços psicológicos *on-line*.

Em pouco tempo, o projeto reuniu uma equipe com 447 psicólogos, quatro psiquiatras, dois nutricionistas e um terapeuta ocupacional. Os dados levantados pelo formulário de inscrição apontam que os psicólogos que participaram do projeto trabalhavam com diferentes abordagens: TCC (46%), psicanálise (23%), abordagem humanista (9%), análise do comportamento (6%) e análise junguiana (5%). A maioria dos profissionais era do gênero feminino (89%); 57% residiam no estado de São Paulo; 10%, em Minas Gerais; e 8%, no Mato Grosso do Sul. A maior parte dos profissionais tinha até cinco anos de experiência, e 24% tinham pós-graduação.

Posteriormente, foi organizada uma comissão com 15 membros para realizar a gestão do serviço. Esse grupo foi responsável por definir aspectos gerais do serviço prestado e organizar o fluxo de encaminhamento dos participantes para os profissionais. Foi definido que todos os atendimentos seriam realizados na modalidade *on-line*, sendo limitados a oito sessões individuais. Após esse período, as pessoas que ainda precisavam de suporte foram orientadas e encaminhadas para serviços locais de saúde mental.

Em seguida, materiais de divulgação do projeto para a população em geral foram elaborados e divulgados nas redes sociais e em aplicativos de mensagem. Também, visando facilitar o processo de triagem e encaminhamento dos pacientes para os terapeutas, foi preparado um formulário eletrônico para a inscrição dos participantes, que coletou dados sociodemográficos, histórico psiquiátrico e sintomas de ansiedade, estresse e depressão utilizando a Escala DASS-21 (Vignola & Tucci, 2014).

Os inscritos passavam por uma triagem que identificava a idade e o grau de urgência do atendimento, considerando os resultados da DASS-21, e a presença de ideação suicida. De acordo com a urgência do caso, os indivíduos inscritos eram encaminhados para os profissionais do projeto, que recebiam as informações coletadas no formulário de inscrição e eram responsáveis por realizar o primeiro contato e agendar os atendimentos.

O projeto esteve ativo entre os meses de abril e dezembro de 2020 e recebeu 1.772 inscrições de participantes interessados em realizar atendimento psicológico *on-line*. A maioria dos inscritos era do gênero feminino, residia na região Sudeste, solteira, com idade entre 18 e 29 anos e ensino médio completo, conforme a Tabela 17.1.

TABELA 17.1 Dados sociodemográficos dos participantes

Gênero	N	%	Idade	N	%
Feminino	1.460	82,07%	12-17 anos	130	7,31%
Masculino	312	17,54%	18-29 anos	914	51,38%
Transexual	7	0,39%	30-39 anos	375	21,08%
Escolaridade	**N**	**%**	40-49 anos	209	11,75%
Ensino fundamental completo	76	4,27%	50-59 anos	102	5,73%
Ensino fundamental incompleto	65	3,65%	60-69 anos	32	1,80%
Ensino médio completo	444	24,96%	70-79 anos	7	0,39%
Ensino médio incompleto	150	8,43%	80-89 anos	3	0,17%
Ensino superior completo	409	22,99%	**Estado civil**	**N**	**%**
Ensino superior incompleto	487	27,37%	Solteiro(a)	1.101	61,89%
Pós-graduação completa/incompleta	146	8,21%	União estável	196	11,02%
Omissos	2	0,11%	Casado(a)	327	18,38%
Região	**N**	**%**	Divorciado(a)	124	6,97%
Norte	15	0,84%	Viúvo(a)	24	1,35%
Nordeste	317	17,82%	Omissos	7	0,39%
Centro-Oeste/DF	78	4,38%			
Sudeste	1.282	72,06%			
Sul	74	4,16%			
Exterior	6	0,34%			
Omissos	7	0,39%			

N = 1.779

Até dezembro de 2020, o projeto atendeu 1.041 pessoas, totalizando mais de 4 mil atendimentos. Os dados apresentados evidenciam que, em um curto espaço de tempo, um número expressivo de pessoas foi atendido. Os participantes eram de diversas regiões do Brasil, com faixas etárias variadas e com diferentes níveis de escolaridade. Assim, cabe a reflexão sobre como o programa conseguiu impactar um número significativo de indivíduos e se esse alcance seria o mesmo com a oferta do serviço em outra modalidade. Trata-se de um exemplo de como, em rede e com uma organização adequada, podemos desenvolver ações que expressem a nossa responsabilidade social e coletiva.

CONSIDERAÇÕES FINAIS

O presente capítulo teve como intuito refletir sobre o papel e o compromisso social dos psicólogos, tendo como exemplos os programas de atendimento psicológico oferecidos de forma voluntária durante a pandemia de covid-19. Conforme exposto, a história da psicologia no Brasil já demonstra um olhar necessariamente reflexivo ao poder de impacto da ciência psicológica em diferentes populações.

Inúmeros estudos internacionais vêm confirmando o potencial e a efetividade de intervenções *on-line* pelo baixo custo e pela disponibilidade para populações de diferentes condições socioeconômicas. A ideia de compromisso social exposta neste capítulo relaciona-se com a reflexão de cada profissional sobre o papel da psicologia na sociedade e sobre como cada pequena ação seria responsável por colaborar com transformações nesse contexto. As intervenções exemplificadas trataram de uma perspectiva emergencial e de formas de auxiliar as pessoas ante uma pandemia que alterou o curso da história mundial. No entanto, é importante destacar que todas as ações produzidas pela psicologia, voluntárias ou não, precisam considerar seu possível impacto em níveis macrossociais.

Por fim, ressalta-se a análise feita por Muñoz et al. (2018) sobre intervenções consumíveis e não consumíveis, refletindo sobre a importância e a necessidade de os profissionais da saúde mental pensarem em novas formas de oferecer informações e intervenções diante das transformações sociais/digitais que vêm ocorrendo nas últimas décadas.

REFERÊNCIAS

Almeida, N., Rebessi, I. P., Szupszynski, K., & Neufeld, C. B. (2021). Uma intervenção de Terapia Focada na Compaixão em Grupos Online no contexto da pandemia por COVID-19. *Psico, 52*(3), e41526.

Andersson, G., & Titov, N. (2014). Advantages and limitations of Internet-based interventions for common mental disorders. *World Psychiatry, 13*(1), 4-11.

Barros, M. B. A., Lima, M. G., Malta, D. C., Szwarcwald, C. L., Azevedo, R. C. S., Romero, D., ... Gracie, R. (2020). Relato de tristeza/depressão, nervosismo/ansiedade e problemas de sono na população adulta brasileira durante a pandemia de COVID-19. *Epidemiologia e Serviços de Saúde, 29*(4), e2020427.

Bastos, A. V. B., Yamamoto, O. H., & Rodrigues, A. C. O. (2013). Compromisso social e ético: Desafios para a atuação em psicologia organizacional e do trabalho. In L. O. Borges, & L. Mourão (Orgs.), *O trabalho e as organizações: Atuações a partir da psicologia* (pp. 25-52). Artmed.

Baumeister, H., Reichler, L., Munzinger, M., & Lin, J. (2014). The impact of guidance on Internet-based mental health interventions - A systematic review. *Internet Interventions, 1*(4).

Bock, A. M. B. (1999). A Psicologia a caminho do novo século: Identidade profissional e compromisso social. *Estudos de Psicologia, 4*(2), 315-329.

Bock, A. M. B., Ferreira, M. R., Gonçalves, M. G. M., & Furtado, O. (2007). Sílvia Lane e o Projeto do 'Compromisso Social da Psicologia'. *Psicologia e Sociedade, 19*(2), 46-56.

Brymer, M., Layne, C., Jacobs, A., Pynoos, R., Ruzek, J., Steinberg, A. ... Watson, P. (2006). *Psychological first aid: Field operations guide*. National Child Traumatic Stress Network and National Center for PTSD.

Carvalho, M. (2011). Emergências psicológicas: Intervenção na crise perante a morte de um familiar. In M. Carvalho (Org.), *Estudos sobre intervenção psicológica em situações de emergência, crise e catástrofe* (pp. 53-66). ISMAT.

Carvalho, M. A. D., & Matos, M. M. G. (2016). Intervenções Psicossociais em Crise, Emergência e Catástrofe. *Revista Brasileira de Terapias Cognitivas, 12*(2), 116-125.

Conselho Federal de Psicologia (CFP). (2005). Código de Ética Profissional do Psicólogo. CFP. https://site.cfp.org.br/wp-content/uploads/2012/07/codigo-de-etica-psicologia.pdf

Conselho Federal de Psicologia (CFP). (2020). Coronavírus: Comunicado à categoria. CFP. https://site.cfp.org.br/coronavirus-comunicado-a-categoria/

DeAngelis, T. (2014). What every psychologist should know about disasters. *Monitor on Psychology, 45*(7).

Everly, G. S. (1996). A rapid crisis intervention technique for law enforcement. In J. T. Reese, & R. Soloman (Eds.), *Organizational issues in law enforcement* (pp. 183-192). FBI.

Everly, G. S., & Mitchell, J. T. (1997). *Critical incident stress management (CISM): A new era and standard of care in crisis intervention*. Chevron.

Goularte, J. F., Serafim, S. D., Colombo, R., Hogg, B., Caldieraro, M. A., & Rosa, A. R. (2021). COVID-19 and mental health in Brazil: Psychiatric symptoms in the general population. *Journal of Psychiatric Research, 132*, 32-37.

Inter-Agency Standing Committee (IASC). (2007). Guidelines on mental health and psychosocial support in emergency settings. IASC. https://interagencystandingcommittee.org/system/files/2020-11/IASC%20Guidelines%20on%20Mental%20Health%20and%20Psychosocial%20Support%20in%20Emergency%20Settings%20%28English%29.pdf

Jacobs, G. A., Gray, B. L., Erickson, S. E., Gonzalez, E. D., & Quevillon, R. P. (2016). Disaster mental health and community-based psychological first aid: Concepts and education/training. *Journal of Clinical Psychology, 72*(12), 1307-1317.

Kirby, J., Petrochhi, N., & Gilbert, P. R. (2018). *Programa de 12 semanas de Terapia Focada na Compaixão.* Não publicado.

Ministério da Saúde (MS). (2020a). *Serviço de teleconsulta psicológica a profissionais da saúde é disponibilizado pelo MS*. MS. https://aps.saude.gov.br/noticia/8557

Ministério da Saúde (MS). (2020b). *Saúde amplia apoio psicológico a profissionais de serviços essenciais.* MS. https://aps.saude.gov.br/noticia/9378

Muñoz, R. F., Chavira, D. A., Himle, J. A., Koerner, K., Muroff, J., Reynolds, J., ... Schueller, S. M. (2018). Digital apothecaries: A vision for making health care interventions accessible worldwide. *mHealth, 4*(6), 1-13.

Neufeld, C. B., Rebessi, I. P., Fidelis, P. C. B., Rios, B. F., Albuquerque, I. L. S. D., Bosaipo, N. B., ... Szupszynski, K. P. D. R. (2021). LaPICC contra COVID-19: Relato de uma experiência de terapia cognitivo-comportamental em grupo online. *Psico, 52*(3), 41554.

Noal, D. S., Passos, M. F. D., & Freitas, C. M. (2020). *Recomendações e orientações em saúde mental e atenção psicossocial na COVID-19*. Fiocruz. https://www.fiocruzbrasilia.fiocruz.br/wp-content/uploads/2020/10/livro_saude_mental_covid19_Fiocruz.pdf

Noal, D. S., Vicente, L. N., Weintraub, A. C. A. M., & Knobloch, F. (2013). A atuação do psicólogo em situações de desastres: Algumas considerações baseadas em experiências de intervenção. *Entrelinhas, 13*(62), 4-5.

Organização Mundial da Saúde (OMS). (2006). *Proteção da saúde mental em situações de epidemia*. OMS. https://www.paho.org/hq/dmdocuments/2009/Protecao-da-Saude-Mental-em-Situaciones-de-Epidemias--Portugues.pdf

Organização Mundial da Saúde (OMS). (2015). *Primeiros cuidados psicológicos: Guia para trabalhadores de campo*. OMS. https://www.paho.org/bra/dmdocuments/GUIA_PCP_portugues_WEB.pdf

Ornell, F., Borelli, W. V., Benzano, D., Schuch, J. B., Moura, H. F., Sordi, A. O., ... Diemen, L. (2021). The next pandemic: Impact of COVID-19 in mental healthcare assistance in a nationwide epidemiological study. *Lancet Regional Health. Americas, 4*(100061).

Resolução nº 4, de 26 de março de 2020. (2020). Dispõe sobre regulamentação de serviços psicológicos prestados por meio de Tecnologia da Informação e da Comunicação durante a pandemia do COVID-19. https://atosoficiais.com.br/cfp/resolucao-do-exercicio-profissional-n-4-2020-dispoe-sobre-regulamentacao-de-servicos-psicologicos-prestados-por-meio-de-tecnologia-da-informacao-e-da-comunicacao-durante-a-pandemia-do-covid-19?origin=instituicao

Roberts, A. (2006). Assessment, crisis intervention, and trauma treatment: The integrative act intervention model. *Brief Treatment and Crisis Intervention, 2*(1), 1-22.

Roberts, A. R., & Ottens, A. J. (2005). The seven-stage crisis intervention model: A road map to goal attainment, problem solving, and crisis resolution. *Brief Treatment and Crisis Intervention, 5*(4), 329-339.

Santomauro, D. F., Herrera, A. M. M., Shadid, J., Zheng, P., Ashbaugh, C., Pigott, D. M., ... Ferrari, A. J. (2021). Global prevalence and burden of depressive and anxiety disorders in 204 countries and territories in 2020 due to the COVID-19 pandemic. *Lancet, 398*(10312), 1700-1712.

Setor Saúde. (2021). *Atendimento psicológico a profissionais de saúde dispara com a segunda onde de COVID-19*. Setor Saúde. https://setorsaude.com.br/atendimento-psicologico-a-profissionais-da-saude-dispara-com-a-segunda-onda-de-covid-19/

TelePSI. (2020). *TelePSI COVID-19*. https://telepsi.hcpa.edu.br/

Vignola, R. C., & Tucci, A. M. (2014). Adaptation and validation of the depression, anxiety and stress scale (DASS) to Brazilian Portuguese. *Journal of Affective Disorders, 155*, 104-109.

Yamamoto, O. H. (2012). 50 anos de profissão: Responsabilidade social ou projeto ético-político?. *Psicologia: Ciência e Profissão, 32*, 6-17.

Índice

A letra *q* indica quadro.

A

Adolescentes, intervenções digitais, 106-115
    ansiedade, 108-110
    depressão, 110-111
    eficácia, 107-108
    gamificação, 107-108
    transtorno do espectro autista, 112-114
    transtornos comportamentais disruptivos, 111-112
Agenda 2030 (ONU), 211-216
Aliança terapêutica, 41-57, 274-276, 293-294
    evidências científicas, 44-47
    instrumentos para avaliação, 54-56
        Caldas-P, 55-56
        Inventário Cognitivo-comportamental para Avaliação da Aliança Terapêutica, 56
        Working Alliance Inventory (WAI), 54-55
    nas intervenções assíncronas, 46, 47, 293-294
    nas intervenções síncronas, 44, 46
    ruptura e reparo na psicoterapia *on-line*, 47-54
Ansiedade, 108-110
Aplicativos e recursos, 113, 299-313
    revolução digital, 299-300
    taxonomia das intervenções digitais, 300-312
        exemplos de aplicação, 307-310
        intervenções autoguiadas baseadas em evidências, 304-307
        saúde mental e redes sociais, 310-312
Ativação comportamental, 168-170q
Autolesões, redução *ver* Suicídio e autolesões, redução
Avaliação neuropsicológica *on-line*, 172-175

B

Big data, 289

C

Cadeira vazia, 263-265, 267-268
    cadeira compassiva, 264-266
    para despedida de alguém, 267-268
Calm, 308
Carta para uma pessoa falecida, 266-267
Casais, 140-158
    avaliação, 142-145
    estratégias de intervenção psicoterápica, 145-154
        abordagem da sexualidade, 149-154
    modelo de intervenção: programa CONECTE, 154-157
Cogni App, 310
Cognição, 164-165
CogniFit, 308
Comportamento autolesivo, 278-279 *ver também* Suicídio e autolesões, redução
Compromisso social e psicologia, 321-322
CONECTE, programa, 154-157
Confiabilidade, 78
Consentimento informado, 77-78
Contrato de supervisão, 65
Contrato terapêutico, 123-124
Cor compassiva, 261
Crianças, 86-103
    atendimentos síncronos, exemplos, 96-102
    evidências de intervenções remotas, 90-93
    modalidades de atendimento remoto, 87-90
    normas éticas, 93-94
    procedimentos, 94-96

D

Depressão, 110-111, 162-178
    em idosos, 162-178

E

Emergências e desastres, psicologia dos, 319-321
Envelhecimento ver Idosos
Escala de Aliança Psicoterápica da Califórnia – versão do paciente (Calpas-P), 55-56
eu compassivo, 263
Evidências de eficácia, 25-30, 90-93, 186-187

F

Falecimentos *ver* Luto
Formação de supervisores *ver* Treinamento e supervisão remotos

G

Gamificação, 89-90q, 107-108
Gestão de crises (na tentativa de suicídio), 274, 278
Grupos, terapia cognitivo-comportamental (TCC) *ver* Terapia cognitivo-comportamental (TCC) em grupos

H

Happify, 309
Headspace, 307-308

I

Ideação suicida *ver* Suicídio e autolesões, redução
Idosos, 162-178
    envelhecimento, cognição e depressão, 164-165
    teleneuropsicologia, 172-176
    avaliação *on-line*, 172-175

telerreabilitação, 175-176
telepsicologia na depressão, 165-172
Imagem mental, 257-263
    cor compassiva, 261
    eu compassivo, 263
    lugar seguro, 259-261
    outro compassivo ideal, 261-262
Inteligência artificial, 288
Instrumentos para avaliação da aliança terapêutica, 54-56
    Caldas-P, 55-56
    Inventário Cognitivo-comportamental para Avaliação da Aliança Terapêutica, 56
    Working Alliance Inventory (WAI), 54-55
Intensidade das intervenções *ver* Níveis de intensidade das intervenções
Intervenções baseadas na internet, 2-12, 44-47, 285-295
    assíncronas, 46-47, 285-295
        limitações, 294-295
        relação terapêutica, 293-294
        tecnologias possíveis, 288-290
    avaliações, 5
    conteúdo do tratamento, 5-6
    contexto, 2-3
    evidências em ambientes clínicos, 10-11
    evidências por meio de pesquisa, 8-10
        comparação com o modo presencial, 9-10
        condições e grupos-alvo, 8-9
        efeitos em longo prazo, 10
        evolução futura e em curso, 11-12
    plataforma de tratamento, 4
    síncronas, 44, 46
    suporte e combinação, 6-7
Internet, divulgação na, 35-36
Inventário Cognitivo-comportamental para Avaliação da Aliança Terapêutica, 56

L

Limitações das intervenções *on-line*, 238-239
Lugar seguro, 259-261
Luto, técnicas para manejo do, 266-268
    cadeira vazia para despedida de alguém, 267-268
    carta para uma pessoa falecida, 266-267
    imagem mental para, 267

M

Machine learning, 289
Modelo *stepped care*, 24f
MoodMission, 310

N

Níveis de intensidade das intervenções, 23-25
Normas éticas, 93-94 *ver também* Questões éticas

O

Orientação parental *ver* PROPAIS I (programa de orientação parental)
Outro compassivo ideal, 261-262

P

Pais, intervenções *on-line*, 118-136
    PROPAIS I, 123-130
    WebPais, 130-135
Pandemia de covid-19, 322-327
    projeto "LaPICC contra covid-19", 323-324
    Rede AcessoPsi, 324-327

TelePSI, 324
Populações específicas, 85-177
Potencial das intervenções *on-line*, 238-239
Privacidade de familiares durante sessões, 35
Processamento emocional, 258-259
PROPAIS I (programa de orientação parental), 123-130
  consequências do comportamento inadequado, 126
  distorções cognitivas e educação de filhos, 128
  finalização, *feedback* e retomada dos conceitos, 130
  modelo de resolução de problemas, 129
  noções de desenvolvimento infantil, 125
  psicoeducação sobre comportamento, 125-126
  psicoeducação sobre modelo cognitivo, 127-128
  regras e limites, 124-125
  relacionamento afetivo e envolvimento, 126-127
  técnicas de relaxamento, 129
  vínculo e contrato terapêutico, 123-124
Psicoeducação, 125-128

Q

Questões éticas, 30-37, 74-79, 93-94, 237-238
  adaptação às preferências e necessidades dos clientes, 33
  garantia de privacidade dos familiares, 35
  no atendimento a crianças, 93-94
  setting, 33-34
  tempo, 34-35
  treinamento e supervisão remotos, 74-79
  uso de redes sociais ou páginas, 35-36

R

Realidade virtual, 289-290
Reatribuição, 258
Rede de Atenção Psicossocial (RAPS), 223-228
Redes sociais, 35-36, 310-312
  divulgação nas, 35-36
  e saúde mental, 310-312
Relação terapêutica *ver* Aliança terapêutica
Relaxamento, técnicas de, 129
revolução digital, 299-300
Ruptura e reparo na psicoterapia *on-line*, 47-54

S

Saúde, 208-230, 301-302, 310-312
  coletiva, 208-230
    determinantes sociais da saúde, 216-218
    direitos humanos, 211-216
    intervenções *on-line*, 218-228
  digital, 301-302
  mental e redes sociais, 310-312
Serviços de emergência (na tentativa de suicídio), 279
Setting, 33-34
Sexualidade de casais, 149-154
Smartphones, 299-300
Suicídio e autolesões, redução, 271-280
  aliança terapêutica, 274-276
  avaliação do risco de suicídio, 273-274
  gestão de crises, 274
  intervenções baseadas em tecnologia (TDIs), 276-277

acesso a serviços de emergência, 279
avaliação do risco de suicídio, 278
comportamento autolesivo, 278-279
eficácia das, 276-277
gestão de crises, 278
SuperBetter, 309
Supervisão remota *ver* Treinamento e supervisão remotos

T

Técnicas experienciais, 253-269
  cadeira vazia, 263-265, 267-268
    cadeira compassiva, 264-266
    para despedida, 267-268
  evidências de aplicabilidade *on-line*, 255-257
  imagem mental, 257-263
    cor compassiva, 261
    imagem do eu compassivo, 263
    lugar seguro, 259-261
    outro compassivo ideal, 261-262
  manejo do luto, 266-268
    cadeira vazia para despedida, 267-268
    carta para uma pessoa falecida, 266-267
    imagem mental para, 267
Tecnologias da informação e comunicação (TICS), 63-65
  e supervisão remota, 63-65
Teleneuropsicologia, 172-176
  avaliação neuropsicológica *on-line*, 172-175
  telerreabilitação neuropsicológica, 175-176
Teleterapia, 114
Tempo, manejo do, 34-35

Tentativas de suicídio *ver* Suicídio e autolesões, redução
Terapia cognitivo-comportamental (TCC) em grupos, 184-205
  aspectos de processo, 197-201
  aspectos técnicos, 188-197
    elaboração de programas *on-line*, 195-197
    modalidades de grupo, 194-195
  dicas práticas, 204-205
  evidências científicas, 186-187
  relato de experiência, 201-204
Tools4Life, 310
Transtorno(s), 111-114
  comportamentais disruptivos, 111-112
  do espectro autista, 112-114
Treinamento e supervisão remotos, 62-82
  contexto brasileiro, 69-73
  dicas práticas, 79-82
  e TICs, 63-65
  novas propostas mundiais, 66-69
  questões éticas, 74-79
  recomendações para a supervisão, 65-66

V

Videogames, 113
Vínculo e contrato terapêutico, 123-124
Vulnerabilidade social, intervenções, 235-248
  realidade brasileira, 239-244
  tecnologia como ferramenta, 244-247

W

WebPais (programa de orientação parental), 130-135
Working Alliance Inventory (WAI), 54-55